高职高专建筑工程专业系列教材

建 筑 施 工

（第四版）

郭立民　主编

中国建筑工业出版社

图书在版编目（CIP）数据

建筑施工/郭立民主编 . —4 版 . —北京：中国建筑工业出版社，2014.5（2022.8重印）

高职高专建筑工程专业系列教材

ISBN 978-7-112-16384-7

Ⅰ. ①建… Ⅱ. ①郭… Ⅲ. ①建筑工程-工程施工-高等职业教育-教材 Ⅳ. ①TU7

中国版本图书馆 CIP 数据核字（2014）第 023010 号

本书系根据高职高专建筑工程专业"建筑施工"课程要求编写的。全书是在第三版的基础上修订而成，修订的重点是模板脚手架工程、钢筋工程和混凝土工程。全书内容包括：土方工程、桩基础工程、脚手架工程和砌体工程、混凝土结构工程、预应力混凝土工程、结构安装工程、防水工程、装饰工程、建筑施工组织设计概论、流水施工原理、网络计划技术、单位工程施工组织设计共十二章。

本书既可作为高职高专建筑工程专业的教材，也可供土建工程技术人员学习参考。

* * *

责任编辑：朱首明　牛　松
责任校对：姜小莲　赵　颖

高职高专建筑工程专业系列教材

建　筑　施　工

（第四版）

郭立民　主编

*

中国建筑工业出版社出版、发行（北京西郊百万庄）

各地新华书店、建筑书店经销

北京红光制版公司制版

北京建筑工业印刷厂印刷

*

开本：787×1092 毫米　1/16　印张：23¾　字数：590 千字

2014 年 7 月第四版　　2022 年 8 月第三十五次印刷

定价：**45.00** 元

ISBN 978-7-112-16384-7

（25109）

第 四 版 前 言

《建筑施工》第三版自 2006 年出版发行，时隔 6 年，建筑施工技术不断发展，新材料、新工艺不断创新，《混凝土结构工程施工规范》GB 50666—2011，已于 2012 年 8 月正式实施，与其相关的行业标准《建筑施工扣件式钢管脚手架安全技术规范》JGJ 130—2011 也已正式实施。为此，对《建筑施工》第三版有关章节必须进行全面修订。在修订过程中保持技术知识的创新，更注重技术知识的实用性和贯彻执行"规范"的严肃性。

本次修订的主要技术内容有钢筋工程、模板工程、混凝土工程和预应力混凝土工程。

钢筋工程增加 500 级带肋钢筋，以 $300N/mm^2$ 光圆钢筋取代 235 级钢筋。并增加了各级钢筋牌号、标志的识别，便于施工现场管理。钢筋下料融入混凝土结构平法施工图。

模板工程作为现浇混凝土结构施工的临时承载结构，承担着各项施工作业荷载。模板及支架在构造或计算上如有失误或施工偏差过大，必然导致其承载力降低，造成整体失稳倒塌。为此在修订中，强化了模板及支架在施工过程中的安全性。用较多篇幅通过相应实例、系统演示建筑工程模板及支架的选材、构造设计、荷载取值及各构件计算方法，具有实际的可操作性和指导性。

根据《建筑施工扣件式钢管脚手架安全技术规范》JGJ 130—2011 规定：模板支架用钢管宜采用 Q235A 级 $\phi48.3×3.6mm$ 规格（原用钢管规格 Q235 级 $\phi48×3.5mm$），自重 $39.7N/m$，承载力设计值 $f=205N/mm^2$。书中相关内容据此进行了修改。

混凝土工程强化了现浇混凝土结构工程的施工方案与施工机械选择，施工过程质量控制和工程验收机制。

预应力混凝土工程全面叙述预应力筋与锚具的配套选择关系；预应力有效应力控制与测定。

《建筑施工》第四版，由郭立民主编统稿。

2014 年 5 月

3

第 三 版 前 言

《建筑施工》第二版于1997年出版，时隔8年，随着我国建筑工程设计、施工质量验收、材料等标准规范的修订，建筑工程施工新技术、新工艺、新材料的应用和发展，使得第二版中的部分内容明显陈旧、落后，急待修订完善。修订后的第三版将力求做到内容精炼、体系完整、结构合理、紧密结合工程实际，体现实用性，反映先进性。

《建筑施工》第三版的具体修改内容如下：

1. 第一章《土方工程》增补了基坑支护结构体系，删除了"爆破施工"，全章内容作了适当调整。

2. 第三章《砌体工程》调整了章节内容，突出了脚手架的安全性和实用性，补充了利用工业废料或天然材料制作的各种小型砌块作为新型墙体材料及其施工工艺。

3. 第四章《混凝土结构工程》对钢筋工程一节按现行标准、规范作了全面修改，删除了不常用的或落后的工艺。

4. 第五章《预应力混凝土工程》，调整了章节结构，重点修改和补充了预应力筋与锚固体系、张拉设备、预应力施工计算等，使本章更具有实用性。

5. 第六章《结构安装工程》修改了起重机械一节，着重列举目前施工现场常用的建筑起重机械种类、型号与性能，便于选用；删除了多层工业厂房结构吊装和升板结构施工。

6. 第十一章《网络计划技术》补充了网络计划的资源优化及相应的例题。

第三版编写执笔人：

第一、二、三章、第四章第一节、第五、六、九、十二章——郭立民（武汉理工大学）；第四章第二、三、四节——方承训 邓铁军（湖南大学）；第七、八、十、十一章——刘文华（武汉理工大学）全书由郭立民修改统稿。

2005年12月

第 二 版 前 言

《建筑施工》是"工业与民用建筑"专业的一门主干专业课程。

本书研究建筑施工技术和施工组织的基本原理和基本方法。由于建筑施工实践性强、涉及面广、综合性大、发展快，必须紧密结合实际，学会综合运用有关学科的基本理论和知识，采用新技术和现代科学成果，以解决生产实践问题；要注重基本工艺、基本原理的学习与应用，善于抓住工种工程的施工关键和施工组织的主要矛盾；不断强化质量意识、安全生产，提高劳动生产率，降低成本。

《建筑施工》教材第一版是由武汉工业大学出版社出版的。本书是在原书基础上按照现行国家标准、施工规范，对第一版的有关章节内容、基本数据、施工工艺要求和质量标准，进行了修改，并力求做到内容精炼、体系完整、紧密结合实际，能反映国内外先进技术水平。为便于组织教学，根据本课程教学特点，各章附有例题、思考题及习题。由于水平有限，书中不足和错误在所难免，恳切希望读者批评指正。

本书编写工作由方承训（湖南大学）、郭立民（武汉工业大学）主持。由郭立民修改、统稿。具体分工如下（按章节次序）：郭立民——第一章、第二章、第六章、第十二章第一节；方承训、罗麒麟（湖南大学）——第三章；方承训、邓铁军（湖南大学）——第四章、第五章；汪声瑞、郭立民（武汉工业大学）——第九章、第十二章第二、三、四、五节；刘文华（武汉工业大学）——第七章、第八章、第十章、第十一章。

1997 年 6 月

目 录

第一章 土 方 工 程

建筑工程施工中，常见的土方工程有：大面积场地平整，基坑（槽）、管沟开挖，地下工程土方开挖以及回填工程等。

一、土方工程施工特点

土方工程是建筑工程施工的主要工种工程之一。土方工程施工具有如下特点：

1. 土方量大，劳动繁重，工期长。如某大厦深基坑土方开挖面积为 $2 \times 10^4 m^2$，开挖深度达 20m，土方开挖总量达 $3.3 \times 10^5 m^3$，实际工期达 200d。因此，为了减轻土方施工繁重的劳动，提高劳动生产率，缩短工期、降低工程成本，在组织土方工程施工时，应尽可能采用机械化施工方法。

2. 施工条件复杂。一般为露天作业，受地区、气候、水地质等条件的影响大，同时，受周围环境条件的制约也多。因此，在组织土方施工前，必须根据施工现场具体施工条件、工期和质量要求，拟定切实可行的土方工程施工方案。

二、土的工程分类

土的种类很多，其分类方法也多，现就土的开挖难易程度分类，将土分为八类。见表1-1。

土 的 工 程 分 类 表 1-1

土的分类	土 的 名 称	可松性系数		开挖工具及方法
		K_s	K'_s	
一类土 （松软土）	砂；粉土；冲积砂土层；种植土；泥炭（淤泥）	1.08~1.17	1.01~1.03	用锹、锄头挖掘
二类土 （普通土）	粉质黏土；潮湿的黄土；夹有碎石、卵石的砂、种植土、填筑土及粉土	1.14~1.28	1.02~1.05	用锹、锄头挖掘，少许用镐翻松
三类土 （坚土）	软黏土及中等密实黏土；重粉质黏土；粗砾石；干黄土及含碎石、卵石的黄土、粉质黏土；压实的填筑土	1.24~1.30	1.04~1.07	主要用镐，少许用锹、锄头挖掘，部分用撬棍
四类土 （砂砾坚土）	重黏土及含碎石、卵石的黏土；粗卵石；密实的黄土；天然级配砂石；软泥灰岩及蛋白石	1.26~1.32	1.06~1.09	先用镐、撬棍，然后用锹挖掘，部分用楔子及大锤
五类土 （软石）	硬石炭纪黏土；中等密实的页岩、泥灰岩白垩土；胶结不紧的砾岩；软的石灰岩	1.30~1.45	1.10~1.20	用镐或撬棍、大锤挖掘，部分使用爆破方法
六类土 （次坚石）	泥岩；砂岩；砾岩；坚实的页岩；泥灰岩；密实的石灰岩；风化花岗岩；片麻岩	1.30~1.45	1.10~1.20	用爆破方法开挖，部分用风镐

土的分类	土 的 名 称	可松性系数		开挖工具及方法
		K_s	K'_s	
七类土 （坚石）	大理岩；辉绿岩；玢岩；粗、中粒花岗岩；坚实的白云岩、砂岩、砾岩、片麻岩、石灰岩、风化痕迹的安山岩、玄武岩	1.30～1.45	1.10～1.20	用爆破方法开挖
八类土 （特坚石）	安山岩；玄武岩；花岗片麻岩；坚实的细粒花岗岩、闪长岩、石英岩、辉长岩、辉绿岩、玢岩	1.45～1.50	1.20～1.30	用爆破方法开挖

三、土的工程性质

1. 土的可松性

自然状态下的土，经过开挖后，其体积因松散而增大，回填以后虽经压实，仍不能恢复成原来的体积，这种性质称为土的可松性。

土的可松性程度用可松性系数表示。土经开挖后的松散体积与原自然状态下的体积之比，称为最初可松性系数；土经回填压实后的体积与原自然状态下的体积之比，称为最后可松性系数，即

$$K_s = \frac{V_2}{V_1}; K'_s = \frac{V_3}{V_1} \qquad (1-1)$$

式中　K_s——最初可松性系数（表 1-1）；

　　　　K'_s——最后可松性系数（表 1-1）；

　　　　V_1——土在天然状态下的体积；

　　　　V_2——土经开挖后的松散体积；

　　　　V_3——土经回填压实后的体积。

由于土方工程量是以自然状态的体积来计算的，所以土的可松性对场地平整，土方量的平衡调配，计算土方机械生产率，确定运土机具数量以及计算填方所需的挖方体积等均有很大影响。

2. 土的渗透性

水流通过土中孔隙难易程度的性质，称为土的渗透性。土中水的渗流运动常用达西定律来描述，即地下水在土中的渗流速度与水头差成正比，与渗流路径长度成反比。其表达式为：

$$v = \frac{\Delta H}{l} \cdot K = K \cdot I \qquad (1-2)$$

式中　v——地下水渗流速度（m/d）；

　　　　ΔH——渗流路程两端的水头差（m）；

　　　　l——单位渗流路径长度的水头差，亦称水力坡度（无量纲）；

　　　　K——渗透系数（m/d）。

渗透系数 K 是表示土的透水性的重要参数，由试验确定，K 值大小对施工降水方案与支护结构形式等的选择影响很大。表 1-2 为各种土的渗透系数参考值。

土的渗透系数 K 参考值 表 1-2

名　称	渗透系数 K（m/d）	名　称	渗透系数 K（m/d）
粘　土	<0.005	中　砂	5.0～25.0
粉质黏土	0.005～0.1	均质中砂	35～50
粉　土	0.1～0.5	粗　砂	20～50
黄　土	0.25～0.5	圆　砾	50～100
粉　砂	0.5～5.0	卵　石	100～500
细　砂	1.0～10.0	无填充物卵石	500～1000

第一节　土方工程量计算与土方调配

一、基坑与基槽土方量计算

基坑的土方量的计算可近似地按拟柱体体积公式计算（图 1-1a）。

$$V = \frac{1}{6}h(F_1 + 4F_0 + F_2) \tag{1-3}$$

式中　h——基坑深度（m）；

F_1、F_2——基坑上下两底面积（m²）；

F_0——基坑中（$h/2$ 截面处）截面面积（m²）。

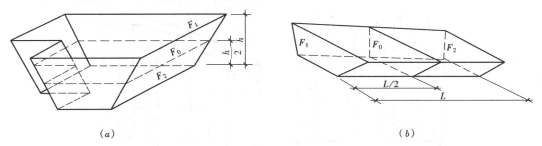

图 1-1　基坑、基槽土方量计算简图

（a）基坑土方量计算；（b）基槽土方量计算

基槽土方量计算可沿长度方向分段计算。当基槽某段内横截面尺寸不变时，其土方量即为该段横截面的面积乘以该基槽长度。如某段内横截面的形状、尺寸有变化时，亦可近似按拟柱体体积公式计算（图 1-1b），此时，公式（1-3）中的 h 应换为槽段长度 L，各槽段土方量之和，即为基槽总土方量。

二、场地平整土方量计算

场地平整是将现场平整成施工所要求的设计平面。场地平整前，要确定平整与基坑（槽）开挖的施工顺序，确定场地的设计高，计算挖、填土方量，进行土方调配等。

场地平整与基坑开挖的施工顺序，通常有三种不同情况：

（1）对场地挖、填土方量较大的工地，可先平整场地，后开挖基坑。这样，可为土方机械提供较大的工作面，使其充分发挥工作效能，减少与其他工作的相互干扰。

（2）对较平坦的场地，可先开挖基坑，待基础施工后再平整场地。这样可减少土方的重复开挖，加快建筑物的施工进度。

3

（3）当工期紧迫或场地地形复杂时，可按照现场施工的具体条件和施工组织的要求，划分施工区，施工时，可平整某区场地后，随即开挖该区的基坑，或开挖某区的基坑，并做完基础后进行该区的场地平整。

（一）场地设计标高的确定与调整

场地设计标高是进行场地平整和土方量计算的依据，也是总图规划和竖向设计的依据。合理地确定场地设计标高，对减少土方量、加快建设速度都具有重要的经济意义。在确定场地设计标高时，应结合现场的具体条件并进行必要的技术经济比较，选定最优方案。在满足建筑规划、生产工艺和运输、排水及最高洪水水位等要求的前提下，尽量使场地内土方挖填平衡且土方量最少。如场地设计标高无其他特殊要求，可参照下述步骤和方法确定。

1. 初步计算场地设计标高 H_0

初步计算场地设计标高的原则是场地内挖填方平衡，即场地内的土方体积在平整前后相等。

如图 1-2 所示，将场地地形图划分为边长 $a=10\sim40\mathrm{m}$ 的若干个方格。每个方格的角点标高，在地形平坦时，可根据地形图上相邻两条等高线的高程，用插入法求得；当地形起伏大，用插入法有较大误差，或无地形图，则可在现场用木桩打好方格网，然后用测量的方法求得。

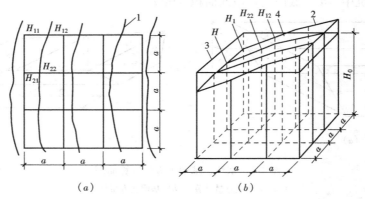

图 1-2 场地设计标高计算简图

（a）地形图上划分方格；（b）设计标高示意图

1—等高线；2—自然地面；3—设计标高平面；4—自然地面与设计标高平面的交线（零线）

按照挖填平衡原则，场地设计标高可按下式计算：

$$H_0 Na^2 = \Sigma \left(a^2 \frac{H_{11}+H_{12}+H_{21}+H_{22}}{4} \right)$$

即
$$H_0 = \frac{\Sigma(H_{11}+H_{12}+H_{21}+H_{22})}{4N} \tag{1-4}$$

式中　N——方格数。

从图 1-2 可见，H_{11} 系一个方格的角点标高；H_{12}、H_{21} 系相邻两个方格公共角点标高；H_{22} 则系相邻的四个方格的公共角点标高。如果将所有方格的四个角点标高相加，则

类似 H_{11} 这样的角点标高加一次，类似 H_{12} 的角点标高加两次，类似 H_{22} 的角点标高要加四次。因此，上式可改写为：

$$H_0 = \frac{\Sigma H_1 + 2\Sigma H_2 + 3\Sigma H_3 + 4\Sigma H_4}{4N} \tag{1-5}$$

式中　H_1——一个方格独有的角点标高；

　　　H_2——两个方格共有的角点标高；

　　　H_3——三个方格共有的角点标高；

　　　H_4——四个方格共有的角点标高。

2. 场地设计标高的调整

按式（1-5）计算的设计标高 H_0 系一理论值，实际上还需考虑以下因素进行调整：

由于土具有可松性，按 H_0 进行施工，填土将有剩余，必要时可相应地提高设计标高；

由于设计标高以上的填方工程用土量，或设计标高以下的挖方工程挖土量的影响，使设计标高降低或提高；

由于边坡挖填土方量不等，或经过经济比较后将部分挖方就近弃于场外、部分填方就近从场外取土而引起挖填土方量的变化，需相应地增减设计标高。

3. 考虑泄水坡度对角点设计标高的影响

按上述计算及调整后的场地设计标高进行场地平整时，则整个场地将处于同一水平面，但实际上由于排水的要求，场地表面均应有一定的泄水坡度。因此，应根据场地泄水坡度的要求（单向泄水或双向泄水），计算出场地内各方格角点实际施工时所采用的设计标高。

（1）单向泄水时，场地各点设计标高的求法

场地用单向泄水时，以计算出的设计标高 H_0 作为场地中心线（与排水方向垂直的中心线）的标高（图1-3），场地内任意一点的设计标高为：

$$H_n = H_0 \pm l \cdot i \tag{1-6}$$

式中　H_n——场地内任一点的设计标高；

　　　l——该点至场地中心线的距离；

　　　i——场地泄水坡度（不小于 $2‰$）。

例如：图1-3中 H_{52} 点的设计标高为：

$$H_{52} = H_0 - l \cdot i = H_0 - 1.5ai$$

（2）双向泄水时，场地各点设计标高的求法

场地用双向泄水时，以 H_0 作为场地中心点的标高（图1-4），场地内任意一点的设计标高为：

$$H_n = H_0 \pm l_x \cdot i_x \pm l_y \cdot i_y \tag{1-7}$$

式中　l_x、l_y——该点对场地中心线 $x\text{-}x$，$y\text{-}y$ 的距离；

　　　i_x、i_y——$x\text{-}x$，$y\text{-}y$ 方向的泄水坡度。

例如：图1-4中场地内 H_{42} 点的设计标高为：

$$H_{42} = H_0 - 1.5a \cdot i_x - 0.5a \cdot i_y$$

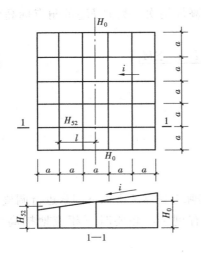
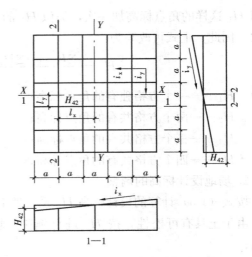

图 1-3　单向泄水坡度的场地　　　　图 1-4　双向泄水坡度的场地

（二）场地土方量计算

大面积场地平整的土方量，通常采用方格网法计算。即根据方格网各方格角点的自然地面标高和实际采用的设计标高，算出相应的角点填挖高度（施工高度），然后计算每一方格的土方量，并算出场地边坡的土方量。这样便可求得整个场地的填、挖土方总量。其步骤如下：

1. 计算场地各方格角点的施工高度

各方格角点的施工高度按下式计算：

$$h_n = H_n - H \tag{1-8}$$

式中　h_n——角点施工高度，即填挖高度。以"＋"为填，"－"为挖；

H_n——角点的设计标高（若无泄水坡度时，即为场地的设计标高）；

H——角点的自然地面标高。

2. 确定"零线"

如果一个方格中一部分角点的施工高度为"＋"，而另一部分为"－"时，此方格中的土方一部分为填方，一部分为挖方。计算此类方格的土方量需先确定填方与挖方的分界线，即"零线"。

"零线"位置的确定方法是：先求出有关方格边线（此边线一端为挖，另一端为填）上的"零点"（即不挖不填的点），然后将相邻两个"零点"相连即为"零线"。

如图 1-5 所示，设 h_1 为填方角点的填方高度，h_2 为挖方角点的挖方高度，0 为零点位置。则可求得：

$$x = \frac{ah_1}{h_1 + h_2} \tag{1-9}$$

3. 计算场地填挖土方量

场地土方量计算可采用四方棱柱体法或三角棱柱体法。

用四方棱柱体法计算时，根据方格角点的施

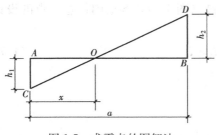

图 1-5　求零点的图解法

工高度，分为三种类型。

（1）方格四个角点全部为填（或挖）如图 1-6 所示，其土方量为：

$$V = \frac{a^2}{4}(h_1 + h_2 + h_3 + h_4) \tag{1-10}$$

式中 　　　　　V——挖方或填方的体积（m³）；

h_1、h_2、h_3、h_4——方格角点的施工高度，以绝对值代入（m）。

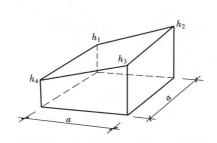

图 1-6　全挖或全填的方格

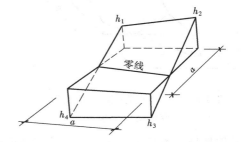

图 1-7　两挖和两填的方格

（2）方格的相邻两角点为挖，另两角点为填（如图 1-7），其挖方部分土方量为：

$$V_{1,2} = \frac{a^2}{4}\left(\frac{h_1^2}{h_1 + h_2} + \frac{h_2^2}{h_2 + h_3}\right) \tag{1-11}$$

填方部分的土方量为：

$$V_{3,4} = \frac{a^2}{4}\left(\frac{h_3^2}{h_2 + h_3} + \frac{h_4^2}{h_1 + h_4}\right) \tag{1-12}$$

（3）方格的三个角点为挖，另一角点为填（或相反）如图 1-8 所示，其填方部分的土方量为：

$$V_4 = \frac{a^2}{6} \cdot \frac{h_4^3}{(h_1 + h_4)(h_3 + h_4)} \tag{1-13}$$

挖方部分土方量为：

$$V_{1,2,3} = \frac{a^2}{6}(2h_1 + h_2 + 2h_3 - h_4) + V_4 \tag{1-14}$$

（使用以上各式时，注意 h_1，h_2，h_3，h_4 系顺时针连续排列，第二种类型 h_1，h_2 同号，h_3，h_4 同号，第三种类型中，h_1，h_2，h_3 同号，h_4 为异号）。

用三角棱柱体法计算场地土方量，是将每一方格顺地形的等高线沿对角线划分为两个三角形，然后分别计算每一三角棱柱（锥）体的土方量。

1）当三角形为全挖或全填时（图 1-9a），

$$V = \frac{a^2}{6}(h_1 + h_2 + h_3) \tag{1-15}$$

2）当三角形有挖有填时（图 1-9b）则其零线将三角形分为两部分，一个是底面为三角形的锥体，一个是底面为四边形的楔体。其土方量分别为：

$$V_{\text{锥}} = \frac{a^2}{6} \frac{h_3^3}{(h_1 + h_3)(h_2 + h_3)} \tag{1-16}$$

$$V_{\text{楔}} = \frac{a^2}{6} \left[\frac{h_3^3}{(h_1 + h_3)(h_2 + h_3)} - h_3 + h_2 + h_1 \right] \tag{1-17}$$

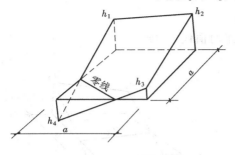
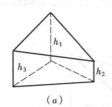
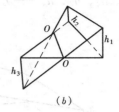

图 1-8　三个角点为挖，一角点为填　　图 1-9　三角棱柱体法
　　　　（或相反）的方格　　　　　　　　（a）全挖或全填；（b）有挖有填

　　计算场地土方量的公式不同，计算结果精度亦不相同。当地形平坦时，采用四方棱柱体，并将方格划分得大些可以减少计算工作量。当地形起伏变化较大时，则应将方格网划分得小一些，或采用三角棱柱体法计算，以使结果准确些。

　　场地四周边坡土方量的计算，是在场地角点边坡宽度确定并绘图边坡平面轮廓尺寸图后，近似地按两种几何形体（三角棱锥体或三角棱柱体）计算的。图 1-10 所示为边坡土方量分段计算示意图。

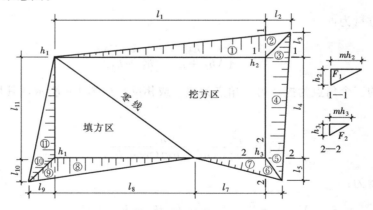

图 1-10　场地边坡平面图

三、土方调配

　　土方调配，就是对挖土的利用、堆弃和填土的取得三者之间的关系进行综合协调的处理，使土方工程施工费用少，施工方便，工期短。因此，它是土方施工设计的一个重要内容。土方调配的原则：应力求使场地内填挖平衡、运距最短、费用最省；考虑土方的利用，减少土方的重复挖填和运输；便于近期和后期施工和改土造田、支援农业。调配时，要划分调配区，计算各调配区土方量和各调配区之间的平均运距（或单位土方运价或单位土方施工费用），确定土方的最优调配方案，绘制土方调配图表。

　　（一）划分调配区

在划分调配区时应注意：

（1）调配区的划分应与房屋或构筑物的位置相协调，满足工程施工顺序和分期分批施工的要求，用近期施工与后期利用相结合。

（2）调配区的大小应使土方机械和运输车辆的功效得到充分发挥。

（3）当土方运距较大或场区内土方平衡时，可根据附近地形，考虑就近借土或就近弃土，每一个借土区或弃土区均可作为一个独立的调配区。

（二）调配区之间的平均运距

平均运距即挖方区土方重心至填方区土方重心的距离。因此，确定平均运距需先求出各个调配区土方重心。其方法如下：

取场地或方格网中的纵横两边为坐标轴（X，Y），分别求出各区土方的重心位置（图1-11）。

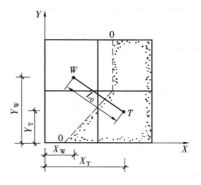

图1-11 求调配区重心坐标图

$$X_W = \frac{\Sigma V_W \cdot x_W}{\Sigma V_W} \tag{1-18}$$

$$Y_W = \frac{\Sigma V_W \cdot y_W}{\Sigma V_W} \tag{1-19}$$

$$X_T = \frac{\Sigma V_T \cdot x_T}{\Sigma V_T} \tag{1-20}$$

$$Y_T = \frac{\Sigma V_T \cdot y_T}{\Sigma V_T} \tag{1-21}$$

式中　　　X_W、Y_W——挖方调配区重心坐标；

X_T、Y_T——填方调配区重心坐标；

V_W、V_T——每个方格（单一图形）的土方量；

x_W、y_W、x_T、y_T——每个方格（单一图形）的重心坐标。

当地形复杂时，也可用作图法近似地求出形心位置代替重心的位置。

重心位置求得后，填挖方调配区的平均运距（L_0）可按下式计算：

$$L_0 = \sqrt{(X_T - X_W)^2 + (Y_W - Y_T)^2} \tag{1-22}$$

也可将重心位置标于相应调配区图上，然后用比例尺量出每对调配区之间的平均运距。

（三）最优调配方案的确定

最优调配方案是以线性规划为理论基础的。对于线性规划中的运输类问题，采用"表上作业法"求解最方便。

表1-3是土方平衡与运距表

1. 土方调配的数学模型

表 1-3

挖方区	填 方 区					挖方量
	B_1	B_2	……	B_j	……	B_x	
A_1	c_{11} x_{11}	c_{12} x_{12}	……	c_{1j} x_{1j}	……	c_{1n} x_{1n}	a_1
A_2	c_{21} x_{21}	c_{22} x_{22}	……	c_{2j} x_{2j}	……	c_{2n} x_{2n}	a_2
⋮	⋮	⋮	……	⋮	……	⋮	⋮
A_i	c_{i1} x_{i1}	c_{i2} x_{i2}	……	c_{ij} x_{ij}	……	c_{in} x_{in}	a_i
⋮	……	……	……	……	……	……	⋮
A_m	c_{m1} x_{m1}	c_{m2} x_{m2}	……	c_{mj} x_{mj}	……	c_{mn} x_{mn}	a_m
填方量	b_1	b_2	……	b_j	……	b_n	$\sum\limits_{i=1}^{m}a_i = \sum\limits_{j=1}^{n}b_j$

上列表格说明了整个场地划分为 m 个挖方区 A_1、A_2、$\cdots$、A_m，其挖方量相应为 a_1、a_2、$\cdots$、a_m；有 n 个填方区 B_1、B_2、$\cdots$、B_n，其填方量相应为 b_1、b_2、$\cdots$、b_n。并且填挖方平衡，即

$$\sum_{i=1}^{m}a_i = \sum_{i=1}^{n}b_i \tag{1-23}$$

从 A_1 到 B_1 的平均运距为 c_{11}，调配的土方量为 x_{11}；一般地说从 A_i 到 B_i 的运距为 c_{ij}。于是土方调配问题可以用下列数学模型表达：求一组 x_{ij} 的值，使目标函数

$$Z = \sum_{i=1}^{m}\sum_{j=1}^{n}c_{ij}\,x_{ij}$$

为最小值，并满足下列约束条件

$$\sum_{j=1}^{n}x_{ij} = a_1, i = 1,2,\cdots,m$$

$$\sum_{i=1}^{m}x_{ij} = b_1, j = 1,2,\cdots,n$$

$$x_{ij} \geqslant 0$$

根据约束条件知道，未知量有 $m \times n$ 个，而方程数为 $m+n$ 个。由于填挖平衡，前面 m 个方程相加减去后面 $n-1$ 个方程之和可以得到第 n 个方程，因此独立方程的数量实际上只有 $m+n-1$ 个。

在求解线性规划问题时，可以先命 $m \times n - (m+n-1)$ 个未知量为零（可以任意假定。但为了减少运算次数，可以按照就近分配的原则，把运距较远或运费较大的那些未知量假定为零），这样就能够解出第一组 $m+n-1$ 个未知量的值。这个解是不是最优解，还需要用检验数进行检验。如果在解中换一个未知量（使解中的一个未知量的值为零，并把不在解中的一个未知量引入解中），能使求得的一组新解的目标函数下降，那么新解就比前一个解合理。这样一次次调整，直到使目标函数值为最小，此时的一组解就是最优解。关于线性规划的理论及计算方法可以详见有关的专著。下面介绍"表上作业法"进行土方调配的方法，这个方法是用位势法求检验数的。

2. 用"表上作业法"进行土方调配

（1）初始调配方案编制

初始方案的编制采用"最小元素法"。即根据对应于 c_{ij} 最小的 x_{ij} 取最大值的原则进行调配。下面用例子说明编制初始方案的方法：

图 1-12 为矩形广场，现已知各调配区的土方量和相互之间的平均运距，试求最优土方调配方案。

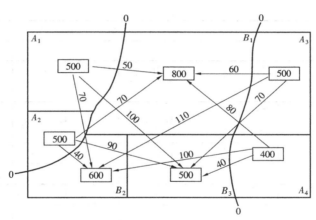

图 1-12 各调配区的土方量和平均运距

将图 1-12 中的数值填入填挖方平衡及运距表（表 1-4）。

首先在运距表（小方格）中找一个最小数值，上表中 $c_{22} = c_{43} = 40$（任取其中一个，如 c_{43}）。于是先确定 x_{43} 的值，使它尽可能大，即 $x_{43} = \min$ (400，500) = 400。由于 A_4 挖方区的土方全部调到 B_3 填方区，所以 x_{41} 和 x_{41} 都等于零。将 400 填入表 1-2 中的 x_{43} 格内，同时在 x_{41}，x_{42} 格内画上一个"×"号。然后在没有填上数字的方格内，再选一个运距最小的方格，即 $c_{22} = 40$，并使 x_{22} 尽量大，$x_{22} = \min$ (500，600) = 500，同时使 $x_{21} = x_{23} = 0$。将 500 填入表 1-5 的 x_{22} 格内，并在 x_{21}、x_{23} 格内画上"×"号（表 1-5）。

重复上面步骤，依次地确定其余 x_{ij} 数值，最后可以得出表 1-6。

表 1-6 中所求得的一组 x_{ij} 的数值，便是本例的初始调配方案。由于利用"最小元素法"确定的初始方案首先是让 c_{ij} 最小的那些格内的 x_{ij} 值取尽可能大的值，也就是优先考虑"就近调配"。所以求得之总运输量是较小的。但是这并不能保证其总运输量是最小，因此还需要进行判别，看它是否是最优方案。

表 1-4

挖方区	填方区			挖方量（m³）
	B_1	B_2	B_3	
A_1	50	70	100	500
A_2	70	40	90	500
A_3	60	110	70	500
A_4	× 80	× 100	(400) 40	400
填方量（m³）	800	600	500	1900／1900

表 1-5

挖方区	填方区			挖方量（m³）
	B_1	B_2	B_3	
A_1	50	70	100	500
A_2	× 70	(500) 40	× 90	500
A_3	60	110	70	500
A_4	× 80	× 100	(400) 40	400
填方量（m³）	800	600	500	

表 1-6

挖方区	填方区			挖方量（m³）
	B_1	B_2	B_3	
A_1	(500) 50	× 70	× 100	500
A_2	× 70	(500) 40	× 90	500
A_3	(300) 60	(100) 110	(100) 70	500
A_4	× 80	× 100	(400) 40	400
填方量（m³）	800	600	500	

（2）最优方案的判别法

在"表上作业法"中，判别是否最优方案的方法有"闭回路法"和"位势法"。其实质都是一样的，都是求检验数 λ_{ij} 来判别，只要所有的检验数 $\lambda_{ij} \geqslant 0$，则该方案为最优方案；否则该方案不是最优方案，需要进行调整。"位势法"较"闭回路法"简便，因此这里只介绍用"位势法"求检验数。

首先将初始方案中有调配数方格的 c_{ij}（平均运距或单价等）列出来，然后按式（1-24）求出两组位势数 u_i（$i=1$，2，…，m）和 v_j（$j=1$，2，…，n）。

$$c_{ij} = u_i + v_j \tag{1-24}$$

式中　c_{ij}——平均运距（或单位土方运价）；

u_i、v_j——位势数。

位势数求出后，便可根据式（1-25）计算各空格的检验数：

$$\lambda_{ij} = c_{ij} - u_i - v_j \tag{1-25}$$

现在用"位势法"来判别表 1-6 中求得的初始方案是否是最优方案。首先把表 1-6 中有调配数方格的平均运距列于表 1-7 中。为了便于填写位势数 u_i 和 v_j，表 1-7 已在表 1-6 的基础上增加一行和一列，构成了位势表。在位势表中不需列出挖方量与填方量。

位势计算如下：先令 $u_1 = 0$ 则

$$v_1 = c_{11} - u_1 = 50 - 0 = 50$$
$$v_2 = 110 - 10 = 100$$
$$u_2 = 40 - 100 = -60$$
$$u_3 = 60 - 50 = 10$$
$$v_3 = 70 - 10 = 60$$
$$u_4 = 40 - 60 = -20$$

位势数求出后，再根据公式（1-25），依次求出各空格的检验数。如 $\lambda_{21} = 70 - (-60) - 50 = +80$（在表 1-8 中只写"＋"或"－"，可不必填入数字）。将计算结果填入表 1-8。

表 1-8 出现了负的检验数，这说明初始方案不是最优方案，需要进一步进行调整。

表 1-7

挖方区　填方区　位势	u_i　　　　　v_j	B_1　　$v_1=50$	B_2　　$v_2=100$	B_3　　$v_3=60$
A_1	$u_1=0$	0　⌐50		
A_2	$u_2=-60$		0　⌐40	
A_3	$u_3=10$	0　⌐60	0　⌐110	0　⌐70
A_4	$u_4=-20$			0　⌐40

表 1-8

挖方区 ＼ 填方区	位势 u_j ＼ v_j	B_1 $v_1=50$	B_2 $v_2=105$	B_3 $v_3=60$
A_1	$u_1=0$	0	— 70	+ 100
A_2	$u_2=-60$	+ 70	0	+ 90
A_3	$u_3=10$	0	0	0
A_4	$u_4=-20$	+ 80	+ 100	0

（3）方案的调整

第一步：在所有负检验数中选一个（一般可选最小的一个），本例中便是 c_{12}，把它所对应的变量 x_{12} 作为调整对象。

第二步：找出 x_{12} 的闭回路。其作法是：从 x_{12} 格出发，沿水平与竖直方向前进，遇到适当的有数字的方格作 90°转弯（也不一定转弯），然后继续前进，如果路线恰当，有限步后便能回到出发点，形成一条以有数字的方格为转角点的、用水平和竖直线联起来的闭回路，见表 1-9。

第三步：从空格 x_{12} 出发，沿着闭回路（方向任意）一直前进，在各奇数次转角点的数字中，挑出一个最小的（本例中便是在"500，100"中选出"100"），将它由 x_{32} 调到 x_{12} 方格中（即空格中）。

表 1-9

挖 方 区	填 方 区		
	B_1	B_2	B_3
A_1	500 →	x_{12}	
A_2	↓	500 ↑	
A_3	300 →	100	100
A_4			400

第四步：将"100"填入 x_{12} 方格中，被挑出的 x_{32} 为 0（该格变为空格）；同时将闭回路上其他的奇数次转角上的数字都减去"100"，偶数次转角上数字都增加"100"，使得填挖方区的土方量仍然保持平衡，这样调整后，便可得到表 1-10 的新调配方案。

对新调配方案，仍用"位势法"进行检验，看其是否已是最优方案。如果检验数中仍有负数出现，那就仍按上述步骤继续调整，直到找出最优方案为止。

表 1-10 中所有检验数均为正号，故该方案即为最优方案。

表 1-10

挖方区 ＼ 填方区	位势 u_j ＼ v_j	B_1 $v_1=50$	B_2 $v_2=70$	B_3 $v_3=60$	挖方量（m³）
A_1	$u_1=0$	400 ⌐50	100 ⌐70	+ ⌐100	500
A_2	$u_2=-30$	+ ⌐70	500 ⌐40	+ ⌐90	500
A_3	$u_3=10$	400 ⌐60	+ ⌐110	100 ⌐70	500
A_4	$u_4=-20$	+ ⌐80	+ ⌐100	400 ⌐40	400
填方量（m³）		800	600	500	1900

该最优土方调配方案的土方总运输量为：

$$z = 400 \times 50 + 100 \times 70 + 500 \times 40 + 400 \times 60$$
$$+ 100 \times 70 + 400 \times 40 = 94000(\text{m}^3 - \text{m})$$

最后将表 1-10 中的土方调配数值绘成土方调配图（图 1-13）

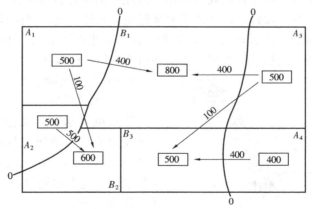

图 1-13　土方调配图

图 1-13 所示为本例的土方调配图，仅考虑场内的填挖平衡即可解决。有时由于地形窄长，运距较远，或由于土质原因，采取就近弃土和取土的平衡调配更为经济。此时，把弃土区和取土区作为虚拟的填方区和挖方区，仍可按照上述方法进行土方调配。图 1-14 为一示例。

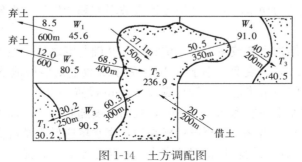

图 1-14　土方调配图

第二节　排　水　与　降　水

在组织建筑施工场地平整的同时，必须考虑排除地面水和降低地下水位工作，以保证土方及后续工程能在场地土体干燥条件下进行。

一、排除地面水

施工现场的排水系统应有一个总体规划。在施工区域内考虑临时排水系统时，应与原排水系统相适应，尽量与永久排水设施相结合。

排除地面水（包括雨水、施工用水、生活用水等）通常可采取在基坑周围设置排水沟、截水沟或筑土堤等办法。

排水沟应尽量利用自然地形来设置，便于将地面水直接排至场外，或引流至低洼处再用水泵抽走。一般排水沟断面不小于 0.5m×0.5m，纵向坡度按地形确定，通常不小于 3%。

二、降低地下水位

当开挖基坑或沟槽底面标高低于地下水位时，由于土的含水层被切断，地下水会不断地渗入基坑。如果不采取降水措施，不仅会使基坑施工条件恶化，而且地基土被水泡软后，造成基坑边坡塌方，使地基承载力下降。因此，为了保证基坑土方施工质量和安全，在基坑土方开挖前和开挖过程中，必须采取降低地下水位措施，以保持开挖土体的干燥。

降低基坑中的地下水位通常采取集水坑排水法和井点降水法。不论采取哪种降水方法，降水工作都要持续到基础工程施工完毕并回填土后才能停止。

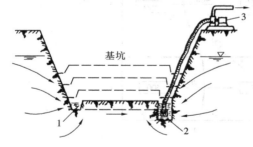

图 1-15　集水坑降水法
1—排水沟；2—集水坑；3—水泵

（一）集水坑降水法

1. 集水坑设置

集水坑降水法（又称明排水法）是在基坑开挖过程中，沿坑底周围或中央开挖有一定坡度的排水沟，在坑底每隔一定距离设一个集水坑，地下水通过排水沟流入集水坑内，然后用水泵抽走（图 1-15）。

集水坑降水法设备简单、排水方便，适用基坑面积较小，降水深度不大的粘粒土层，或渗水量小的粘性土层。对于软土或土层为细砂、粉砂或淤泥层时，则不宜采用这种方法，因为在基坑中直接排水，地下水将产生自上而下或从边坡向基坑的动水压力，容易导致边坡塌方和产生流砂现象。使基底土结构遭破坏。

为了防止基底土结构遭到破坏，集水坑宜设在基础范围之外，地下水的上游。排水沟深度通常为 0.3～0.5m，沟底宽不小于 0.3m，集水坑数量则根据地下水流入排水沟的水量大小及水泵的抽水能力来确定，一般每隔 20～40m 设置一个。

集水坑的直径或宽度一般为 0.6～0.8m，坑的深度随着挖土而加深，要经常保持低于挖土工作面 0.7～1.0m。当基坑挖至设计标高后，集水坑应低于基坑低面 1～2m，并要铺设碎石滤水层，以免抽水时间较长将泥沙带出，并防止基底土方搅动。

基坑排水用的水泵主要有离水泵、潜水泵和软轴水泵等。

2. 流砂形成与防止

当基坑挖土达到地下水位以下，而土是细砂或粉砂，又采用集水坑降水时，在一定的动水压力作用下，坑底下的土就会形成流动状态，随地下水一起流动涌进坑内，发生这种现象称为流砂现象。发生流砂现象时，地基完全丧失承载力，施工条件恶化，难以开挖至设计深度。流砂严重时，会引发基坑侧壁塌方，附近建筑物下沉，倾斜甚至倒塌。因此，流砂现象对土方施工和附近建筑物都有极大危害，施工中须足够重视。

流砂产生的原因，可通过图 1-16 所示的试验说明。图 1-16（a）中，由于高水位的左端（水头为 h_1）与低水位的右端（水头为 h_2）之间存在压力差，水经过长度为 l，断面积为 F 的土体由左端向右端渗流。作用于土体上的力有：

$\gamma_w \cdot h_1 \cdot F$——作用于土体左端 a-a 截面处的总水压力，其方向与水流方向一致（γ_w 为水的密度）；

$\gamma_w \cdot h_2 \cdot F$——作用于右端 b-b 截面处的总水压力，其方向与水流方向相反；

$T \cdot l \cdot F$——土骨架对水流的阻力（T 为单位土体阻力）。

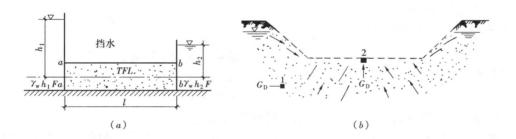

图 1-16　动水压力原理图
（a）水在土中渗流时的力学现象；（b）动水压力对地基土的影响
1、2—土粒

由静力平衡条件得：

$$\gamma_w \cdot h_1 \cdot F - \gamma_w \cdot h_2 \cdot F - T \cdot l \cdot F = 0$$

化简得：

$$T = \frac{h_1 - h_2}{l} \cdot \gamma_w \qquad (1\text{-}26)$$

式中 $\frac{h_1 - h_2}{l}$ 为水头差与渗透路程长度之比，即为水力坡度，以 i 表示。因而上式可写成：

$$T = i\gamma_w \qquad (1\text{-}27)$$

由于单位土体阻力与水在土中渗流时对单位土体的压力 G_D 大小相等，方向相反，所以：

$$G_D = -T = -i\gamma_w \qquad (1\text{-}28)$$

G_D 称为动水压力，单位为 kN/m³。由以上分析可知：动水压力 G_D 与水力坡度成正比，其水位差 $h_1 - h_2$ 愈大，G_D 愈大；而渗透路程 l 愈长，G_D 则愈小。动水压力的作用方向与水流方向相同。当水流在水位差作用下对土颗粒产生向上的压力时，动水压力不但使土颗粒受到水的浮力，而且还使土颗粒受到向上的压力，当动水压力等于或大于土的浸水容重 γ'_w 时，即

$$G_D \geqslant \gamma'_w \tag{1-29}$$

则土颗粒失去自重，处于悬浮状态，土的抗剪强度等于零，土颗粒能随渗流的水一起流动，产生流砂现象。

实践经验表明，具备下列性质的土，在一定动水压力作用下，就有可能发生流砂现象：①土的颗粒组成中，粘粒含量小于 10%，粉粒（颗粒为 0.005~0.05mm）含量大于 75%；②颗粒级配中，土的不均匀系数小于 5；③土的天然孔隙比大于 0.75；④土的天然含水量大于 30%。因此，流砂现象经常发生在细砂、粉砂及亚砂土中。经验还表明：在可能发生流砂的土质处，基坑挖深超过地下水位线 0.5m 左右，就会发生流砂现象。

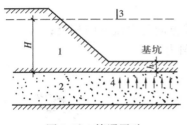

图 1-17　管涌冒砂

1—不透水层；2—透水层；3—压力水位线；4—承压水的顶托力

此外，当基坑坑底位于不透水土层内，而不透水土层下面为承压蓄水层，坑底不透水层的覆盖厚度的重量小于承压水的顶托力时，基坑底部即可能发生涌冒现象（图 1-17）。即

$$H \cdot \gamma_w > h \cdot \gamma \tag{1-30}$$

式中　H——压力水头；

　　　h——坑底不透水层厚度；

　　　γ_w——水的重度；

　　　γ——土的重度。

此时，管涌冒砂现象随即发生，施工时也应引起重视。

细颗粒、颗粒均匀、松散、饱和的非粘性土容易发生流砂现象，但是否出现流砂现象的重要条件是动水压力的大小和方向。在一定的条件下土转化为流砂，而在另一条件下，如改变动水压力的大小和方向，又可将流砂转变为稳定土。因此，在基坑开挖中，防治流砂的原则是"治流砂必治水"。主要途径有消除、减少或平衡动水压力。具体措施有：

（1）抢挖法　即组织分段抢挖，使挖土速度超过冒砂速度，挖到标高后立即铺竹筏、芦席并抛大石块以平衡动水压力，压住流砂。此法可解决轻微流砂现象。

（2）打板桩法　将板桩打入坑底下面一定深度，增加地下水从坑外流入坑内的渗流长度，以减小水力坡度，从而减小动水压力，防止流砂产生。

（3）水下挖土法　不排水施工，使坑内水压与地下水压平衡，消除动水压力，从而防止流砂产生。此法在沉井挖土下沉过程中常采用。

（4）井点降低地下水位　采用轻型井点等降水方法，使地下水的渗流向下，水不致渗流入坑内，又增大了土料间的压力，从而可有效地防止流砂形成。因此，此法应用广且较可靠。

（5）地下连续墙法　此法是在基坑周围先灌一道混凝土或钢筋混凝土的连续墙，以支承土壁、截水并防止流砂产生。

此外，在含有大量地下水土层或沼泽地区施工时，还可以采取土壤冻结法等。对位于流砂地区的基础工程，应尽可能用桩基或沉井施工，以节约防治流砂所增加的费用。

（二）井点降低地下水位

井点降低地下水位，就是在基坑开挖前，预先在基坑四周埋设一定数量的滤水管

（井），利用抽水设备从中抽水，使地下水位降落在坑底以下，直至施工结束为止。这样，可使所挖的土始终保持干燥状态，改善施工条件，同时还使动水压力方向向下，从根本上防止流砂发生，并增加土中有效应力，提高土的强度或密实度。因此，井点降低地下水位不仅是一种施工措施，也是一种地基加固方法。采用井点降低地下水位，可适当改陡边坡以减少挖土数量，但在降水过程中，基坑附近的地基土壤会有一定的沉降，施工时应加以注意。

井点降低地下水位的方法有：轻型井点、喷射井点、电渗井点、管井井点及深井泵等。各种方法的选用，视土的渗透系数、降低水位的深度、工程特点、设备条件及经济比较等具体条件参照表 1-11 选用。

各类井点的适用范围 表 1-11

项次	井点类别	土层渗透系数 （m/昼夜）	降低水位深度 （m）	项次	井点类别	土层渗透系数 （m/昼夜）	降低水位深度 （m）
1	单层轻型井点	0.1～50	3～6	4	电渗井点	<0.1	根据选用
2	多层轻型井点	0.1～50	6～12				的井点确定
			（由井点层数而定）	5	管井井点	20～200	3～5
3	喷射井点	0.1～2	8～20	6	深井井点	10～250	>15

1. 轻型井点

（1）轻型井点设备　轻型井点降低地下水位，是沿基坑周围以一定的间距埋入井点管（下端为滤管），在地面上用集水总管将各井点管连接起来，并在一定位置设置抽水设备，利用真空泵和离心泵的真空吸力作用，使地下水经滤管进入井管，然后经总管排出，从而降低地下水位（图 1-18）。

轻型井点设备主要包括：井点管（下端为滤管），集水总管和抽水设备等。

井点管长 6m，滤管长 1.0～1.5m。井管与滤管用螺丝套头连接。滤管的骨架管为外

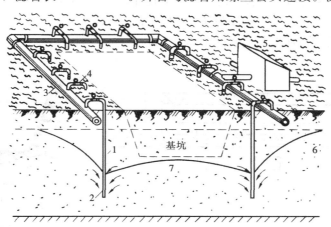

图 1-18　轻型井点法降低地下水位全貌图
1—井点管；2—滤管；3—总管；4—弯联管；5—水泵房；
6—原有地下水位线；7—降低后地下水位线
注：图中虚线箭头表示空气；实线箭头表示水流。

19

径 38～55mm 的无缝钢管，管壁上钻有直径 13～19mm 的星棋状排列的滤孔，滤孔面积为滤管表面积的 20%～50%。骨架管外包两层孔径不同的铜丝布或塑料布滤网。为使水流畅通，在骨架管与滤网之间用塑料管或梯形铅丝绕成螺旋形将两者隔开。滤网外面用带孔的薄铁管或粗铁丝网保护。滤网的下端为一铸铁堵头（图 1-19）。

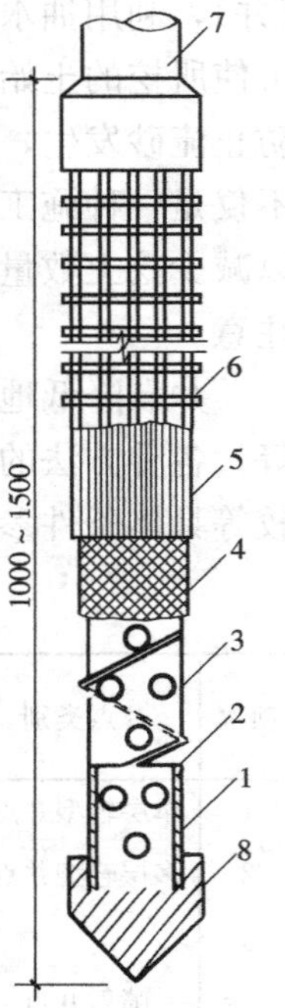

集水总管为内径 100～127mm 的无缝钢管，每节长 4m，其间用橡皮套管联结，并用钢箍拉紧，以防漏水。总管上装有与井点管联结的短接头，间距 0.8 或 1.6m。

真空泵的负荷能力，与其型号、性能和地质情况有关。一般情况下，一台真空泵能负担 100～200m 的集水总管。

（2）轻型井点布置　轻型井点的布置，根据基坑大小与深度、土质、地下水位高低与流向、降水深度要求等而定。

1）平面布置：当基坑或沟槽宽度小于 6m，水位降低值不大于 5m 时，可用单排线状井点，布置在地下水流的上游一侧，两端延伸长一般不小于沟槽宽度（图 1-20）。如沟槽宽度大于 6m，或土质不良，宜用双排井点。面积较大的基坑宜用环状井点（图 1-21）有时也可布置为 U 形，以利挖土机械和运输车辆出入基坑。环状井点四角部分应适当加密。井点管距离基坑一般为 0.7～1.0m，以防漏气。井点管间距一般用 0.8～1.6m，或由计算和经验确定。

采用多套抽水设备，井点系统要分段，各段长度应大致相等。分段地点宜选择在基坑转弯处，以减少总管弯头数量，提高水泵抽吸能力。水泵宜设置在各段总管中部，使泵两边水流平衡。分段处应设阀门或将总管断开，以免管内水流紊乱，影响抽水效果。

2）高程布置：轻型井点的降水深度，在考虑设备水头损失后，不超过 6m。井点管的埋设深度 H（不包括滤管）按下式计算（1-20b）：

$$H \geqslant H_1 + h + iL \quad (\text{m}) \tag{1-31}$$

式中　H_1——井管埋设面至其坑底的距离（m）；

图 1-19　滤管构造
1—钢管；2—管壁上的小孔；3—缠绕的塑料管；4—细滤网；5—粗滤网；6—粗铁丝保护网；7—井点管；8—铸铁头

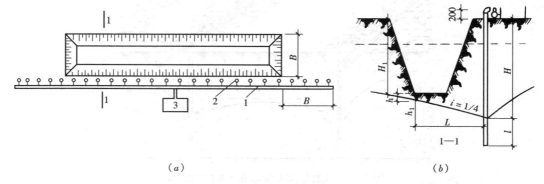

（a）　　　　　　　　　　　　　　　　　　　　（b）

图 1-20　单排井点布置简图

（a）平面布置；（b）高程布置

1—总管；2—井点管；3—抽水设备

20

h——基坑中心处坑底面（单排井点时，为远离井点一侧坑底边缘）至降低后地下水位的距离，一般为 0.5～1.0m；

i——地下水降落坡度，环状井点 1/10，单排线状井点为 1/4；

L——井点管至基坑中心的水平距离（单排井点中为井点管至基坑另一侧的水平距离）（图 1-20、图 1-21）。

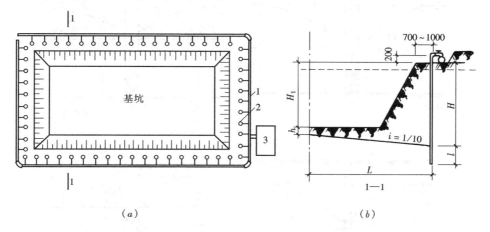

图 1-21 环形井点布置简图

（a）平面布置；（b）高程布置

1—总管；2—井点管；3—抽水设备

此外，确定井点管埋深时，要考虑井点管露出地面 0.2m 左右。

如果计算出的 H 值大于井点管长度，则应降低井点管的埋置面（但以不低于地下水位为准）以适应降水深度的要求。在任何情况下，滤管必须埋在透水层内。为了充分利用抽吸能力，总管的布置标高宜接近地下水位线（要事先挖槽），水泵轴心标高宜与总管平行或略低于总管。总管应具有 0.25％～0.5％坡度（坡向泵房）。各段总管与滤管最好分别设在同一水平面，不宜高低悬殊。

当一级井点达不到降水深度要求时，可视土质情况，采用其他方法（如先用明排法挖去一层土再布置井点系统）或采用二级井点（即先挖去第一级井点所疏干的土，然后再布置第二级井点）使降水深度增加（图 1-22）。

（3）轻型井点计算 轻型井点的计算包括：涌水量计算，井点管数量与井距确定，以及抽水设备的选用等。

1）井点系统涌水量计算：井点系统的涌水量是以水井理论进行计算的。根据地下水有无压力，水井分为无压井和承压井。水井布置在含水土层中，当地下水表面为自由水压时，称为无压井（图 1-23a、b）；当含水层处于上下不

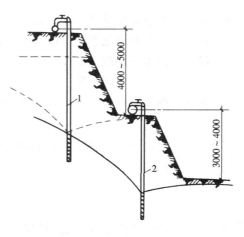

图 1-22 二级轻型井点

1—第一级井点管；2—第二级井点管

21

透水层之间,地下水表面具有一定水压时,称为承压井(图1-23c、d)。当水井底部达到不透水层时,称为完整井(图1-23a、c),否则称为非完整井(图1-23b、d)。水井类型不同,其涌水量的计算公式亦不相同。其中以无压完整井的理论较为完善。

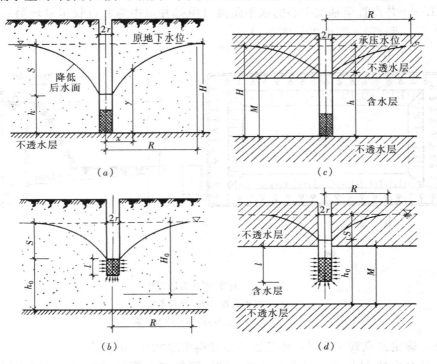

图1-23 水井种类

(a) 无压完整井;(b) 无压非完整井;(c) 承压完整井;(d) 承压非完整井

对于无压完整井(图1-23a)环状井点系统,其涌水量的计算公式为:

$$Q = 1.366K \frac{(2H-S)S}{\lg R - \lg x_0} \tag{1-32}$$

式中　Q——井点系统的涌水量(m^3/d);

K——土壤的渗透系数(m/d),最好通过现场扬水试验确定。表1-3仅供参考;

H——含水层厚度(m);

S——井中水位降低值(m);

R——抽水影响半径(m),常按下式计算:

$$R = 1.95S\sqrt{H \cdot K} \quad (m) \tag{1-33}$$

x_0——环状井点系统的假想半径(m),当矩形基坑的长度比不大于5时,可按下式计算:

$$x_0 = \sqrt{\frac{F}{\pi}} \quad (m) \tag{1-34}$$

式中　F——环状井点系统所包围的面积(m^2)。

对于无压非完整井点系统(图1-23b),地下潜水不仅从井的侧面流入,还从井点底部渗入,因此涌水量较完整井大。为了简化计算,仍可采用式(1-32)。但此时式中 H 应换成有效抽水影响深度 H_0。H_0 值可按表 1-12 确定，当算得 H_0 大于实际含水层厚度 H 时，仍取 H 值。

有效抽水影响深度 H_0 值 表 1-12

$S'/(S'+l)$	0.2	0.3	0.5	0.8
H_0	$1.3(S'+l)$	$1.5(S'+l)$	$1.7(S'+l)$	$1.85(S'+l)$

注：S' 为井点管中水位降落值，l 为滤管长度。

对于承压完整井点系统（图 1-23c），涌水量计算公式为：

$$Q = 2.73 \frac{KMS}{\lg R - \lg x_0} \quad (\text{m}^3/\text{d}) \tag{1-35}$$

式中　　　　　M——承压含水层厚度（m）；

K、S、R、x_0——同式（1-33）。

应用以上各式计算轻型井点系统涌水量时，要先确定井点系统布置方式和基坑计算图形面积。如矩形基坑的长度比大于 5 或基坑宽度大于抽水影响半径的两倍时，需将基坑分块，使其符合上述各式的适用条件，然后分别计算各块的涌水量和总涌水量。

2）井点管数量与井距的确定：确定井点管数量需先确定单根井点管的抽水能力。单根井点管的最大出水量 q，取决于滤管的构造与尺寸和土的渗透系数，按下式计算：

$$q = 65\pi dl \sqrt[3]{K} \quad (\text{m}^3/\text{d}) \tag{1-36}$$

式中　d——滤管内径（m）；

l——滤管长度（m）；

K——土的渗透系数（m/d）。

由此，井点管的最少根数 n，根据井点系统涌水量 Q 和单根井点管的最大出水量 q，按下式确定：

$$n = 1.1 \frac{Q}{q} \quad (\text{根}) \tag{1-37}$$

式中　1.1——备用系数，考虑井点管堵塞等因素。

井点管的平均间距 D 为：

$$D = \frac{L}{n} \quad (\text{m}) \tag{1-38}$$

式中　L——总管长度（m）；

n——井点管根数。

井点管间距经计算确定后，布置时还需注意：

井点管间距不能过小，否则彼此干扰大，出水量会显著减少，一般可取滤管周长的 5～10 倍；在基坑周围四角和靠近地下水流方向一边的井点管应适当加密；当采用多级井点降水时，下一级井点管间距应较上一级的小；实际采用的井距，还应与集水总管上短接头的间距相适应（可按 0.8、1.2、1.6、2.0m 四种间距选用）；在渗透系数小的土中，井距不应完全按计算取值，还要考虑抽水时间，否则井距较大时水位降落时间长，因此在这类土中井距反而宜较小些。

（4）抽水设备的选择　抽水设备一般都已固定型号。如真空泵有 W_5、W_6 型。采用

W_5 型泵时总管长度不大于 100m；采用 W_6 型泵时不大于 200m。

水泵一般也配套固定型号，但在不同地区使用时，还应验算水泵的流量是否大于井点系统的涌水量（应增大 10%～20%）。通常可一套抽水设备配置两台离心泵，既可轮换备用，又可在地下水量较大时同时使用。同时，还需注意水泵的吸水扬程是否能克服水气分离器中的真空吸力，以免抽不出水。

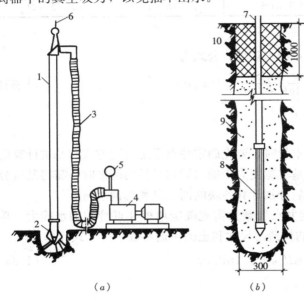

图 1-24 井点管的埋设

(a) 冲孔；(b) 埋管

1—冲管；2—冲嘴；3—胶皮管；4—高压水泵；5—压力表；
6—起重机吊钩；7—井点管；8—滤管；9—填砂；10—黏土封口

（5）轻型井点的安装使用 轻型井点的安装程序是：先排放总管，再埋设井点管，用弯联管将井点管与总管接通，然后安装抽水设备。其中，井点管的埋设是一项关键性工作。

井点管一般用水冲法埋设，分为冲孔与埋管两个过程（图 1-24）。冲孔时，先将高压水泵用高压胶管与冲孔管连接，冲孔管由起重设备吊起并插在井点的位置上。利用高压水（1～8N/mm²）经冲孔管头部的喷水小孔，以急速的射流冲刷土壤，同时使冲孔管上、下、左、右转动，边冲边下沉，从而逐渐在土中形成孔洞。井孔形成后，拔出冲孔管，立即插入井点管并及时在井点管与孔壁之间填灌砂滤层，以防止孔壁塌土。

认真做好井点管的埋设和砂滤层的填灌，是保证井点顺利抽水、降低地下水位的关键。为此应注意：冲孔过程中，孔洞必须保持垂直，孔径一般为 300mm，并应上下一致。冲孔深度宜比滤管低 0.5m 左右，以防止拔出冲孔管时，部分土回落孔底而触及滤管底部。砂滤层宜选用粗砂，以免堵塞滤管网眼，并填至滤管顶上 1.0～1.5m。砂滤层填灌好后，距地面下 0.5～1.0m 的深度内，应用黏土封口，以防漏气。

井点系统全部安装完毕后，需进行试抽，以检查有无漏气现象。

轻型井点使用时，一般应连续抽水（特别是开始阶段），时抽时停、滤网易于堵塞、出水混浊并引起附近建筑物由于土颗粒流失而沉降、开裂。同时由于中途停抽，地下水回升，也可能引起边坡塌方等事故。抽水过程中，应调节离心泵的出水阀以控制水量，使抽吸排水保持均匀，达到细水长流。正常的出水规律是"先大后小，先混后清"。真空泵的真空度是判断井点系统工作情况是否良好的尺寸，必须经常观察检查。造成真空度不足的原因很多，但多是井点系统有漏气现象，应及时检查并采取措施。在抽水过程中，还应检查有无堵塞"死井"（工作正常的井管，用手探摸时，应有冬暖夏凉的感觉），如死井太多，严重影响降水效果时，应逐个用高压水反冲洗或拔出重埋。为观察地下水位的变化，可在影响半径范围内设观察孔。

采用轻型井点降水时，由于土层水分排出后，土壤会产生固结，使得在抽水影响半径范围内引起地面沉降，这往往会给周围已有的建筑物带来一定危害。因此，在进行降低地下水位施工时，为避免引起周围建筑物产生过大的沉降，采用"回灌井点"方法是一种有效措施。这种方法，就是在抽水影响半径范围内建筑物的附近，预先布置一排回灌井点，在井点系统进行抽水的同时，向回灌井点内灌水，以保持已有建筑物附近原地下水位不变化，防止地面产生沉降而给已有建筑物带来危害。工程实践表明，这种回灌井点方法，可以取得较好的效果。

（6）轻型井点降水设计计算示例

某工程基坑开挖（图 1-25），坑底平面尺寸为 20m×15m，天然地面标高为±0.00，基坑底标高为－4.2m，基坑边坡坡度为 1：0.5，土质为：地面至－1.5m 为杂填土，－1.5m 至－6.8m 为细砂层，细砂层以下为不透水层；地下水位标高为－0.70m，经扬水试验，细砂层渗透系数 K＝18m/d，采用轻型井点降低地下水位。

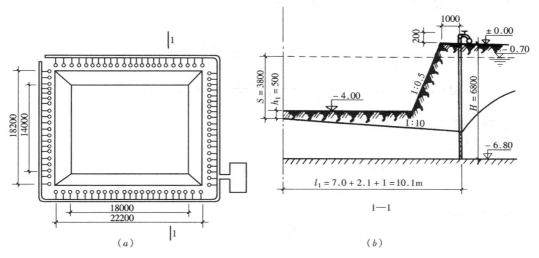

图 1-25　轻型井点系统布置

（a）平面布置；（b）高程布置

试求：①轻型井点系统的布置；

　　　②轻型井点的计算及抽水设备选用。

【解】　①轻型井点系统布置

总管的直径选用 127mm，布置在±0.00 标高上，基坑底平面尺寸为 20m×15m，上口平面尺寸为 24.2m×19.2m，井点管布置距离基坑壁为 1.0m，采用环形井点布置，则总管长度：

$$L = 2(24.2 + 20.2) = 88.80\text{m}$$

井点管长度选用 6m，直径为 50mm，滤管长为 1.0m，井点管露出地面为 0.2m，基坑中心要求降水深度：

$$S = 4.0 - 0.7 + 0.5 = 3.80\text{m}$$

采用单层轻型井点，井点管所需埋设深度：

$$H_1 = H_2 + h_1 + Il_1$$
$$= 4.0 + 0.5 + 0.1 \times 10.0 = 5.50 < 6\text{m}, 符合埋深要求。$$

井点管加滤管总长为 7m，井管外露地面 0.2m，则滤管底部埋深在－6.8m 标高处，正好埋设至不透水层上。基坑长度比小于 5，因此，可按无压完整井环形井点系统计算。

轻型井点系统布置如图 1-25 所示。

②基坑涌水量计算

按无压完整井环形井点系统涌水量计算公式：

$$Q = 1.366 \cdot K \cdot \frac{2(H-S)S}{\lg R - \lg x_0}$$

式中　含水层厚度　$H = 6.8 - 0.7 = 6.1\text{m}$

基坑中心降水深度　$S = 3.80\text{m}$

抽水影响半径　$R = 1.95 \cdot S \cdot \sqrt{H \cdot K}$

$$= 1.95 \times 3.80 \times \sqrt{6.1 \times 18} = 77.65\text{m}$$

环形井点假想半径　　　　　　$x_0 = \sqrt{\frac{F}{\pi}}$

$$= \sqrt{\frac{24.2 \times 20.2}{3.1416}} = 12.47\text{m}$$

$$Q = 1.366 \times 18 \cdot \frac{(2 \times 6.1 - 3.80)\ 3.80}{\lg 77.65 - \lg 12.47} = 980.4\text{m}^3/\text{d}$$

③井点管数量与间距计算

单根井点出水量：

$$q = 65 \cdot \pi \cdot d \cdot l \cdot \sqrt[3]{K}$$

$$= 65 \times 3.1416 \times 0.05 \times 1.0 \cdot \sqrt[3]{18} = 26.7\text{m}^3/\text{d}$$

井点管数量：

$$n = 1.1 \times \frac{Q}{q}$$

$$= 1.1 \times \frac{980.4}{26.7} = 40.85(\text{根})$$

井点管间距：

$$D = \frac{L}{n} = \frac{88.80}{40.85} = 2.17\text{m}　　　取 1.6\text{m}$$

则实际井点管数量为 $\frac{88.80}{1.6} \approx 56$ 根

④抽水设备选用

根据总管长度为 88.80m，井点管数量 56 根，选用 W5 型干式真空泵，可满足要求。

水泵所需流量 $Q_1 = 1.1 \times 980.44 = 1078\text{m}^3/\text{d} = 44.90\text{m}^3/\text{h}$

水泵的吸水扬程 $H_s = 6.0 + 1.0 = 7.0\text{m}$

根据 Q_1 与 H_s 查表 1-4，选用 3B33 型离心泵。

2. 管井井点

当渗透系数大（如 $K = 20 \sim 200\text{m/d}$），地下水丰富的土层，轻型井点不易解决时，可采用管井井点的方法进行降水。

管井井点是沿基坑每隔一定距离设置一个管井，每个管井单独用一台水泵不断地抽水，以降低地下水位。

　　管井井点的设备主要是由管井、吸水管及水泵组成（图1-26）。管井可用钢管管井和混凝土管管井等。钢管管井的管身采用直径为150～250mm的钢管，其过滤部分采用钢筋焊接骨架外缠镀锌铁丝并包滤网（孔眼为1～2mm），长度为2～3m。混凝土管管井的内径为400mm，分实管与过滤管两种，过滤管的孔隙率为20%～25%，吸水管可采用直径为50～100mm的钢管或胶管，其下端应沉入管井抽吸时的最低水位以下，为了启动水泵和防止在水泵运转中突然停泵时发生水倒灌，在吸水管底应装逆止阀。水泵可采用2～4英寸（5.08～10.16cm）潜水泵或单级离心泵。

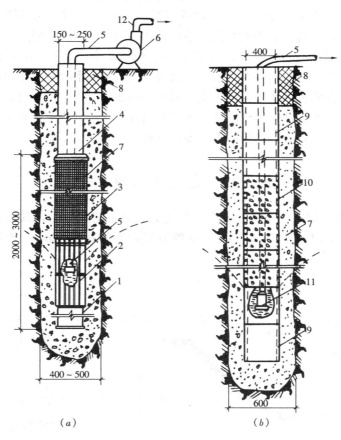

图 1-26　管井井点

(a) 钢管管井；(b) 混凝土管管井

1—沉砂管；2—钢筋焊接骨架；3—滤网；4—管身；5—吸水管；6—离心泵；7—小砾石过滤层；
8—黏土封口；9—混凝土实管；10—混凝土过滤管；11—潜水泵；12—出水管

　　管井的间距，一般为20～50m，管井的深度为8～15m。井内水位降低值可达6～10m，两井中间则为3～5m。管井井点计算，可参照轻型井点进行。

　　滤水井管的埋设，可采用泥浆护壁套管的钻孔法成孔。孔径应比井管直径大200mm以上。井管下沉前要进行清孔，并保持滤网的畅通。井管与土壁之间用粗砂或3～15mm

小砾石填灌作过滤层。地面以下 0.5m 内用黏土填充夯实。

此外，如要求降水深度较大，在管井井点内采用一般的离心泵和潜水泵已不能满足要求时，可改用深井泵，即深井井点降水法来解决。此法是依靠水泵的扬程把深处的地下水抽到地面上来。它适用于砂类土的渗透系数为 10～80m/d、降水深度大于 15～50m 的情况。

当要求降水深度大于 6m，而土的渗透系数又较小（$K=0.1～2m/d$）时，如采用轻型井点就必须采用多层井点，这样不仅增加井点设备，而且增大基坑的挖土量，延长工期等，往往是不经济的。在这种情况下，可采用喷射井点法进行降水，其降水深度可达到 8～20m。喷射井点的设备，主要由喷射井管、高压水泵和管路系统组成。喷射井点的平面布置，当基坑宽度小于 10m 时，可用单排布置；大于 10m 时，用双排或环形布置。井点间距一般为 2～3m，每一套喷射井点设备可带动 30 根左右喷射井管。

对于渗透系数很小的土（$K<0.1m/d$），因土粒间微小孔隙的毛细管作用，将水保持在孔隙内，单靠用真空吸力的井点降水方法效果不大，对这种情况需用电渗井点法降水。电渗井点是井点管作阴极，在其内侧相应地插入钢筋或钢管作阳极，通入直流电后，在电场作用下，使土中的水加速向阴极渗透，流向井点管。这种利用电渗现象与井点相结合的做法，称为电渗井点。这种方法因耗电较多，只有在特殊情况下使用。

第三节　基坑边坡与支护

为了防止土壁坍塌，确保施工安全，当挖土超过一定深度时，其边沿应放出足够的边坡。当场地受限制不能放坡或为了减少挖方量而不采用放坡时，则应设置基坑支护结构。

一、基坑边坡

1. 边坡坡度

基坑边坡的坡度是以其高度 h 与底宽 b 之比来表示的（图 1-27）。即

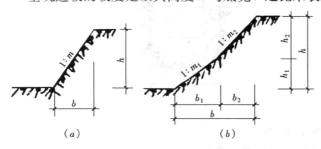

$$边坡坡度 = \frac{h}{b} = \frac{1}{\frac{b}{h}} = 1:m$$

式中　$m=\dfrac{b}{h}$，称为坡度系数。

当边坡的高度 h 为已知时，边坡的宽度 b 则等于 mh。若坑壁高度较高，挖方又经过不同类别土层时，其边坡可作成折线或台阶形，以减少土方量。

图 1-27　基坑边坡

(a) 直线形边坡；(b) 折线形边坡

基坑边坡大小，应根据土质条件、开挖深度、地下水位、施工方法、开挖后边坡留置时间长短、坡顶有无荷载以及相邻建筑物情况等因素而定。

当土质均匀且地下水位低于基坑（槽）或管沟底面标高，其开挖深度不超过表 1-13 规定时，基坑坑壁可做成直立壁，不加支撑不放坡。

当地质条件良好、土质均匀且地下水位低于基坑（槽）或管沟底面标高时，挖方深度

在 5m 以内不加支撑的边坡最陡坡度应符合表 1-14 的规定。

直立壁不加支撑挖方深度 表 1-13

土 的 类 别	挖方深度（m）
密实、中密的砂土和碎石（填充物为砂土）	1.00
硬塑、可塑的粉土及粉质黏土	1.25
硬塑、可塑的黏土和碎石类土（填充物为粘性土）	1.50
坚硬的黏土	2.00

深度在 5m 内的基坑（槽）、管沟边坡的最陡坡度（不加支撑） 表 1-14

土 的 类 别	边坡坡度（1：m）		
	坡顶无荷载	坡顶有静载	坡顶有动载
中密的砂土	1：1.00	1：1.25	1：1.50
中密的碎石类土（填充物为砂土）	1：0.75	1：1.00	1：1.25
硬塑的粉土	1：0.67	1：0.75	1：1.00
中密的碎石类土（填充物为黏性土）	1：0.50	1：0.67	1：0.75
硬塑的粉质黏土、黏土	1：0.33	1：0.50	1：0.67
老黄土	1：0.01	1：0.25	1：0.33
软土（经过井点降水后）	1：1.00	—	—

注：静载指堆土或材料等，动载指机械挖土或汽车运输作业等。

为了保证边坡和直立壁的稳定性，在挖方边坡上侧堆土方或材料以及有施工机械行驶时，应与挖方边缘保持一定距离。当土质良好时，堆土或材料应距挖方边缘 0.8m 以外，高度不宜超过 1.5m。在软土地区开挖时，挖出的土方应随挖随运走，不得堆在边坡顶上，坡顶亦不得堆放材料，更不得有动载，以避免由于地面上加荷引起边坡塌方事故。

2．边坡稳定

基坑边坡的稳定，主要是由于土体内颗粒间存在摩擦阻力和粘聚力，从而使土体具有一定的抗剪强度。土体抗剪强度的大小主要取决于土的内摩擦角和粘聚力的大小。不同的土质有不同的物理、力学性质，其土体的抗剪强度亦均有不同。

在一般情况下，基坑边坡失稳，发生滑动，其原因主要是由于土质及外界因素的影响，致使土体内的抗剪强度降低或剪应力增加，使土体中的剪应力超过其抗剪强度。

引起土体抗剪强度降低的原因有：因风化等气候影响使土质变松；黏土中的夹层因浸水而产生润滑作用；细砂、粉砂土因振动而液化等。

引起土体内剪应力增加的原因有：因坡顶堆放重物或存在动载；雨水或地面水浸入使土的含水量增加，因而使土体自重增加；水在土体中渗流而产生动水压力等。

为了防止基坑边坡坍塌，除保证边坡大小与坡顶上荷载符合规定要求外，在施工中还必须做好地面水的排除。基坑内的降水工作，应持续到地下结构施工完成，坑内回填土完毕为止。在雨季施工时，更应注意检查基坑边坡的稳定性，必要时，可适当放缓边坡坡度或设置支护结构，以防塌方。

二、基坑支护结构及撑锚体系

基坑土方开挖受到场地限制不允许按规定放坡，或基坑放坡不经济而采用坑壁竖直开挖时，就必须设置坑壁支护结构以防止坑壁坍塌，保证施工安全，减少对邻近建筑物、市政管线、道路等产生不利影响。

基坑支护主要随基坑开挖卸荷时所产生的土压力和水压力，能起到挡土和止水作用，是基坑施工过程中的一种临时性设施。

（一）支护结构的类型

支护结构由挡墙和支撑（拉锚）体系组成。由于挡墙类型不同，构成各异，施工中常用的挡墙有以下几种：

1. 重力式挡墙支护结构

重力式支护结构是通过加固基坑侧壁形成一定厚度的重力式挡墙，达到挡土目的。常用的深层搅拌水泥桩，土钉墙等属重力式支护结构。

（1）深层搅拌水泥土桩

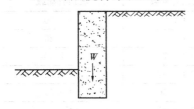

图 1-28　水泥土重力式
支护结构示意图

深层搅拌水泥桩采用水泥作固化剂，通过深层搅拌机在地基土中就地将原状土和水泥强制拌和，利用土和水泥之间产生的一系列的物理、化学反应后，使软土硬化成水泥柱状，形成具有一定强度和整体结构性的深层搅拌水泥土挡墙，简称水泥土墙。如图 1-28 所示。水泥土墙利用其自重力挡土，维持支护结构在侧向土压力和水压力作用下的整体稳定，同时由于桩体相互搭接形成连续整体，可兼作止水结构。

根据土质条件和支护要求，搅拌桩的平面布置可灵活采用壁式、块式或格栅式等如图1-29 所示。当采用格栅式布置时，水泥土与其包围的天然土共同利用重力式挡墙，维持坑壁稳定。在深度方面，桩长可采用长短结合的布置形式，以增加挡墙底部抗滑性和抗渗性，是目前常用的一种形式。

水泥土墙既可挡土，又能形成隔水帷幕，施工时振动小，噪音低，对周围环境影响小，施工速度快，成本低。但其抗拉强度低，墙宽大，尤其采用格栅式时墙宽可达 4～5m，只用于有较宽的施工场地。

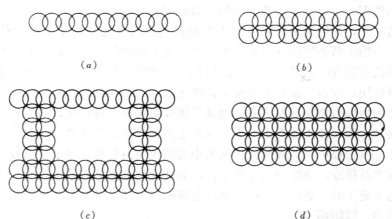

（a）

（b）

（c）

（d）

图 1-29　深层搅拌桩平面布置方式
（a）、（b）壁式；（c）格栅式；（d）实体式

水泥土墙宜用于基坑开挖深度不大于 6m，土质承载能力不大于 $150N/mm^2$ 的淤泥、黄土含水量较高的软土地基。

水泥土墙宜用强度等级为 42.5 级水泥，渗入量应不小于 10%，常用 12%～15% 为宜。横断面宜连续形成封闭的实体或格栏状结构。相邻桩的施工间歇时间不大于 10h，并应在前桩水泥尚未固化时进行后序搭接桩施工。水泥土 28d 的抗压强度为 0.8～$1.2N/mm^2$。

深层搅拌水泥桩施工，一般采用二次搅拌工艺。即预搅拌站→喷浆提钻搅拌→复搅沉钻→复搅（喷浆）提钻。喷浆搅拌时提升速度不大于 0.5m/min。

水泥土墙支结构施工前按规范规定应进行稳定性验算。

（2）土钉墙

土钉墙是近年发展起来的一种新型挡土结构。它是在坑壁内设置一定长度的钢筋或型钢（称土钉），并与坡面的钢丝网喷混凝土面板相结合，形成加筋原土重力式挡墙，起到挡土作用。

土钉插入土体内，全长与土粘接。由许多土钉组成的土钉群与土体共同工作，不仅提高了原土体强度和刚度，还可制约原土体变形，在坡面上通过钢丝网喷射混凝土制约土钉之间的变形，从而形成加筋土体加固区带，限制土体位移，显著提高了原土体的整体稳定性。

①土钉墙构造要求

土钉墙高度由基坑开挖深度决定。土钉墙斜面坡度一般为 70°～80°。土钉直径为 16～32mm（常用 25mm）的 HRB335 级钢筋，长度为开挖深度的 0.5～1.2 倍。钻孔直径 20～120mm。按梅花式方格布置，间距 1～2m。土钉与水平面夹角一般为 5°～20°。混凝土面板厚度为 100mm。混凝土强度等级不低于 C20，面板配筋为直径 6～8mm，间距150～300mm 的钢筋网。为了使土钉与面板连成整体，在土钉与钢筋网交接面上加一块钢垫板，用螺母固定。如图（1-30）所示。

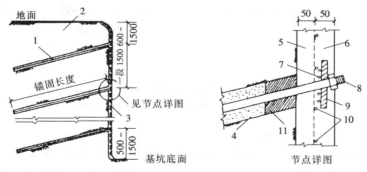

图 1-30　土钉墙构造示意图

1—土钉（钢筋）；2—被加固土体；3—喷射混凝土面板；4—水泥砂浆；5—第一层喷射混凝土；
6—第二层喷射混凝土；7—4φ12 增强筋；8—钢筋（土钉）；9—200mm×200mm×12mm 钢垫板；
10—150mm×150mmφ8 钢筋网；11—塞入填土（约 100mm 长）

②土钉墙施工

土钉墙是随工作面开挖而分层分段施工的，上层土钉砂浆及喷射混凝土面层达到设计强度的 70％后，方可开挖下层土方，进行下层土钉施工。每层的最大开挖高度取决于该土体可以直立而不坍塌的能力，一般取与土钉竖向间距相同，便于土钉施工。纵向分段开挖长度取决于施工流程的相互衔接，一般为 10m 左右。

土钉墙施工流程：

开挖工作面并修整坡面→埋设混凝土厚度控制标志→喷射第一层混凝土→钻孔、安设土钉、注浆→安装钢筋网、连接件→喷射第二层混凝土→预置坡顶、坡面及坡脚的排水系统。

土钉墙施工完毕后应进行质量检测，主要是土钉抗拉强度试验、检测承载力、混凝土面板等。

2. 排桩或板墙式挡墙支护结构

由板桩（钢板桩、混凝土板桩）、排桩（型钢桩、混凝土预制桩、钻孔浇注桩）或地下连续墙等作为墙的支护结构的，均属非重力式支护结构。

这类结构完全依靠挡墙本身的入土深度和刚度来维持坑壁整体稳定的，也称为悬臂式支护结构。在一定条件下为增强挡墙抗弯能力，可增加大挡墙深度，或设置一道或多道内支撑或坑外拉锚支撑。

（1）型钢桩支护结构

用于基坑侧壁支护的型钢有 H 钢、工字钢、槽钢等。它适用于地下水位低于基坑底面的黏土质碎石稳定性较好的土层。桩距根据土质和挖土深度而定。对松散土质在型钢之间应加挡土板。当地下水高于基坑底面时，应先采取降水措施。

（2）钢板桩支护结构

用钢板桩作坑壁支护结构适用于开挖深度不大于 5m 的软土地基。当开挖深度在 4～5m 时需设置支撑（拉锚）系统。

常用钢板断面形式（图 1-31）

(a) (b)

图 1-31　常用的钢板桩截面形式
(a) 平板桩；(b) 波浪型板桩（"拉森"板桩）

（3）钻孔浇筑排桩支护结构

钻孔浇筑排桩是目前深基坑支护结构中应用较多的一种挡墙支护形式。

钻孔浇筑桩常用直径为 600～1000mm，在排桩顶部浇筑钢筋混凝土圈梁（称腰梁），随着基坑开挖深度加大，在露出的排桩壁上设置一道或几道内支撑。在土质较好的坑壁可以做成深度 7～8m 悬臂无撑无锚的支护。

钻孔浇筑桩挡墙平面布置形式（图 1-32）。视有无挡水要求，通常可采用连续式排列、间隔式排列和交错式排列等形式。可根据土质条件、土压力大小及地下水位情况选用。

连续式排列桩在目前施工中还难以做到桩间紧密相切，桩之间仍会有间隙，因而挡水效果差。间隔式排列挡墙也只能挡土不能挡水。适用于已采取降水措施的基坑支护。

当对挡墙有挡水要求，又没有采取降水措施的基坑支护可采用交错排列式，或采用图1-33所示两种组合方法，均可收到良好的挡水效果。

排桩式挡墙多用于软弱土层的两层地下室及其以下深基坑支护。具有平面布置灵活，施工工艺简单，无噪声，无挤土，成本低，对周围环境影响小等优点。浇筑排桩支护结构常用直径为800～1200mm的人工挖孔桩。

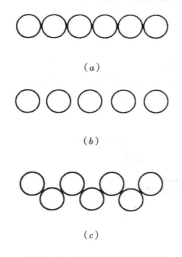

图 1-32　钻孔浇筑桩挡墙
平面布置形式
(a) 连续式排列；(b) 间隔式排列；
(c) 交错式排列

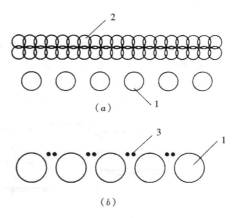

图 1-33　挡土兼止水挡墙形式
(a) 浇筑桩加搅拌水泥土桩（或水泥旋喷桩）；
(b) 浇筑桩加压密注浆
1—浇筑桩；2—水泥土桩（或旋喷桩）；
3—压密注浆

（4）地下连续墙

地下连续墙多用于—12m以下，地下水位高、软土地基深坑的挡墙支护结构。尤其是与邻近建筑物、道路、地下设施距离很近时，地下连续墙是首选的支护结构形式。

地下连续墙结构刚度大，变形小，既能挡土又能挡水。如单纯用于临时性的支护结构，费用过高，如设计上考虑挡墙与承重结构合一功能，则较为理想。

地下连续墙施工过程如图1-34所示。

（二）支护结构撑锚体系

为改善深基坑支护结构挡墙的受力状态，减少挡墙的变形和位移，应设置撑锚体系，撑锚体系按其工作特点和设置部位，可分为坑内支撑体系和坑外拉锚体系。

1. 坑内支撑体系

坑内支撑体系是内撑式支护结构的重要组成部分。它由支撑、腰梁和立柱等构件组成，是承受挡墙所传递的土压力、水压力的结构体系。

内撑体系根据不同的基坑宽度和开挖深度，可采用无中间立柱的对撑（图1-35a）及有中间立柱的单层或多层水平支撑（图1-35b）；当基坑平面尺寸很大而开挖深度不太大时，可采用斜撑（图1-35c）。

水平支撑的布置根据基坑平面形状、大小、深度和施工要求，可以设计成多种形式。常用的有井字形、角撑形和圆环形等。无论采用何种形式，支撑结构体系必须具有足够的

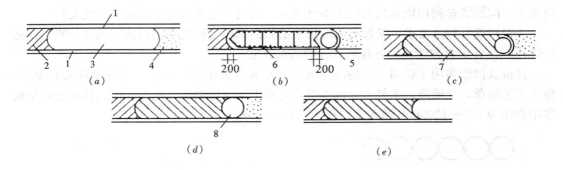

图 1-34 地下连续墙施工过程示意图

(*a*) 开挖槽段；(*b*) 吊放接头管和钢筋笼；(*c*) 浇筑混凝土；(*d*) 拔出接头管；(*e*) 形成接头

1—导墙；2—已浇筑混凝土的单元槽段；3—开挖的槽段；4—未开挖的槽段；5—接头管；

6—钢筋笼；7—正浇筑混凝土的单元槽段；8—接头管拔出后的孔洞

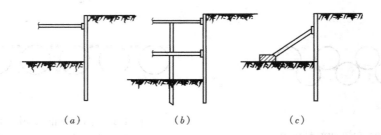

图 1-35 内支撑形式

(*a*) 对撑；(*b*) 两层水平撑；(*c*) 斜撑

强度、刚度和稳定性，节点构造合理，安全可靠，能满足支护结构变形控制要求，同时要方便土方开挖和地下结构施工。

水平支撑轴线平面位置，应避开地下结构的柱网或墙轴线，相邻水平支撑净距一般不小于 4m。

立柱应布置在纵横向水平撑的交点处，并避开地下结构柱、梁与墙的位置。立柱间距一般不大于 15m。其下端应支撑在较好的土层中。

斜撑宜对称布置，水平间距不宜大于 6m，斜撑与基坑底面之间的夹角，一般不宜大于 35°，在地下水位较高的软土地区不宜大于 26°，并与基坑内预留土坡的稳定坡度相一致。

斜撑的基础与挡墙之间的水平距离应大于基坑的深度。当斜撑长度大于 15m 时，宜在斜撑中部设置立柱。

斜撑底部的基础应具备可靠的水平力传递条件，一般有以下几种做法：

(1) 在斜撑底部设计专用承台，或利用工程桩承台作为斜撑的基础。基坑两侧对应的斜撑基础之间填筑毛石混凝土或另设置压杆，以抵抗斜撑底的水平分力。

(2) 允许利用地下室的钢筋混凝土底板或基坑底整体铺设的混凝土垫层，作为斜撑基础。

支撑体系按其材料分，主要有钢支撑（钢管、型钢等）和钢筋混凝土支撑。钢支撑安装拆除方便，施工速度快，可周转使用，可以施加预压力，有效控制挡墙变形。但钢支撑的整体刚度较弱，钢材价格较高。

钢筋混凝土支撑可设计成任意形状和断面，这种支撑体系整体性好，刚度大，变形小，可靠度高，节点处理容易，价格比较便宜。但施工制作时间较长，混凝土浇筑后还要有养护期，不像钢支撑，施工完毕立即可以使用。因此，其工期长，拆除较难（采用爆破方法拆除），有时对周围环境有所影响，工程完成后，支撑材料不能回收。

这里必须指出：土质越差，基坑越深，则支撑结构的质量、安全保证体系越显得重要。因此，在进行坑内支撑体系设计与施工时，必须认真、慎重从事，特别注意防止因支撑结构的局部失效，而导致整个支护结构的破坏，给工程带来损失。

2. 坑外拉锚体系

坑外拉锚体系由受拉杆件与锚固体组成。根据拉锚体系的设置方式及位置不同，通常可分为两类：

（1）水平拉杆锚碇

它是沿基坑外地表水平设置的，如图1-36所示，水平拉杆一端与挡墙顶部连接，另一端锚固在锚碇上，用于承受挡墙所传递的土压力、水压力和附加荷载所产生的侧压力。拉杆通过开沟浅埋于地表下，以免影响地面交通，锚碇位置应处于地层滑动面之外，以防止坑壁土体整体滑动时，引起支护结构整体失稳。

拉杆通常采用粗钢筋或钢绞线。根据使用时间长短和周围环境情况，事先应对拉杆采取相应的防腐措施，拉杆中间设有紧固器，将挡墙拉紧之后即可进行土方开挖作业。

此法施工简便，经济可行，适用于土质条件较好，开挖深度不大，基坑周边有较开阔施工场地时的基坑支护。

（2）土层锚杆

它是沿坑外地层设置的，如图1-37所示，锚杆的一端与挡墙连接，另一端则为锚固体，锚固在坑外的稳定地层中。挡墙所承受的荷载通过锚固体传递给周围土层，从而发挥地层的自承能力。

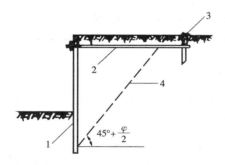

图1-36　锚碇式支护结构
1—挡墙；2—拉杆；3—锚碇桩；
4—主动滑动面

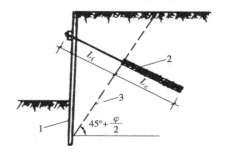

图1-37　锚杆式支护结构
1—挡墙；2—土层锚杆；3—主动滑动面；
L_f—非锚固段长度；L_c—锚固段长度

对于深基坑支护采用锚杆代替支撑，施工时使坑内无支撑的障碍，从而改善了坑内工程的施工条件，大大提高土方开挖和地下结构工程施工的效率和质量。

土层锚杆适用于基坑开挖深度大，而地质条件为砂土或粘性土地层的深基坑支护，当地质太差或环境不允许时（建筑红线外的地下空间不允许侵占或锚杆范围内存在着深基础、沟管等障碍物）不宜采用。

（三）支护结构的选型

支护结构的选型应满足下列基本要求：

1. 符合基坑侧壁安全等级要求，确保坑壁稳定，施工安全；
2. 确保邻近建筑物、道路、地下管线等的正常使用；
3. 要方便于土方开挖和地下结构工程施工；
4. 应做到经济合理、工期短、效益好。

基坑支护结构选择，应根据上述基本要求，并综合考虑基坑实际开挖深度、基坑的平面形状和尺寸、地基土层的工程地质和水文地质条件、施工作业设备和挖土方案、邻近建筑物的重要程度、地下管线的限制要求、工期及造价等因素，经技术经济比较后优选确定。

基坑支护结构设计应根据表 1-15 选用相应的侧壁安全等级及重要性系数。

基坑侧壁安全等级及重要性系数 表 1-15

安全等级	破 坏 后 果	γ_0
一级	支护结构破坏、土体失稳或过大变形对基坑周边环境及地下结构施工影响很严重	1.10
二级	支护结构破坏、土体失稳或过大变形对基坑周边环境及地下结构施工影响一般	1.00
三级	支护结构破坏、土体失稳或过大变形对基坑周边环境及地下结构施工影响不严重	0.90

注：有特殊要求的建筑基坑侧壁安全等级可根据具体情况另行确定。

基坑支护结构型式及其适用条件见表 1-16。

基坑支护结构选型表 表 1-16

支护结构型式	适 用 条 件
排桩或地下连续墙	1. 适用于基坑侧壁安全等级为一、二、三级； 2. 悬臂式结构在软土场地中不宜大于 5m； 3. 当地下水位高于基坑底面时，宜采用降水、排桩加截水帷幕或地下连续墙
水泥土墙	1. 基坑侧壁安全等级为二、三级； 2. 水泥土桩施工范围内地基土承载力不宜大于 150kPa； 3. 开挖深度不宜大于 6m
土钉墙	1. 基坑侧壁安全等级为二、三级； 2. 基坑深度不宜大于 12m； 3. 当地下水位高于基坑底面时，宜采取降水或截（止）水措施
逆作拱墙	1. 基坑侧壁安全等级为二、三级，淤泥和淤泥质土场地不宜采用； 2. 施工场地应满足拱墙矢跨比大于 1/8； 3. 基坑深度不宜大于 12m； 4. 地下水位高于基坑底面时，宜采取降水或截水措施
放坡	1. 基坑侧壁安全等级宜为三级； 2. 施工场地应满足放坡条件； 3. 可独立或与其他结构型式结合作用； 4. 当地下水位高于坡脚时，宜采取降水措施

注：根据具体情况和条件，采用上述支护结构型式的组合。

第四节 土方机械化施工

建筑工程中，除少量或零星土方量施工采用人工外，一般均应采用机械化、半机械化的施工方法，以减轻繁重的体力劳动，加快施工进度，降低工程成本。

一、挖土机械的类型与施工特点

（一）推土机施工

推土机实际上为一装有铲刀的拖拉机。其行走方式有轮胎式和履带式两种，铲刀的操纵机构有索式和油压式两种。索式推土机的铲刀借本身自重切入土中，在硬土中切土深度较小。液压式推土机系用油压操纵，故能使铲刀强制切入土中，切土深度较大。

推土机的特点是操纵灵活、运转方便、所需工作面较小，功率较大，行驶快，易于转移，能爬30°左右的缓坡，用途很广。适用于地形起伏不大的场地平整，铲除腐殖土，并推送到附近的弃土区；开挖深度不大于1.5m的基坑；回填基坑和沟槽；推筑高度在1.5m以内的路基、堤坝；平整其他机械卸置的土堆；推送松散的硬土、岩石和冻土；配合铲运机、挖土机工作等。卸下铲刀还可牵引其他无动力的土方机械。推土机可推掘一～四类土壤，为提高生产效率，对三、四类土宜事先翻松。推运距离宜在100m以内，以40～60m效率最高。

推土机的生产率主要决定于推土刀推移土壤的体积及切土、推土、回程等工作的循环时间。为此，可采用顺地面坡度下坡推土，2～3台推土机并列推土，分批集中一次推送，开槽推土等方法来提高生产效率。如推运较松的土壤，且运距较大时，还可在铲刀两侧加挡土板。

（二）铲运机施工

铲运机由牵引机械和土斗组成，有拖式和自行式两种，其操纵机构分油压式和索式。拖式铲运机由拖拉机牵引，自行式铲运机的行驶和工作，都靠本身的动力设备，不需要其他机构的牵引和操纵。

铲运机的特点是能综合完成挖土、运土、平土或填土以及碾压等全部土方施工工序；对行驶道路要求较低；操纵灵活、运转方便；生产率高。在土方工程中常应用于大面积场地平整，开挖大型基坑、沟槽以及填筑路基、堤坝等工程。最宜于铲运含水量不大于27%的松土和普通土，不适于在砾石层和冻土地带及沼泽区工作，当铲运三、四类较坚硬的土壤时，宜用推土机助铲或选用松土机配合把土翻松0.2～0.4m以减少机械磨损，提高生产率。

在工业与民用建筑施工中，常用铲运机的斗容量为1.5～6m³。自行式铲运机的经济运距以800～1500m为宜，拖式铲运机的运距以600m为宜，当运距为200～300m时效率最高。在规划铲运机的开行路线时，应力求符合经济运距的要求。

铲运机的运行路线，对提高生产效率影响很大，应根据填方区的分布情况并结合当地具体条件进行合理选择。

铲运机在坡地行走和工作时，上下纵坡不宜超过25°，横坡不宜超过6°，不能在陡坡上急转弯，工作时应避免转弯铲土，以免铲刀受力不均匀引起翻车事故。

（三）单斗挖土机施工

单斗挖土机是大型基坑开挖中最常用的一种土方机械。根据其工作装置的不同，分为正铲、反铲、抓铲和拉铲四种（图1-38），常用斗容量为 $0.5\sim2.0\text{m}^3$。根据操纵方式，分为液压传动和机械传动两种。在建筑工程中，单斗挖土机可挖掘基坑、沟槽，清理和平整场地，更换工作装置后还可以进行装卸、起重、打桩等作业，是建筑工程土方施工中不可缺少的机械设备。

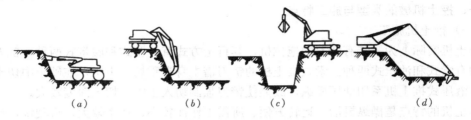

图1-38　单斗挖土机工作装置的类型
(a) 正铲；(b) 反铲；(c) 抓铲；(d) 拉铲

（1）正铲挖土机　它挖掘能力大，生产效率高，一般用于开挖停机面以上一～四类土。正铲挖土机需与汽车配合完成整个挖运任务。在开挖基坑时要通过坡道进入坑中挖土（坡道坡度为1：8左右），并要求停机面干燥，因此挖土前须做好基坑排水工作。

（2）反铲挖土机　反铲挖土机用于开挖停机面以下的一～三类土（索式反铲只宜挖一、二类土），不需设置进出口通道。适用于挖基坑、基槽和管沟、有地下水的土壤或泥泞土壤。一次开挖深度取决于最大挖掘深度的技术参数。

（3）拉铲挖土机　拉铲挖土机用于开挖停机面以下的一、二类土。它工作装置简单，可直接由起重机改装。其特点是：铲斗悬挂在钢丝绳下而不需刚性斗柄，土斗借自重使斗齿切入土中，开挖深度和宽度均较大，常用于开挖大型基坑和沟槽。拉铲卸土时斗齿朝下，并有惯性，湿的黏土也能卸干净，用于水下挖土或开挖有地下水的土。与反铲挖土机相比，拉铲的挖土深度、挖土半径和卸土半径均较大，但开挖的精确性差，且大多将土弃于土堆，如需卸在运输工具上，则操作技术要求高，且效率低。

拉铲挖土机的开行路线与反铲挖土机开行路线相同。

（4）抓铲挖土机　抓铲挖土机是在挖土机臂端用钢索装一抓斗而成，也可由履带式起重机改装。它可挖掘一、二类土，宜用于挖掘独立基坑、沉井，特别适宜于水下挖土。

二、土方开挖机械的选择与配套计算

（一）土方机械的选择

土方机械的选择，通常应先根据工程特点和技术条件提出几种可行方案，然后进行技术经济比较，选择效率高、费用低的机械进行施工。

当场地不大，平均运距在100m内时，可采用推土机进行平整。

当地形起伏不大、坡度在20°以内的场地平整，如土的含水量适当，平均运距在1000m左右时，采用铲运机较为合适；当土质坚硬或冬季冻土层厚度超过 $0.10\sim0.15\text{m}$ 时，可考虑用其他机械辅助翻松再用铲运机施工；当一般土的含水量大于25%，或黏土含水量超过30%时，必须使水疏干，以免铲运机行驶困难。

对地形起伏较大的丘陵地带，一般挖土高度在3m以上，运输距离超过1000m，工程量较大且又集中时，可采用正铲挖土机配以自卸汽车进行施工，并在弃土区配备推土机平整土堆。也可用推土机预先把土堆成土堆，用装载机把土装到汽车上运走。当挖土层厚度在 5～6m 以上时，可用推土机将土推入漏斗，然后自卸汽车在漏斗下装土并运走。用此方法，漏斗上口尺寸约为 3 米左右，由钢框架支承，其位置应选择在挖土段的较低处，并预先挖平以便装车。漏斗左右及后侧土壁均应加以支护，以策安全。

开挖基坑时，如土的含水量较小，可结合运距长短，挖掘深度，分别选用推土机、铲运机或正铲（或反铲）挖土机配自卸汽车进行施工。当基坑深度在 1～2m，基坑不太长时，可采用推土机；长度较大、深度在 2m 以内的线状基坑，可用铲运机；当基坑较大，工程量集中时，可选用正铲挖土机。如地下水位较高，又不采用降水措施，或土质松软，可能造成机械陷车时，则采用反铲、拉铲或抓铲配自卸汽车施工较为适合。

对于移挖作填以及基坑和管沟的回填，运距在 60～100m 以内，可用推土机。

（二）挖土机与运土车辆的配套计算

当用挖土机挖土，用汽车运土时，应以挖土机械为主导机械，运输车辆应根据挖土机性能配套选用。

挖土机工作小时生产率，按下式计算：

$$Q_h = 60 \cdot q \cdot n \cdot K \qquad (1\text{-}39)$$

式中　Q_h——挖土机纯工作小时生产率（m^3/h）；

　　　q——挖土机土斗容量（m^3）；

　　　n——每 min 挖土次数；

$$n = 60/T_p$$

　　　T_p——挖土机每次循环作业时间（s）；

　　　K——系数，一般为 0.6～0.87。

单斗挖土机台班生产率，按下式计算：

$$Q_d = 8Q_h \cdot K_B \qquad (1\text{-}40)$$

式中　K_B——工作时间利用系数，取 0.6～0.8；

　　　Q_d——挖土机台班生产率；（m^3/台班）

$$自卸汽车配备台数 = \frac{挖土机台班产量}{汽车台班产量}$$

三、土方填筑和压实

（一）填土准备工作

土方回填前应作好以下准备工作：

1. 地表土层处理

（1）清除填方基底上的树根及坑穴中的积水、淤泥和杂物等。基底为耕植土或松土时，应碾压密实。

（2）在房屋和建筑物地面下的填方或厚度小于 0.5m 的填方，应清除基底上的草皮、垃圾和软弱土层。在土质较好、较平坦场地填方，可不清除基底上的草皮，但应清除长草。

（3）填方基底坡度陡于 1/5 时，应修筑 1：2 台阶边坡，阶宽不小于 1m。

2. 验收地下设施

对地下设施工程（如地下结构物、沟渠、管道、电缆管线等）两侧、四周及上部的回填，应先对地下工程进行各项检查，办理验收手续方可回填。

（二）一般要求

1. 土料选用

填方土料应符合设计要求，保证填方的强度和稳定性。如设计无要求时，应符合下列规定：

（1）含有大量有机物质的土，吸水后容易变形，使承载能力降低；含水溶性硫酸盐大于5％的土，在地下水作用下，硫酸盐逐渐溶解流失，形成孔洞，影响土的密实度：这两种土以及淤泥、冻土、膨胀土等均不应作为填方土料。

（2）粘性土可作填方土料，填土前应检查其含水量是否在控制范围内；碎石土、砂土和石渣可用于表层下的填料。

2. 施工要求

填方宜尽量采用同类土填筑，如果采用两种透水性不同的土质填筑时，应将透水性较大的土层置于透水性较小的土层之下。边坡不得用透水性较小的土封闭。

对于有密实度要求的填方，应按所选的土料和压实机械性能，通过试验确定含水量控制范围、每层铺土厚度、压实遍数，进行分层碾压；对于无密实度要求或允许自然沉实的填方，可以不压实，但要预留一定的沉降量。

（三）填土压实

1. 压实的一般要求

（1）密实度要求，通常以压实系数 λ_c 表示。压实系数为土的控制（实际）干密度 P_d 与最大干密度 P_{dmax} 的比值。最大干密度是在最优含水量状态下，通过标准的击实方法确定的。

密实度要求一般由设计确定，如未作规定，可参考表 1-17 的数值。

填土压实系数 λ_c（密实度）　　　　　　　　　　　　表 1-17

结构类型	填 土 部 位	压实系数 λ_c
砌体或框架结构	在地基的持力层范围内	＞0.96
	在地基的持力层范围以下	0.93～0.96
简支式排架结构	在地基的持力层范围内	0.94～0.97
	在地基的持力层范围以下	0.91～0.93
一般工程	基础四周或两侧一般回填土	0.9
	室内地坪、管道地沟回填土	0.9
	一般堆放场地回填土	0.85

（2）含水量控制

填土含水量对压实质量有直接影响。压实前应预先试验并求出符合密实度条件下的最优含水量和压实遍数（一般回填土不作此项测定）。各种土的最优含水量和最大干密度的参考值见表 1-18。

表 1-18

项次	土的种类	最优含水量（%）	最大干密度（g/m³）
1	砂土	8～12	1.8～1.88
2	黏土	19～23	1.58～1.70
3	粉质黏土	12～15	1.85～1.95
4	粉土	16～22	1.61～1.80

（3）铺土厚度和压实遍数

填方每层铺土厚度和压实遍数视土的性质、设计要求的压实系数和压实机具的性质而定。一般应在施工现场进行碾压试验来确定。表 1-19 为每层铺土厚度与碾压（夯实）遍数的参考数值。

填方每层铺土厚度和压实遍数　　　　　　　　表 1-19

压实机具	每层铺土厚度（mm）	每层压实遍数（遍）	压实机具	每层铺土厚度（mm）	每层压实遍数（遍）
平碾	200～300	6～8	推土机	200～300	6～8
羊足碾	200～350	8～16	拖拉机	200～300	8～16
蛙式打夯机	200～250	3～4	人工打夯	不大于 200	3～4

注：利用运土机械行驶压实填方，每层铺土厚度不超过 0.5～0.7m。

2. 压实机具选用

（1）平碾压路机　又称光碾压路机，按重量有轻型 3～5t，中型 6～9t，重型 10～14t 三种。按作用于土层的荷载不同，分静作用压路机和振动压路机两种。前者适用于较薄填土和表面压实、平整场地、修筑堤坝、道路工程；后者适用石渣填料、杂填土或粉土的大型土方。

（2）压路碾　压路碾按重量有轻型小于 5t、中型 5～10t、重型大于 10t 三种。按形状有平碾、带槽碾、轮胎碾和羊足碾等四种。大面积压实黏土粉土、黄土宜选用羊足碾，筒内可装砂或装水，以提高单位面积的压力，增加压实效果。但对于干砂、干硬土和石渣等压实效果不好，不宜使用。

（3）小型打夯机　常用的有硅式打夯机、内燃打夯机、电动立夯等。由于体积小，轻便、实用，在建筑工程上使用很广。适用于基坑、管沟及各种零星部位的填方夯实工作。

（4）其他机具　对于密实度要求不高的大面积填方工程，在缺乏碾压机械时，可采用推土机或铲运机压实。对松填的特厚土层，亦可采用重锤夯实，强夯机具。

3. 质量控制与检验

在实际施工中，常通过试验求出在一定含水量范围内，达到设计密实度要求时的碾压遍数，用碾压遍数来控制压实情况。检验方法一般采用环刀法，取样试验干密度，求出密实度。或用轻便触探仪直接通过锤击数来检验干密度和密实度。

填土压实后的干密度，应有 90% 以上符合设计要求，其余 10% 的最低值与设计值之差不得大于 0.088g/cm³。

习　题

1-1　某场地如图 1-39 所示，方格边长为 40m。

①试按挖、填平衡原则确定场地平整的计划标高 H_0，算出方格角点的施工高度，绘出零线，计算挖方量和填方量。

②当 $i_x=2‰$，$i_y=0$，试确定方格角点的计划标高。

③当 $i_x=2‰$，$i_y=3‰$ 时试确定方格角点的计划标高。

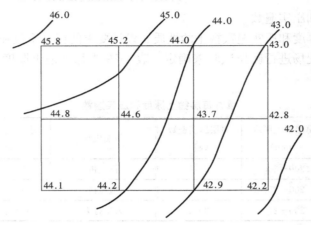

图 1-39　习题 1-1 附图

1-2　试用"表上作业法"确定土方量的最优调配方案。

土方调配运距表

挖方区＼填方区	T_1	T_2	T_3	T_4	挖方量（m³）
W_1	150	200	180	240	10000
W_2	70	140	110	170	4000
W_3	150	220	120	200	4000
W_4	100	130	80	160	1000
填方量（m³）	1000	7000	2000	9000	19000

注：小方格内运距单位：m。

1-3　某基坑底面积为 35m×20m，深 4.0m，地下水位在地面下 1m，不透水层在地面下 9.5m，地下水为无压水，渗透系数 $K=15$m/d，基坑边坡为 1：0.5，现拟用轻型井点系统降低地下水位，试求：

①绘制井点系统的平面和高程布置；

②计算涌水量、井点管数和间距。

第二章 桩基础工程

桩基础是用承台或梁将沉入土中的桩联系起来，以承受上部结构的一种常用的基础形式。当天然地基土质不良，不能满足建筑物对地基变形和强度方面的要求时，常常采用桩基础将上部建筑物的荷载传递到深处承载力较大的土层上，以保证建筑物的稳定和减少其沉降量。同时，当软弱土层较厚时，采用桩基础施工，可省去大量土方、支撑和排水、降水设施。一般均能获得良好的经济效果。因此，桩基础在建筑工程中得到广泛应用。

按桩的传力及作用性质，桩可分为端承桩和摩擦桩两种。端承桩是穿过软弱土层而达于岩层或坚硬土层上的桩（图 2-1a），上部结构荷载主要由桩尖阻力来平衡。摩擦桩是把建筑物的荷载传布在四周土中及桩尖下土中的桩（图 2-1b），但荷载的大部分靠桩四周表面与土的摩擦力来支承。

按桩的材料可分为砂桩、灰砂桩、木桩、混凝土桩、钢筋混凝土桩、预应力钢筋混凝土桩和钢桩等。砂桩多用于地基加固、排水固结、挤密土层；灰砂桩多用于加固复杂填土地基、挤密土层；钢管桩、混凝土及钢筋混凝土桩多用于软土地基支承建筑物（构筑物）；板桩多用于护坡挡土、挡水等。

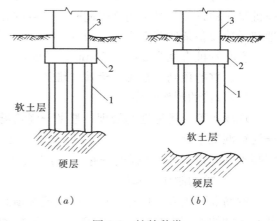

图 2-1 桩的种类
(a) 端承桩；(b) 摩擦桩
1—桩；2—承台；3—上部结构

桩按其施工方法，则分为预制桩和灌注桩两大类。

预制桩是在工厂或施工现场预制成各种材料和形式的桩，而后用沉桩设备将桩沉入土中。其主要方法有以下几种：

（1）锤击沉桩 即通常所称的"打桩"。它是利用桩锤的冲击动能使预制桩沉入土中。这种沉桩方法能适应各种不同的土层，机械化程度高，施工速度快，而且由于打桩过程中桩对土有振动和挤压的影响，能使土体密实，使桩有较大的承载能力，因而是最常用的一种沉桩方法。

（2）压桩 此法是利用桩架（高 16～20m）的自重与压重（静压力 800～1500kN），通过卷扬机和滑轮组，将桩逐节（每节长 6～10m）压入土中。压入法可以减少打入桩噪声大及对邻近建筑物的振动影响，适用于较均质的软土地基。

（3）水冲沉桩 是利用高压水流冲刷桩尖下面的土壤，以减小桩表面与土壤之间的摩擦力和桩下沉时的阻力，使桩身在自重或锤击作用下很快沉入土中。待射水停止后，冲松的土沉落又可将桩身压紧。这种方法适用于砂土，砾石或其他坚硬的土层，施工中常与锤击打入法联合使用，以提高工效。

（4）振动沉桩　振动沉桩与锤击沉桩，不同的是用振动箱代替桩锤。基本原理是借助固定于桩头上的振动箱所产生的振动力，以减小桩与土壤颗粒之间的摩擦力，使桩在自重与机械力的作用下沉入土中。

振动沉桩主要适用于砂土、黄土、软土和亚黏土的土层中。在含水砂层中效果更为显著。但不宜用于黏土以及土层中夹有孤石的情况。

灌注桩是在施工现场的桩位上采用机械或人工成孔，然后在孔内灌注混凝土（或钢筋混凝土）。根据成孔方法的不同，可分为钻孔、挖孔、冲孔灌注桩，套管成孔灌注桩，爆扩成孔灌注桩等。灌注桩近年来发展较快，它可节约钢材，降低造价，能直接探测地层变化，在持力层顶面起伏不平时，桩长容易控制，但施工时影响质量的因素较多，故应严格按规定要求施工并加强工程质量管理。

第一节　钢筋混凝土预制桩施工

钢筋混凝土预制桩为使用较多的一种桩型。常用截面有混凝土方形桩和预应力混凝土管型桩两种。方形桩边长通常为250～500mm，长7～25mm，在桩的尖端设置桩靴。当长桩受运输条件与桩架高度限制时，可将桩分成数节，每节长根据桩架有效高度、制作场地和运输设备条件等考虑（一般6～13m）。

空心管桩直径为300～550mm，长度每节为4～12m，管壁厚度80mm。

一、桩的预制、起吊、运输和堆放

（一）桩的制作程序

现场布置→场地地基处理、整平→浇筑场地地坪混凝土→支模→绑扎钢筋、安设吊环→浇筑混凝土→养护至30％强度拆模，再支上层模，涂刷隔离剂→重叠生产浇第二层桩混凝土→养护至100％强度→起吊、运输、堆放→沉桩。

（二）桩的制作、起吊

钢筋混凝土方桩可在工厂或施工现场预制。工厂预制利用成组拉模生产，用不小于桩截面高度的槽钢安装在一起组成。在台座拉动方向的一端设卷扬机，支模时利用短木使模板侧向顶紧，卡好堵头板（按需要的长度确定）即可放入钢筋骨架，浇筑混凝土。脱模时先取去短木，略撬松槽钢，然后开动卷扬机向前拉模沿台座滑动脱出。

现场预制宜采用工具式木模式钢模板，支在坚实、平整的混凝土地坪上，用间隔重叠的方法生产，桩头部分使用钢堵头板，并与两侧模板相互垂直，桩与桩间用油毡、水泥袋纸、纸筋灰或皂脚滑石粉等隔离剂隔开。邻桩与邻桩、下层桩与上层桩的混凝土浇筑须待邻桩和下层桩混凝土强度达30％后进行，重叠层数不宜超过四层。

混凝土空心管桩采用成套钢管模胎在工厂用离心方法生产。

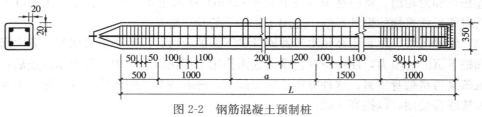

图 2-2　钢筋混凝土预制桩

图 2-2 所示为常见的钢筋混凝土预制桩的构造及断面形式。一般桩长不得大于桩断面的边长或外直径的 50 倍。桩的钢筋骨架，可采用点焊或绑扎。骨架主筋则宜用对焊或搭接焊，主筋的接头位置应相互错开。桩尖一般用钢板制作，在绑扎钢筋骨架时将钢板桩尖焊好。钢筋骨架、钢筋混凝预制桩的偏差不得超过有关规范的规定。

桩的混凝土达到设计强度等级的 75% 后，方可起吊，达到设计强度等级的 100% 后才能运输和打桩，若需提前吊运，必须采取措施并经强度和抗裂度验算合格后方可进行。起吊时，吊点位置应由设计决定。当吊点少于或等于 3 个时，其位置应按正、负弯矩相等的原则计算确定；当吊点多于 3 个时，其位置应按反力相等的原则计算确定。20～30m 的桩，一般采用 3 个吊点。常见的几种吊点合理位置如图 2-3 所示。

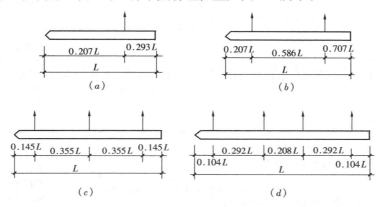

图 2-3 吊点的合理位置

(a) 1 个吊点；(b) 2 个吊点；(c) 3 个吊点；(d) 4 个吊点

（三）桩的运输和堆放

桩的运输方式，一般应根据打桩顺序随打随运，以免二次搬运。当运距不大时，可在桩下面垫木板，木板下设滚筒，用卷扬机拖运。短桩可采用汽车或拖拉机运输。当运距较长时，可用平台车及轻型铁轨运输，如图 2-5 所示。

桩堆放时，地面必须平整、坚实，垫木间距应根据吊点确定，各层垫木应位于同一垂线上，堆放层数不宜超过 4 层，不同规格的桩，应分别堆放。

二、打桩机械设备的选择

打桩机械设备主要包括桩锤、桩架及动力设备三部分。在选择打桩机械设备时，应根据地基土质，桩的种类、尺寸和承载能力，动力供应条件等因素综合考虑。

（一）桩锤的选用

常用桩锤有落锤、汽锤（分单作用和双作用）、柴油锤、振动锤等类型。其使用条件和适用范围可参考表 2-1。

桩锤适用范围参考表 表 2-1

项次	桩锤种类	适 用 范 围	使 用 原 理	优 缺 点
1	落锤	(1) 适宜于打木桩及细长尺寸的混凝土桩 (2) 在一般土层及黏土，含有砾石的土层均可使用	用人力或卷扬机拉起桩锤，然后自由下落，利用锤重夯击桩顶，使桩入土	构造简单，使用方便，冲击力大，能随意调整落距；但锤击速度慢（每分钟约 6～20 次），效率较低

项次	桩锤种类	适用范围	使用原理	优缺点
2	单动汽锤	(1) 适宜于打各种桩 (2) 最适宜于套管法打就地灌注混凝土桩	利用蒸汽或压缩空气的压力将锤头上举，然后自由下落冲击桩顶	结构简单，落距小，对设备和桩头不易损坏，打桩速度及冲击力较落锤大，效率较高
3	双动汽锤	(1) 适宜于打各种桩，可用于打斜桩 (2) 使用压缩空气时，可用于水下打桩 (3) 可用于拔桩、吊锤打桩	利用蒸汽或压缩空气的压力将锤头上举及下冲，增加夯击能量	冲击次数多，冲击力大，工作效率高，但设备笨重，移动较困难
4	柴油桩锤	(1) 最适宜于打钢板桩、木桩 (2) 在软弱地基打 12m 以下的混凝土桩	利用燃油爆炸，推动活塞，引起锤头跳动夯击桩顶	附有桩架、动力等设备，不需要外部能源，机架轻、移动便利，打桩快，燃料消耗少；但桩架高度低，遇硬土或软土不宜使用
5	振动桩锤	(1) 适宜于打钢板桩、钢管桩、长度在 15m 以内的打入式灌注桩 (2) 适用于亚黏土、松散砂土、黄土和软土，不宜用于岩石、砾石和密实的粘性土地基	利用偏心轮引起激振，通过刚性联结的桩帽传到桩上	沉桩速度快，适用性强，施工操作简易安全，能打各种桩并能帮助卷扬机拔桩；但不适宜于打斜桩
6	射水沉桩	(1) 常与锤击法联合使用，适宜于打大断面混凝土和空心管桩 (2) 可用于多种土层，而以砂土、砂砾土或其他坚硬的土层最适宜 (3) 不能用于粗卵石、极坚硬的黏土层或厚度超过 0.5m 的泥炭层	利用水压力冲刷桩尖处土层，再配以锤击沉桩	能用于坚硬土层，打桩效率高，桩不易损坏；但设备较多，当附近有建筑物时，水流易使建筑物沉陷。不能用于打斜桩

打桩宜重锤低击，锤重可根据工程地质条件、桩类型、结构和密集程度及施工条件参照表 2-2 选用。国外的经验是一般取桩重 1～2 倍。对于 20～25m 混凝土桩，锤重至少 3t。对于大于 25m 的长桩，锤重宜按桩每米长重量的 30～40 倍取值。有接头的桩宜用重锤，软土中可用较轻的锤。

（二）桩架和动力装置

桩架种类较多，有蒸汽锤（或落锤）桩架（图 2-4a）、多能柴油锤桩架（图 2-4b）、履带式桩架等。蒸汽锤桩架的动力是由锅炉 4 供给蒸汽、带动卷扬机 5 及桩锤 8，该桩架的行驶是依靠蒸汽卷扬机通过钢丝绳带动行驶用的滚筒 2 来实现的。多能桩架的机动性和适应性较大，在水平方向可作 360°回转，立杆 17 可前向倾斜，向前斜 5°，向后斜 18.5°，底盘装有铁轮，可在钢轨上行走，这种桩架可适应各种预制桩施工，也可用于灌注桩的施工。

46

锤　　型		蒸汽锤（单动）			柴　油　锤				
		3~4t	7t	10t	1.8t	2.5t	3.2t	4t	7t
锤型资料	冲击部分重（t）	3~4	5.5	9	1.8	2.5	3.2	4.5	7.2
	锤总重（t）	3.5~4.5	6.7	11	4.2	6.5	7.2	9.6	18
锤冲击力（kN）		~2300	~3000	3500~4000	~2000	1800~2000	3000~4000	4000~5000	6000~10000
常用冲程（m）		0.6~0.8	0.5~0.7	0.4~0.6	1.8~2.3	1.8~2.3	1.8~2.3	1.8~2.3	1.8~2.3
适用的桩规格	预制方桩、管桩的边长或直径（mm）	350~450	400~450	400~500	300~400	350~450	400~500	450~550	550~600
	钢管桩直径（mm）				400	400	400	600	900
粘性土	一般进入深度（m）	1~2	1.5~2.5	2~3	1~2	1.5~2.5	2~3	2.5~3.5	3~5
	桩尖可达到静力触探 P_s 平均值（MPa）	3	4	5	3	4	5	>5	>5
砂土	一般进入深度（m）	0.5~1	1~1.5	1.5~2	0.5~1	0.5~1	1~2	1.5~2.5	2~3
	桩尖可达到标准贯入击数 N 值	15~25	20~30	30~40	15~25	20~30	30~40	40~45	50
岩石（软质）	桩尖可进入深度（m） 强风化		0.5	0.5~1		0.5	0.5~1	1~2	2~3
	中等风化			表层			表层	0.51	1~2
锤的常用控制贯入度（cm/10 击）		3~5	3~5	3~5	2~3	2~3	2~3	3~5	4~8
设计单桩极限承载力（kN）		600~1400	1500~3000	2500~4000	400~1200	300~1600	2000~3600	3000~5000	5000~10000

注：1. 适用于预制桩长度 20~40m 钢管桩长度 40~60m，且桩尖进入硬土层一定深度。不适用于桩尖处于软土层的情况；

2. 标准贯入击数 N 值为未修正的数值；

3. 本表仅作供选锤参考，不能作为设计确定贯入度和承载力的依据。

　　履带式桩架是利用履带式挖掘机底盘改装而成，行走时由于不需铁轨，故机动性比多能桩架灵活，移动方便。适用于各种预制桩及灌注桩施工。

　　在打桩施工过程中，桩架的作用是将桩提升就位，并引导落锤和桩的方向，以保证桩锤能沿着所要求的方向冲击，使桩不发生偏移。根据施工实践，在打桩施工总时间内，大部分时间耗费于搬运桩架和安放桩等工序上。减少这些工序所占的时间，桩架的构造与打桩的组织将起决定作用。因此，选择桩架时，应考虑桩锤的类型、桩的长度和施工条件等。所选用的桩架应保证可迅速准确地把桩吊起安好，使所打的桩符合要求的方向；能迅速吊起桩锤并置于所打的桩上，并在打桩过程中能始终维持桩的稳定；搬运移动方便。

　　打桩工程的动力装置，依据桩锤的类型而定，如气锤以蒸汽作动力时，需配备蒸汽锅炉；以压缩空气为动力时，则应配以空气压缩机。此外，还应配备卷扬机、滑轮、千斤顶等，以完成其他辅助性的起重工作。

三、打桩

打桩前应清除妨碍施工的地上或地下障碍物；平整施工场地；定位放线。

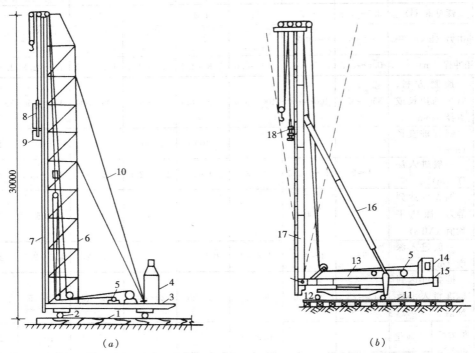

(a)　　　　　　　　　　　　　　(b)

图 2-4　桩架示意图

(a) 蒸汽锤（或落锤）桩架；(b) 多能柴油锤桩架

1—枕木；2—滚筒；3—底架；4—锅炉；5—卷扬机；6—桩架；7—龙门导杆；8—蒸汽锤；9—桩帽；
10—缆风绳；11—钢轨；12—底盘；13—回转平台；14—司机室；15—平衡重；16—撑杆；
17—立杆；18—柴油桩锤

桩基轴线的定位点，应设置在不受打桩影响的地点，打桩地区附近需设置不少于 2 个水准点，施工中据此检查桩位的偏差以及桩的入土深度。

打桩时应注意下列问题：

（一）打桩顺序

打桩顺序一般分为逐排打，自中央往边缘打，自边缘向中央打和分段打四种（图 2-5）。打桩顺序直接影响打桩工程的速度和桩基质量。因此，应结合地形、地质及地基土壤挤压情况和桩的布置密度、工作性能、工期要求等综合考虑后予以确定，以确保桩基质量，减少桩架的移动和转向，加快打桩进度。

逐排打法，桩架系单向移动，桩的就位与起吊均很方便，故打桩效率较高。但它会使土壤向一个方向挤压，导致土壤挤压不均匀，后面的桩打入深度因此而逐渐减小，最终会引起建筑物的不均匀沉降。自边缘向中央打，则中间部分土壤挤压密实，不仅使桩难以打入，而且打中间桩时，还有可能使外侧各桩被挤压浮起，同样影响桩基质量。所以，一般以自中央向边缘打和分段打法为宜。但若桩距大于或等于 4 倍桩的直径时，则土壤挤压情况将与打桩顺序关系不大。

此外，根据基础的设计标高和桩的规格，宜按先深后浅，先大后小，先长后短的顺序进行打桩。

打桩顺序确定后，还需要考虑打桩机是往后"退打"还是向前"顶打"。当打桩地面标高接近桩顶设计标高时，打桩后，实际上每根桩的桩顶还会高出地面。这是由于桩尖持力层的标高不可能完全一致，而预制桩又不可能设计成各不相同的长度，因此桩顶高出地面往往是不可避免的。在此情况下，打桩机只能采取往后退行打桩的方法，由于往后退行，桩不能事先布置在地面，只能随打随运。如打桩后桩顶的实际标高在地面以下时，打桩机则可以采取往前顶打的方法，这时，只要场地允许，所有的桩都可以事先布置好。

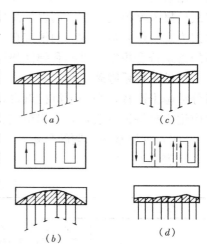

图 2-5　打桩顺序和土壤挤密情况
（a）逐排打；（b）自边缘向中央打；
（c）自中央向边缘打；（d）分段打

（二）打桩工艺

打桩过程包括桩机的移动和就位、吊桩和定桩、打桩、截桩和接桩等。

桩机就位时，桩架应平移，导杆中心线应与打桩方向一致，并检查桩位是否正确，然后将桩提升就位并缓缓放下插入土中，随即扣好桩帽、桩箍，校正好桩的垂直度，如桩顶不平则应用硬木垫平后再扣桩帽，脱钩后用锤轻压且轻击数锤，使桩沉入土中一定深度，达到稳定位置，再次校正桩位及垂直度，然后开始打桩。打桩时，应先用短落距轻打，待桩入土 1～2m 后，再以全落距施打。用落锤或单动汽锤时，最大落距不宜大于 1m，用柴油锤时，应使锤跳动正常。桩入土的速度应均匀，锤击间隔时间不要过长，要连续打入，如中途停歇，土弹性恢复，向桩周挤紧，桩周孔隙水消失，再次打时，摩阻力增大，使桩难以打入，打桩时，应防止锤击偏心，以免桩产生偏位、倾斜，或打坏桩头、折断桩身。如采用送桩时，则送桩与桩的纵轴线应在同一竖线上。

桩正常下沉时，桩锤回跳小，贯入度变化均匀。若桩锤回跳大，则说明锤太轻。如贯入度突然减小，回跳增大，落距减小，加快锤击后，桩仍不下沉，则说明桩下有障碍物。若贯入度突然增大，则表明桩尖、桩身有可能遭到损坏，或接桩不直、接头破裂，或下遇软土层、土穴等。打桩过程中，如贯入度剧变，桩身突然发生倾斜、移位或有严重回弹，桩顶或桩身出现严重裂缝或破碎等情况，应暂停打桩，并及时与有关单位研究处理。

打桩过程中，应注意打桩机的工作情况和稳定性，经常检查机件是否正常，绳索有无损坏，桩锤悬挂是否牢固，桩架移动和固定的安全等。打桩完毕后，应将桩头或无法打入的桩身截去，以使桩顶符合设计高程。截桩可采取锯截、电弧或氧乙炔焰截割等方法，主要依桩的种类而定。对钢筋混凝土桩，应将混凝土打掉后再截断钢筋。

（三）打桩的质量控制及打桩记录

打桩的质量视打入后的偏差是否在允许范围之内，最后贯于度与沉桩标高是否满足设计要求，以及桩顶、桩身是否打坏等三个因素而定。

桩的垂直偏差应控制在 1% 以内，平面位置的偏差一般为 1/2～1 倍桩柱的直径（或边长）。

承受轴向荷载的摩擦桩的入土深度控制，应以标高为主，而以最后贯入度（施工中一般采用最后三阵，每阵10击的平均入土深度作为标准）作为参考；端承桩的入土深度应以最后贯入度控制为主，而以标高作为参考。设计与施工中的控制贯入度应以合格的试桩数据为准。最后贯入度的测量应在下列正常条件下进行：桩顶没有破坏，锤击没有偏心；锤的落距符合规定；桩帽和弹性垫层正常。

打桩工程系隐蔽工程，施工中应作好观测和记录。要观测桩的入土速度，锤的落距，每分钟锤击次数，当桩下沉接近设计标高时，即应进行标高和贯入度的观测，各项观测数据应记入打桩记录表，其表格格式、内容可参见《地基与基础工程施工及验收规范》。

（四）沉桩常遇问题的分析及处理

见表2-3。

沉桩常遇问题的分析及处理　　　　　　　　　　　　表 2-3

常遇问题	主 要 原 因	防止措施及处理方法
桩头打坏	桩头强度低，配筋不当，保护层过厚，桩顶不平，锤与桩不垂直，有偏心；锤过轻；落锤过高，锤击过久，使桩头受冲击才不均匀，桩帽顶板变形大，凹凸不平	加桩垫，楔平桩头；低锤慢击或垂直度纠正等处理；严格按质量标准进行桩的制作，桩帽变形进行纠正
桩身扭转或位移	桩尖不对称；桩身不正直	可用棍撬用慢锤低击纠正；偏差不大，可不处理
桩身倾斜或位移	桩尖不正，桩头不平；遇横向障碍物压边，土层有陡的倾斜角；桩帽与桩身不在同一直线上，桩距太近，邻桩打桩土体挤压	偏差过大，应拔出移位再打或作补桩；入土不深（<1m）偏差不大时，可用木架顶正，再慢锤打入纠正；障碍物不深时，可挖除回填后再打或作补桩处理
桩身破裂	桩质量不符设计要求，遇硬土层时硬性施打	加钢夹箍用螺栓拧紧后焊固补强。如符合贯入度要求，可不处理
桩涌起	遇流砂或较软土层，或饱和淤泥层	将浮起量大的重新打入，经静载荷试验，不合要求的进行复打或重打
桩急剧下沉	遇软土层、土洞；接头破裂或桩尖劈裂；桩身弯曲或有严重的横向裂缝；落锤过高，接桩不垂直	将桩拔起检查改正重打，或在靠近原桩位补桩处理；加强沉桩前的检查，不符合要求及时更换或处理
桩不易沉入或达不到设计标高	遇旧埋设物，坚硬土夹层或砂夹层，打桩间隙时间过长，摩阻力增大，定错桩位	遇障碍物或硬土层，用钻孔机钻透后再打入，或边射水边打入；根据地质资料正确选择桩长
桩身跳动，桩锤回弹	桩尖遇树根或坚硬土层，桩身弯曲，接桩过长；落锤过高	检查原因，采取措施穿过或避开障碍物；如入土不深应拔起避开或换桩重打
接桩处松脱开裂	连接处表面清理不干净，有杂质、油污，连接铁件不平或法兰平面不平，有较大间隙，造成焊接不牢或螺栓不紧，硫磺胶泥配比不当，未按操作规程熬制，接桩处有曲折	接桩表面杂质，油污清除干净，连接铁件不符要求的经修正后才用，两节桩应在同一直线上，焊接或螺栓拧紧后锤击几下检查合格后施打；硫磺胶泥严格按操作规程操作，配合比应先经试验

第二节 混凝土及钢筋混凝土灌注桩施工

混凝土及钢筋混凝土灌注桩（简称灌注桩），按成孔方法分钻孔灌注柱、人工挖孔灌注桩、套管成孔灌注桩及爆扩成孔灌注桩等四种。其适用范围见表2-4。

灌 注 桩 适 用 范 围　　　　　　　　　　　　　表2-4

成孔方法及机械		适 用 范 围
泥浆护壁成孔	冲 抓	碎石土、砂土、粘性土及风化岩
	冲 击	
	回 转 钻	
	潜 水 钻	粘性土、淤泥质土及砂土
干作业成孔	螺 旋 钻	地下水位以上的粘性土、砂土及人工填土
	钻孔扩底	地下水位以上的坚硬、硬塑的粘性土及中密以上的砂土
	机动（人工）洛阳铲	地下水位以上的粘性土、黄土及人工填土
套管成孔	锤击振动	可塑、软塑、流塑的粘性土、稍密及松散的砂土
爆扩成孔		地下水位以上的粘性土、黄土、碎石土及风化岩

一、钻孔灌注桩施工

钻孔灌注桩是利用钻孔机械设备成孔，然后进行水下混凝土浇筑而成。属于无振动、无挤压的沉桩工艺，能适用各种土层施工。但这种灌注桩的承载能力较低，沉降量也较大。为了提高承载能力，可将桩底直径扩大，形成扩大头，成为钻孔扩底灌注桩。

（一）钻孔设备

钻孔灌注桩成孔的机械设备有人工钻孔机、回转钻机、潜水钻机和冲击钻孔机等。

（1）人工钻孔机　人工钻孔机在工程不大或动力缺乏的条件下采用。它由机架、手摇卷扬机、钻杆和钻头等组成。

（2）回转钻机　回转钻机有循环水式钻孔机和全叶螺旋钻孔机两种。

循环水式钻孔机如图2-6所示，用高压水泵（或泥浆泵）输送压力水（或泥浆），通过空心钻杆，从钻头底部射出，由压力造成的泥浆或直接喷射出的泥浆，既能护壁，又能把切削出的土粒不断从孔底涌向孔口而流出。这种钻机可用于地下水位较高的硬土层或软石中钻孔，属于泥浆护壁成孔桩。成孔直径可达1m，钻孔深度20～30m，多用于高层建筑的桩基础施工。

全叶螺旋钻孔机（图2-7）用动力旋转钻杆，使钻头部分的螺旋刀片旋转削土，削下的土沿整个钻杆上的螺旋叶片上升而涌出孔外。在软塑土层，含水量大时，

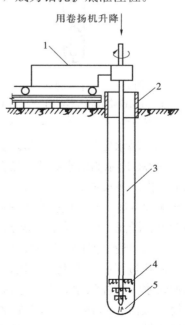

用卷扬机升降

图 2-6　循环水式钻机示意图
1—动力及钻机架；2—护筒；3—空心钻杆；4—锥形钻头；5—高压水

可用叶片螺距较大的钻杆，这样工效可高一些；在可塑或硬塑的土层中，或含水量较小的砂土中，则应采用叶片螺距较小的钻杆，以便能均匀平稳地钻进土中。一节钻杆钻完后，可接上第二节钻杆，直到钻至要求的深度。全叶螺旋钻机适用于地下水位以上一般粘性土、硬土或人工填土地基，属于干作业成孔桩，成孔直径一般为 300～500mm，最大可达800mm，钻孔深度 8～12m。

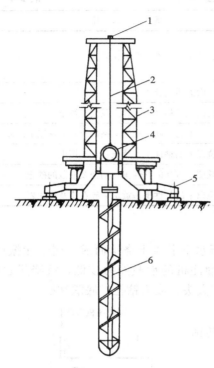

图 2-7　全叶螺旋钻机示意图

1—导向滑轮；2—钢丝绳；3—龙门导架；
4—动力箱；5—千斤顶支腿；6—螺旋钻杆

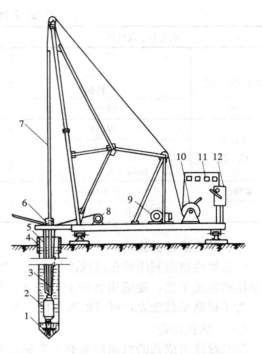

图 2-8　潜水钻机钻孔示意图

1—钻头；2—潜水钻机；3—电缆；4—护筒；
5—水管；6—滚轮（支点）；7—钻杆；8—电
缆盘；9—0.5t 卷扬机；10—1t 卷扬机；
11—电流电压表；12—起动开关

（3）潜水钻机　上述回转钻孔机较笨重，操作也较复杂，在使用上受到了一定限制。

图 2-8 所示为潜水钻孔机钻孔示意图，它由防水电钻、减速机构和钻头组成，共同潜入水下工作。潜水钻机桩架轻便，体积小，重量轻，移动方便，钻进速度快（0.3～2m/min），钻孔深度可达 50m，成孔直径 800mm，钻孔时噪声小，操作条件也有所改善。适用于一般粘性土、淤泥、淤泥质土及砂土地基土层，尤其适宜在地下水位较高的土层中成孔。

（二）钻孔灌注桩的一般施工方法

钻孔过程中，遇上土质较差的情况时，要注意防止孔壁坍塌，具体措施是，在孔中注入泥浆水（或注清水，以原土造浆护壁）。若桩孔需用泥浆护壁时，钻孔前应先埋设护筒。护筒一般由 3～5mm 厚钢板做成，其直径比钻头直径大，当用回转钻时，宜大 100mm；用冲击钻时，宜大 200mm，以便钻头提升等操作。护筒的作用有三个：其一是起导向作用，使钻头能沿着桩位的垂直方向工作；其二是提高孔内泥浆水头，以防止坍孔；其三是保护孔口。因此，护筒位置应准确并稳定，护筒中心线与桩位中心线偏差不得大于

50mm。护筒埋置应牢固密实，当埋于砂土中时不宜小于 1.5m，埋于黏土中时不小于 1m，在护筒与坑壁间应用黏土分层夯实，必要时在面层铺设 20mm 厚水泥砂浆，以防漏水。在护筒上设有一至二个溢浆口，便于溢出泥浆并流回泥浆池，进行回收。护筒露出地面 0.4～0.6m。

钻孔的同时注入泥浆。泥浆的作用是将钻孔内不同土层中的空隙渗填密实，使孔内渗漏水达最低限度，并保持孔内维持着一定的水压以稳定孔壁。由于泥浆的密度比水大，更加大了孔壁内水压，从而可防止塌孔。因此在成孔过程中严格控制泥浆的密度很重要。在黏土和亚黏土层中成孔时可注入清水，以原土造浆护壁。排渣泥浆的密度应控制在 1.1～1.2。在砂土和较厚的夹砂层中成孔时，泥浆密度应控制在 1.1～1.3；在穿过砂夹卵石层或容易塌孔的土层中成孔时，泥浆密度应控制在 1.3～1.5。在施工中应经常测定泥浆比重，并及时给以调整。

当钻孔到达要求深度后，就应及时清孔，清孔时可用压缩空气喷翻泥浆，同时注入清水，被稀释的泥浆便夹杂着沉渣逐渐流出孔外，但这时护筒内仍应保持着高出地下水位 1.5m 的水位。当孔壁土质较好不易塌孔时，可用空气吸泥机清孔。用原土造浆的孔，清孔后泥浆密度应控制在 1.1 左右。当孔壁土质较差时，宜用泥浆循环清孔，清孔后泥浆密度应控制在 1.15～1.25。清孔过程中，必须及时补给足够的泥浆，并保持浆面稳定。

泥浆护壁成孔经清孔后，当桩以摩擦力为主时，沉渣允许厚度不得大于 300mm，以端承力为主的桩则不得大于 100mm。

清孔后应及时进行水下浇筑混凝土（水下浇筑混凝土方法见第四章）。水下浇筑的混凝土强度等级不应低于 C20，骨料粒径不宜大于 30mm，混凝土坍落度 16～22cm。为了改善混凝土和易性，可掺入减水剂和粉煤灰等掺合料。水泥标号不低于 325 号，每立方米混凝土水泥用量不小于 350kg。

（三）施工常见问题的分析和处理方法

1. 护筒冒水

护筒外壁冒水，会造成护筒倾斜和位移，桩孔偏斜，甚至无法施工。冒水原因为埋设护筒时周围填土不密实，或者由于起落钻头时碰动了护筒。处理方法是如初发现护筒冒水，可用黏土在护筒四周填实加固。如护筒有严重下沉或位移，则应返工重埋。

2. 孔壁坍塌

在钻孔过程中，如发现排出的泥浆中不断出气泡，有时护筒内的水位突然下降，这都是塌孔的迹象。其原因是土质松散、泥浆护壁不好、护筒水位不高等造成。处理办法是，如在钻孔过程中出现缩颈、塌孔，应保持孔内水位，并加大泥浆比重，以稳定孔壁。如缩颈、塌孔严重，或泥浆突然漏失，应立即回填黏土，待孔壁稳定后再进行钻孔。

3. 钻孔偏斜

造成钻孔偏斜的原因是钻杆不垂直、钻头导向部分太短、导向性差，土质软硬不一，或遇上孤石等。处理办法是减慢钻速，并提起钻头，上下反复扫钻几次，以便削去硬层，转入正常钻孔

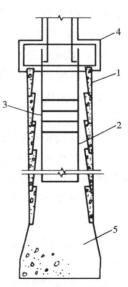

图 2-9 人工挖孔灌注桩构造示意图
1—现浇混凝土护壁；2—主筋；3—箍筋；4—桩帽；5—灌注桩混凝土

53

状态。如离孔口不深处遇孤石，可用炸药炸除。

二、人工挖孔灌注桩施工

人工挖孔灌注桩是指在桩位用人工挖直孔，每挖一段即施工一段支护结构，如此反复向下挖至设计标高，然后即放下钢筋笼，浇筑混凝土而成桩。

人工挖孔灌注桩的优点是：设备简单；施工时无噪声，无振动，对施工现场周围的原有建筑物影响小；在挖孔时，可直接观察土层变化情况；清除沉渣彻底；如需加快施工进度，可同时开挖若干个桩孔；施工成本低等。特别在施工现场狭窄的市区修建高层建筑时，更显示其优越性。其缺点是劳动力消耗大，开挖效率低。

人工挖孔灌注桩挖孔时，一般由一人在孔内挖土，故桩的直径除应满足设计承载力要求外，还应满足人在下面操作的要求，故桩径不得小于800mm，一般都在1200mm以上。桩底一般都扩大。当采用现浇钢筋混凝土护壁时，人工挖孔灌注桩构造如图2-9所示。护壁厚度一般为$\frac{D}{10}+5$（cm）（D为桩径），护壁内配8根$\phi6\sim\phi8$、长1m左右的直钢筋，插入下层护壁内，使上下护壁有拉结，避免当某段护壁出现流砂、淤泥等情况后使摩擦力降低，也不会造成护壁由自重而沉裂的现象。当采用砖砌护壁时应用水泥砂浆砌筑，砂浆应饱满，为增加砌护壁与土壁粘结，在土壁与砌护壁间应填塞水泥砂浆。

（一）施工机具

（1）电动葫芦或手动卷扬机，提土桶及三脚支架。

（2）潜水泵　用于抽出孔中积水。

（3）鼓风机和输风管　用以向桩孔中送入新鲜空气。

（4）镐、锹、土筐等挖土工具。若遇坚硬岩石，还应备风镐等。

（5）照明灯、对讲机、电铃等。

（二）施工工艺

当采用现浇混凝土分段护壁时，施工工艺过程如下：

（1）测定桩位、放线。

（2）分段挖土，每段高度0.5～0.8m，视土壁直立能力而定。开挖直径为桩径加护壁厚。

（3）支设护壁模板，由4块或8块活动钢模组成，模板高取决于挖土施工段高。

（4）在模板顶安置操作平台，平台由角钢和钢板制成半圆形，由两个半圆形平台拼成一个整圆，以放置混凝土和操作之用。

（5）浇筑护壁混凝土，放入8根竖直插筋，浇筑混凝土时应捣实，上下护壁间搭接50～70mm。

（6）当混凝土达到规定强度等级后拆除模板，继续施工下一段。如此循环挖至设计标高。

（7）安放钢筋笼、排除积水、浇筑桩身混凝土。

当采用砖护壁时，挖土直径应为桩径加二砖壁（即48cm），第一段挖土完毕后，即砌筑一砖厚砖护壁，一般间隔24h后再挖下一段的土，第一段可挖深些，例如1～2m，以后各段为0.5～1m，视土壁独自直立能力而定。先挖半个圆的土（图2-10），砌半圈护壁，再挖另半圈土，再砌半圈，至此整圈护壁已砌好。砌砖时，上下砖护壁应顶紧，护壁与土壁间灌满砂浆。半个圆半个圆的挖土和砌护壁可保证施工安全。如此循环施工，直至设计标高。

采用混凝土护圈进行挖孔桩施工（图 2-11），是分段开挖、分段浇筑护圈混凝土，至设计标高后，再将桩的钢筋骨架放入护圈井筒内，然后灌筑井筒桩基混凝土。

护圈的结构形式为斜阶形，每阶高 1m 左右，可用素混凝土，土质较差时可加少量钢筋（环筋 $\phi 10 \sim \phi 12$，间距 200mm，竖筋 $\phi 10 \sim \phi 12$，间距 400mm）。浇筑护圈的模板宜用工具式弧形钢模板拼成，也可用喷射混凝土施工，以节省模板。

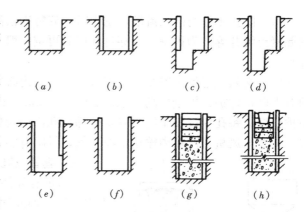

图 2-10　砖护壁人工挖孔灌注桩施工顺序

(a) 第一段挖土；(b) 第一段砌护壁；(c) 第二段挖半圆土；
(d) 砌半圆护壁；(e) 挖另半圆土；(f) 砌另半圆护壁；
(g) 挖土至设计标高后，安放钢筋，浇筑混凝土；
(h) 已浇注杯口混凝土

当采用钢套管护圈时（图 2-12），是在桩位先测量定位并构筑井圈后，用打桩机打入钢套管至设计标高，然后将套管内的土挖出并进行底部扩孔，最后浇筑桩基混凝土，待混凝土浇筑完毕拔出套管。亦可边浇筑，边拔套管，以减少阻力。

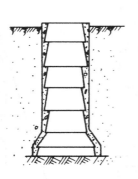

图 2-11　混凝土护圈挖孔桩

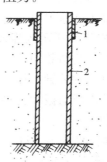

图 2-12　钢套管护圈挖孔桩

1—井圈；2—钢套管

钢套管由 12～16mm 厚的钢板卷焊而成，长度由设计需求而定。采用这种方法施工，可穿越流砂等强透水层，能保证施工安全进行。

当采用沉井护圈时（图 2-13），是先在桩位上制作钢筋混凝土井筒，然后在筒内挖土，井筒靠其自重或附加荷载来克服筒壁与土壁之间的摩阻力，下沉至设计标高，再在筒内浇筑桩身混凝土。

（三）施工注意事项

（1）每段挖土后必须吊线检查中线位置是否正确，桩孔中心线平面位置偏差不宜超过 50mm。桩的垂直度偏差不得超过 1%。桩径不得小于设计直径。

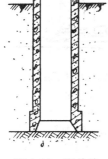

图 2-13　沉井护圈挖孔桩

当挖土至设计深度后，必须由设计人员鉴别后方可浇混凝土。

（2）防止土壁坍落及流砂。挖土时如遇特别松散的土层或流砂层时，可用钢护筒或预制混凝土沉井等作为护壁，待穿过此层后再按一般方法施工。流砂现象严重时可采用井点降水。

（3）必须注意施工安全。施工人员进入孔内必须戴安全帽；孔内有人施工时，孔上必须有人监督防护；护壁要高出地面200～300mm，以防杂物滚入孔内；孔周围应设置安全防护栏杆；每孔应设安全绳、安全软梯；孔内照明应用安全电压；潜水泵必须有防漏电装置；设置鼓风机，向孔内输送洁净空气，排除有害气体等。

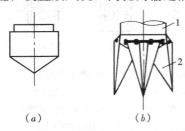

图 2-14　桩靴示意图
（a）钢筋混凝土桩靴；
（b）钢活瓣桩靴
1—桩管；2—活瓣

三、套管成孔灌注桩施工

套管成孔灌注桩又称打拔管灌注桩，是目前采用最为广泛的一种灌注桩。它有振动沉管灌注桩和锤击沉管灌注桩两种。施工时，将带有预制钢筋混凝土桩靴（图2-14a）或活瓣桩靴（图2-14b）的钢桩管沉入土中。待钢桩管达到要求的贯入度或标高后，即在管内浇筑混凝土或放入钢筋笼后浇筑混凝土，再将钢桩管拔出即成。在有地下水位、流砂、淤泥的情况下，可使施工大大简化。

（一）振动沉管灌注桩施工

1. 施工工艺及设备

振动沉管灌注桩施工时，是采用振动桩锤将钢套管沉入土中的，图 2-15 所示为振动沉管灌注桩的设备图。桩架上共有三个三套滑轮组，一组用于振动桩锤和桩管的升降，一组用于对桩管加压，一组用于升降混凝土吊斗。开始沉管时，开动振动桩锤，同时拉紧加压滑轮组钢套管就能徐徐下沉至土中。

振动沉管灌注桩的施工过程如下：

合拢活瓣桩靴（或在桩位安置预制钢筋混凝土桩靴）→钢套管就位（或置于预制桩靴上），校正垂直度→开动振动桩锤使桩管下沉达到要求的贯入度或标高→测量孔深、检查桩靴有否卡住桩管→放入钢管笼→浇筑混凝土→边振边拔出桩管。

如用预制钢筋混凝土桩靴，则应在桩靴与钢桩管接口处垫上稻草绳圈，防止地下水渗入管内，影响混凝土质量。

校正桩管垂直度的允许偏差应≤0.5%。桩管沉至要求深度时，还应用吊铊检查管内有无泥浆或渗水。在混凝土灌入桩管后，开动振动桩锤，先振动5～10s后再开始拔管。边振边拔。拔管速度，一般土层中以 1.2～1.5m/min 为宜，在较软弱土层中不得大于 0.8～1.0m/min。在拔管过程中，每拔起 0.5m 左右，应停 5～10s，

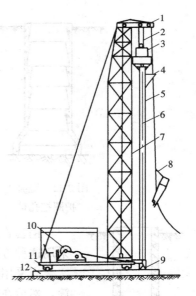

图 2-15　振动沉管灌注桩
设备示意图

1—导向滑轮；2—滑轮组；3—振动桩锤；4—混凝土漏斗；5—桩管；6—加压钢丝绳；7—桩架；8—混凝土吊斗；9—活瓣桩靴；10—卷扬机；11—行驶用钢管；12—枕木

但保持振动，如此反复进行直至将钢桩管拔离地面为止。

以上工艺称为单振法，适用于含水量较小的土层。为了提高桩的质量和承载力，例如混凝土的充盈系数（实际浇筑混凝土体积与按设计桩身直径计算体积之比）小于1的桩；又如断桩及有缩颈的桩等。往往采用复打工艺。常用的是一次复打，称为一次复打扩大灌注桩。施工过程如下：单打施工完毕后，及时清除粘附在钢管壁和散落在地面的泥土，在原桩位上第二次安放桩靴，以后的施工过程与单打工艺完全一样。复打时应注意，第二次复打桩位必须与第一次重合；复打工作必须在第一次浇筑混凝土初凝前全部完成，且第一次浇筑混凝土应达到自然地面，不得少浇。

由于复打，使灌注桩的桩径可比钢桩管管径扩大达80%，而单打法桩径较钢桩管的管径扩大约30%。再由于未凝固的混凝土受到钢桩管的冲击挤压而朝径向涨开，也提高了混凝土的密实度，提高了桩的承载能力。

根据实际需要，可采取全部复打或局部复打等处理办法（图2-16）。

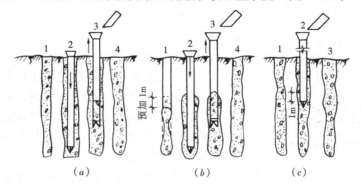

图 2-16　复打法示意图
(a) 全部复打；(b)、(c) 局部复打
1—单打桩；2—沉管；3—第二次浇筑混凝土；4—复打桩

有时为了消除灌注桩的缩颈采用反插法。即在拔管时，每拔出0.5~1m，便向下反插2/3活瓣桩靴长，如此反复进行，并始终保持振动，直至桩管全部拔出地面。在拔管过程中应分段添加混凝土，保持管内混凝土面始终不低于地表面，或高于地下水位1~1.5m以上，拔管速度不得大于0.5m/min，在桩尖约1.5m范围内宜多次反插，以扩大桩的端部截面。反插法桩截面比钢桩管扩大约50%。该法宜在饱和土层中采用。

2. 施工质量要求

振动灌注桩的混凝土强度等级不宜低于C15，其坍落度：当桩身配筋时宜8~10cm，素混凝土时宜6~8cm，骨料粒径不宜大于30mm。单振法时，浇筑混凝土量应使桩的平均截面积与桩管截面之比不小于1.1倍。

钢套管活瓣桩靴应具有足够的强度和刚度，活瓣间缝隙严密。

桩身混凝土必须连续浇筑。在混凝土初凝前全部浇筑完毕，每次拔管距离不能过高，应保持管内有2m以上的混凝土层。拔管过程中应由专人用测锤检查管内混凝土下降情况。

当桩距小于3.5倍桩管外径时，应采取跳打法施工，中间空出的桩需待邻桩混凝土达到设计强度等级的50%以上方可施工。否则就应在邻桩初凝前施工完毕。

为了保证桩的承载能力，必须认真控制桩管的最后两个两分钟的贯入速度，其值应按设计要求，或根据试桩和当地长期的施工经验确定。

灌注桩施工时，必须做好施工记录，并随时观测桩顶和地面有无隆起及水平位移。桩管的入土深度控制同预制桩要求一致。

灌注桩桩孔平面位置和垂直度与设计位置允许偏差：1～2 根或单排桩基中的桩为 7cm；3 根以上桩基中的最外边的桩为 1/2 桩径；中间的桩为一个桩径。桩的垂直度偏差为 1％。

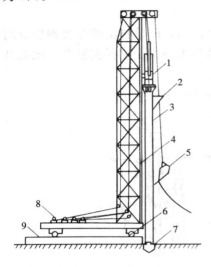

图 2-17　锤击沉管灌注桩设备示意图
1—桩锤；2—混凝土漏斗；3—桩管；4—桩架；5—混凝土吊斗；6—引驶用钢管；7—预制桩靴；8—卷扬机；9—枕木

（二）锤击沉管灌注桩施工

1. 施工工艺及设备

锤击沉管灌注桩施工时，是利用落锤或蒸汽锤（图 2-8）将钢套管打入土中成孔的，图 2-17 所示为锤击沉管灌注桩的设备示意图。施工工艺过程与振动沉管灌注桩相同，所不同者是用桩锤锤击钢套管下沉至设计要求深度。

2. 施工质量要求

（1）每次向套管内浇筑混凝土应尽量多灌，用长套管打短桩时，混凝土可一次灌足，打长桩时，第一次尽量灌满，第一次套管上拔高度应控制在能容纳第二次所需混凝土量为限，不宜拔得过高，应保持管内不少于 2m 高度的混凝土层。

（2）拔管时速度应均匀，应保持对桩管进行连续地低锤密击。对于一般土层，拔管速度以不大于 1m/min 为宜，对于软弱土层及软硬土交界处应控制在 0.8m/min 以内。

（3）倒打拔管的锤击次数，单动汽锤不小于每分钟 70 次；落锤小落距轻击不得小于每分钟 50 次。在管底未拔到设计桩顶标高之前，倒打锤击不得中断。

锤击沉管灌注桩混凝土强度等级不宜低于 C15，应使用 325 号以上的硅酸盐水泥配制，每立方米混凝土的水泥用量不宜少于 350kg。碎石粒径，有筋时不大于 25mm，无筋不大于 40mm。桩靴混凝土强度等级不得低于 C30。

（三）施工中常见问题和处理方法

1. 断桩

断桩一般常见于地面以下 1～3m 的不同软硬层交接处。其裂痕呈水平或略倾斜，一般都贯通整个截面。原因是：桩距过小受邻桩施打时挤压影响；桩身混凝土不够；软硬土层间传递水平力不同，对桩产生剪应力。处理办法：将断的桩段拔去，将孔清理后，略增大面积或加上铁箍连接，再重新浇筑混凝土补做桩身；施工时控制桩距不小于 3.5 倍桩径；采用跳打法减少对邻桩影响。

2. 瓶颈桩（缩颈）

又称蜂腰桩，该桩在某部分桩径缩小，截面不符合要求。瓶颈桩常发生在饱和的淤泥或淤泥质软土地基中。原因为地下水压力（孔隙水压）大于混凝土自重而产生。处理办法：进行复打处理。在施工中应保持混凝土在管中有足够高度。

3. 吊脚桩

即桩底部混凝土隔空，或混凝土中混进泥砂而形成松软层。原因为桩靴强度不够，沉管时被破坏变形，水或泥砂进入套管，或活瓣未及时打开。处理办法：将套管拔出纠正桩靴或将砂回填桩孔后重新沉管。

4. 桩靴进水进泥

常发生在地下水位高或饱和淤泥或粉砂土层中。原因为桩靴活瓣闭合不严、预制桩靴被打坏或活瓣变形。处理方法：拔出桩管，清除泥砂，整修桩靴活瓣，用砂回填后重打。地下水位高时，可待桩管沉至地下水位时，先灌入 0.5m 厚的水泥砂浆作封底，再灌 1m 高混凝土增压，然后再继续沉管。

5. 有隔层

原因是钢套管和管径较小；混凝土骨料粒径过大、和易性差；拔管速度过快。处理方法：施工时严格控制混凝土的坍落度≥5～7cm，骨料粒径≤30mm；拔管速度在淤泥中≤0.8m/min，拔管时宜密振慢拔。

四、爆扩桩

爆扩桩由桩身和扩大头两部分组成（图 2-18），其特点是用爆炸方法使土壤压缩形成桩孔和扩大头。扩大头增加了地基对桩端的支承面，同时由于爆炸使土压缩挤密承载力增加，故桩的受力性能好。它适用于粘性土层。在砂土及软土中不易成孔。爆扩成孔法也可与其他成孔方法综合运用，即桩孔用钻孔法或打拔管法成孔，扩大头用爆扩成孔。

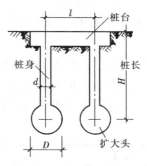

图 2-18 爆扩桩示意图

爆扩桩桩身直径 d 一般为 200～350mm，扩大头直径 D 一般可取 2.5～3.5d，深度 H 以 3.0～6.0m 为宜，最大不超过 10m。桩距 l 不宜小于 1.5D（一般土质），当扩大头采取上下交错布置时，相邻两桩扩大头的高差亦不宜小于 1.5D，否则应同时引爆。

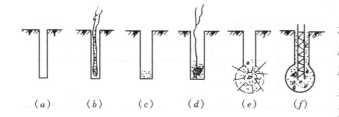

图 2-19 爆扩桩施工工艺

(a) 钻导孔；(b) 放下炸药管；(c) 炸扩桩孔；(d) 放下炸药包，
灌入 50%扩大头混凝土；(e) 炸扩大头；
(f) 放入钢筋骨架灌注混凝土

爆扩桩的施工过程如图 2-19 所示。首先用人工或机械钻导孔，再用炸药扩挤四周土壤形成桩孔，然后在桩孔底部放炸药包并填筑混凝土，借爆炸力将孔底扩成所需的扩大头，接着放入钢筋骨架并灌筑桩身混凝土。

爆扩成孔一般分一次爆扩法及两次爆扩法两种。前述施工工艺过程（图 2-19）为两次爆扩法，即桩孔和扩大头分两次爆扩形成。一次爆扩法是桩孔及扩大头一次爆扩形成，其施工方法又分为药壶法和无药壶法。药壶法是先用钢钎打成直径 25～30mm 的导孔，在导孔底部用炸药炸成药壶，然后全部装满炸药，一次引爆形成桩孔和扩大头；无药壶法是在导孔底部装入爆扩大头所需的纯炸药，桩身导孔内装入比例为 1：0.6～1：0.3 的经过均匀搅拌的锯末混合炸药，一次引爆而成。下面介绍二次爆扩成孔施工。

（一）桩孔爆扩

当用两次爆扩法成孔时，导孔的直径一般为40～70mm，装炸药条的管材，以玻璃管最好，既防水又透明，便于检查装药情况，又易插放到孔底，炸药条四周应填塞干砂或其他粉状材料稳固好，然后引爆形成桩孔。玻璃管直径及用药量可参考表2-5。

爆破桩孔时玻璃管直径及用药量　　　　　　　　　　表 2-5

土的类别	桩身直径 （mm）	玻璃管内径 （mm）	用药量 （kg/m）	土的类别	桩身直径 （mm）	玻璃管内径 （mm）	用药量 （kg/m）
未压实的人工填土	300	20～21	0.25～0.28	硬塑粘性土	300	25	0.37～0.38
软塑可塑粘性土	300	22	0.28～0.29				

（二）扩大头爆扩

扩大头爆扩的工作包括计算用药量、安放药包、灌注第一次混凝土、通电引爆、检查扩大头直径和捣实扩大头混凝土等。

（1）炸药用量　爆扩桩施工中使用的炸药宜用硝铵炸药和电雷管。用药量与扩大头尺寸和土质有关，施工前应在现场做爆扩成型试验确定，亦可按下式估算。

$$D = K \cdot \sqrt[3]{Q} \tag{2-1}$$

式中　Q——炸药用量（kg），参考表2-6选用；

　　　D——扩大头直径（m）；

　　　K——土质影响系数，参考表2-7选用。

爆扩桩用药量参考表　　　　　　　　　　表 2-6

扩大头直径（m）	0.6	0.7	0.8	0.9	1.0	1.1	1.2
炸药用量（kg）	0.30～0.45	0.45～0.60	0.60～0.75	0.75～0.90	0.90～1.10	1.10～1.30	1.30～1.50

注：1. 表内数值适用于深度3.5～9.0m的粘性土，土质松软时取小值，坚硬时取大值；

　　2. 深度为2.0～3.0m时，用药量较表值减少20%～30%；

　　3. 在砂土中爆扩时，用药量应较表值增加10%。

土质影响系数 K 值　　　　　　　　　　表 2-7

土的类别	K 值	土的类别	K 值
坡积黏土	0.7～0.9	卵石层	1.07～1.18
亚黏土	1.0～1.1	松散角砾	0.94～0.99
冲击黏土	1.25～1.35	黄土类亚黏土	1.19

（2）药包安放　药包须用塑料薄膜等防水材料紧密包扎，并用防水材料封闭以防浸水受潮出现瞎炮。药包宜做成扁平状，每个药包在中心处并联放置两个雷管。药包放于孔底正中，上面填盖15～20cm厚的砂子，用以固定药包和承受混凝土冲击。

（3）灌注第一次混凝土　第一次混凝土的灌入量为2～3m桩孔深，或为扩大头体积的50%。混凝土量过少，引爆时会引起混凝土飞扬，过多则可能产生"拒落"事故。混凝土的坍落度，在黏土中为10～12cm；在砂及填土中为12～14cm。

（4）引爆　引爆应在混凝土初凝前进行，否则易出现混凝土拒落。为了保证施工质量，应严格遵守引爆顺序，当相邻桩的扩大头在同一标高，若桩距大于爆扩影响间距时，可采取单爆方式；反之宜用联爆方式；当相邻的扩大头不在同一标高，引爆顺序必须是先浅后深，否则会造成深桩柱的变形或断裂；当在同一根桩柱上有两个扩大头时，引爆的顺序只能是先深后浅，先炸底部扩大头，然后插入下段钢筋骨架，灌筑下段混凝土至第二个扩大头标高，再爆扩第二个扩大头，然后插入上段钢筋骨架，灌筑上部混凝土。

（三）灌筑桩身混凝土

扩大头引爆后，第一次灌筑的混凝土即落入空腔底部。此时应进行检查扩大头的尺寸，并将扩大头底部混凝土捣实，随即放置钢筋骨架，并分层灌筑，分层捣实桩身混凝土，混凝土应连续灌筑完毕，不留施工缝，应保证扩大头与桩身形成整体浇筑的混凝土。混凝土灌筑完毕后，应用草袋覆盖并洒水养护。

第三章 脚手架工程和砌体工程

砌体工程是指砂浆作为粘结材料，由烧结普通砖、煤渣砖、烧结多孔砖，烧结空心砖、蒸压灰砂空心砖以及混凝土小型空心砌块等砌筑成砌体。如果这种结构的砖体作垂直承重，用现浇或预制钢筋混凝土梁板作为水平结构，这种结构体系称为混合结构房屋。砌体工程则为混合结构房屋施工的主导工种工程。

砌体工程自重大、砌筑工艺落后、劳动强度大、生产效率低，特别是烧结普通砖，毁农田占地多，我国许多城市已明令禁用实心黏土砖，因此，砌体材料改革势在必行。

我国正在大力开发利用工业废料或天然材料制作各种小型砌块作为新型墙体材料。目前，新型节能墙体材料有单一节能墙体材料和复合节能墙体材料两种。前者如烧结空心砖、烧结多孔砖、加气混凝土砌块、粉煤灰砖、煤渣砖、普通混凝土小型空心砌块、轻骨料混凝土小型空心砌块和煤碎石混凝土砌块等。这些材料保温隔热性能好，是目前建筑工程中常用的墙体材料。复合节能墙体材料是由绝热材料（如岩棉、矿渣棉、泡沫塑料，膨胀珍珠岩、加气混凝土等）与传统墙体材料（如烧结普通砖、混凝土、烧结空心砖、煤灰砖、灰砂砖等）复合构成。

脚手架工程是建筑施工现场为了安全防护、工人操作和楼层水平运输、支模板等而搭设的支架，是为施工服务的临时性设施，也是施工企业必须具备的施工工具。我国在20世纪60年代采用传统的竹木脚手架，70年代则发展使用钢管扣件式脚手架，20世纪80年代末开始引进国外的门式和碗扣式钢管脚手架，并结合实际进行了改制，形成附着升降式脚手架，在高层建筑施工中推广使用。

砌体工程是一个综合的施工过程，包括材料准备运输、脚手架搭设和砌体砌筑。

第一节 脚 手 架 工 程

脚手架按用途分为：砌筑脚手架、支撑型脚手架和装修脚手架。按搭设位置分为：外脚手架和里脚手架。按使用材料分为：竹、木、金属脚手架。按构造形式分为：扣件式脚手架、门式脚手架、碗扣式脚手架以及台架等。其中扣件式脚手架使用最为广泛。

一、外脚手架

（一）扣件式钢管脚手架

扣件式钢管脚手架由钢管、扣件、底座和脚手板等部件组成（图3-1）。

1. 材料技术要求

（1）钢管杆件

钢管杆件包括立杆、大横杆、小横杆、剪刀撑和斜撑等。钢管采用外径48mm（或48.3mm）、壁厚3.5mm（或3.6mm）的焊接钢管，也可采用同规格的无缝钢管。钢管材料应采用Q235钢，材料应符合现行《碳素结构钢》的相应规定。为适应脚手架宽度要

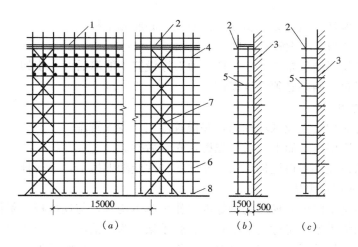

图 3-1　扣件式钢管脚手架

（a）正立面图；（b）侧立面图（双排）；（c）单排脚手架

1—脚手板；2—连墙杆；3—墙身；4—纵向水平杆；5—横向水平杆；

6—立杆；7—剪刀撑；8—底座

求，用于立杆、大横杆、剪刀撑和斜杆的钢管长度宜 4.0～6.5m；用于小横杆的钢管长度应为 1.8～2.2m。钢管内外必须进行防锈处理。

（2）扣件

扣件是钢管的连接件，分为全锻铸铁扣件和钢板压制扣件两种。全锻铸铁扣件已有国家产品标准和专业检测单位，产品质量控制有保障，管理规范。钢板压制扣件，目前尚无国家产品标准规范。

扣件有三种基本形式（图 3-2）。

1）直角扣件用于两根垂直相交的钢管连接。

2）回转扣件用于两根任意相交的钢管连接。

3）对接扣件用于两根钢管接长的连接。

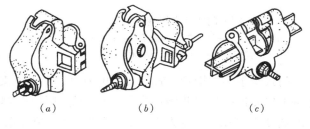

（3）底座

图 3-2　扣件形式图

底座设在立杆下端，用于传递立

（a）直角扣件；（b）回转扣件；（c）对接扣件

杆荷载的配件。用钢管与钢板焊接而成（图 3-3）。

（4）脚手板

脚手板是供施工人员操作、堆放材料的水平部件。有竹、木、钢板三种。脚手板宽度不小于 200mm，厚度不小于 50mm，重量不宜大于 30kg。

图 3-3　脚手架底座

2. 搭设注意事项

（1）搭设高度规定：单排脚手架不大于 25m；双排脚手架不大于 50m。当大于 50m 时应分段搭设。

（2）搭设前地基面填土要夯实处理，并设置底座和垫板。

（3）严禁 $\phi48$ 与 $\phi51$ 钢管和配件混合使用。

（4）立杆接长要错位布置，连接杆、剪刀撑设置不能滞后两个步架。

（5）脚手板对接两端必须设置横杆。

3. 拆除注意事项：

（1）拆架时应划出作业区域标志，并设置围栏，专人管理。

（2）拆除应逐层由上而下，后装先拆，先装后拆。

（3）拆下的杆配件不得抛扔，松开扣件的杆件应随即撤下，不得挂在架上。

（二）门式钢管脚手架

门式脚手架是由门形或梯形的钢管框架作为基本构件，与连接杆、附件和各种多功能配件组合而成的脚手架，统称为框架式钢管脚手架，为目前国际上应用最普遍的脚手架之一。它结构合理，尺寸标准，安全可靠。它不仅能搭设外、里脚手架、满堂红脚手架，还便于搭设井架等支撑架，并且形成脚手架、支撑系列产品，所以又称为多功能脚手架。

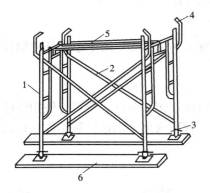

图 3-4　门式脚手架基本单元

1—门架；2—剪刀撑；3—螺旋基脚；4—
锁臂；5—水平梁架；6—木板

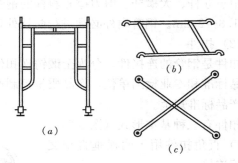

图 3-5　门式脚手架主要部件

（a）门架；（b）水平梁架；（c）剪刀撑

门式脚手架由钢管门式框架、剪刀撑、水平梁架（平行架）及脚手板构成基本单元。将基本单元连接起来并增加梯子、栏杆等部件构成整片脚手架，见图 3-4、图 3-5。门架标准宽度 1.20m，高度为 1.7m。门架之间、顶部水平面用水平梁架或脚手板连接；垂直方向采用连接棒和锁壁连接（图 3-6），在脚手架纵向使用剪刀撑加强整体性。

（三）碗扣式钢管脚手架

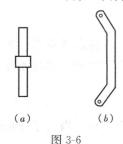

图 3-6

（a）连接棒；（b）锁臂

碗扣式脚手架是一种新型承插式钢管脚手架。它采用碗扣接头，不仅承载力大，加工容易，接头构造合理，杆件便于搬运，拼装迅速省力，而且结构简单，受力稳定可靠，完全避免了螺栓作业，不易丢失、损坏零散扣件，使用安全方便，适用功能多。但也存有设置位置固定而使其任意性低，杆件较重等缺点。利用碗扣式脚手架的主要构件和辅助构件，可搭设成结构、装饰用的脚手架，模板的支撑架和物料提升架等多种用途的施工设备。碗扣式脚手架的研制应用，提高了我国脚手架的技术水平，促进了施工技术的发展，目前不仅在房建，并且在桥梁、隧道、烟囱、大坝等工程施工中也广泛应用，并取得了显著的经济效益。

1. 构造特点

碗扣式脚手架是在一定长度的 ϕ48mm×3.5mm 钢管立杆和顶杆上，每隔 600mm 焊住下碗扣及限位销，上碗扣则对应套在立杆上并可沿立杆上下滑动。安装时将上碗扣的缺口对准限位销后，即可将上碗扣抬起（沿立杆向上滑动），把横杆接头插入下碗扣圆槽内，随后将上碗扣沿限位销滑下并沿顺时针方向旋转以扣紧横杆接头，与立杆牢固地连接在一起，形成框架结构。每个下碗扣内可同时装 4 个横杆接头，位置任意，其构造如图 3-7 所示。

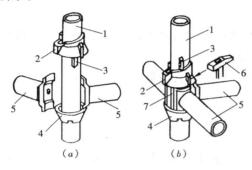

图 3-7　碗扣接头

(a) 连接前；(b) 连接后

1—立杆；2—上碗扣；3—限位销；4—下碗扣；

5—横杆；6—铁锤；7—流水槽

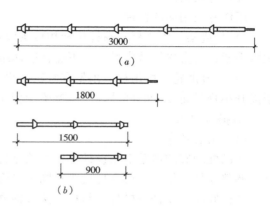

图 3-8　立杆和顶杆

(a) 立杆的规格；(b) 顶杆的规格

2. 主要组成构件及作用

碗扣式脚手架按用途分类，其构件可由主构件、辅助构件和专用构件三大类组成。

（1）主构件

用以构成脚手架主体的部件。其中的立杆和顶杆各有两种规格（图 3-8），在杆上均焊有间距为 600mm 的下碗扣。若将立杆和顶杆相互配合接长使用，就可构成任意高度的脚手架。立杆接长时，接头应错开，至顶层后再用两种长度的顶杆找平。

1）立杆　由一定长度的 ϕ48mm×3.5mm 钢管上每隔 0.6m 安装碗扣接头，并在其顶端焊接立杆焊接管制成。用于脚手架的垂直承力杆（图 3-8a）。

2）顶杆　即顶部立杆，在顶端设有立杆的连接管，以便在顶端插入托撑。用于支撑架（柱）、物料提升架等顶端的垂直承力杆（图 3-8b）。

3）横杆　由一定长度的 ϕ48mm×3.5mm 钢管两端焊接横杆接头制成。用于立杆横向连接管，或框架水平承力杆。

4）单横杆　仅在 ϕ48mm×3.5mm 钢管一端焊接横杆接头，用作单排脚手架的横向水平杆。

5）斜杆　在 ϕ48mm×2.2mm 钢管两端铆接斜杆接头制成，用于增强脚手架的稳定强度，提高脚手架的承载力。斜杆应尽量布置在框架节点上。

6）底座　由 150mm×150mm×8mm 的钢板在中心焊接连接杆制成，安装在立杆的根部，用作防止立杆下沉，并将上部荷载分散传递给地基的构件。

（2）辅助构件

用于作业面及附壁拉结等的杆部件。

1）间横杆　为满足普通钢或木脚手板的需要而专设的杆件，可搭设于主架横杆之间的任意部位，用以减小支承间距和支撑挑头脚手架。

2）架梯　由钢踏步板焊在槽钢上制成，两端带有挂钩，可牢固地挂在横杆上。用于作业人员上下脚手架的通道。

3）连墙撑　用于脚手架与墙体结构间的连接件，以加强脚手架抵抗风载及其他永久性水平荷载的能力，防止脚手架倒塌和增强稳定性的构件。

（3）专用构件

用作专门用途的杆件。

1）悬挑架　由挑杆和撑杆用碗扣接头固定在楼层内支承架上构成。用于其上搭设悬挑脚手架，可直接从楼内挑出，不需在墙体结构设埋件。

2）提升滑轮　由吊柱、吊架和滑轮等组成，吊柱可插入宽挑梁的垂直杆中固定。用于提升小物料而设计的杆件，与宽挑梁配套使用。

3. 搭设要求

（1）组装顺序

在已处理好的地基上按设计位置安放立杆垫座，其上再交错安装 3.0m 和 1.8m 长立杆，调整立杆，使同一层立杆接头在同一平面内，其组装顺序为：

立杆底座→立杆→横杆→斜杆→接头锁紧→脚手板→上层立杆→立杆连接销→横杆

（2）注意事项

搭设中注意调整整个架子的垂直度，最大偏差不能超过 100mm；连墙杆应随脚手架搭设而随时在设计位置设置，并尽量与脚手架和建筑物外表面垂直；脚手架应随建筑物升高而随时搭设，但不应超过建筑物两个步架。

二、里脚手架

里脚手架是搭设在建筑物内部的一种脚手架。它用于在楼层上砌砖、内粉刷等。里脚手架种类较多，按构造形式分扣件式里脚手架和框组式里脚手架。

（一）扣件式里脚手架与满堂脚手架

里脚手架依作业要求和场地条件搭设，可采用双排或单排架。装修作业时，铺板宽度不少于 2 块板或 0.6m；砌筑作业时，铺板 3～4 块，宽度应不小于 0.9m。当作业层高大于 2m 时，在架子外侧设栏杆防护。用于一般层高墙体的砌筑作业架，也应设置必要的抛撑，以保证架子稳定。单层抹灰脚手架的构架要求虽较砌筑架为低，但必须保证稳定、安全和操作的需要。

满堂脚手架是指室内平面铺设的，纵、横各超过 3 排立杆的整块落地式多立杆脚手架，用于天棚装修作业及其他大面积的高处作业。大面积楼板模板的支撑也多采用满堂脚手架形式。满堂脚手架也需设置一定数量的剪刀撑或斜杆，以确保在施工荷载偏于一边时，整个架子不会出现变形。

（二）框组式里脚手架与满堂脚手架

1. 里脚手架

作为砌筑里脚手架，一般只需搭设一层。采用高度为 1.7m 的标准形门架，能适应

3.3m 以下层高的墙体砌筑；当层高大于 3.3m 时，可加设可调底座。选用 DZ-40 可调底座时，可调高 0.6m，能满足 4.2m 层高作业要求。当层高大于 4.2m 时，可再接一层高 0.9～1.5m 的梯形门架。由于房间墙壁的长度不一定是门架标准间距 1.83m 的整倍数，一般不能使用交叉拉杆，可使用钢管横杆，其门架间距为 1.2～1.5m，且铺一般的脚手板。

2. 满堂脚手架

将门架按纵排和横排均匀排开，门架间的间距在一个方向上为 1.83m，用剪刀撑连接，另一个方向为 1.5～2.0m，用脚手钢管连接，其上满铺脚手架，高度的调节方法同里脚手架。当层高大于 5.2m 时，可使用 2 层以上的标准门架搭起，用于宾馆、饭店、展览馆等建筑物高大的厅堂顶棚装修，非常方便。

三、脚手架安全技术

（一）脚手架工程的安全事故及其防止措施

1. 脚手架工程多发事故的类型

1）脚手架倾倒或局部跨架；

2）整架失稳、垂直坍塌；

3）人员从脚手架上高处坠落；

4）落物伤人（物体打击）；

5）不当操作事故（闪失、碰撞等）。

2. 引发事故的直接原因

1）构架缺少必须的结构杆件，未按规定数量和要求设连墙件；

2）在使用过程中任意拆除必不可少的杆件和连墙件；

3）构架尺寸过大、承载能力不足或严重超载；

4）地基出现不均匀沉降；

5）作业层未按规定设置护栏或未满铺脚手板或与墙之间的间隙过大。

3. 防止事故发生的措施

1）必须确保脚手架的构架和防护设施达到承载可靠和使用安全的要求。

2）必须严格的按照规范、设计要求和有关规定进行脚手架的搭设、使用、拆除，坚决制止乱搭、乱改和乱用情况。

3）必须健全规章制度、加强规范管理、制止和杜绝违章指挥和违章作业。

4）必须完善防护措施和提高施工人员的自我保护意识和素质。

（二）防止脚手架事故的技术与管理措施

1. 加强脚手架工程的技术与管理措施

1）对高层、多层建筑物脚手架的构架做法必须进行严格的设计计算，并使施工人员掌握其技术和施工要求，以确保安全。

2）对于首次使用，没有先例的高、难、新脚手架，在设计计算的基础上，还需进行必要的荷载试验，检验其承载能力和安全储备，在确保可靠后才能正式使用。

3）对于高层、高耸、大跨建筑以及有其他特殊要求的脚手架，必须对其设置构造和使用要求加以严格的限制，并认真监控。

4）建筑脚手架多功能用途的发展，对其承载和变形性能提出了更高的要求，必须予以考虑。

5）对已经落后或较落后的架设工具进行改造与更新。

2. 加强脚手架工程的规范化管理

为了确保脚手架工程的施工安全，预防和杜绝事故的发生，必须加强以确保安全为基本要求的规范化管理。脚手架安全技术规范是实施规范化管理的依据，目前已公布实施的有：《建筑施工扣件式钢管脚手架安全技术规范》（JGJ 130—2011）、《建筑施工门式钢管脚手架安全技术规范》（JGJ 128—2010）以及对附着式升降脚手架管理的暂行规定等。

第二节 砌 体 工 程

一、砌体材料

（一）砖

1. 烧结普通砖

烧结普通砖根据主要原材料分为黏土砖、页岩砖、煤矸石砖、粉煤灰砖。烧结普通砖根据抗压强度分为 MU30、MU25、MU20、MU15、MU10 五个强度等级。

烧结普通砖根据尺寸偏差、外观质量分为优等品、一等品、合格品三个质量等级。一等品、合格品可用于混水墙。

烧结普通砖的外形为直角六面体，其公称尺寸为：长 240mm，宽 115mm，高 53mm。

2. 煤渣砖

煤渣砖是以煤渣为主要原料，掺入适量石灰、石膏、经混合压制蒸压或蒸养而成的实心砖。

煤渣砖的外形为矩形体，公称尺寸为：长 240mm，宽 115mm，高 53mm。

煤渣砖根据抗压强度和抗折强度分为 MU20、MU15、MU10、MU7.5 四个强度等级，优等品的强度等级应不低于 MU15，一等品的强度等级不低于 MU10，合格品的强度等级应不低于 MU7.5。

3. 烧结多孔砖

烧结多孔砖是以黏土、页岩、煤矸石等为主要原料，经烧结而成的多孔砖。

烧结多孔砖外形为矩形体。其长度、宽度、高度尺寸应符合下列要求：

（1）290、240、190（180）mm；

（2）175、140、115（90）mm。

烧结多孔砖根据抗压强度及变异系数等因素分为 MU30、MU25、MU20、MU15、MU10 五个强度等级。优等品、一等品、合格品三个质量等级。

4. 烧结空心砖

烧结空心砖是以黏土、页岩、煤矸石等为主要原料，经烧结而成的空心砖，在与砂浆的结合面上设有增加结合力的凹线槽。

烧结空心砖外形为矩形体。其长度、宽度、高度应符合下列要求：

（1）290、190（140）、90mm；

（2）240、180（175）、115mm。

烧结空心砖根据孔洞及其排数、尺寸偏差、外观质量、强度等级，分为优等品、一等品和合格品三个等级。优等品的强度等级为 MU5，一等品的强度等级为 MU3，合格品强度等级为 MU2。

5．蒸压灰砂砖

蒸压灰砂砖以石灰、砂为主要原料，经坯料制备、压制成型，蒸压养护而成的实心砖。

蒸压灰砂砖根据强度分为：MU25、MU20、MU15、MU10 四个强度等级。优等品的强度等级不低于 MU20，一等品的强度等级不低于 MU15。

蒸压灰砂砖公称尺寸为：长 240mm，宽 115mm，高 53mm。

（二）砂浆

砌筑砂浆的强度分为：M15、M10、M7.5、M5、M2.5 五个等级。

水泥砂浆中采用的水泥强度等级不大于 32.5 级，水泥用量不应小于 200kg/m³；水泥混合砂浆中采用的水泥强度等级不大于 42.5 级，水泥和掺合料总量宜为 300～350kg/m³。

砂浆应有适宜的稠度和良好的保水性。按表 3-1 规定选用。

砌体的砂浆稠度　　　　　　　　　　　表 3-1

砌 体 种 类	砂浆稠度（mm）	砌 体 种 类	砂浆稠度（mm）
烧结普通砖砌体 轻骨料混凝土小型空心砌块砌体 烧结多孔砖、空心砖砌体	70～90 60～90 60～80	烧结普通砖平拱式过梁 空斗墙、筒拱 普通混凝土小型空心砌块砌体 加气混凝土砌块砌体	50～70

为了使砂浆具有良好的保水性，可掺入适量的石灰膏、电石膏、粉煤灰等无机塑化剂，或掺入微沫剂（皂化松香）有机塑化剂，掺入量经试验与试配确定。

砌筑砂浆应采用砂浆搅拌机拌合，常用机型出口容量为 200L。

搅拌时间：

（1）水泥砂浆和水泥混合砂浆不得少于 2min；

（2）水泥煤灰砂浆和掺入外加剂砂浆不得少于 3min；

（3）掺有机塑化剂的砂浆不得小于 3～5min。

砌筑砂浆应随拌随用。常温下，水泥砂浆和水泥混合砂浆必须分别在拌后 3h 和 4h 内使用完毕；气温超过 30℃时，应分别在拌后 2h 和 3h 内使用完毕。砂浆经运输、存放后如有泌水现象，砖筑前应再次拌合后方可使用。

二、砌筑工艺和质量要求

（一）烧结普通砖砌体

砖墙砌筑工艺：抄平、弹线、设置皮数杆、选择砌筑方法、盘角、挂线、砌筑、清缝、检测。

砖砌体质量除材料因素外，砌筑质量是主要因素。为了使砌体有良好的强度、整体性和稳定性，要求砌体砌筑质量满足横平竖直，砂浆饱满，厚薄均匀，上下错缝，内外搭接，接槎牢固等要求。

砖砌体水平灰缝的饱满度不得小于 80%；砌体转角处和交接处应同时砌筑，当不能同时砌筑又必须临时间断时，应砌成斜槎。斜槎的水平投影长度不应小于高度的 2/3（图3-9）。

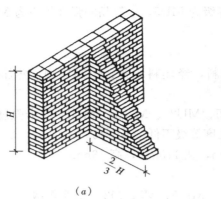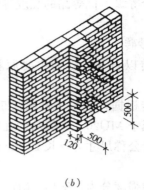

(a) (b)

图 3-9 接槎方式

(a) 斜槎；(b) 直槎

非抗震设防或抗震设防烈度在 6～7 度地区的砖砌体临时间断处，当不能留斜槎转角时，可留设直槎但直槎必须做成凸槎（图 3-9b）。

普通砖砌体的尺寸允许偏差应符合《砌体结构工程施工质量验收规范》（GB50203—2011）规定。

（二）烧结多孔砖砌体

在常温状态下，多孔砖应提前 1～2d 浇水湿润。砌筑时砖的含水率控制在 10%～15%。

对抗震设防地区多孔砖墙应采用"三一"法砌筑；对非抗震设防地区的多孔砖墙可采用铺浆法砌筑，铺浆长度不得超过 750mm；方形多孔砖一般采用全顺砌法，上下皮垂直灰缝相互错开半砖长；矩形多孔砖宜采用一顺一丁或梅花丁的砌筑形式，上下皮垂直错缝 1/4 砖长（图 3-10）。

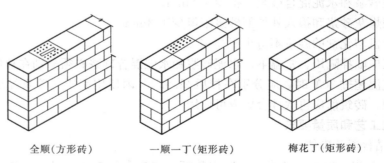

全顺（方形砖）　　　　一顺一丁（矩形砖）　　　　梅花丁（矩形砖）

图 3-10 多孔砖墙砌筑形式

（三）烧结空心砖砌体

空心砖墙应侧砌，其孔洞呈水平方向，上下垂直灰缝相互错开 1/2 砖长。空心砖墙底部宜砌 3 皮烧结普通砖（图 3-11）。

空心砖墙与普通砖墙交接处，应以普通砖墙引出不小于 240mm 长与空心砖墙相接，并与隔 2 皮空心砖高在交接处的水平灰缝中设置 2ϕ6 钢筋作拉结筋，拉结筋在空心砖墙中的长度不小于空心砖长加 240mm（图 3-12）。

空心砖墙不留斜槎或直槎，中途停歇时，应将墙顶砌平。在转角处、交接处，空心砖与普通砖应同时砌起。

空心砖墙的转角处，应用烧结普通砖砌筑，砌筑长度角边不小于 240mm。

空心砖墙不留脚手眼；不得对空心砖进行砍断，空心砖墙砌至梁、板底时，应留一定空隙，待空心墙砌完并应至少间隔 7d 后，再将其补砌挤紧。

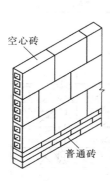

图 3-11　空心砖墙

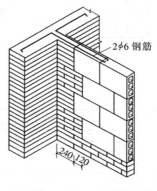

图 3-12　空心砖墙与
普通砖墙交接

三、砌筑工程施工组织

砌砖工程由砖工、架子工、普工等工种完成，如安装楼板则还有安装工，其施工特点是工人多、专业分工明确。为充分发挥工人的工作效率，要求各专业工作队连续工作，且在同一工作面内不允许两个工作队同时进行施工，例如，在某工作面上正在搭设脚手架或安装楼板，此时砖工就不可能在这个工作面上砌筑，若安排不妥，砖工就会窝工。采用流水作业法，可以使工人不窝工，工作面不闲置，能充分利用时间和空间，以加快建设速度，提高劳动生产率。

砌砖工程流水作业法的组织方法是：将建筑物楼层按可砌高度划分为若干施工层，并按劳动量大致相等及结构特点、工作队数目等因素将各施工层再划分成若干施工段。施工时，各工作队按施工顺序有节奏地依次完成第一施工层各施工段工作后，再转入第二施工层各施工段进行工作。要求当第一工作队进入上一施工层的第一施工段时，其下一施工层第一施工段的工作（如搭脚手架或安楼板）正好结束或已结束，若为现浇混凝土（如现浇圈梁或楼面）时，则混凝土应达 1.2N/mm² 以上强度。

图 3-13 所示是几种不同的流水施工方案。图中序号 1、2.3、…、n 表示砖工工作进度和流向，序号①、②、③…n 表示楼板安装进度和流向。方案（a）、（b）分两个施工段进行施工。方案（a）中，砖工队系连续工作，架子工于第 2 天入场，紧跟砖工之后，亦系连续工作。时间和空间均可得到充分利用，但安装工不能连续工作。方案（b）中，砖工和安装工均可连续工作，时间和空间也可得到充分利用，其缺点是接槎过高，且搭脚手架要利用晚班。若建筑物面积较大时，可分四个施工段，由甲乙两个砖工队（各配一架工队）按方案（c）施工，则可避免方案（b）的缺点。当建筑物面积大，且层高大时，可分 6 个施工段，每楼层分三个施工层，由甲乙丙三个砖工队（各配一架工队）按方案（d）施工，亦可获得满意结果。如为同类型建筑群，则可按第十章方法组织大流水施工。

71

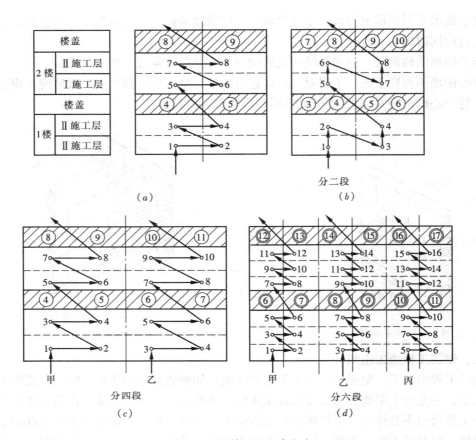

图 3-13　砌砖工程流水方案

四、垂直运输设备

建筑施工中常用的垂直运输设备有轻型塔式起重机、井架、龙门架及施工升降机等。

（一）井架

工地上井架多采用钢管脚手架部件，根据运输材料的尺寸和重量需要，搭设成 4 柱、6 柱或 8 柱，内设吊篮的井架。如 4 柱井架起重量 0.5t，吊篮平面尺寸 1.5m×1.2m；6 柱井架起重量 1t，吊篮平面尺寸为 3.6×1.3m。8 柱井架的吊篮更大。

井架搭设高度，一般应比建筑沿口高出 3m，带拔杆的井架，其拔杆交接点应高于建筑物的沿口，同时，交接点以上的井架高度应大于或等于拔杆长度，拔杆长度 5～10m，工作幅度 2.5～5m，起重量 0.5～1.5t。井架高度在 15m 以内时，应设缆风绳一道 4 根，超过 15m 时，每增加 10m，要增设缆风绳一道，缆风绳宜用直径 9mm 钢丝绳或直径 8mm 钢筋。与地面夹角 45 度。当设附着杆与建筑物拉结时，无需拉缆风绳。型钢井架搭设高度可达 60m。井架构造形式如图 3-14 所示。

（二）龙门架

龙门架是由支架和横梁组成的门形架。在门架上装滑轮、导轨、吊篮、安全装置、起重锁、缆风绳等部件构成一个完整的龙门架运输设备（图 3-15）。

龙门架的搭设高度一般为 10～30m，起重量 0.5～1.2t。按规定：龙门架高度在 12m 以内者，设缆风绳一道；高度在 12m 以上者每增高 5～6m 增设一道缆风绳，每道不少于

6根。龙门架塔高度可达20～35m。

龙门架不能作水平运输。如果选用龙门架作垂直运输方案，则地面或楼表面上的水平运输设备要同时考虑。

（三）施工升降机

施工升降机，又称施工电梯，是高层建筑施工中垂直运输设备之一，供施工人员和材料的升降。

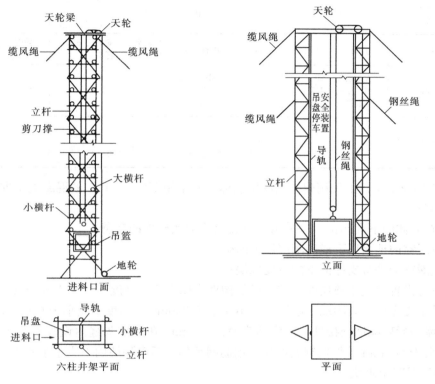

图3-14　井架基本构造形式　　　　图3-15　龙门架的基本构造形式

施工升降机附着在建筑物的结构部件上（如柱、楼板），随建筑物的升高而增高搭设，架设高度可达200m以上。主要形式有齿轮齿条（sc）型、钢丝绳（ss）型和混合（sh）型。

第三节　小型砌块砌体工程

为了减少对农田破坏和利用工业废料，我国墙体改革政策已决定逐步禁止使用黏土砖而广泛使用小型砌块作为墙体材料。按砌块所用材料不同，可分为普通混凝土小型空心砌块、轻骨料混凝土小型空心砌块、加气混凝土砌块、粉煤灰砌块等。小型砌块和普通黏土砖相比，具有适用性强、成本低、劳动生产率高等优点。

表3-2是各种小型砌块的规格。

一、砌块构造

1. 混凝土小型空心砌块

混凝土小型空心砌块砌体所用的材料，除满足强度计算要求外，尚应符合下列要求：

（1）对室内地面以下的砌体，应采用普通混凝土小砌块和不低于M5的水泥砂浆；

小型砌块规格表   表 3-2

项　　目	普通混凝土小型空心砌块	轻骨料混凝土小型空心砌块	加气混凝土砌块		粉煤灰砌块		
主规格/mm 长×宽×高	390×190×190	390×190×190	600	120 180 240 / 200 250 300	880	240	380 430
原料	水泥、砂、碎石	水泥、轻骨料、砂	水泥、矿渣、砂、石灰		粉煤灰、石灰、石膏、轻骨料		
强度等级	MU3.5、MU5、MU7.5、MU10、MU15、MU20	MU1.5、MU2.5、MU3.5、MU5、MU7.5、MU10	MU10、MU13				
密度等级		500、600、700、800、900、1000、1200、1400（kg/m³）	B03、B04、B05、B06、B07、B08				

（2）5层及5层以上民用建筑的底层墙体，应采用不低于MU5的混凝土小砌块和M5的砌筑砂浆；

（3）在墙体的下列部位，应采用C20混凝土灌实砌体的空洞：

1）底层室内地面以下或防潮层以下的砌体；

2）无圈梁的楼板支撑面下的一皮砌块；

3）没有设置混凝土垫层的屋架、梁等构件支撑面下，高度不应小于600mm的砌体；

4）挑梁支撑面下，距墙中心线每边不应小于300mm，高度不应小于600mm的砌体。

砌块墙与后砌隔墙交接处，应沿墙高每隔400mm在水平灰缝内设置不小于2φ4、横筋间距不大于200mm的焊接钢筋网片，钢筋网片伸入后砌隔墙内不应小于600mm。

2. 加气混凝土砌块

承重加气混凝土砌块墙的外墙转角处、墙体交接处，均沿墙高1m左右，在水平灰缝中放置拉结钢筋，拉结钢筋为3φ6，钢筋伸入墙内不少于1000mm。

非承重加气混凝土砌块墙的转角处、与承重墙交接处，均应沿墙高1m左右，在水平灰缝中放置拉结钢筋，拉结钢筋为2φ6，钢筋伸入墙内不少于700mm。

加气混凝土砌块外墙的窗口下一皮砌块下的水平灰缝中应设置拉结钢筋，拉结钢筋为3φ6，钢筋伸过窗口侧边应不少于500mm。

二、砌块施工工艺

1. 混凝土小型空心砌块

（1）芯柱设置

墙体的下列部位宜设置芯柱：

1）在外墙转角、楼梯间四角的纵横墙交接处的空洞，宜设置素混凝土芯柱；

2）5层及5层以上的房屋应在上述部位设置钢筋混凝土芯柱。

芯柱的构造要求如下：

1）芯柱的截面不宜小于120mm×120mm，宜用不低于C20的细石混凝土浇灌；

2）钢筋混凝土芯柱每孔内插竖筋不应低于 1φ10，底部应伸入室内地面下 500mm 或与基础圈梁锚固，顶部与屋盖圈梁锚固；

3）在钢筋混凝土芯柱处，沿墙高每隔 600mm 应设 φ4 钢筋网片拉结，每边伸入墙体不小于 600mm；

4）芯柱应沿房屋的全高贯通，并与各层圈梁整体现浇。

（2）小砌块施工

普通混凝土小砌块不宜浇水，当天气干燥炎热时，稍加喷水湿润；轻骨料混凝土小砌块施工前可洒水，但不宜过多，龄期不足 28d 及潮湿的小砌块不得进行砌筑。

小砌块砌筑应从转角或定位处开始，内外墙同时砌筑，纵横墙交错搭接。外墙转角处应使小砌块隔皮露端面；T 字交接处应使横墙小砌块隔皮露端面，纵墙在交接处改砌两块辅助规格小砌块（尺寸为 290mm×190mm×190mm，一头开口），所有露端面用水泥砂浆抹平（图 3-16）。

小砌块应对孔错缝搭砌。上下皮小砌块竖向灰缝相互错开 190mm。小砌块砌体的灰缝应横平竖直，全部灰缝应铺填砂浆；水平灰缝的砂浆饱满度不应低于 90%；竖向灰缝的砂浆饱满度不得低于 80%；砌筑中不得出现瞎缝、透明缝。水平灰缝厚度和竖向灰缝宽度应控制在 8~12mm。

承重砌体严禁使用断裂小砌块或肋壁中有竖向凹型裂缝的小砌块砌筑；也不得采用小砌块与烧结普通砖等其他块体材料混合砌筑。

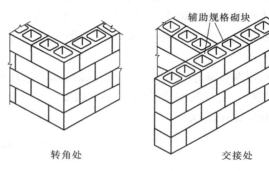

图 3-16　小砌块墙转角处及 T 字交接处砌法

常温条件下普通混凝土小砌块的日砌筑高度应控制在 1.4m 或一步脚手架高度内；轻骨料混凝土小砌块的日砌筑高度应根据施工时实际气温和砌筑情况而定。

2. 加气混凝土砌块

承重加气混凝土砌块砌体所用砌块强度等级应不低于 MU7.5，砂浆强度不低于 M5。

加气混凝土砌块砌筑前，应根据建筑物的平面、立面图绘制砌块排列图。在墙体转角处设置皮数杆，皮数杆上画出砌块皮数及砌块高度，并在相对砌块上边线拉准线，依准线砌筑。

加气混凝土砌块的砌筑面上应适量洒水。

加气混凝土砌块墙的上下皮砌块的竖向灰缝应相互错开，相互错开长度宜为 300mm，并不小于 150mm。加气混凝土砌块墙的灰缝应横平竖直，砂浆饱满，水平灰缝的砂浆饱满度不应低于 90%；竖向灰缝的砂浆饱满度不得低于 80%。水平灰缝厚度宜为 15mm；竖向灰缝宽度宜为 20mm。

加气混凝土砌块墙的转角处，应使纵横墙的砌块相互搭砌，隔皮砌块露端面。加气混凝土砌块墙的 T 字交接处，应使横墙砌块隔皮露端面，并坐中于纵墙砌块（见图 3-17）。

3. 粉煤灰砌块

粉煤灰砌块适用于砌筑粉煤灰砌块墙，墙厚为 240mm。所用砌筑砂浆的强度等级应

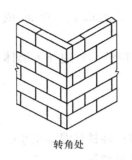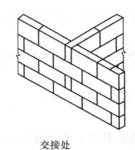

转角处　　　　　交接处

图 3-17　加气混凝土砌块
墙的转角处、交接处砌法

不低于 M2.5。

粉煤灰砌块墙砌筑前，应按设计图绘制砌块排列图，并在墙体转角处设置皮数杆。粉煤灰砌块的砌筑面上应适量浇水。

粉煤灰砌块的砌筑方法可采用铺灰灌浆法。先在墙顶上摊铺砂浆，然后将砌块按砌筑位置摆放到砂浆层上，并与前一块砌块靠拢，留出不大于 20mm 的空隙。待砌完一皮砌块后，在空隙两旁装上夹板或塞上泡沫塑料条，在砌块的灌浆槽内灌砂浆，直至灌满。等到砂浆开始硬化不流淌时即可卸掉夹板或取出泡沫塑料条。

粉煤灰砌块上下皮的垂直灰缝应相互错开，错开长度应不小于砌块长度的 1/3。粉煤灰砌块墙的灰缝应横平竖直，砂浆饱满，水平灰缝的砂浆饱满度不应低于 90％；竖向灰缝的砂浆饱满度不得低于 80％。水平灰缝厚度不得大于 15mm；竖向灰缝宽度不得大于 20mm。

粉煤灰砌块墙的转角处，应使纵横墙的砌块相互搭砌，隔皮砌块露端面，露端面应锯平灌浆槽。粉煤灰砌块墙的 T 字交接处，应使横墙砌块隔皮露端面，并坐中于纵墙砌块，露端面应锯平灌浆槽。

习　题

3-1　某 4 层混合结构房屋，屋高 3m，每层楼墙体 6 个工作日完成，每层楼板 4 个工作日完成。要求砖瓦工、架子工、安装工连续作业，不利用晚班，接槎高不超过一日可砌高度。试组织砌墙和楼板安装流水施工并求出总工期。

3-2　某 5 层砖混结构，层高 3m，现选用带把杆的井架作垂直运输，已知把杆长为 15m，试确定井架的高度。

3-3　绘出图 3-13 砌砖工程流水施工进度计划。

第四章 混凝土结构工程

混凝土结构工程分现浇混凝土结构和装配式混凝土结构两类。

现浇混凝土结构是在建筑结构的设计部位架设模板、安装钢筋、浇筑混凝土、振捣成型，经养护使混凝土达到设计规定强度后拆模。整个施工过程均在施工现场进行。现浇混凝土结构具有整体性好、抗震性好、钢材耗量小且不需大型设备等优点。其缺点有：施工周期长、施工现场运输量大、劳动强度高、易受气候条件影响、建筑垃圾多、噪声大。

预制装配式混凝土结构是指结构的全部或大部分构件在预制构件厂生产，将构件运到施工现场，用起重机械安装到设计位置。构件之间用电焊、预应力或现浇等手段连成整体。这种结构优点是实现了工厂化、机械化生产、节约模板、施工周期短、提高了劳动生产率，施工现场较为整洁文明、建筑垃圾少、噪声低。其缺点是构件接头耗钢量增加，需要具备大型起重机械且增加了构件运输费。目前除在单层工业厂房或少量的民用建筑楼板、墙板等构件使用预制外，大量的建筑均采用现浇混凝土结构。

混凝土结构工程施工由钢筋工程、模板工程和混凝土工程三部分组成。施工过程中相互配合，组织流水施工。混凝土结构工程施工流程如图4-1所示。

混凝土浇筑完毕后，在一定的温度、湿度条件下进行养护，以保证其强度正常增长，因此，在施工组织与技术管理上都应考虑这个技术间隙因素。

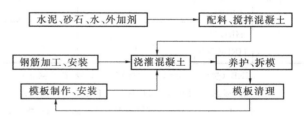

图4-1 混凝土结构工程施工流程

混凝土结构工程在施工前先拟定工程施工方案，内容包括施工顺序、施工方法与机械选择，以及工种施工组织。施工过程中应实行过程三检制（指自检、互检和交接检），这是一种企业内部质量控制的有效方法。每个施工过程结束后，应按现行国家标准《混凝土结构工程施工质量验收规范》GB 50204 的有关规定进行检查验收，并作详细记录，留存图像资料。

第一节 钢 筋 工 程

一、钢筋的分类与检验

混凝土结构用的钢筋分两类：热轧钢筋（含余热处理钢筋）和冷加工钢筋（冷轧带肋钢筋、冷轧扭钢筋、冷拔螺旋钢筋）。

冷拉钢筋和冷拔低碳钢丝已逐步淘汰。

（一）热轧钢筋和余热处理钢筋

1. 热轧钢筋

热轧钢筋是经热轧成型并自然冷却的成品钢筋。有光圆和带肋两种，钢筋混凝土用钢应分别符合国家标准《钢筋混凝土用钢　第 1 部分：热轧光圆钢筋》GB 1499.1—2008 和《钢筋混凝土用钢　第 2 部分：热轧带肋钢筋》GB 1499.2—2007 的相关规定。

根据《混凝土结构设计规范》GB 50010—2010 规定：

① 纵向受力钢筋宜采用 HRB400、HRB500、HRBF400、HRBF500，也可采用 HPB300、HRB335、HRBF335、RRB400 钢筋；

② 梁、柱纵向受力钢筋应采用 HRB400、HRB500、HRBF400、HRBF500 钢筋；

③ 箍筋宜采用 HRB400、HRBF400、HPB300、HRB500、HRBF500，也可采用 HRB335、HRBF335 钢筋。

热轧钢筋的力学性能应符合表 4-1 的规定。

热轧钢筋的力学性能　　　　表 4-1

表面形状	强度等级牌号	公称直径 d (mm)	屈服点 σ_s (MPa)	抗拉强度 σ_b (MPa)	伸长率 δ_5 (%)	冷　弯		符　号
			不　小　于			弯曲角度	弯心直径	
光　圆	HPB 300	6～22	300	420	10	180°	2.5d	Φ
月牙肋	HRB 335 HRBF 335	6～50	335	435	9	90°	4d	Φ Φ F
	HRB 400 HRBF 400 RRB 400	6～50	400	540	9	90°	5d	Φ Φ F
	HRB 500 HRBF 500	6～50	500	630	9	90°	7d	Φ Φ F

注：1. HRB（热轧带肋钢筋）、HRBF（细晶粒热轧钢筋）；

2. 钢筋标志：HRB335、HRB400、HRB500 分别标为 3、4、5；HRBF335、HRBF400、HRBF500 分别标为 C_3、C_4、C_5；余热处理钢筋 RRB400 标为 K_4；牌号带"E"，标志也带"E"，如 HRB335E，HRBFE400 为 4E，此类钢筋是专门为满足混凝土框架结构纵向受力钢筋的强度、伸长率和抗震性能要求的品种。

热轧钢筋进场时，应按批进行检查和验收。批量不大于 60t，每批由同一牌号、同一炉号、同一规格钢筋组成。

从每批钢筋中任选两根，每根截取两个试件，分别作拉伸（屈服点、抗拉强度和伸长率）和冷弯试验。如果有一项试验结果不符合表 4-1 要求，则从同批中另取双倍数量试件，重做各项试验。如仍有一个试件不合格，则该批钢筋认定为不合格产品。此外，每批钢筋中再抽取 5% 作外观检查，观察钢筋表面是否有裂纹、结疤。钢筋可按实际重量或公称重量交货。当按实际重量交货时，应随机抽 10 根（6m 长）钢筋称其重量，其偏差应在表 4-2 的范围内。

对有抗震要求的框架结构，其纵向受力钢筋的强度应满足设计要求；当设计无要求时，对一、二三级抗震等级的钢筋检验强度，应满足如下规定：

①钢筋抗拉强度实测值与屈服强度实测值的比值不应小于 1.25。

②钢筋屈服强度实测值与屈服强度标准值的比值不应大于 1.3。

③当发现钢筋脆断或焊接性不良或力学性能显著异常时，应对该批钢筋作化学性能检

验，或者作专项检验。

热轧钢筋的直径、横截面面积和重量　　表 4-2

公称直径 (mm)	内 径 (mm)	纵、横肋高 h、h_1 (mm)	公称横截面面积 (mm²)	理论重量 (kg/m)
6	5.8	0.6	28.27	0.222
8	7.7	0.8	50.27	0.395
10	9.6	1.0	78.54	0.617
12	11.5	1.2	113.1	0.888
14	13.4	1.4	153.9	1.21
16	15.4	1.5	201.1	1.58
18	17.3	1.6	254.5	2.00
20	19.3	1.7	314.2	2.47
22	21.3	1.9	380.1	2.98
25	24.2	2.1	490.9	3.85
28	27.2	2.2	615.8	4.83
32	31.0	2.4	804.2	6.31
36	35.0	2.6	1018	7.99
40	38.7	2.9	1257	9.87
50	48.5	3.2	1964	15.42

注：1. 表中理论重量按密度为 7.85g/cm³ 计算；

　　2. 重量允许偏差：直径 6～12mm 为±7%；14～20mm 为±5%；22～50mm 为±4%；

2. 余热处理钢筋

余热处理钢筋属于热轧钢筋一类。

余热处理钢筋是热轧后立即穿水，进行表面控制冷却，然后利用芯部余热自身完成回火处理成为成品钢筋。它应符合《钢筋混凝土用余热处理钢筋》（GB 13014）的国家标准。且不宜用作主要部位受力钢筋，不应用于直接承受疲劳荷载的构件。

余热处理钢筋表面形状与热轧钢筋（月牙肋）相同，其化学成分与 20MnSi 钢筋相同，力学性能见表 4-3。

余热处理钢筋的力学性能　　表 4-3

表面形状	强度等级代号	公称直径 d (mm)	屈服点 σ_s (MPa)	抗拉强度 σ_b (MPa)	伸长率 δ_5 (%)	冷　弯		符　　号
						弯曲角度	弯心直径	
月牙肋	RRB 400	6～50	400	540	9	90°	5d	Φ^R

（二）冷加工钢筋

1. 冷轧带肋钢筋

冷轧带肋钢筋是热轧光圆盘条，经冷轧或冷拔减径后在表面冷轧成三面或两面有肋的钢筋。冷轧带肋钢筋应符合国家标准《冷轧带肋钢筋》GB 13788—2008 的规定。

冷轧带肋钢筋的强度有三个等级：550 级、650 级和 800 级（MPa）。其中 550 级钢筋宜用于钢筋混凝土结构中的受力钢筋、架立筋、箍筋等。650 级和 800 级钢筋宜用中小型预应力混凝土构件的受力钢筋。

冷轧带肋钢筋的力学性能应逐盘（捆）进行检验。从每盘（捆）取 2 个试件，一个作拉伸试验，另一个作冷弯试验。试验结果如有一项指标不符合表 4-4 的要求，则该盘（捆）钢筋应判为不合格。必要情况下，可加倍取样复检认定。

冷轧钢筋的强屈比值 $\sigma_b/\sigma_{0.2}$ 不小于 1.05，冷弯表面无裂纹。

冷轧带肋钢筋进场时，应按批检查、验收。每批由同一级别、钢号和同一规格组成，批量不大于 50t，每批抽取 5%（但不少于 5 盘或 5 捆）作外形尺寸、表面观察和重量偏差等检查，见表 4-5。如其中有一盘（捆）不合格，则该批钢筋应逐盘（捆）检查。

冷轧带肋钢筋的力学性能　　　　　　　　　　　　　　　表 4-4

级别代号	屈服强度 $\sigma_{0.2}$ (MPa) 不小于	抗拉强度 σ_b (MPa) 不小于	伸长率不小于（%）		冷弯 180°，D 弯心直径，d 钢筋公称直径	应力松弛 $\sigma_{kn}=0.7\sigma_b$	
			δ_{10}	δ_{100}		1000h 不大于（%）	10h 不大于（%）
LL550	500	550	8	—	$D=3d$	—	—
LL650	520	650	—	4	$D=4d$	8	5
LL800	640	800	—	4	$D=5d$	8	5

冷轧带肋钢筋的直径、横截面面积和重量　　　　　　　　表 4-5

公称直径 d (mm)	公称横截面积 (mm²)	理论重量 (kg/m)	公称直径 d (mm)	公称横截面积 (mm²)	理论重量 (kg/m)
4	12.6	0.099	8	50.3	0.395
5	19.6	0.154	9	63.6	0.499
6	28.5	0.222	10	78.5	0.671
7	38.5	0.302	12	113.1	0.888

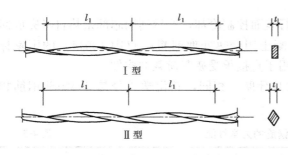

图 4-2　冷轧扭钢筋
t—轧扁厚度；l_1—节距

2. 冷轧扭钢筋

冷轧扭钢筋是用低碳钢钢筋（含碳量低于 0.25%）经冷轧工艺制成。表面呈连续螺旋形（图 4-2）。这种钢筋有较高的强度，良好的塑性，与混凝土粘结性能优异，代替 HPB 235 级钢筋可节约钢筋 30%。一般用于预制钢筋混凝土圆孔板、叠合板中的预制薄板以及现浇钢筋混凝土楼板。

冷轧扭钢筋应符合行业标准《冷轧扭钢筋》（JG 190—2006）的规定。其规格、重量与力学性能分别见表 4-6 与表 4-7。

冷轧扭钢筋规格　　　　　　　　　　　　　　　　　　　表 4-6

类　　型	标志直径 d(mm)	公称截面面积 A(mm²)	轧扁厚度 t(mm) 不小于	节距 l(mm) 不大于	公称重量 G(kg/m)
Ⅰ型矩形	6.5	29.5	3.7	75	0.232
	8.0	45.3	4.2	95	0.356
	10.0	68.3	5.3	110	0.536
	12.0	98.3	6.2	150	0.733
	14.0	132.7	8.0	170	1.042
Ⅱ型菱形	12.0	97.8	8.0	145	0.768

注：实际重量和公称重量的负偏差不应大于 5%。

冷轧扭钢筋力学性能

表 4-7

标志直径 d（mm）	抗拉强度 σ_b（MPa）	伸长率 δ_{10}（%）	冷　弯		符　号
	不　小　于		弯曲角度	弯心直径	
6.5～14.0	580	4.5	180	$3d$	Φᵗ

注：冷弯试验时，受弯部位表面不得产生裂纹。

　　冷轧扭钢筋进场时，应分批进行检查和验收。每批由同一钢厂、同一牌号、同一规格的钢筋组成，批量不大于 10t。当连续检验 10 批均为合格时，检验批量可扩大一倍。

　　从每批钢筋中抽取 5% 进行外形尺寸、表面质量和重量偏差等外观检验。钢筋的压扁厚度和节距、重量等应符合表 4-6 的要求。当重量负偏差大于 5% 时，该批钢筋判定为不合格。当仅轧扁厚度小于或节距大于规定值，仍可判为合格。但需降低直径规格使用，例如公称直径 φᵗ14 降为 φᵗ12。

　　力学性能检验时，从每批钢筋中抽取 3 根，各取一个试件。其中，两个试件作拉伸试验，一个作冷弯试验。试件长度宜取偶数倍节距，同时不小于 4 倍节距，且不小于 500mm。当全部试验项目均符合表 4-7 的要求，则该批钢筋判为合格。如有一项试验结果不符合表 4-7 的要求，则应加倍取样复检判定。

二、钢筋配料与代换

（一）钢筋配料

　　钢筋配料是根据构件配筋图，先绘出各种形状和规格的单根钢筋简图并加以编号，然后分别计算钢筋下料长度和根数，填写配料单，申请加工。

1. 钢筋下料长度计算

　　钢筋因弯曲或弯钩会使其长度变化，在配料中不能直接根据图纸中尺寸下料；必须了解对混凝土保护层、钢筋弯曲、弯钩等规定，再根据图中尺寸计算其下料长度。各种钢筋下料长度计算如下：

直钢筋下料长度＝构件长度－保护层厚度＋弯钩增加长度

弯起钢筋下料长度＝直段长度＋斜段长度－弯曲调整值＋弯钩增加长度

箍筋下料长度＝箍筋周长＋箍筋调整值

　　上述钢筋需要搭接的话，还应增加钢筋搭接长度。

（1）弯曲调整值

　　钢筋弯曲后的特点：一是在弯曲处内皮收缩、外皮延伸、轴线长度不变；二是在弯曲处形成圆弧。钢筋的量度方法是沿直线量外包尺寸（图 4-3）；因此，弯起钢筋的量度尺寸大于下料尺寸，两者之间的差值称为弯曲调整值。弯曲调整值，根据理论推算并结合实践经验，列于表 4-8。

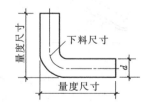

图 4-3　钢筋弯曲时的量度方法

钢筋弯曲调整值

表 4-8

钢筋弯曲角度	30°	45°	60°	90°	135°
钢筋弯曲调整值	$0.35d$	$0.5d$	$0.85d$	$2d$	$2.5d$

注：d 为钢筋直径。

（2）弯钩增加长度

钢筋的弯钩形式有三种：半圆弯钩、直弯钩及斜弯钩（图4-4）。半圆弯钩是最常用的一种弯钩。直弯钩只用在柱钢筋的下部、箍筋和附加钢筋中。斜弯钩只用在直径较小的钢筋。

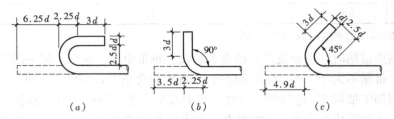

图 4-4　钢筋弯钩计算简图

（a）半圆弯钩；（b）直弯钩；（c）斜弯钩

光圆钢筋的弯钩增加长度，按图4-4所示的简图（弯心直径为 $2.5d$、平直部分为 $3d$）计算：对半圆弯钩为 $6.25d$，对直弯钩为 $3.5d$，对斜弯钩为 $4.9d$。

在生产实践中，由于实际弯心直径与理论弯心直径有时不一致，钢筋粗细和机具条件不同等而影响平直部分的长短（手工弯钩时平直部分可适当加长，机械弯钩时可适当缩短），因此在实际配料计算时，对弯钩增加长度常根据具体条件，采用经验数据，见表4-9。

半圆弯钩增加长度参考表（用机械弯）　表 4-9

钢筋直径（mm）	≤6	8～10	12～18	20～28	32～36
一个弯钩长度（mm）	40	$6d$	$5.5d$	$5d$	$4.5d$

（3）弯起钢筋斜长

弯起钢筋斜长计算简图，见图4-5。弯起钢筋斜长系数见表4-10。

（4）箍筋调整值

箍筋调整值，即为弯钩增加长度和弯曲调整值两项之差或和，根据箍筋量外包尺寸或内皮尺寸确定见图4-6与表4-11。

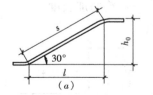 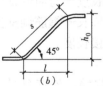 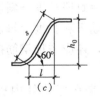 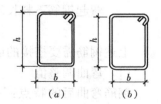

图 4-5　弯起钢筋斜长计算简图　　　　　图 4-6　箍筋量度方法

（a）弯起角度30°；（b）弯起角度45°；（c）弯起角度60°　　　（a）量外包尺寸；（b）量内皮尺寸

弯起钢筋斜长系数　表 4-10

弯起角度	$\alpha=30°$	$\alpha=45°$	$\alpha=60°$
斜边长度 s	$2h_0$	$1.41h_0$	$1.15h_0$
底边长度 l	$1.732h_0$	h_0	$0.575h_0$
增加长度 s－l	$0.268h_0$	$0.41h_0$	$0.575h_0$

注：h_0 为弯起高度。

箍筋调整值　表 4-11

箍筋量度方法	箍筋直径（mm）			
	4～5	6	8	10～12
量外包尺寸	40	50	60	70
量内皮尺寸	80	100	120	150～170

2. 钢筋长度计算中的特殊问题

（1）变截面构件箍筋

根据比例原理，每根箍筋的长短差数 Δ，可按下式计算（图 4-7）：

$$\Delta = \frac{l_c - l_d}{n - 1} \qquad (4-1)$$

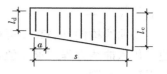

图 4-7　变截面构件箍筋

式中　l_c——箍筋的最大高度；

l_d——箍筋的最小高度；

n——箍筋个数，等于 $s/a+1$；

s——最长箍筋和最短箍筋之间的总距离；

a——箍筋间距。

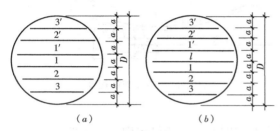

图 4-8　圆形构件钢筋（按弦长布置）

(a) 单数间距；(b) 双数间距

（2）圆形构件钢筋

在平面为圆形的构件中，配筋形式有二：按弦长布置，按圆形布置。

①按弦长布置　先根据下式算出钢筋所在处弦长，再减去两端保护层厚度，得出钢筋长度。

当配筋为单数间距时（图 4-8a）：

$$l_i = a\sqrt{(n+1)^2 - (2i-1)^2} \qquad (4-2)$$

当配筋为双数间距时（图 4-8b）：

$$l_i = a\sqrt{(n+1)^2 - (2i)^2} \qquad (4-3)$$

式中　l_i——第 i 根（从圆心向两边计数）钢筋所在的弦长；

a——钢筋间距；

n——钢筋根数，等于 $D/a-1$（D—圆直径）；

i——从圆心向两边计数的序号数。

②按圆形布置　一般可用比例方法先求出每根钢筋的圆直径，再乘圆周率算得钢筋长度（图 4-9）。

（3）曲线构件钢筋

①曲线钢筋长度根据曲线形状不同，可分别采用下列方法计算。

圆曲线钢筋的长度，可用圆心角 θ 与圆半径 R 直接算出或通过弦长 l 与矢高 h 查表得出（《建筑施工手册（第四版）》1 中"施工常用数据"。

抛物线钢筋的长度 L，可按下式计算（图 4-10）。

$$L = \left(1 + \frac{8h^2}{3l^2}\right)l \qquad (4-4)$$

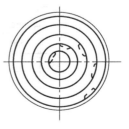

图 4-9　圆形构件钢筋（按圆形布置）

式中　l——抛物线的水平投影长度；

h——抛物线的矢高。

其他曲线状钢筋的长度，可用渐近法计算，即分段按直线计，然后总加。

图 4-11 所示的曲线构件，设曲线方程式 $y = f(x)$，沿水平方向分段，每段长度为 l（一般取为 0.5m），求已知 x 值时的相应 y 值，然后计算每段长度，例如，第三段长度为 $\sqrt{(y_3 - y_2)^2 + l^2}$。

②曲线构件箍筋高度可根据已知曲线方程式求解。其法是先根据箍筋的间距确定 x 值，代入曲线方程式求 y 值，然后计算该处的梁高 $h = H - y$，再扣除上下保护层厚度，即得箍筋高度。

对一些外形比较复杂的构件，用数学方法计算钢筋长度有困难时，也可用放足尺（1:1）或放小样（1:5）办法求钢筋长度。

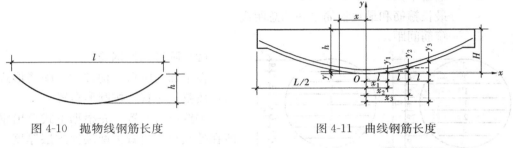

图 4-10　抛物线钢筋长度　　　　　　　　图 4-11　曲线钢筋长度

3. 配料计算的注意事项

①在设计图纸中，钢筋配置的细节问题没有注明时，一般可按构造要求处理。

②配料计算时，要考虑钢筋的形状和尺寸在满足设计要求的前提下要有利于加工安装。

③配料时，还要考虑施工需要的附加钢筋。例如，后张预应力构件预留孔道定位用的钢筋井字架，基础双层钢筋网中保证上层钢筋网位置用的钢筋撑脚，墙板双层钢筋网中固定钢筋间距用的钢筋撑铁，柱钢筋骨架增加四面斜筋撑等。

4. 配料计算实例

【例 4-1】　已知某教学楼钢筋混凝土框架梁 KL_1 的截面尺寸与配筋见图 4-12，共计 5 根。混凝土强度等级为 C25。求各种钢筋下料长度。

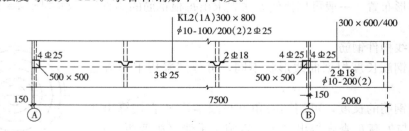

图 4-12　钢筋混凝土框架梁 KL_1 平法施工图

【解】 1. 绘制钢筋翻样图和配筋构造规定

①纵向受力钢筋端头的混凝土保护层为 25mm；

②框架梁纵向受力钢筋 $\Phi25$ 的锚固长度为 $35 \times 25 = 875$mm，伸入柱内的长度可达 $500 - 25 = 475$mm，需要向上（下）弯 400mm；

③悬臂梁负弯矩钢筋应有两根伸至梁端包住边梁后斜向上伸至梁顶部；

④吊筋底部宽度为次梁宽＋2×50mm，按45°向上弯至梁顶部，再水平延伸$20d=20×18=360$mm。

对照 KL_1 框架梁尺寸与上述构造要求，绘制单根钢筋翻样图（图4-13），并将各种钢筋编号。

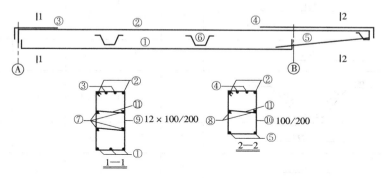

图 4-13　KL_1 框架梁钢筋翻样图

2. 计算钢筋下料长度

计算钢筋下料长度时，应根据单根钢筋翻样图尺寸，并考虑各项调整值。

①号受力钢筋下料长度为：

$$(7800-2×25)+2×400-2×2×25=8450\text{mm}$$

②号受力钢筋下料长度为：

$$(9650-2×25)+400+350+200+500-3×2×25-0.5×25=10888\text{mm}$$

⑥号吊筋下料长度为：

$$350+2（1060+360）-4×0.5×25=3140\text{mm}$$

⑨号箍筋下料长度为：

$$2（770+270）+70=2150\text{mm}$$

⑩号箍筋下料长度，由于梁高变化，因此要先按公式（4-1）算出箍筋高差Δ。

$$箍筋根数 n=\frac{1850-100}{200}+1=10，箍筋高差 \Delta=\frac{570-370}{10-1}=22\text{mm}$$

每个箍筋下料长度计算结果列于表4-12。

构件名称：KL_1 梁，5根　　　　　　钢筋配料单　　　　　　　　　表 4-12

钢筋编号	简　　图	钢号	直径 (mm)	下料长度 (mm)	单位根数	合计根数	重量 (kg)
①	400 ∟ 7750	Φ	25	8450	3	15	488
②	400 9600 500 350 200	Φ	25	10887	2	10	419
③	2742 400	Φ	25	3092	2	10	119

钢筋编号	简 图	钢 号	直径 (mm)	下料长度 (mm)	单位根数	合计根数	重量 (kg)
④	4617 ⌐350	Φ	25	4917	2	10	189
⑤	2300	Φ	18	2300	2	10	46
⑥	360 360 1060 1060 350	Φ	18	3140	4	20	126
⑦	7200	Φ	14	7200	4	29	174
⑧	2050	Φ	14	2050	2	10	25
⑨	270 770	Φ	10	2150	46	230	305
⑩$_1$	270 570	Φ	10	1750	1	5	48
⑩$_2$	548×270	Φ	10	1706	1	5	
⑩$_3$	526×270	Φ	10	1662	1	5	
⑩$_4$	504×270	Φ	10	1626	1	5	
⑩$_5$	482×270	Φ	10	1574	1	5	
⑩$_6$	460×270	Φ	10	1530	1	5	
⑩$_7$	437×270	Φ	10	1484	1	5	
⑩$_8$	415×270	Φ	10	1440	1	5	
⑩$_9$	393×270	Φ	10	1396	1	5	
⑩$_{10}$	370×270	Φ	10	1350	1	5	
⑪	266	Φ	8	334	28	140	18
							总重 1957kg

5. 配料单与料牌

钢筋配料计算完毕，填写配料单，详见表 4-12。

列入加工计划的配料单，将每一编号的钢筋制作一块料牌，作为钢筋加工的依据与钢筋安装的标志。

钢筋配料单和料牌，应严格校核，必须准确无误，以免返工浪费。

（二）钢筋代换

当钢筋的品种、级别或规格需作变更时，应办理设计变更文件。

1. 代换原则

当施工中遇有钢筋的品种或规格与设计要求不符时，可参照以下原则进行钢筋代换：

① 等强度代换：当构件受强度控制时，钢筋可按强度相等原则进行代换。

② 等面积代换：当构件按最小配筋率配筋时，钢筋可按面积相等原则进行代换。

③ 当构件受裂缝宽度或挠度控制时，代换后应进行裂缝宽度或挠度验算。

2. 等强代换方法

$$n_2 \geq \frac{n_1 d_1^2 f_{y1}}{d_2^2 f_{y2}} \tag{4-5}$$

式中　n_2——代换钢筋根数；

　　　n_1——原设计钢筋根数；

　　　d_2——代换钢筋直径；

　　　d_1——原设计钢筋直径；

　　　f_{y2}——代换钢筋抗拉强度设计值（表4-13）；

　　　f_{y1}——原设计钢筋抗拉强度设计值。

上式有两种特例：

（1）设计强度相同、直径不同的钢筋代换：

$$n_2 \geq n_1 \frac{d_1^2}{d_2^2} \tag{4-6}$$

（2）直径相同、强度设计值不同的钢筋代换：

$$n_2 \geq n_1 \frac{f_{y1}}{f_{y2}} \tag{4-7}$$

钢筋强度设计值（N/mm²）　　　　　　　　　　　　　　　　表 4-13

项　次	钢 筋 种 类	符　　　号	抗拉强度设计值 f_y	抗压强度设计值 f'_y
1	热轧钢筋			
	HPB300	Φ	270	270
	HRB335	Φ	300	300
	HRB400	Φ	360	360
	RRB400	ΦR	360	360
	HRBF500 HRB500	Φ	435	410
2	冷轧带肋钢筋			
	LL550		360	360
	LL650		430	380
	LL800		530	380

3. 构件截面的有效高度影响

钢筋代换后，有时由于受力钢筋直径加大或根数增多而需要增加排数，则构件截面的有效高度 h_0 减小，截面强度降低。通常对这种影响可凭经验适当增加钢筋面积，然后再作截面强度复核。

对矩形截面的受弯构件，可根据弯矩相等，按下式复核截面强度。

$$N_2 \left(h_{02} - \frac{N_2}{2 f_c b} \right) \geq N_1 \left(h_{01} - \frac{N_1}{2 f_c b} \right) \tag{4-8}$$

式中　N_1——原设计的钢筋拉力，等于 $A_{s1} f_{y1}$（A_{s1}——原设计钢筋的截面面积；f_{y1}——

　　　　　原设计钢筋的抗拉强度设计值）；

　　　N_2——代换钢筋拉力，同上；

　　　h_{01}——原设计钢筋的合力点至构件截面受压边缘的距离；

　　　h_{02}——代换钢筋的合力点至构件截面受压边缘的距离；

　　　f_c——混凝土的抗压强度设计值，对 C20 混凝土为 $9.6 N/mm^2$，对 C25 混凝土为

　　　　　$11.9 N/mm^2$，对 C30 混凝土为 $14.3 N/mm^2$；

　　　b——构件截面宽度。

4. 代换注意事项

钢筋代换时，必须充分了解设计意图和代换材料性能，并严格遵守现行混凝土结构设计规范的各项规定；凡重要结构中的钢筋代换，应征得设计单位同意。

（1）对某些重要构件，如吊车梁、薄腹梁、桁架下弦等，不宜用 HPB235 级光圆钢筋代替 HRB335 和 HRB400 级带肋钢筋。

（2）钢筋代换后，应满足配筋构造规定，如钢筋的最小直径、间距、根数、锚固长度等。

（3）同一截面内，可同时配有不同种类和直径的代换钢筋，但每根钢筋的拉力差不应过大（如同品种钢筋的直径差值一般不大于 5mm），以免构件受力不匀。

（4）梁的纵向受力钢筋与弯起钢筋应分别代换，以保证正截面与斜截面强度。

（5）偏心受压构件（如框架柱、有吊车厂房柱、桁架上弦等）或偏心受拉构件作钢筋代换时，不取整个截面配筋量计算，应按受力面（受压或受拉）分别代换。

（6）当构件受裂缝宽度控制时，如以小直径钢筋代换大直径钢筋，强度等级低的钢筋代替强度等级高的钢筋，则可不作裂缝宽度验算。

5. 钢筋代换实例

【例 4-2】　今有一块 6m 宽的现浇混凝土楼板，原设计的底部纵向受力钢筋采用 HPB300 级 $\phi12$ 钢筋 @120mm，共计 50 根。现拟改用 HRB335 级 Φ 12 钢筋，求所需 Φ 12 钢筋根数及其间距。

【解】　本题属于直径相同、强度等级不同的钢筋代换，采用公式（4-7）计算：

$n_2 = 50 \times \dfrac{210}{300} = 35$ 根，间距 $= 120 \times \dfrac{50}{35} = 171.4$ 取 170mm

【例 4-3】　今有一根 400mm 宽的现浇混凝土梁，原设计的底部纵向受力钢筋采用 HRB335 级 Φ 22 钢筋，共计 9 根，分两排布置，底排为 7 根，上排为 2 根。现拟改用 HRB400 级 Φ 25 钢筋，求所需 Φ 25 钢筋根数及其布置。

【解】　本题属于直径不同、强度等级不同的钢筋代换，采用公式（4-5）计算：

$n_2 = 9 \times \dfrac{22^2 \times 300}{25^2 \times 360} = 5.81$ 根，取 6 根。一排布置，增大了代换钢筋的合力点至构件截面受压边缘的距离 h_0，有利于提高构件的承载力。

【例 4-4】　已知梁的截面面积尺寸如图 4-14（a）所示，采用 C30 混凝土制作，原设计的纵向受力钢筋采用 HRB400 级 Φ 20 钢筋，共计 6 根，单排布置，中间 4 根分别在两处弯起。现拟改用 HRB335 级 Φ 22 钢筋，求所需钢筋根数及其布置。

【解】 1. 弯起钢筋与纵向受力钢筋分别代换，以 2Φ20 为单位，按公式（4-5）代换Φ22 钢筋，$n_2 = \dfrac{2 \times 20^2 \times 360}{22^2 \times 300} = 1.98$，取 2 根。

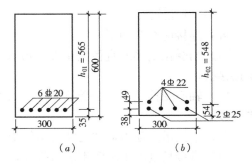

图 4-14 矩形梁钢筋代换
（a）原设计钢筋；（b）代换钢筋

2. 代换后的钢筋根数不变，但直径增大，需要复核钢筋净间距 s：

$$s = \frac{300 - 2 \times 25 - 6 \times 22}{5} = 23.6 < 25mm$$

需要布置为两排（底排 4 根、二排 2 根）。

3. 代换后的构件截面有效高度 h_{02} 减小，需要按公式（4-8）复核截面强度。

$$h_{01} = 600 - 35 = 565mm, h_{02} = 600 - \frac{36 \times 4 + 2 \times 83}{6} = 548mm$$

$$N_1 \left(h_{01} - \frac{N_1}{2f_c b} \right) = 6 \times 314 \times 360 \left(565 - \frac{6 \times 314 \times 360}{2 \times 9.6 \times 300} \right)$$
$$= 303.2 \times 10^6 = 303.2 kN \cdot m$$

$$N_2 \left(h_{02} - \frac{N_2}{2f_c b} \right) = 6 \times 380 \times 300 \left(548 - \frac{6 \times 380 \times 300}{2 \times 9.6 \times 300} \right) = 293.4 < 303.2 kN \cdot m$$

4. 角部两根改为Φ25 钢筋，再复核截面强度

$$N_2 \left(h_{02} - \frac{N_2}{2f_c b} \right) = (4 \times 380 + 2 \times 491) \times 300 \left(548 - \frac{2502 \times 300}{2 \times 9.6 \times 300} \right) = 312.2 kN \cdot m$$

小结：代换钢筋采用 4Φ22＋2Φ25，按图 4-14（b）布置，满足原设计要求。

三、钢筋加工

钢筋加工包括调直、除锈、下料剪切、接长、弯曲成型等。

钢筋调直可采用锤直、板直、冷拉调直及调直机调直等方法。采用冷拉调直时，其冷拉率，HPB300 级钢筋不宜大于 4%；HRB335 级、HRB400 级和 RRB400 级钢筋不宜大于 1%。调直机只用于调直冷拔低碳钢丝及直径 14mm 内的钢筋。冷拔低碳钢丝用调直机调直时，其表面不应有明显擦伤，抗拉强度不得低于设计要求的强度。

经冷拔冷拉或调直机调直的钢筋，一般不必再行除锈。未经冷拔、冷拉的钢筋或经冷拔、冷拉、调直后保管不良而锈蚀的钢筋，可采用机动或手工钢丝刷除锈、喷砂除锈、酸洗除锈等方法。带颗粒状或片状老锈的钢筋一般不应使用。

钢筋应按下料长度下料，钢筋剪切可采用钢筋切断机（剪切直径 40mm 内的钢筋）、手动液压切断机（剪切直径 16mm 内的钢筋）及手动切断器（剪切直径 12mm 内的钢筋）。缺乏剪切机时，可采用氧乙炔焰切割。

钢筋弯曲成型可采用钢筋弯曲机或手动扳手弯曲。为使弯曲成型尺寸准确，弯曲前应定出相应的弯曲点，弯曲点根据钢筋各段外包尺寸并扣除相应的量度差（每个量度差在相邻两段中各扣除一半）后确定。受力钢筋弯曲成型后，顺长度方向全长尺寸不超过 ±10mm，弯起位置偏差不超过 ±20mm。

四、钢筋的连接

钢筋连接方式有三种：绑扎搭接接头、焊接接头和机械连接接头等。

（一）绑扎连接

绑扎连接应符合如下规定：

（1）当受拉钢筋的直径大于 28mm 及受压的钢筋直径大于 32mm 时，不宜采用绑扎搭接接头。

（2）轴心受拉及小偏心受拉杆件（如桁架和拱的拉杆）的纵向受力钢筋不得采用绑扎搭接接头。

（3）直接承受动力荷载的结构构件中，其纵向受拉钢筋不得采用绑扎搭接接头。

（4）搭接长度的末端距钢筋弯折处，不得小于钢筋直径 10 倍。

（5）在受拉区内的 HPB300 级钢筋绑扎接头的末端应做弯钩，热轧带肋钢筋可不做弯钩。

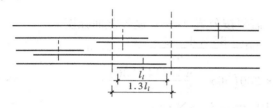

图 4-15 同一连接区段内的纵向
受拉钢筋绑扎搭接接头

（6）钢筋直径不大于 12mm 的受压 HPB300 级钢筋末端，以及轴心受压结构件中任意直径的受力钢筋的末端，可不做弯钩，但搭接长度不应小于钢筋直径的 35 倍。

（7）各受力筋之间绑扎接头位置应相互错开，在同一连接区段内，即从任一绑扎接头中心至搭接长度的 1.3 倍区段内。见图 4-15。

绑轧接头的受力钢筋截面面积占受力总截面面积的百分率应符合规范规定。对梁类，板类，墙类构件不宜大于 25%，对柱头构件不宜大于 50%。

（8）纵向受力钢筋的最小搭接长度应符合表 4-14 的规定。

纵向受力钢筋的最小搭接长度 表 4-14

钢筋类型		混凝土强度等级								
		C20	C25	C30	C35	C40	C45	C50	C55	C60
光面钢筋	300 级	48d	41d	37d	34d	31d	29d	28d	—	—
带肋钢筋	335 级	46d	40d	36d	33d	30d	29d	27d	26d	25d
	400 级	—	48d	43d	39d	36d	34d	33d	31d	30d
	500 级	—	58d	52d	47d	43d	41d	39d	38d	36d

注：d 为搭接钢筋直径。①两根直径不同钢筋的搭接长度，以较细钢筋的直径计算；②任何情况下纵向受拉钢筋的搭接长度不应小于 300mm；③当带肋钢筋的直径大于 25mm 时，其最小搭接长度应按相应数值乘以系数 1.1 取用；④环氧树脂涂层的带肋钢筋，其最小搭接长度应按相应数值乘以系数 1.25 取用；⑤当施工过程中受力钢筋易受扰动时，其最小搭接长度应按相应数值乘以系数 1.1 取用；⑥末端弯钩或机械锚固措施的带肋钢筋，其最小搭接长度可按相应数值乘以系数 0.6 取用；⑦有抗震要求的受力钢筋的最小搭接长度，一、二级抗震等级应按相应数值乘以系数 1.15 采用，三级抗震等级应按相应数值乘以系数 1.05 采用；⑧表 4-14 适用于纵向受力钢筋的绑扎接头面积百分率不大于 25%。当接头面积百分率为 50% 时，其最小搭接长度应按相应数值乘以系数 1.15 取用；当接头面积百分率为 100% 时，应按相应数值乘以系数 1.35 取用。

（9）在绑扎接头长度范围内，应采用铁丝绑扎三点。

（10）绑扎接头中钢筋的横向净距不应小于钢筋直径，且不小于 25mm。

（11）在梁柱类构件的纵向受力钢筋搭接长度范围内，应按设计要求配置箍筋，箍筋不小于搭接钢筋直径的 0.25 倍；箍筋的间距不大于搭接钢筋直径的 5 倍，且不大于 100mm；在受压搭接区段内，箍筋间距不大于 200mm；柱纵向受力钢筋直径大于 25mm 时，应在搭接头两个端面外 100mm 范围内，各设置两个箍筋，其间距为 50mm。

（二）焊接连接

采用焊接代替绑扎，可节约钢材，改善结构受力性能，提高工效，降低成本。钢筋常用的焊接方法有：闪光对焊、电弧焊、电渣压力焊、埋弧压力焊及电阻点焊等。

钢筋的焊接效果与钢材的可焊性及焊接工艺有关，钢含碳、锰增加，可焊性降低，含适量钛，可改善焊接性能。采用合适的焊接工艺，即使可焊性较差的钢材，也可获得较好的焊接质量。

钢筋焊接质量检验，应符合行业标准《钢筋焊接及验收规程》（JGJ 18—2012）和《钢筋焊接接头试验方法标准》（JGJ/T 27—2001）的规定。

在工程开工或每批钢筋正式焊接之前，应进行现场条件的焊接性能试验，合格后方可进行生产。

在进行闪光对焊、电渣压力焊时，应随时观察电源电压的波动情况。对闪光对焊，当电压下降大于 5％，小于 8％时应采用提高焊接变压器级数的措施，当大于 8％时，不宜进行焊接。对电渣压力焊，当电源电压下降大于 5％，不宜进行焊接。

1. 闪光对焊

钢筋闪光对焊是将两根钢筋安放成对焊接形，利用焊接电流通过两根钢筋接触点产生的电阻热，使接触点金属熔化，产生猛烈飞溅，形成闪光，迅速施加顶锻力完成的一种压焊方法（图 4-16）。

闪光对焊适用直径 10～40mm 的 HPB300 级、HRB335 级及 HRB400 级和直径 10～25mm 的 RRB400 级的钢筋接长、预应力筋与螺丝端杆的连接。

（1）闪光对焊工艺

闪光对焊工艺可分为连续闪光焊，预热闪光焊和闪光预热闪光焊等。根据钢筋的品种、直径、焊机功率及施焊部位不同来选用。如直径较小的可采用连续闪光焊，钢筋直径较大端面比较平整的，可采用预热闪光焊，端面不够平整的，宜采用闪光预热闪光焊。

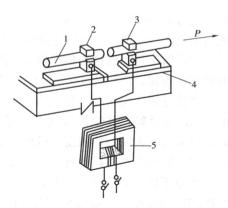

图 4-16　钢筋对焊原理图
1—钢筋；2—固定电极；3—可动电极；
4—机座；5—焊接变压器

①连续闪光焊

采用连续闪光焊时，先闭合电源，然后使两根钢筋端面轻微接触，形成闪光。闪光一旦开始，徐徐移动钢筋，使形成连续闪光过程。待钢筋白热熔化时，施加轴向压力迅速进行顶锻，使钢筋焊合。

②预热闪光焊

预热闪光焊是在连续闪光焊前增加预热过程，以扩大焊接热影响区。其特点是当闪光一开始，将接头作周期性的闭合与断开，从而产生断续闪光，形成预热过程，当钢筋熔化到规定的预热留量后，随即进行连续闪光和顶锻。

③闪光预热闪光焊

在预热闪光前增加一次闪光过程，目的是使不平整的钢筋端部烧化平整。其特点是先进行连续闪光，使钢筋端面闪平，然后断续闪光，进行预热，接着连续闪光，最后进行顶锻。

（2）闪光对焊参数

闪光对焊的质量与焊接参数有关，如：调伸长度、烧化留量、预热留量、顶锻留量（图4-17）及变压器级数等。

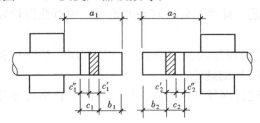

图4-17　调伸长度、闪光留量及顶锻留量
a_1、a_2—左、右钢筋调伸长度；b_1+b_2—闪光留量；
c_1+c_2—顶锻留量；$c_1'+c_2'$—有电顶锻留量；
$c_1''+c_2''$—无电顶锻留量

调伸长度是指焊前两钢筋在电极钳口间伸出的长度。其值取决于钢筋的品种和直径，在1.5～2.5d（钢筋直径）范围内变化。合适的调伸长度应能使接头加热均匀，且顶锻时钢筋不致傍弯。

烧化留量是指闪光过程中所消耗的钢筋长度，其值随焊接工艺不同而不同，连续闪光焊时，烧化留量等于两根钢筋切断时严重压伤部分之和另加8mm；预热闪光焊时，其预热留量为4～7mm，烧化留量为8～10mm；闪光—预热—闪光焊时，一次烧化留量等于两钢筋切断时严重压伤部分之和，预热留量为2～7mm，二次烧化留量为8～10mm。

顶锻留量是指因接头顶压挤出而消耗的钢筋长度，其值随钢筋直径的增大和钢筋级别的增高而增加，一般为4～6.5mm，其中有电顶锻量约占1/3，无电顶锻量约占2/3。

烧化过程应稳定、强烈，防止焊缝金属氧化；顶锻应在足够大的压力下快速完成，保证焊口闭合良好，并使接头处产生适当的镦粗变形。HRB400级、RRB400级钢筋对焊时，应采用较大的调伸长度，较低的变压器级数和较高的预热频率。螺丝端杆与钢筋对焊时，宜事先对螺丝端杆进行预热，或适当减小螺丝端杆的调伸长度。

负温下焊接，冷却快，易产生淬硬现象，内应力也大，因此负温下焊接应减小温度梯度和冷却速度，一般宜采用预热闪光焊或闪光—预热—闪光焊。焊接参数的选择：与常温焊接相比，调伸长度增加10%～20%；变压器级数降低一级或二级；烧化速度适当减慢。

（3）对焊接头质量

对焊接头应无裂纹和烧伤，其弯折不大于4°，轴线偏移不大于钢筋直径的1/10，也不大于2mm。拉伸试验和冷弯试验应符合规范（JGJ/T 27—2001）的要求。试件抗拉强度不得低于该级别钢筋的规定抗拉强度值，且三个试件中至少有两个断于焊缝之外，并呈塑性断裂；弯曲试验时，接头外测不得出现宽度大于0.15mm的横向裂纹。

2. 电弧焊

电弧焊是以焊条作为一极，钢筋为另一极，利用焊接电流通过产生的电弧进行焊接的一种熔焊方法。电弧焊广泛用于HPB300级、HRB335级、HRB400级不同直径钢筋焊接头的焊接，钢筋骨架焊接、装配式结构焊接、钢筋与钢板的焊接及各种钢结构焊接。

钢筋电弧焊包括帮条焊、搭接焊、坡口焊等接头形式。

电弧焊设备主要采用交流弧焊机，目前，建筑工地上常用的交流弧焊机有 BX$_3$-120-1、BX$_3$-300-2、BX$_3$-500-2 和 BX$_2$-1000（BC-1000）等型号。

电弧焊采用的焊条，其性能应符合国家标准《碳钢焊条》（GB 5117）或《低合金钢焊条》（GB118）的规定，其型号根据设计确定，当设计无规定时，可按表 4-15 选用。

钢筋电弧焊焊条型号　　　　　　　　　　　　　　　　　　表 4-15

钢筋级别	电弧焊接头形式		
	帮条焊搭接焊	坡口焊熔槽帮条焊预埋件穿孔塞焊	钢筋与钢板搭接焊预埋件 T 形角焊
HPB235	E4303	E4303	E4303
HRB335	E4303	E5003	E4303
HRB400	E5003	E5503	—

（1）搭接焊　搭接焊接头形式如图 4-18 所示，可分为双面焊缝和单面焊缝两种，双面焊缝受力性能较好，应尽可能双面施焊。不能双面施焊时，才采用单面焊接。图中括号内数值适用于 HRB335 级钢筋。

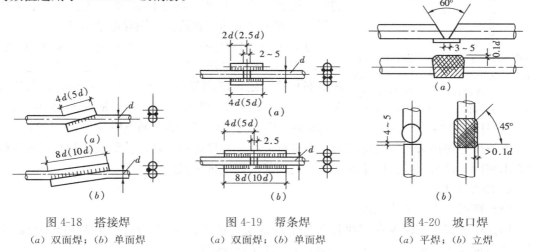

图 4-18　搭接焊　　　　图 4-19　帮条焊　　　　图 4-20　坡口焊
(a) 双面焊；(b) 单面焊　　(a) 双面焊；(b) 单面焊　　(a) 平焊；(b) 立焊

（2）帮条焊　帮条焊接头形式如图 4-19 所示，亦分为单面焊接和双面焊接两种，一般宜优先采用双面焊缝。帮条宜用与主筋同级别、同直径的钢筋，如帮条级别与主筋相同时，帮条直径可比主筋直径小一个规格；如帮条直径与主筋相同时，帮条级别可比主筋低一个级别。

（3）坡口焊　坡口焊耗钢材少、热影响区小，适应于现场焊接装配式结构中直径 18～40mm 的各级钢筋。坡口焊接头如图 4-20 所示，分平焊和立焊两种形式，钢筋端部须先剖成如图示的坡口，然后加钢垫板施焊。

钢筋焊接时，为了防止烧伤主筋，焊接地线应与主筋接触良好，并不应在主筋上引弧。焊接过程中应及时清渣。帮条焊或搭接焊，其焊缝厚度 h 不应小于钢筋直径的 1/3，焊缝宽度不小于钢筋直径的 0.7 倍。装配式结构接头焊接，为了防止钢筋过热引起较大的热应力和不对称变形，应采用几个接头轮流施焊。

电弧焊接头焊缝表面应平整，不应有较大的凹陷、焊窝，接头处不得有裂纹、咬边深度、气孔、夹渣及接头偏差不得超过规范规定。接头抗拉强度不低于该级别钢筋的规定抗拉强度值，且三个试件中至少有两个呈塑性断裂。

3. 电渣压力焊

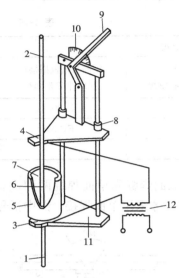

图 4-21　手动电渣压力焊示意图
1、2—钢筋；3—固定电极；4—活动电极；5—焊剂盒；6—导电剂；7—焊剂；8—滑动架；9—操动杆；10—标尺；11—固定架；12—变压器

电渣压力焊适用于现场竖向或斜向钢筋接长。与电弧焊相比，电渣压力焊工效高、成本低，其焊接电源可采用 BX$_2$-1000 型焊接变压器，或采用较小容量的同型号焊接变压器并联使用。焊接时用电极钳 3、4 将上下钢筋夹紧（图 4-21），并在焊药盒内装满焊药。手工电渣压力焊时，可直接引弧，先使上下钢筋接触，接通电源，并利用手柄立即将上钢筋提升 2～4mm，引燃电弧，然后继续缓缓上提钢筋数毫米，使电弧稳定燃烧。之后，随着钢筋的熔化而缓缓下送，并转入电渣过程（电渣通电产生电阻热），待钢筋熔化到一定程度后，在断电的同时，利用手柄迅速顶压，持续数秒钟后，方可松开手柄。钢筋的上提和下送应适当，防止断路或短路。自动电渣压力焊时，宜在两钢筋间置放铁丝圈导电剂引弧。

电渣压力焊的主要参数为：渣池电压、焊接电流、通电时间等。渣池电压一般为 25～35V，电流及通电时间随钢筋直径而定，该钢筋直径为 20～25mm 时，电流为 300～450A，通电时间为 20～25s；钢筋直径为 32～36mm 时，电流为 500～700A，通电时间为 30～40s。

电渣压力焊接头，焊色应均匀，不得有裂纹和明显烧伤。轴线偏移及弯折与闪光对焊时要求相同，接头抗拉强度不低于该级别钢筋的规定抗拉强度值。

4. 埋弧压力焊

（1）埋弧压力焊工作原理

埋弧压力焊是利用埋在焊接接头处的焊剂层下的高温电弧，熔化两焊件接头处的金属，然后加压顶锻而成。图 4-22 为埋弧压力焊的原理图。

这种焊接方法多用于钢筋与钢板丁字形接头的焊接。

（2）埋弧压力焊的特点

①利用钢筋与钢板间的高温电弧熔化金属，不需要焊条，成本较低。

②电弧埋在焊剂内，不致因弧光外露而灼伤眼睛、皮肤，改善了劳动条件。

③焊剂在高温电弧作用下，一部分熔化，一部分气化，焊剂蒸气形成一个封闭空间，可保护电弧燃烧，避免有害气体对熔化金属产生不利影响，且有加压顶锻的优点，故焊接质量好，接头抗拉强度高，钢板变形小。

④用这种方法将钢板和钢筋作丁字形焊接时，其工效比电弧焊高 5～10 倍。

（三）机械连接

钢筋机械连接是通过连接件的机械咬合作用或钢筋端面的承压作用，将一根钢筋中的

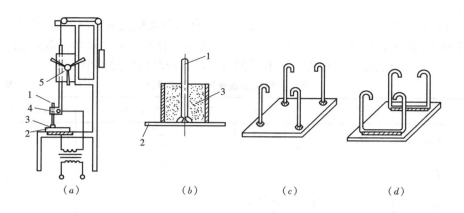

图 4-22　埋弧压力焊

（*a*）埋弧压力焊原理图；（*b*）焊剂盒图；（*c*）已焊成的预埋件；（*d*）电弧焊预埋件

1—钢筋；2—钢板；3—焊剂；4—钢筋卡具；5—手轮

力传递到另一钢筋的连接方法。这种连接方法的接头质量可靠，稳定性好，施工简便，与母材等强，但是成本高，工人工作强度大。

常用机械连接接头类型有：套筒挤压接头，锥螺纹套筒接头，直螺纹套筒接头。

1. 钢筋套筒挤压连接

钢筋套筒挤压连接是将两根待接带肋钢筋插入钢套内，用挤压连接设备沿径向挤压钢套筒，使之产生塑性变形。使变形后的钢套筒与被连接钢筋纵、横肋产生机械咬合成为整体的钢筋连接方法（图 4-23）。

套筒挤压连接设备有钢筋液压压接钳和超高压油泵。套筒材料可选用无缝钢管。套筒全截面强度大于连接钢筋强度，套筒挤压接头适用 18～40mm 的 HPB300 级、HRB335 级钢筋，并连续密集布置的钢筋，操作净距必须距大于 60mm 的场合。

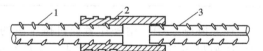

图 4-23　钢筋套筒挤压连接

1—已挤压的钢筋；2—钢套筒；3—未挤压的钢筋

钢筋套筒挤压连接的工艺流程为：钢筋、套筒验收→钢筋断料→作套筒套入长度的定长标记→套入钢筋，安装挤压接钳→启动液压泵，径向挤压套筒至接头成型→卸下压接钳→作接头检验。

接头性能主要取决于挤压变形量的工艺参数。挤压变形量包括压痕最小直径和压痕总宽度，见表 4-16 和表 4-17。

同规格钢筋连接时的参数选择　　　　　　　　　　　　　　　　　　表 4-16

连接钢筋规格	钢套筒型号	压模型号	压痕最小直径允许范围（mm）	压痕最小总宽度（mm）
$\phi 40 \sim \phi 40$	G40	M40	60～63	≥80
$\phi 36 \sim \phi 36$	G36	M36	54～57	≥70
$\phi 32 \sim \phi 32$	G32	M32	48～51	≥60
$\phi 28 \sim \phi 28$	G28	M28	41～44	≥55
$\phi 25 \sim \phi 25$	G25	M25	37～39	≥50
$\phi 22 \sim \phi 22$	G22	M22	32～34	≥45
$\phi 20 \sim \phi 20$	G20	M20	29～31	≥45
$\phi 18 \sim \phi 18$	G18	M18	27～29	≥40

压痕总宽度是指接头一侧每一道压痕底部平直部分宽度之和。该宽度应在表4-16和表4-17规定的范围内。小于这个宽度接头性能达不到要求；大于这个宽度，钢套筒的长度要增加。压痕总宽度一般由生产厂家根据设备，在产品出厂文件中说明。

不同规格钢筋连接时的参数选择　　　　　　　　　　　表 4-17

连接钢筋规格	钢套筒型号	压模型号	压痕最小直径允许范围（mm）	压痕最小总宽度（mm）
φ40—φ36	G40	φ40 端 M40 φ36 端 M36	60～63 57～60	≥80 ≥80
φ36—φ32	G36	φ36 端 M36 φ32 端 M32	54～57 51～54	≥70 ≥70
φ32—φ28	G32	φ32 端 M32 φ28 端 M28	48～51 45～48	≥60 ≥60
φ28—φ25	G28	φ28 端 M28 φ25 端 M25	41～44 38～41	≥55 ≥55
φ25—φ22	G25	φ25 端 M25 φ22 端 M22	37～39 35～37	≥50 ≥50
φ25—φ20	G25	φ25 端 M25 φ20 端 M20	37～39 33～35	≥50 ≥50
φ22—φ20	G22	φ22 端 M22 φ20 端 M20	32～34 31～33	≥45 ≥45
φ22—φ18	G22	φ22 端 M22 φ18 端 M18	32～34 29～31	≥45 ≥45
φ20—φ18	G20	φ20 端 M20 φ18 端 M18	29～31 28～30	≥45 ≥45

在实际施工中，由操作者通过挤压机的压力表读数控制。主要是控制压痕最小直径，如果压痕最小直径大于规定范围，变形太小，会使钢套与钢筋横肋咬合小，在接头受拉时，钢筋易从套筒中滑出或接头强度达不到要求；如果压痕最小直径小于规定范围，则钢套筒发生过大变形，在压痕处就有可能引起破裂或由于硬化而变脆，也有可能由于套筒太薄，拉伸时在压痕处被扎断，而增加设备负荷。当钢筋横肋或钢套壁厚为负偏差时，压痕最小直径应取此范围的较小值，反之则应取较大值。

实际挤压时，压力表读数一般为60～70MPa，也有的在54～80MPa之间，这就要求操作者在挤压不同批号钢套时，必须事先进行试压，以确定挤压到标准要求的压痕直径时必需的压力值。

钢套筒进场，必须有原材料试验单与套筒出厂合格证，并由该技术单位提交有效的检验报告。

钢筋套筒连接施工之前及施工过程中，应对每批进场钢筋进行挤压连接工艺检验。工艺检验应符合：①每种规格钢筋的接头试件不少于3个，3个试件强度应符合现行行业标准《钢筋机械连接技术规程》（JGJ 107—2010）中相应等级的强度要求；②接头试件的钢筋母材应进行抗拉强度测验。

2. 钢筋锥螺纹套筒连接

钢筋锥形螺纹套筒连接是将两根待接钢筋端头用套丝机做成锥形外丝，然后用带锥

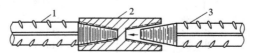

图 4-24　钢筋锥螺纹套筒连接
1—已连接的钢筋；2—锥螺纹套筒；3—待连接的钢筋

形内丝的套筒将钢筋两端拧紧的钢筋连接方法（图 4-24）。

这种接头质量稳定性一般，施工速度快，综合成本低。近年来，在普通型锥形螺纹接头基础上，增加钢筋端头顶压或镦粗工序，开发出 GK 型钢筋等强锥形螺纹接头，可与母材等强。

机具设备：

①钢筋顶压机或墩粗机，用于加工 GK 型等强锥螺纹接头，是以超高压泵为动力，配以与钢筋规格相适的模具，实现直径 16～40mm 钢筋端部的径向顶压。钢筋镦粗机可采用液压冷锻压床，用于钢筋端头镦粗。

②钢筋套丝机，它是加工钢筋连接端的锥形螺纹用的一种专用设备。有 SZ-50A、GZL-40 型等。

③扭力扳手，它是保证钢筋连接质量的测力扳手。它可以按照钢筋直径大小规定力矩值（表 4-18），把钢筋与连接套筒拧紧。其型号有：PW360（管钳型），性能 100～360N·M；HL-20 型，性能 70～350N·M。

④量规，包括月牙量、卡规和锥螺纹塞规。月牙规是用来检查钢筋连接端口的螺纹牙形加工质量的。卡规是用来检查钢筋连接端的螺纹小端直径的。锥螺纹塞规是用来检查锥螺纹连接套筒加工质量的。

接头拧紧力矩值 表 4-18

钢筋直径（mm）	16	18	20	22	25～28	32	36～40
拧紧力矩（N·m）	118	145	177	216	275	314	343

锥形螺纹套筒的材质：对 HRB335 级钢筋采用 30～40 号钢，对 HRB400 级钢筋采用 45 号钢。

锥螺纹套筒的尺寸，应与钢筋端头锥螺纹的牙形与牙数匹配，并满足承载力略高于钢筋母材的要求。锥螺纹套筒的加工，宜在专业工厂进行，套筒要有明显钢筋级别及规格标志。并应有产品合格证，当套筒大端边缘在锥螺纹塞规大端缺口范围内时，套筒为合格品。

3. 钢筋机械连接应符合相关规范的规定：

① 机械连接接头的适用范围、工艺要求、套筒材料质量等应符合现行行业标准《钢筋机械连接技术规程》JGJ 107—2010 的相关规定，并抽取钢筋连接接头试件作力学性能检验。

② 纵向受力钢筋接头设置在同一构件内宜错开；接头连接区段长度为 35 倍受力钢筋直径，且不小于 500mm（凡接头中点位于该连接区段长度内的接头，均属于同一区段）；纵向受力钢筋的接头面积与全部纵向受力钢筋截面积的比值不宜大于 50%。

③ 机械连接接头的混凝土保护层厚度宜符合现行国家标准《混凝土结构设计规范》GB 50010—2010 中受力钢筋混凝土保护层最小厚度的规定，且不应小于 15mm。接头横向净距不宜小于 25mm。

五、钢筋的安装与检查

钢筋安装的要求：钢筋位置正确，接头要符合规定，固定要牢固。

钢筋安装要与模板安装相互配合，柱钢筋现场安装绑扎时，一般在模板安装前进行；梁钢筋一般在梁模板安装好后再安装或绑扎。当梁的高度较大，或跨度较大，钢筋较密的大梁可以先安装一侧模板，等钢筋安装后再安装另一侧，楼板钢筋绑扎应在楼板模板安装后进行。

钢筋骨架现场绑扎或安装就位后，要控制混凝土保护层的厚度。对于水平构件中双层钢筋网，在上下层之间应设置钢筋撑脚，以保证钢筋位置正确。

钢筋安装完毕后应根据设计图纸检查钢筋的级别、直径、数量、位置、间距是否正确，特别是负弯矩钢筋的位置是否正确。还应检查钢筋接头位置、搭接长度是否符合规定，钢筋绑扎是否正确、牢固，保护层是否符合要求等。

第二节 模 板 工 程

模板是新浇筑混凝土成型用的模型。模板及其支架应能保证结构和构件的形状、尺寸和相互位置正确；有足够的强度、刚度和稳定性，能承受新浇筑混凝土的重量和侧压力，以及施工中产生的荷载；构造简单，装拆方便，能多次周转使用；模板接缝应严密、不漏浆。模板工程量大，材料和劳动力消耗多，正确选择模板材料、形式对加速钢筋混凝土工程施工和降低造价有重要作用。常用的模板有木模、组合钢模、大模板、滑升模板，有时还采用钢丝网混凝土板、预应力混凝土薄板等作永久性模板（施工时作模板用，施工结束后不拆除，成为结构的一个组成部分），近几年来又出现了台模、爬模及其他新型材料模板。

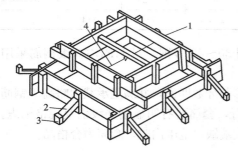

图 4-25 阶梯形基础模板

1—拼板；2—斜撑；3—木桩；4—铁丝

一、木模板

木模板的特点是加工方便，能适应各种复杂形状模板的需要，但周转率低，耗木材多。为节约木材，减少现场工作，木模板一般预先加工成拼板，然后在现场进行拼装。拼板由板条用拼条拼钉而成，板条厚度一般为 25～30mm，其宽度不宜超过 2000mm（工具式模板不超过 150mm），以保证干缩时缝隙均匀，湿水后易于密缝。拼条间距一般为 400～500mm，视混凝土的侧压力和板条厚度而定。

（一）基础模板

图 4-25 所示为阶梯形基础模板。如为杯形基础，则还应设杯口芯模。当土质良好时，基础的最下一阶可不用模板，而进行原槽灌筑。模板应支撑牢固，要保证上下模板不产生位移。

（二）柱模板

柱模板由内、外拼板拼成（图 4-26），内拼板夹在两片相对的外拼板之内。为利用短料，可利用短横板（门子板）代替外拼板钉在内拼板上。为承受混凝土的侧应力，拼板外设柱箍，其间距与混凝土侧压力、拼板厚度有关，常上稀下密，约为 500～700mm。柱模底部有钉在底部混凝土上的木框 6，用以固定柱模的位置。柱模顶部有与梁模连接的缺口，底部有清理孔，沿高度每 2m 设浇筑孔，以便浇筑混凝土。对于独立柱模，其四周应加支撑，以免混凝土浇筑时产生倾斜。

（三）梁、楼板模板

梁模板由底模和侧模组成。底模承受垂直荷载，一般较厚。底模下有支柱（顶撑）或桁架承托。为减少梁的变形，支柱的压缩变形或弹性挠度不超过结构跨度的 1/1000。支柱应支承在坚实的地面或楼面上，以防下沉，如地面松软，则支柱底部应垫木板，以加大支承面。为便于调整高度，宜用伸缩式顶撑或在支柱底部垫以木楔。多层建筑施工中，安装上层楼的模板时，其下层楼板应达到足够的强度，或设有足够的支柱，且上下层支柱应同一竖向中心线上，支柱间应用水平杆和斜杆拉牢，以增加其稳定性。当层间高度大于 5 米时，宜用桁架支撑或多层支架支模。

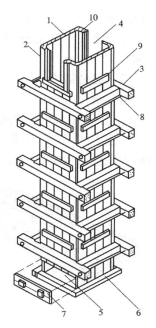

图 4-26　柱子的模板
1—内拼板；2—外拼板；3—柱箍；4—梁缺口；5—清理孔；6—木框；7—盖板；8—拉紧螺栓；9—拼条；10—三角木条

梁跨度等于及大于 4m 时，底模应起拱，起拱高度一般为梁跨度的 1‰～3‰。

梁侧模承受混凝土侧压力，为防止侧向变形，底部用夹紧条夹住，顶部可由支撑楼板模板的搁栅顶住，或用斜撑支牢（图 4-27）。

楼板模板多用定型模板，它支承在搁栅上，搁栅支承在梁侧模板外的横档上。

二、胶合板

胶合板是由一组数层木薄片，相邻层木纹方向相互垂直的板坯，经热压固化后用胶粘剂（酚醛树脂）胶合而成。经表面处理后，其耐水性、耐热性、耐碱性、耐磨性均有显著提高，在混凝土工程中广泛应用，属于一类模板材料。

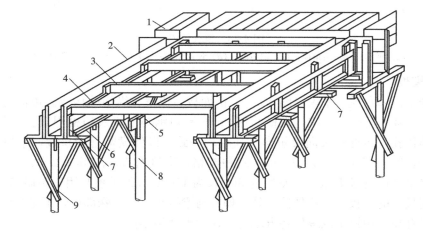

图 4-27　有梁楼板一般支撑法
1—楼板模板；2—梁侧模板；3—搁栅；4—横档；5—牵杠；
6—夹条；7—短撑木；8—牵杠撑；9—支柱（琵琶撑）

胶合板常用规格为 18mm（厚）×915mm（宽）×1830mm（长），其他规格：15mm

×1220mm×1830mm；20mm×1220mm×2440mm。

胶合板技术性能应符合现行国家标准《混凝土用胶合板》GB/T17656规定的各项指标。

三、组合钢模

组合钢模由钢模板、连接件（U形卡、回形销、穿墙螺栓等）及支承件组成（图4-28）。组合钢模可以拼成不同结构、不同尺寸、不同形状的模板，以适应基础柱、梁、板、墙施工的需要。组合钢模尺寸适中，轻便灵活，装拆方便，既适于人工装拆，也可预拼成大模板、台模等，然后用起重机吊运安装。

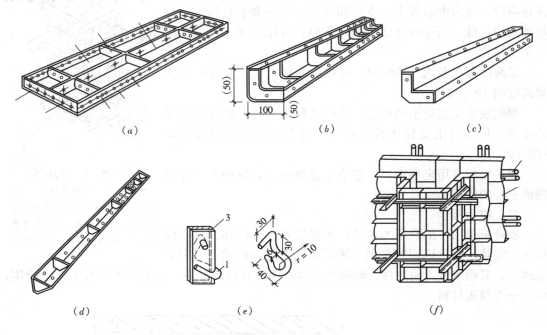

图4-28 组合钢模

(a) 平模；(b) 阴角模；(c) 阳角模；(d) 连接角模；(e) U形卡；(f) 附墙柱模

（一）模板

模板分平模和角模。平模（图4-28a）由面板、边框、纵横肋构成。边框与面板常用2.5～3.0mm厚钢板一次轧成，纵横肋用3mm厚扁钢与面板及边框焊成。为便于连接，边框上有连接孔，边框的长向及短向其孔距均一致，以便横竖都能拼接。平模的长度有1500、1200、900、750、600、450mm六种规格，宽度有300、250、200、150、100mm五种规格（平模用符号P表示，如宽为300长为1500mm的平模则用$P3015$表示），因而可组成不同尺寸的模板，在构件接头处（如柱与梁接头）等特殊部位，不足模数的空缺可用少量木模补缺，用钉子或螺栓将方木与平模边框孔洞连接。

角模又分阴角模、阳角模及连接角模，阴、阳角模用以成型混凝土结构的阴、阳角，连接角模用作两块平模拼成90°角的连接件。

（二）钢模配板

采用组合钢模时，同一构件的模板展开面可用不同规格的钢模作多种方式的组合排列，因而形成不同的配板方案。配板方案对支模效率、工程质量和经济效益都有一定影响。合理的配板方案应满足：钢模块数少，木模嵌补量少，并能使支承件布置简单，受力合理。配板原则如下：

（1）优先采用通用规格及大规格的模板　这样模板的整体性好，又可减少装拆工作；

（2）合理排列　模板宜以其长边沿梁、板、墙的长度方向或柱的高度方向排列，以利使用长度规格大的钢模，并扩大钢模的支承跨度。如结构的宽度恰好是钢模长度的整倍数量，也可将钢模的长边沿结构的短边排列。模板端头接缝宜错开布置，以提高模板的整体性，并使模板在长度方向易保持平直；

（3）合理使用角模　对无特殊要求的阳角，可不用阳角模，而用连接角模代替。阴角模宜用于长度大的阴角，柱头、梁口及其他短边转角（阴角）处，可用方木嵌补；

（4）便于模板支承件（钢楞或桁架）的布置　对面积较整的预拼装大模板及钢模端头接缝集中在一条线上时，直接支承钢模的钢楞，其间距布置要考虑接缝位置，应使每块钢模都有两道钢楞支承。对端头错缝连接的模板，其直接支承钢模的钢楞或桁架的间距，可不受接缝位置的限制。

（三）支承件

支承件包括柱箍、梁托架、钢楞、桁架、钢管顶撑及钢管支架。

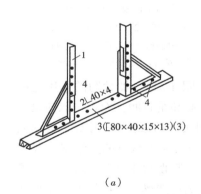

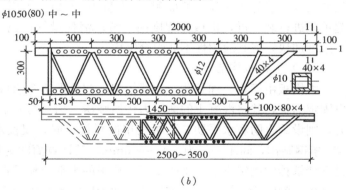

图 4-29　托架及支托桁架

（a）梁托架；（b）支托桁架

柱箍可用角钢、槽钢制作，也可采用脚手架钢管及扣件组成。

梁托架系用来支托梁底模和夹固梁侧模（图 4-29a）。梁托架可用钢管或角钢制作，其高度为 500～800mm，宽度达 600mm，可根据梁的截面尺寸进行调整高度较大的梁可用对拉螺栓或斜撑固定两边侧模。

支托桁架有整体式和拼接式两种，拼接式桁架可由两个半榀桁架拼成，或由一个半榀桁架与一个拼接桁架拼成，以适应不同跨度的需要（图 4-29b）。

钢管支撑由套管及插管组成（图 4-30），其高度可借插销粗调，借螺旋微调。钢管支架由钢管及扣件组成，支架支柱可对接（用对接扣连接）或搭接（用回转扣连接）接长。支架横杆步距为 1000～1800mm。

钢管支撑或支架支柱可按偏心受压杆计算。如钢管横截面面积为 A，截面抵抗矩为 w，回转半径为 i，支柱长细比为 λ（$\lambda = l_0/\sigma i$，l_0 取横杆步距），钢管轴向压力为 N，偏心

距为 e，轴心压杆稳定系数为 φ，截面塑性发展系数为 γ（对钢管取 $\gamma=1.2$），钢的弹性模量为 E，钢材强度设计值为 f（$f=210\mathrm{N/mm^2}$），根据《钢结构设计规范》（GB 50017—2003）有：

$$\frac{N}{\varphi \cdot A}+\frac{e \cdot N}{i \cdot w[1-0.8N/(\pi^2 EA/\lambda^2)]}\leqslant f \quad (4\text{-}9)$$

对于套管式支撑，其上下管径不同，则上式 A、w、i 均按大管径取值。且 $\lambda=\mu l_0/i$，其中 μ 为计算长度系数。若 $I_\text{大}$、$I_\text{小}$ 分别为大、小管之惯性矩，则 $\mu=\sqrt{(1+I_\text{大}/I_\text{小})/2}$。

若钢管支架支柱为对接时，取 $e=1/3$ 管径；搭接时，取 $e=70\mathrm{mm}$，根据式（4-9）可算出钢管支架支柱的容许荷载，见表 4-19。

四、大模板

大模板可用作钢筋混凝土墙体模板，其特点是板面尺寸大（一般等于一片墙的面积），重量为 $1\sim 2\mathrm{t}$，需用起重机进行装、拆，机械化程度高，劳动消耗量低，施工进度加快，但其通用性不如组合钢模。

（一）大模板构造

大模板由面板、加劲肋、支撑桁架、调整螺旋等组成（图 4-31）。加劲肋的作用是用以固定面板，并将混凝土的侧压力传给竖楞。加劲肋分水平肋和垂直肋。面板按双向设计时，则设垂直肋和水平肋，面板按单向板设计时，仅设水平肋。加劲肋采用 L65 角钢或 [65 槽钢制作，间距一般为 $300\sim 600\mathrm{mm}$。其计算简图为以竖楞为支承点的连续梁。竖楞是穿墙螺栓的固定支点，承受由模板传来的水平力和垂直力。竖楞常用 2[65 或 2[80 槽钢制作，间距为 $1\sim 1.2\mathrm{m}$，其计算简图为以穿墙螺栓为支点的连续梁。支撑桁架与竖楞连接，其作用是承受水平荷载。螺旋丝杠 10 用以调整模板的水平度。螺旋丝杠 9 在模板安装时用以调整模板的垂直度；在模板堆放时用以调整模板的倾斜度，以保持模板的稳定。

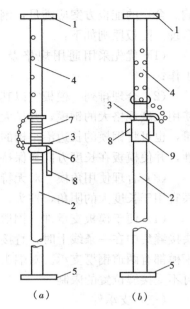

图 4-30　钢支撑

（a）CH 型；（b）YJ 型

1—顶板；2—套管；3—插销；
4—插管；5—底板；6—转盘；
7—螺管；8—手柄；9—螺旋套

钢管支架立柱容许荷载　　　　　　　　　　　　　　**表 4-19**

横杆步距 L (m)	$\phi48\times3$ 钢管		$\phi48\times3.5$ 钢管	
	对接	搭接	对接	搭接
	N (kN)	N (kN)	N (kN)	N (kN)
1.0	34.4	12.8	39.1	14.5
1.25	31.7	12.3	36.2	14.0
1.50	28.6	11.8	32.4	13.3
1.80	24.5	10.9	27.6	12.3

（二）大模板的平面组合方案

大模板平面组合有三种方案：即平模方案、小角模方案及大角模方案。

平模方案是一整面墙采用一块模板（图 4-32）。墙转角处不设角模，纵、横墙体的混凝土分开进行浇筑，一般先浇筑横墙，后浇筑纵墙，施工缝较多，影响结构的整体性，但

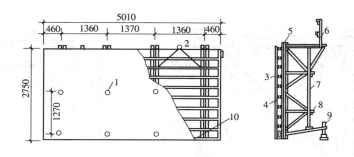

图 4-31 大模板构造示意图

1—穿墙螺栓孔；2—吊环；3—面板；4—横肋；5—竖肋；6—护身栏杆；

7—支撑立杆；8—支撑横杆；9—φ32 丝杠；10—丝杠

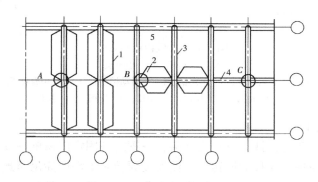

图 4-32 平模方案

1—横墙平模；2—纵墙平模；3—横墙；4—纵墙；5—预制外墙板

模板的规格少，适用性强，模板清理时，可不需从楼面吊到地面，所有模板接缝均在纵横墙交接的阴角处，便于接缝处理，且墙面较平整。平模方案常用于内墙和山墙为现浇的钢筋混凝土、外墙为预制墙板或砖墙的建筑中。

小角模方案是在墙的转角处有 L100×10 角钢或用方木作小角模（图 4-33c），其余则用平模连接。从而每个房间的内模形成封闭体系，此时，纵、横墙可以同时浇筑，故整体性好，但墙面接缝较多，阴阳角不够平整。小角模方案常用于内外墙皆现浇，或内纵墙与横墙同时浇筑的情况中。

大角模方案（图 4-33b）是一个房间的内模采用四个大角模（对于长方形房间，中间还可配平模）以形成一个封闭体系。此时，纵、横墙可同时浇筑，故整体性好，墙体阴角方整，但接缝在

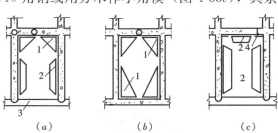

图 4-33 角模方案

(a) 大角模与平模组拼；(b) 大角模组拼；

(c) 小角模与平模组拼

1—大角模；2—平模；3—预制外墙板；4—小角模

中部，墙平整度较差，且大角模构造比小角模构造复杂（图 4-34），装拆、清理较费时。大角模方案常用于内外墙均为现浇的结构中。

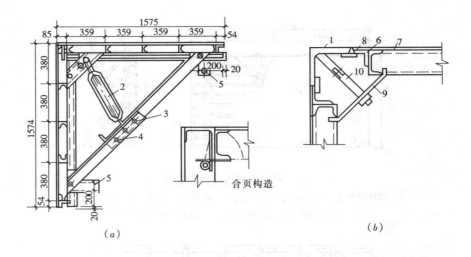

图 4-34　角模构造示意图

(a) 大角模；(b) 小角模

1—合页；2—花篮螺丝；3—固定销子；4—活动销子；5—调整用螺旋千斤顶；

6—小角模；7—大模板；8—扁铁；9—压板；10—拉杆

（三）大模板施工

大模板的施工工艺为：抄平→弹线→绑扎→钢筋→固定门窗框→安装模板→浇筑混凝土→养护及拆模。为提高模板的周转率，使模板周转时不需中途吊至地面，以减少起重机的垂直运输工作量，减少模板在地面的堆场面积，大模板宜采用流水分段施工。

大模板的组装顺序是：先内墙，后外墙，先以一个房间的大模板组装成敞口的闭合结构，再逐步扩大，进行相邻房间模板的安装，以提高模板的稳定性，并使模板不易产生位移。内墙模板由支承在基础或楼面相对的两块大模板组成，沿模板高度用 2～3 道穿墙螺栓拉紧。外墙的外模板可借挑梁悬挂在内墙模板上（图 4-35），或安装在附墙脚手架上，并用穿墙螺栓与内模拉紧（图 4-36）。

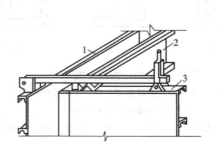

图 4-35　悬挑式外模

1—外墙外模；2—外墙内模；

3—内墙模板

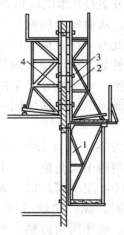

图 4-36　外模支承在附墙脚手架上

1—附墙脚手架；2—外模；

3—穿墙螺栓；4—内模

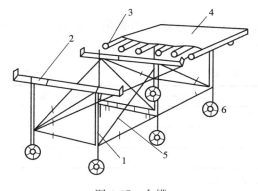

图 4-37 台模
1—支腿；2—可伸缩的横梁；3—檩条；
4—面板；5—斜撑；6—滚轮

五、台模

台模又名桌模或飞模，用于浇筑平板或带边梁的楼板（图4-37），台模由台架和面板组成，台架可以升降。当台架就位并将面板升至设计杆高后，即可绑扎钢筋、浇筑混凝土，待混凝土达到脱模强度后，台架下降，面板与混凝土脱离。利用台架滚轮可将台模从柱间推至室外的临时挑台上，然后利用起重机将台模吊至上层或其他施工段施工。利用台模进行楼盖钢筋混凝土施工，可省装拆时间，能加快施工速度，降低劳动消耗量，但一次投资大，通用性受限制。目前有些工地利用组合钢模和钢管支架拼成台模，使用较灵活。

六、爬升模板（提模、跳模）

爬升模板由悬吊大模板、爬架和穿心式液压千斤顶（HQ—30）三部分组成（图4-38）。爬架和悬吊大模板可随结构的浇筑交替向上爬升，直至需要的高度。爬模宜用于钢筋混凝土高层建筑或筒体的施工。爬架是一个格构式钢架，由下部附墙架和上部支承架组成。附墙架用螺栓固定在下层墙体上；支承架与附墙架整体相连，支承架高度大于模板高度的两倍，其上端有挑梁9，用以悬吊模板爬升用的爬杆7（$\phi25$圆钢）。千斤顶6与模板连接并可沿爬杆7上爬，当千斤顶6一个冲程一个冲程的向上爬上时，便可将模板由第二层升到第三层，进行混凝土的浇筑。等混凝土达到一定强度后，便可使爬架爬升。爬架爬升时，用模板将螺栓固定在墙体上，将附墙架螺栓卸除后，爬架通过与其连接的千斤顶5吊挂在爬杆11（$\phi25$圆钢）上，而爬杆11固定在模板上端的挑梁8上。当千斤顶5沿爬杆11向上爬时，便带动爬架一起上升，当爬架上升一个楼层高度后，又将附墙架用螺栓固定在墙体上，于是又可使模板再爬升一层楼高，进行第四层墙体混凝土浇筑，如此循环，直至结束。用爬模施工时，底层墙仍须用一般支模方法进行浇筑。为脱模需要还有沿水平方向设置的脱模千斤顶10。

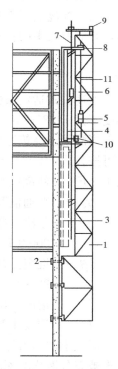

图 4-38　爬升模板
1—爬架；2—螺栓；3—预留爬架孔；4—爬模；5—爬架千斤顶；6—爬模千斤顶；7—爬杆；8—模板挑横梁；9—爬架挑横梁；10—脱模千斤顶；11—爬杆

七、模板荷载及计算规定

在《混凝土结构工程施工规范》（GB 50666—2011）中明确规定："混凝土用模板及支架应根据不同工况进行设计或验算"，使其具有足够的承载力和刚度，并确保施工过程中的整体稳固性。

模板及支架设计或验算，一般包括：模板及支架的选材与构造设计；荷载计算和模板构件的验算等。

（一）荷载标准值取值

1. 永久荷载项目（G_i）标准值

(1) 模板及支架的自重（G_1）标准值，宜根据模板构造施工图确定，并不小于表 4-20 规定。对于有梁楼板、无梁楼板及支架的自重，可按表 4-20 直接采用。

模板及支架的自重标准值（kN/m²） 表 4-20

	木模板	定型组合钢模板
无梁楼板的模板及小楞	0.3	0.5
有梁楼板模板（包括梁的模板）	0.5	0.75
楼板模板及支架（楼层高度为 4m 以下）	0.75	1.10

注：当支架高度超过 4m 时，超出部分的支架自重标准值按 0.15kN/m 取值。

　　胶合板自重可按 0.3～0.4kN/m² 采用。

(2) 新浇混凝土自重（G_2）标准值：宜根据混凝土实际重力密度 γ_c 确定。普通混凝土 γ_c 可取 24kN/m³。

(3) 钢筋自重（G_3）标准值：应根据施工图确定。对于一段梁板结构：楼板钢筋自重可取 1.10kN/m³；梁钢筋自重可取 1.5kN/m³。

(4) 新浇混凝土对竖向模板的侧压力（G_4）标准值：按公式（4-10）、（4-11）分别计算，并应取其中的较小值。

$$F = 0.28\gamma_c t_o \beta V^{\frac{1}{2}} \tag{4-10}$$

$$F = \gamma_c H \tag{4-11}$$

上述公式适用条件：采用插入式振动器，混凝土浇筑速度不大于 10m/h，混凝土坍落度不大于 180mm。

当混凝土浇筑速度大于 10m/h，或混凝土坍落度大于 180mm 时，侧压力（G_4）标准值可按公式（4-11）计算取值。

式中　F——新浇混凝土作用在竖向模板的最大侧压力（kN/m²）；

　　　γ_c——普通混凝土重力密度（kN/m³）；

　　　t_o——新浇混凝土初凝时间（h），按实际测定，当无试验资料时，可采用 $t_o = 200/(T+15)$ 计算（T 为混凝土温度℃）；

　　　β——混凝土坍落度影响系数。当坍落度在 50～90mm 时，取 0.85；当坍落度在 90～130mm 时，取 0.9；当坍落度在 130～180mm 时，取 1.0；

　　　V——混凝土浇筑速度，根据浇筑高度（或厚度）与浇筑时间的比值（m/h）；

　　　H——混凝土侧压力计算位置处至新浇混凝土顶面的总高度（m）。

混凝土侧压力计算分布图形，如图 4-39 所示。图中 h 为有效压头高度，可推算出混凝土被充分液化的深度。这是因为混凝土经振捣后，由塑化状态转化成重度液化状态。实践证明，混凝土被液化后，侧压力值符合静水力学原理，即

$$h = F/\gamma_c \tag{4-12}$$

当模板的高度较小，即 $H < h$ 时，最大侧压力由公式（4-11）控制，说明混凝土模板高度全部被充分液化。当模板高度较大，$H > h$，新浇混凝土侧压力由公式（4-10）控制，图 4-39 为 $H > h$ 的情形。

从公式（4-10）可知：影响混凝土侧压力有两个主要因素，一是浇筑速度，它与侧压

力大小成正比，但达到一定速度后，再提高浇筑速度，对最大压力的影响不明显；二是混凝土浇筑的温度。它影响混凝土凝固速度，温度低，凝固快，混凝土侧压力的有效压头较高，侧压力就大，反之，侧压力则小。

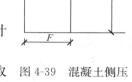

图 4-39 混凝土侧压力分布图形

2. 可变荷载项目（Q_j）标准值

（1）施工人员及施工设备产生的荷载（Q_1）标准值按实际计算，且不小于 2.5kN/m²。

（2）混凝土下料产生的水平荷载（Q_2）标准值按下述工况取值：当采用溜槽、串筒、导管或泵管下料时，取 2kN/m²；当采用吊车配备斗容器下料或小推车直接倾倒时，取 4kN/m²。

（3）泵送混凝土或不均匀堆载等因素产生的附加水平荷载（Q_3）标准值，可取计算工况下竖向永久荷载标准值的 2%，并作用在模板支架上端水平方向。

（4）风荷载（Q_4）的标准值，按现行国家标准《建筑结构荷载规范》（GB 50009）的有关规定确定。此时基本风压可按 10 年一遇的风压取值，但基本风压不应小于 0.2kN/m²。

（二）荷载设计值取值

根据（GB50009）相关规定，模板及支架荷载设计值，为荷载标准值乘以相应的荷载分类系数（r_i）求得。由永久荷载控制组合的荷载项目 $r_i = 1.35$；由可变荷载控制组合的荷载项目 $r_j = 1.4$。

（三）荷载组合计算

1. 模板及支架在承载力（强度）计算的各项荷载可按表 4-21 确定。并应采用最不利的荷载基本组合进行设计或验算。参与组织的永久荷载应包括 G_1、G_2、G_3 及 G_4 等 4 项；参与组合的可变荷载宜包括 Q_1、Q_2、Q_3 及 Q_4 等 4 项。

参与模板及支架承载力计算的各项荷载　　　　　　　　　　　表 4-21

计算内容		参与荷载
模板	底面模板的承载力	$G_1 + G_2 + G_3 + Q_1$
	侧面模板的承载力	$G_4 + Q_2$
支架	支架水平杆及节点的承载力	$G_1 + G_2 + G_3 + Q_1$
	立杆的承载力	$G_1 + G_2 + G_3 + Q_1 + Q_4$
	支架结构的整体稳定	$G_1 + G_2 + G_3 + Q_1 + Q_4$ $G_1 + G_2 + G_3 + Q_1 + Q_3$

注：表中的"+"仅表示各项荷载参与组合，而不表示代数相加。

2. 模板及支架结构构件应按临时设计状况进行承载力计算。承载力计算应符合下式要求：

$$r_0 S = R/r_R \tag{4-13}$$

式中　　r_0——结构重要性系数，对重要的模板及支架宜取 $r_0 \geqslant 1.0$；对于一般的模板及支架应取 $r_0 \geqslant 0.9$；

S——模板及支架荷载基本组合计算的效应设计值，可按公式（4-14）进行计算；

R——模板及支架结构构件的承载力设计值，应按国家现行有关标准计算；

r_R——承载力设计值调整系数，应根据模板及支架重复使用次数取用，不应小于 1.0。

3. 模板及支架在计算承载力时，应采用荷载基本组合的效应设计值，按下式计算：

$$S = 1.35a\sum_{i \geqslant 1} S_{Gik} + 1.4\varphi_{cj}\sum_{j \geqslant 1} S_{Qjk} \qquad (4\text{-}14)$$

式中　S_{Gik}——第 i 个永久荷载标准值产生的效应值；

S_{Qjk}——第 j 个可变荷载标准值产生的效应值；

a——模板及支架的类型系数；对侧面模板，取 0.9；对底面模板及支架取 1.0；

φ_{cj}——第 j 个可变荷载的组合系数，宜取 $\varphi_{cj} \geqslant 0.9$。

4. 模板及支架在验算变形（刚度）时，应采用永久荷载标准值，且应符合下列规定：

$$a_{iG} \leqslant a_{f\cdot Lim} \qquad (4\text{-}15)$$

式中　a_{iG}——按永久荷载标准计算的构件变形值，对于梁板等水平构件按 $G_1 + G_2 + G_3$ 的标准值；对于竖向构件（如柱、墙等）按 G_4 的标准值。

$a_{f\cdot Lim}$——构件变形限值，宜按下列规定确定：

①对结构表面外露（不做装修）的模板，为模板构件计算跨度的 1/400；②对结构表面隐蔽（做装修）的模板，为模板构件计算跨度的 1/250；③支架的轴向压缩变形或侧向挠度限值为计算高度或跨度的 1/1000。

八、模板及支架验算实例

【例 4-5】　某框架结构现浇钢筋混凝土板，厚 100mm，其支模尺寸为 3.3m×4.95m，楼层高度为 4.5m，采用组合钢模及钢管支架支模，要求作配板设计及模板结构布置与验算。

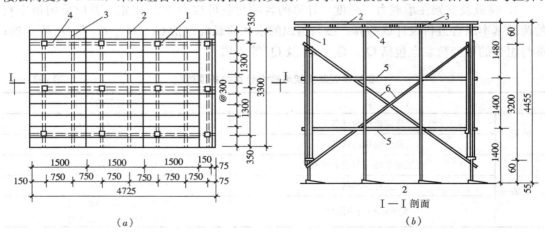

图 4-40　楼板模板的配板及支撑
(a) 配板图；(b) Ⅰ—Ⅰ剖面
1—φ48×3.5 钢管支柱；2—钢模板；3—内钢楞 2□60×40×2.5；
4—外钢楞 2□60×40×2.5；5—水平撑 φ48×3.5；6—剪刀撑 φ48×3.5

【解】　1. 配板方案

若模板以其长边沿 4.95m 方向排列，可列出四种方案：

方案（1）　33P3015+11P3004，两种规格，共 44 块；

方案（2）　34P3015+2P3009+1P1515+2P1509，四种规格，共 39 块；

方案（3）　　35P3015＋1P3004＋2P1515，三种规格，共 38 块，如图 4-40；

方案（4）　　33P3015＋11P3004，两种规格，共 44 块。

若模板以其长边沿 3.3m 方向排列，可列出三种方案：

方案（5）　　16P3015＋32P3009＋1P1515＋2P1509，共四种规格，51 块；

方案（6）　　35P3015＋1P3004＋2P1515，三种规格，共 38 块；

方案（7）　　34P3015＋1P1515＋2P1509＋2P3009，四种规格，共 39 块。

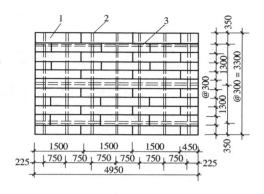

图 4-41　楼板模板按错缝排列的配板图
1—钢模板；2—内钢楞 2□60×40×2.5
3—外钢楞 2□60×40×2.5

方案（3）及方案（6）模板规格及块数少，比较合宜。方案（4）（图 4-41）错缝排列，刚性好，宜用于预拼吊装的情况，现取方案（3）作模板结构布置及验算的依据。

2. 模板结构布置如图 4-41 所示，其内外钢楞用矩形钢管 2□60×44×2.5，钢楞截面抵抗矩 $W=14.58\text{cm}^3$，惯性矩 $I=43.78\text{cm}^4$，弹性模量 $E=2\times10^5\text{N/mm}^2$，强度设计值 $f=210\text{N/mm}^2$。内钢楞间距为 0.75m。外钢楞间距为 1.3m。内外钢楞交点处用 $\phi48\times3.5$ 钢管作支架，用搭接接长，各支柱间布置双向水平撑上下两道，并适当布置剪刀撑。

3. 模板结构验算

（1）荷载计算　每平方米支承面模板荷载；

模板及配件自重	500N/m^2
新浇筑混凝土自重	2500N/m^2
钢筋重量	110N/m^2
施工荷载	2500N/m^2
合计	5610N/m^2

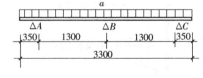

图 4-42　计算简图

（2）内钢楞验算　内钢楞计算简图如图 4-42 所示，悬臂 $a=0.35\text{m}$，内跨长 $l=1.3\text{m}$，荷载 $q=5610\times0.75=4210\text{N/m}$

支点 A 弯矩　$M_A=12qa^2=12\times4210\times0.35^2=257.8\text{N·m}$

支点 B 弯矩　$M_B=\dfrac{1}{8}ql^2\left[1-2\left(\dfrac{a}{l}\right)^2\right]$

$$=\dfrac{1}{8}\times4210\times1.3^2\left[1-2\left(\dfrac{0.35}{1.3}\right)^2\right]=760\text{N·m}$$

最大抗弯强度　$Q=\dfrac{M_B}{W}=\dfrac{760\times10^3}{14.58\times10^3}$

$$=52.1\text{N/mm}^2<f=210\text{N/mm}^2$$

悬臂端挠度　$\delta=\dfrac{g'al^3}{48EI}\left[-1+6\left(\dfrac{a}{l}\right)^2+6\left(\dfrac{a}{l}\right)^3\right]$

$$q' = (5610 - 2500) \times 0.75 = 2332\text{N/m}$$

故挠度　$\delta = \dfrac{2332 \times 0.35 \times 1.3 \times 10^9}{48 \times 2 \times 10^5 \times 43.76 \times 10^4}$

$$\left[-1 + 6\left(\frac{0.35}{1.3}\right)^2 + 6\left(\frac{0.35}{1.3}\right)^3 \right]$$

$$= 0.19\text{mm}$$

跨内最大挠度，根据力学方法求出：

$$\delta' = \frac{0.1q'l^4}{24EI} = \frac{0.1 \times 2332 \times 1.3^4 \times 10^9}{24 \times 2 \times 10^5 \times 43.76 \times 10^4} = 0.317\text{mm}$$

$$\frac{\delta'}{l} = \frac{0.317}{1300} = \frac{1}{4100} \left(< \frac{1}{400}, 可 \right)。$$

（3）支柱验算　验算支柱时，模板及支架自重取 1100N/m²，故水平投影面上每平方米的荷载为 1100+2500+110+2500=6210N/m²，每一中间支柱所受荷载为 1.3×1.5×6210=12100N=12.1kN。根据表 4-19，当采用 $\phi48 \times 3.5$ 钢管，用扣件搭接接长，横杆步距为 1.5m 时，每根钢管的容许荷载为 13.3kN，大于支架支柱所受的荷载 12.1kN，故模板及支架安全。

【例 4-6】　楼模板及支架验算。

某建筑工程楼层高度 $H=3$m，现浇楼板厚度 120mm，选用 18mm 厚胶合板作底模；次楞选用 50mm×100mm 方木，间距为 200mm；满堂支架用扣件式 $\phi48.3 \times 3.6$mm 钢管搭设，大楞（钢管）间距 800mm，立杆纵横向间距均为 800mm；纵横沿高设双向水平杆；底部双向扫地水平杆；支架设竖向剪力撑，与地面倾斜角 45°～60°。如图 4-43 所示

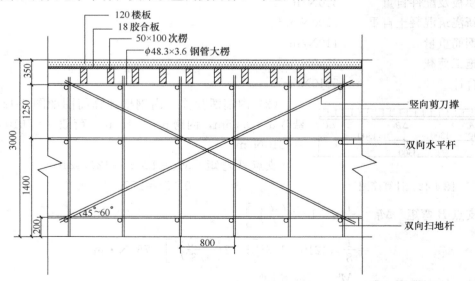

图 4-43　楼面模板及支架示意图（单位：mm）

（一）荷载计算

1. 模板及支架的荷载标准值取值

（1）底模板、次楞（方木）和主楞（钢管）$G_1 = 0.5\text{kN/m}^2$；模板支架（楼层高度4m以下）$G_1 = 0.75\text{kN/m}^2$；

（2）新浇混凝土自重 $G_2 = 24\text{kN/m}^3$；楼板厚度120mm，面荷载 $G_2 = 24 \times 0.12 = 2.88\text{kN/m}^2$；

（3）钢筋自重 $G_3 = 1.10\text{kN/m}^3$；面荷载 $1.1 \times 0.12 = 0.13\text{kN/m}^2$；

（4）施工人员及施工设备产生的荷载 $Q_1 = 2.5\text{kN/m}^2$；

（5）风荷载 Q_4 的标准值：作用在模板支架的水平风荷载，《建筑结构荷载规范》GB 50009 的规定按下式计算标准值：

$$W_k = \beta_z u_2 \mu_s \omega_0 \tag{4-16}$$

式中　β_z——支架高度 z 处的风振系数，取 $\beta_z = 1$；

u_2——风压高度变化系数，取 $u_2 = 0.62$；

μ_s——风压体型系数，对于截面杆件 $\mu_s = 1.3$；

ω_0——基本风压值（kN/m^2），地区差异较大，按 10 年一遇重现期 $n = 10$，城市密集区（如武汉）$\omega_0 = 0.2$。

$$w_k = 1.3 \times 1 \times 0.62 \times 0.2 = 0.16\text{kN/m}^2$$

忽略其他影响因素，风荷载 Q_4 的标准值取 0.1kN/m^2。

2. 模板及支架荷载组合设计值计算

（1）在验算底模、次楞、主楞的承载力时，应按表 4-21 规定参与的各项荷载应包括 $(G_1 + G_2 + G_3 + Q_1)$ 等 4 项。基本组合效应设计值，按公式（4-14）计算：（其中 $a = 1$，$\varphi_{cj} = 1$）

$$S_{ij}^A = 1.35 \times 1 \times (0.5 + 2.88 + 0.13) + 1.4 \times 2.5 = 8.33 \text{ kN/m}^2$$

在验算底模、次楞、主楞的挠度时，只采用参与永久荷载标准值，计算组合效应设计值：

$$S_i^A = 0.5 + 2.88 + 0.13 = 3.5 \text{ kN/m}^2$$

（2）在验算模板支架的承载力时，按表 4-21 规定参与的各项荷载应包括：$G_1 + G_2 + G_3 + Q_1 + Q_4$ 等 5 项。则模板支架的荷载基本组合效应设计值按公式（4-14）计算：

$$S_{ij}^B = 1.35 \times 1 \times (0.75 + 0.13 + 2.88) + 1.4 \times 1 \times (2.5 + 0.16) = 8.7\text{kN/m}^2 。$$

在验算支架变形（挠度）时，组合效应设计值为：

$$S_i^B = 0.75 + 0.88 + 0.13 = 3.76 \text{ kN/m}^2$$

（二）底模、次楞、主楞验算

底模、次楞（方木）、主楞（钢管）等水平构件均属于受弯构件，应按三等跨连续梁（或简支梁）计算，当模板跨度超过三跨时，仍按三跨连续梁计算。计算简图如图 4-44 所示。

按计算简图荷载计算内力后应验算模板水平构件、竖向构件的抗弯能力、抗剪能力和刚度以及支架的稳定性。若构件设计值超过规范规定的容许值，要考虑调整构件截面或支承该构件的间距，切实保证模板及支架在施工过程中始终处于安全状态。

1. 底模验算

（1）底模抗弯能力验算

底模计算跨度 $l_A = 200\text{mm}$（次楞间距）。

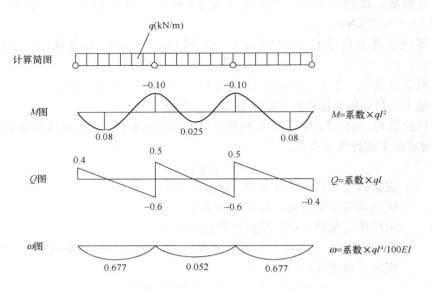

图 4-44　水平构件均布荷载作用下计算简图

取 1m 宽板带为一个计算单元，将作用在底模上面荷载 S_{ij}^A 换为线荷载设计值 $S_{ij}^A = 1 \times 8.33$ （kN/m）；

最大弯矩设计值 $M_A = K_m \cdot S_{ij}^A \cdot l_A^2 = 0.1 \times 8.33 \times 0.2^2 = 0.033\,\text{kN} \cdot \text{m}$；

其中 K_m 弯矩系数如图 4-44 所示。

截面抵抗矩 $W = 1/6 \times bh^2 = 1/6 \times 1 \times 0.018^2 = 5.4 \times 10^4$ （mm³）；

底模最大抗弯能力 $\sigma = r_R \cdot r_0 \cdot \dfrac{M_A}{W} \leqslant [f_m] = 15$ （N/mm²）

$r_R = 1$；$r_0 = 0.9$；$\sigma = 1 \times 0.9 \times 0.033 \times 10^6 / 5.4 \times 10^4 = 0.56$ （N/mm²）（满足）

（2）底模抗剪能力验算

最大剪力 $Q_A = k_Q \cdot S_{ij}^A \cdot l_A = 0.6 \times 8.33 \times 0.22 = 1.0$ （kN）

其中 K_Q——剪力系数，如图 4-44 所示。

底模最大抗剪能力 $\tau = \dfrac{3}{2} \cdot \dfrac{r_R \cdot r_0 \cdot Q_A}{b \times h} \leqslant [f_Q] = 1.7$ （kN/mm²）

$$\tau = \frac{3}{2} \cdot \frac{1 \times 0.9 \times 1 \times 10^3}{1 \times 18 \times 10^3} = 0.075\,\text{（N/mm}^2\text{）（满足）}$$

（3）底模挠度验算

最大挠度 $\omega = K_w \cdot S_i^A \cdot l_A^4 / 100 \cdot E \cdot I \leqslant [\omega] = \dfrac{l_A}{400} = 0.5$ （mm）

其中 K_ω——挠度系数，如图 4-44 所示，弹性模量 $E = 10 \times 10^3$ （kN/mm²）。

截面惯性矩 $I = 1/12 \cdot b \cdot h^3 = 1/12 \times 1000 \times 18^3$ （mm⁴）

$\omega = 0.677 \times 3.5 \times 200^4 / 100 \times 10 \times 10^3 \times 4.86 \times 10^5 = 0.008\,\text{mm}$（满足）

2. 次楞（方木）验算

（1）次楞抗弯能力验算

次楞计算跨度 $l_B = 800\,mm$（即主楞间距）；

设 200mm 宽板带为次楞的一个计算单元，作用在次楞上的均布线荷载设计值为：

$$S_{ij}^B = 0.2 \times 8.33 = 1.7\,(kN/m)；$$

最大弯矩设计值　　$M_B = K_m \cdot S_{ij}^B \cdot l_B^2 = 0.1 \times 1.7 \times 0.8^2 = 0.11\,(kN \cdot m)；$

截面抵抗矩　　$W = 1/6 \times 50 \times 100^2 = 8.33 \times 10^4\,(mm^3)；$

次楞抗弯能力　　$\sigma = 1 \times 0.9 \times 0.11 \times 10^6 / 8.33 \times 10^4 = 11.9\,(N/mm^2)$

$$< [f_m] = 15\,N/mm^2（满足）$$

（2）次楞抗剪能力验算

最大剪力　　$Q_B = K_Q \cdot S_{ij}^B \cdot l_B = 0.6 \times 1.7 \times 0.8 = 0.816\,(kN)；$

最大抗剪能力　　$\tau_B = \dfrac{3}{2} \cdot \dfrac{r_R \cdot r_0 \cdot Q_B}{b \times h} = 1.5 \times \dfrac{1 \times 0.9 \times 0.816 \times 10^3}{50 \times 100}$

$$= 0.22\,(kN/mm^2) < [f_Q] = 1.7\,(kN/mm^2)（满足）$$

（3）次楞挠度验算

作用在次楞上的线荷载设计值为：

$$S_i^B = 0.2 \times S_i^B = 0.2 \times 3.5 = 0.70\,(kN/m)；$$

次楞最大挠度值　　$\omega = 0.677 \dfrac{S_i^B \cdot l_B^4}{100E \cdot I}$

$$= 0.677 \dfrac{0.7 \times 800^4}{100 \times 10000 \times 4.16 \times 10^6} = 0.05\,(mm)$$

$$\omega < [\omega] = \dfrac{l_B}{400} = 2.0\,(mm)（满足）$$

3. 主楞（钢管）验算

（1）主楞抗弯能力验算

主楞的负荷宽度取 800mm，作用在主楞上的线荷载设计值为：$S_{ij}^C = 0.8 \times 8.33 = 6.66\,(kN/m^2)$

最大弯矩值　　$M_c = 0.1 \times 6.66 \times 0.8^2 = 0.426\,(kN \cdot m)；$

主楞采用　　$\phi 48.3 \times 3.6\,mm$ 钢管：截面积 $A = 5.06 \times 10^{-4}\,m^2$

截面抵抗矩　　$W = 5.26 \times 10^{-6}\,m^3$；截面惯性矩 $I = 1.27 \times 10^{-7}\,m^4$；抗弯强度设计值 $f_m = 205N/mm^2$；弹性模量 $E = 2.06 \times 10^5\,N/mm^2$。

主楞最大抗弯能力 $\sigma = \sigma \dfrac{r_R \cdot r_0 \cdot M_c}{W} = 1 \times 0.9 \times 0.46 \times 10^6 / 5.26 \times 10^3$

$$= 73\,N/mm^2 < f_w = 205\,N/mm^2（满足）$$

（2）主楞抗剪能力验算

最大剪力 $Q_c = K_Q \cdot S_{ij}^c \cdot l_c = 0.6 \times 6.66 \times 0.8 = 3.2\,(kN)$

主楞（钢管）最大抗剪能力　　$\tau = \dfrac{r_R \cdot r_0 \cdot Q_c}{\pi \cdot R_0 \cdot \delta} = \dfrac{1 \times 0.9 \times 3.2 \times 10^3}{3.14 \times 24.2 \times 3.6}$

$$= 9.5\,N/mm^2$$

$$< [f_v] = 120\,N/mm^2$$

（R_o—钢管半径；δ—钢管壁厚）

一般情况下钢管不需要进行抗剪能力计算，因为钢管抗剪强度不起控制作用。如 $\phi 48.3 \times 3.6$ mm 的 Q235A 级钢管。其抗剪承载力为：

$$[V] = A f_v / k_1 = 506 \times 120 / 2 = 30 \text{ (kN)}。$$

上式中 k_1 为截面形状系数（取 $k_1 = 2$）。一般水平杆件荷载由一个扣件传递，一个扣件抗滑承载力设计值为 8kN，远小于 $[V]$ 容许值，只要满足扣件的抗滑条件，纵横水平杆承载力肯定满足。当钢管立杆顶端设调支托，就不存在扣件抗滑问题。

（3）主楞挠度验算

挠度验算时，荷载组合设计值为：

$$S_i^c = 0.8 \times 3.5 = 2.8 \text{ (kN/mm}^2)$$

最大挠度值：$\omega = 0.677 \dfrac{S_i^c \cdot l^4}{100 E \cdot I} = 0.677 \dfrac{2.8 \times 800^4}{100 \times 2.06 \times 10^5 \times 1.27 \times 10^5}$

$$= 0.3 \text{mm} < [\omega] = \dfrac{l_c}{400} = 2 \text{mm（满足）}$$

（三）支架稳定性验算

1. 支架荷载设计值

作用在支架上的水平风荷载标准值 $Q_4 = 0.16 \text{ (kN/m}^2)$

验算支架承载力时，支架的荷载基本组合效应设计值为：

$$S_{ij}^D = 1.35 \times 1 \times (0.75 + 2.88 + 0.13) + 1.4 \times 1 \times (2.5 + 0.16)$$
$$= 8.8 \text{ (kN/m}^2)$$

验算支架挠度时，支架的荷载组合设计值为：

$$S_i^D = 0.75 + 2.88 + 0.13 = 3.76 \text{ (kN/m}^2)$$

2. 支架抗弯能力

支架抗弯能力验算要考虑两种情形：

（1）当钢管支架立杆采用中心传力方式（立杆顶端插入调托座）时，模板荷载直接传给立杆，这有利于立杆稳定。立杆的纵横间距均为 800mm，则立杆负荷面积 0.8（m）× 0.8（m），立杆承受竖向荷载设计值为：

$$N = 0.8 \times 0.8 \times S_{ij}^D = 0.8 \times 0.8 \times 8.8 = 5.63 \text{ (kN)}；$$

小于规范（GB 50666—2011）规定的单根立杆轴向力设计值 12（KN）（安全）。

（2）当模板直接搁在钢管支架顶部的水平钢管上，荷载通过水平杆（主楞）与立杆的直角扣件传给立杆，形成偏心传力方式。此时，应考虑偏心距所产生的附加弯矩对支架承载力的影响。

对偏心传力方式所产生的实际偏心距为 53mm 左右，取整数值 50mm 验算。

当偏心距 $e = 50$mm 时产生的附加弯矩设计值为：

$$M_e = N \cdot e = 5.63 \times 0.05 = 0.28 \text{ (kN} \cdot \text{m)}$$

此时，支架抗弯能力为：

$$\sigma = r_R \cdot r_0 \left(\dfrac{N}{\varphi \cdot A} + \dfrac{M_e}{W} \right) \text{ (N/mm}^2) \tag{4-17}$$

式中 $r_R = 1$；$r_0 = 0.9$；$\varphi = 0.18$

$$\sigma = 1 \times 0.9 \left(\frac{5.63 \times 10^3}{0.18 \times 5.06 \times 10^2} + \frac{0.28 \times 10^6}{5.26 \times 10^3} \right)$$

$$= 107 \, (\text{N/mm}^2) < [f_\text{m}] = 205 \, \text{N/mm}^2 \, (\text{满足})$$

3. 支架立杆长细比验算

参照《建筑施工扣件式钢管脚手架安全技术规范》（JGJ 130—2011）规定，支架立杆的计算长度（l_0）应按下式计算，并按整体稳定计算最不利值取。

支架顶部立杆段 $\qquad\qquad l_0 = k\mu_1(h + 2a)$ $\qquad\qquad$ (4-18)

支架非顶部立杆段 $\qquad\qquad l_0 = k\mu_2 h$ $\qquad\qquad\qquad$ (4-19)

式中 $\quad k$——支架立杆计算长度附加系数。当验算立杆长细比时，取 $k = 1$；

$\quad \mu_1 \text{、} \mu_2$——考虑支架整体稳定因素的单杆计算长度系数。查（JGJ 130—2011）附录 C 表，取 $\mu_1 = 1.669$，$\mu_2 = 1.951$；

$\quad a$——立杆伸出顶端水平杆至支撑点长度，当 $0.2m < a < 0.5 \, \text{m}$，取 $a = 0.2 \, \text{m}$；

$\quad h$——步距（m）；

按照《规范》GB 50666—2011 规定，支架立杆长细比：

$$\lambda = l_0/i \qquad\qquad\qquad (4\text{-}20)$$

支架结构钢立杆的容许长细比 $[\lambda] \leqslant 180$，

式中 $\quad i$——钢管截面回转半径，对 $\phi 48.3 \times 3.6 \, \text{mm}$ 钢管，$i = 1.59$（cm）

顶部立杆的计算长度 $l_0 = 1 \times 1.669 \times (1.25 + 2 \times 0.2) = 2.75$（m）$\left.\right\}$取 $l_0 = 2.75$（m）

非顶部立杆的计算长度 $l_0 = 1 \times 1.951 \times 1.4 = 2.73$（m）

支架立杆长细比 $\lambda = 2.75 \times 10^2 / 1.59 = 172 < 180$（安全）。

【例 4-7】 墙模板验算

墙模板由两片侧模及水平次楞，竖向主楞组成。通过对拉螺栓与套管，在混凝土侧压力作用下，保持两侧模间的距离。

图 4-45 所示，现浇钢筋混凝土剪力墙，墙模板设计计算高度 $H = 2.65 \, \text{m}$（$H = $ 结构层高度－梁板高度－50mm）；混凝土墙厚 200mm。墙面板采用 18mm 厚木胶合板；支承墙面板的次楞选用 $50\text{mm} \times 100\text{mm}$ 方木（间距 300mm）；支承次楞的主楞采用扣件式钢管（$2\phi 48.3 \times 3.6 \, \text{mm}$）间距 500mm；穿墙对拉螺栓在横向、竖向间距均为 500mm；对拉螺栓 M14 型。

墙模板计算应按现行国标《混凝土结构工程施工规范》（GB 50666—2011）为依据，参照《建筑施工扣件式钢管脚手架安全技术规范》（JGJ 130—2011）的相关规定。

（一）墙模板荷载标准值

作用在墙模板上的荷载有现浇混凝土侧压力（G_4）和混凝土下料产生的水平荷载（Q_2）。

1. 现浇混凝土对墙模板的侧压力，按公式（4-10）、（4-11）分别计算，并取较小值，作为墙模板的荷载标准值。

设混凝土温度 $T = 25 \, ℃$；混凝土浇筑速度 $V = 1.2 \, \text{m/h}$。

$$F = 0.28 \times 24 \times (25 + 15)/200 \times 1 \times 1.2^{\frac{1}{2}} = 37 \, \text{kN/m}^2；$$

$$F = 24 \times 2.65(m) = 64 \, \text{kN/m}^2。$$

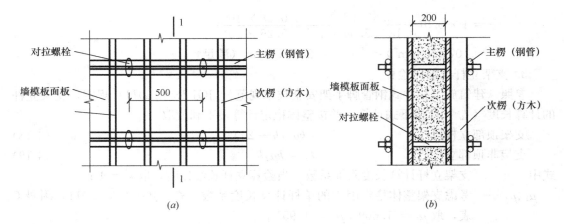

图 4-45　墙模板施工支模示意图

(a) 墙模板正立面图；(b) 墙模板 1-1 剖面图

取小值 $F = 37 \text{ kN/m}^2$。

2. 混凝土下料产生的水平荷载，按下料方式不同，当采用溜槽、串筒或泵管下料时取 $Q_2 = 2\text{kN/mm}^2$。

（二）墙模板荷载设计值

1. 按表 4-2 规定，参与墙模板承载力计算的荷载有 $G_4 + Q_2$ 两项，则荷载基本组合效应设计值按公式（4-14）计算：

$$S_{ij} = 1.35 \times 0.9 \times (37 + 27) + 1.4 \times 0.9 \times 2 = 50 \text{ kN/mm}^2$$

2. 验算墙模板挠度时，应采用参与的永久荷载项目标准值计算，基本组合效应设计值为现浇混凝土侧压力 $F = 37\text{kN/m}^2$。

（三）墙模板结构构件验算

1. 墙模板面板验算

取 1m 宽板带作计算单元，作用在墙面模板上的线荷载设计值分别为：$q_1 = 50\text{kN/m}^2$（验算承载力时）；$q_2 = 37\text{kN/m}^2$（验算挠度时）。计算简图如图 4-46 所示。

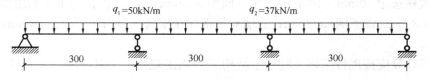

图 4-46　墙模面板计算简图

（1）抗弯强度验算

墙面板按三跨连续梁计算，最大弯矩值：

$$M = r_0 r_R k q_1 l^2 = 0.9 \times 1 \times 0.1 \times 50 \times 300^2 = 4 \times 10^5 \text{ kN} \cdot \text{m};$$

面板截面矩　　　$W = 1/6 \times 1000 \times 18^2 = 5.4 \times 10^4 \text{ mm}^4;$

面板最大抗弯能力　　$\sigma = 4 \times 10^5 / 5.4 \times 10^4 = 7.6 \text{ kN/mm}^2 < f_m = 17 \text{ kN/mm}^2$（满足）

（2）抗剪强度验算

面板最大剪力　　$Q = K_Q \cdot Q \cdot l = 0.625 \times 50 \times 300 = 937.5 \text{ N};$

面板最大剪应力 $\tau = \dfrac{3}{2} \dfrac{937.5}{1000 \times 18} = 0.78 \text{ N/mm}^2 < f_Q = 1.5 \text{ N/mm}^2$（满足）

（3）挠度验算

面板截面惯性矩 $I = 1000 \times 18^3/12 = 4.86 \times 10^2 \text{ (mm}^4\text{)}$；

面板最大挠度 $\omega = k \cdot q_2 l^4/100 \cdot E \cdot I$

$$= 0.677 \times 37 \times 300^4/100 \times 10^3 \times 4.86 \times 10^5 = 0.42 \text{mm}$$

$$< [\omega] = \frac{300}{250} = 1.2\text{mm（满足）}$$

2. 墙模板次楞验算

次楞采用方木 50mm×100mm，计算跨度 $l_2 = 500$mm（主楞间距），次楞负荷宽度 300mm，作用在次楞上的线荷载设计值为：在验算承载力时 $q_3 = 50 \times 0.3 = 15 \text{ kN/m}$；在验算挠度时 $q_4 = 37 \times 0.3 = 11 \text{ kN/m}$。

次楞计算简图如图 4-47 所示。

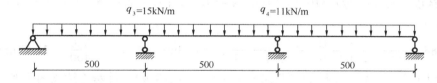

图 4-47   次楞计算简图

（1）抗弯强度验算

最大弯矩 $M = 0.9 \times 0.1 \times 15 \times 500^2 = 3.3 \times 10^5 \text{ N} \cdot \text{mm}$；

截面模量 $W = 500 \times 100^2/6 = 8.3 \times 10^4 \text{ mm}^3$；

最大应力计算值 $\sigma = 3.3 \times 10^5/8.3 \times 10^4 = 4 \text{ N/mm}^2 < f_m = 13 \text{ N/mm}^2$（满足）

（2）抗剪强度验算

最大剪力 $Q = K \cdot q_3 \cdot l = 0.6 \times 15 \times 500 = 4500 \text{ N}$；

最大剪应力 $\tau = \dfrac{3}{2} \dfrac{Q}{A} = \dfrac{3 \times 4500}{2 \times 50 \times 100} = 1.35 \text{ N/mm}^2 < f_Q = 1.7 \text{ N/mm}^2$（满足）

（3）挠度验算

最大挠度 $\omega = 0.67 q_4 \cdot l^4/100 EI$

$$= 0.67 \times 11 \times 500^4/100 \times 10 \times 10^3 \times 4.2 \times 10^6 = 0.12 \text{ mm}$$

$$< [\omega] = \frac{500}{250} = 2 \text{ mm（满足）}$$

3. 墙模板主楞验算

主楞采用 $2\phi48.3 \times 3.6$ 钢管承受次楞传递的集中荷载，而穿墙螺栓为主楞支撑点。计算简图如图 4-48 所示。按集中荷载作用下的三等跨连续梁计算。

作用在主楞上的集中荷载设计值：$p = 50 \times 0.3 \times 0.5 = 7.5 \text{ kN}$。

（1）抗弯强度验算

最大弯矩 $M_{AB} = K \cdot p \cdot l = 0.267 \times 7500 \times 500 = 10 \times 10^5 \text{ kN} \cdot \text{m}$；

最大弯应力 $\sigma = 10 \times 10^2/2 \times 5.26 \times 10^3 = 95 \text{ N/mm}^2 < 205 \text{ N/mm}^2$（满足）

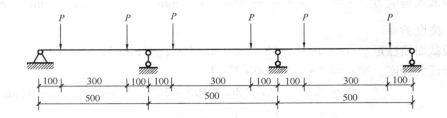

图 4-48　主楞（钢管）计算简图

（钢管截面模量　$W = 5.26 \times 10^3$ mm^3）

（2）抗剪强度验算（略）

（3）挠度验算

验算挠度时，次楞作用在主楞上的集中荷载 $P = 37 \times 0.3 \times 0.5 = 5.6$ kN。

最大挠度　$\omega_{AB} = kpl^3/100EI$（其中 $K = 1.883$；$E = 2.06 \times 10^5$ N/mm^2；$I = 12.71 \times 10^4$ mm^4）

$$\omega_{AB} = 1.883 \frac{5.6 \times 10^3 \times 500^3}{100 \times 2.06 \times 10^5 \times 12.71 \times 10^4} = 0.3 \text{mm} < [\omega] = \frac{500}{400} = 1.25 \text{mm （满足）}$$

注：以上 M_{AB}、W_{AB}、K 查《建筑施工手册》（第四版）《等跨连续梁内力和挠度系数表》。

4. 穿墙螺栓计算

M14 型穿墙螺栓内径 11.55mm；净面积 105mm^2；容许最大拉力 $[N] = 17.8$ kN。

穿墙螺栓所能承受的最大拉力 $N = 50 \times 0.5 \times 0.5 = 12.5$ kN（满足）

九、模板的拆除

拆模时，对不承重的侧模，只要能保证混凝土表面和棱角不致因拆模而损坏，即可拆除；对承重模板，应根据结构类型、跨度分别达到规定的强度（见表 4-22）才允许拆除，否则必须经过验算。

底模拆除时的混凝土强度要求　　　　　　　　　　　　　表 4-22

构件类型	构件跨度（m）	达到设计混凝土强度等级值的百分率（%）
板	≤ 2	≥ 50
	> 2，≤ 8	≥ 75
	> 8	≥ 100
梁、拱、壳	≤ 8	≥ 75
	> 8	≥ 100
悬臂结构		≥ 100

拆模的顺序与安装模板的顺序相反。一般的顺序是：柱模板、楼板模板的底模、梁侧模及梁底模。拆模时尽可能避免损伤构件表面及模板本身。模板拆下后应及时清理和修整，按种类和尺寸堆放，以重复使用。

第三节　混　凝　土　工　程

混凝土工程施工包括配料、拌制、运输、浇筑、养护、拆模等施工过程。各个施工过程相互联系并相互影响，在施工中任一施工过程处理不当都会影响到混凝土工程的最终质量。

一、混凝土制备

（一）混凝土的配制强度

混凝土配制应采用符合质量要求的原材料，严格执行规定的配合比，以保证设计所规定的混凝土强度等级，满足设计提出的特殊要求（如防渗、防冻等）并具有较好的施工和易性。

混凝土配制强度，要根据与设计混凝土强度相应的混凝土抗压强度标准值：

1. 当设计强度等级小于 C60 时，按式（4-21）计算

$$f_{cu,0} = f_{cu,k} + 1.645\sigma \tag{4-21}$$

2. 当设计强度等级大于 C60 时，按式（4-22）计算

$$f_{cu,0} \geqslant 1.15 f_{cu,k} \tag{4-22}$$

式中　$f_{cu,o}$——混凝土的配制强度（N/mm²）；

$f_{cu,k}$——设计的混凝土标准值（N/mm²）；

σ——施工单位的混凝土强度标准差（N/mm²）。

当施工单位具有近期同一品种混凝土强度的统计资料时，σ 可按式（4-23）求得：

$$\sigma = \sqrt{\frac{\sum_{i=1}^{N} f_{cu,i}^2 - N\mu_{cu}^2}{N-1}} \tag{4-23}$$

式中　$f_{cu,i}$——统计周期内同一品种混凝土第 i 组试件的强度值（N/mm²）；

μ_{cu}——统计周期内同一品种混凝土 N 组强度的平均值（N/mm²）；

N——经计周期内同一品种混凝土试件的总组数。$N \geqslant 25$。

用上式计算时，当混凝土为 C20 或 C25，如计算得到的 $\sigma < 2.5$N/mm²，取 $\sigma = 2.5$N/mm²；当混凝土强度等级高于 C25 时，如计算所得 $\sigma < 3$N/mm²，取 $\sigma = 3$N/mm²。

施工单位没有近期的同一品种混凝土资料时，σ 可按如下方法取：当混凝土强度等级低于 C30 时，取 $\sigma = 4$N/mm²，当混凝土强度等级处于 C30～C45 时，取 $\sigma = 5$N/mm²，当大于 C45 时，取 $\sigma = 6$N/mm²。

统计周期：对预制混凝土厂和预拌混凝土厂，统计周期可取一个月；对现场拌制混凝土的施工单位，其统计周期可根据实际情况确定，但不应超过 3 个月。

例：某建筑公司具有近期混凝土强度的统计资料 30 组如下：31.40、30.63、43.03、37.23、37.70、36.70、34.17、35.17、35.90、24.30、35.43、25.63、36.37、44.73、35.37、27.67、32.13、31.57、33.03、41.43、38.53、39.60、31.00、33.50、38.70、32.03、32.67、30.80、43.67、27.10。现要求配制 C30 级混凝土，求应将配制混凝土强度提高多少？

30 组试块强度平均值 34.255

$$\text{标准差 } \sigma = \sqrt{\frac{(31.4^2 + 30.63^2 + \cdots \cdots 27.1^2) - 30 \times 34.255^2}{30 - 1}} = 4.82$$

故混凝土配制强度应为 $30 + 1.645 \times 4.82 = 38 \approx 40$ 级。

（二）混凝土施工配合比及施工配料

混凝土的配合比是在实验室根据混凝土的配制强度经过试配和调整而确定的，称为实验室配合比。实验室配合比所用砂、石都是不含水分的。而施工现场砂、石都有一定的含水率，且含水率大小随气温等条件不断变化。为保证混凝土的质量，施工中应按砂、石实际含水率对原配合比进行修正。根据现场砂、石含水率，调整后的配合比称为施工配合比。

设实验室配合比为：水泥：砂：石 $= 1 : x : y$，水灰比 W/C，现场砂、石含水率分别为 W_x、W_y，则施工配合比为：

水泥：砂：石 $= 1 : x(1 + W_x) : y(1 + W_y)$，水灰比 W/C 不变，加水量应扣除砂、石中的含水量。

施工配料是确定每拌一次需用的各种原材料量，它根据施工配合比和搅拌机的出料容量计算。

【例 4-8】 某工程混凝土实验室配合比为 $1 : 2.3 : 4.27$，水灰比 $W/C = 0.6$，每立方米混凝土水泥用量为 300kg，现场砂石含水率分别为 3% 及 1%，求施工配合比。又若采用 250L 搅拌机，求每拌材料用量 [施工配料]。

【解】 施工配合比，水泥：砂：石为：

$1 : X(1 + W_x) : Y(1 + W_y) = 1 : 2.3(1 + 0.03) : 4.27(1 + 0.01) = 1 : 2.37 : 4.31$

用 250L 搅拌机，每拌材料用量：

水泥： $300 \times 0.25 = 75$kg（取一袋半）

砂： $75 \times 2.37 = 177.8$kg

石： $75 \times 4.31 = 323.3$kg

水： $75 \times 0.6 - 75 \times 2.3 \times 0.03 - 75 \times 4.27 \times 0.01 = 36.6$kg

（三）混凝土搅拌机选择

混凝土的拌合宜采用搅拌机搅拌。常用的搅拌机有自落式搅拌机和强制式搅拌机两类。

自落式搅拌机（图 4-49）的主要工作机构为一可转动的搅拌筒，筒内壁焊有弧形叶片。当搅拌筒绕水平轴旋转时，弧形叶片不断地将混合料提到一定高度，然后自由落下而互相混合。自落式搅拌机宜用于搅拌塑性混凝土。根据构造不同，自落式搅拌机又分为鼓筒式，锥形反转出料式和双锥式三种。

鼓筒式搅拌机的优点是制作较易，使用可靠，维修简便，但搅拌作用不强烈，不宜搅拌粘度较大的混合料，且鼓筒容量不能过大，否则骨料落下时易磨损叶片。

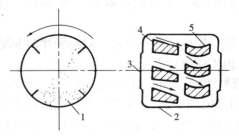

图 4-49 自落式搅拌机工作示意图

1—混凝土；2—搅拌筒；3—进料口；

4—斜向拌叶；5—弧形拌叶

锥形反转出料式搅拌机，其叶片布置较好，它能使混合料上升后落下混合，又迫使混合料沿轴向左右窜动，故搅拌作用强烈，能搅拌低流动性混凝土，它正转搅拌，反转出料，构造亦较简单。但出料叶片占了一部分容积，降低了搅拌筒的利用系数；且反转出料在负载情况下启动，启动电流大，故其容量一般不大。

双锥式搅拌机，其搅拌筒由两个截头圆锥组成，筒内壁叶片向内倾斜，搅拌时，混合料在中部形成交叉料流进行拌合，搅拌筒每转一周，混合料在筒内的循环次数比在鼓筒式搅拌中的循环次数多，故效率高。由于混合料提升高度小，故可做成大容量的搅拌筒，且可拌大粒径骨料混凝土。

强制式搅拌机（图 4-50）的主要工作机构系—水平放置的圆盘，盘内有可转动的叶片。搅拌时，混合料在叶片的强制搅动下被剪切和旋转，形成交叉的流料，直至搅拌均匀。

国产搅拌机以其出料容量升（L）标定规格，有 150、200、250、350、500、750、1000 等规格产品。

搅拌机的选择应根据工程量大小、混凝土坍落度、骨料种类（轻骨料、普通骨料）、粒径等而定。既要满足技术要求，又要符合经济、节约能源的原则。

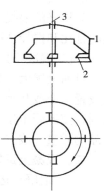

图 4-50　强制式搅拌机
工作示意图
1—搅拌筒；2—拌叶；
3—转轴

（四）搅拌制度

搅拌制度指进料容量、投料顺序和搅拌时间，它是影响混凝土搅拌质量和搅拌机效率的主要因素，必须正确选择。

（1）进料容量　是指搅拌机可装入各种材料体积之和，其值载于搅拌机的性能表中。如任意超载（超载 10％以上）就会使材料在搅拌筒中无充分的空间进行拌和，影响混凝土的均匀性，反之如装料过少，则不能发挥搅拌机的效率。施工时，一般根据搅拌机的出料容量和混凝土的配合比计算各种材料的用量（以重量计，如前例）作为装料量，较为方便。

（2）投料顺序　是指向搅拌机内装入原材料的顺序，投料顺序应考虑提高搅拌质量、减少叶片磨损、减少砂浆与搅拌筒的粘结，水泥不飞扬，改善工作条件等因素。投料顺序有一次投料和二次投料两种。

一次投料是在上料斗中先装石子，再加水泥和砂，然后一次投入搅拌机内。水泥夹于砂、石之间，既不飞扬，又不粘于上料斗内，且水泥和砂先进入搅拌筒内形成水泥砂浆，可缩短包裹石子的时间。对于自落式搅拌机，投料前宜先向搅拌筒内加一部分水，以减少水泥粘结；对于强制式搅拌机，因其卸料口在下部，为防密封不良漏水，不要先加水，应在投料的同时，缓慢均匀地加水。

二次投料是先向搅拌机内投入水、砂和水泥，待其搅拌一分钟后再投入石继续搅拌到规定时间。与一次投料相比，二次投料拌和水泥颗粒分散性好，水泥包裹砂子，泌水性小，防止了一次投料时水向石子表面聚集的不良影响，可提高混凝土的强度或在保证规定的混凝土强度前提下节约水泥。

（3）搅拌时间　是指从原材料投入搅拌筒后，到卸料开始所经历的时间。它是影响混凝土质量及搅拌机生产率的一个主要因素。搅拌时间过短，混凝土不均匀，搅拌时间过长，不仅降低搅拌机的生产率，且使混凝土和易性降低。对于坍落度在 3cm 以内的混凝土，当用自落式搅拌机时，根据搅拌机的大小不同，搅拌时间为 90～150s；采用强制式搅拌机时，搅拌时间为 60～120s；当混凝土坍落度较大时，搅拌时间可减少 30s；对掺外加剂的混凝土或轻骨料混凝土，搅拌时间应适当增加。施工中一般搅拌至色泽均匀为止。

对拌好的混凝土，应按施工规范要求检查其均匀性及和易性，如有异常情况，应检查其配合比和搅拌情况，及时予以纠正。

（五）混凝土搅拌站

目前全国大多城市已禁止在市区或大型建设项目在施工现场设置混凝土搅拌站，并相应设置一个或几个区域性大中型混凝土搅拌公司（厂、站），提供商品混凝土供应的网络机制，使混凝土生产、供应流程进入自动化、商品化的时代，从而有效地保证了混凝土的产品的质量，改善了施工现场生产环境。

二、混凝土运输

（一）混凝土运输要求

混凝土在运输过程中不应产生离析现象，运至浇筑地点后应具有规定的坍落度，并保证在初凝前能有充分的时间进行浇筑。

为减少混凝土在运输过程中的分层离析，必须减少运输中的颠簸振动作用，因此要求运输道路平坦、运输工具振动小，运距短。如已产生离析，则浇筑前应进行二次拌和。

为减少混凝土在运输过程中坍落度的变化，混凝土的运转次数及运输时间应尽可能少，运送容器应不漏浆、不吸水，并应防止曝晒和雨淋。

为保证混凝土在初凝前有充分的时间进行浇筑，混凝土搅拌结束后，至浇筑完毕所经历的时间，不应超过规定的时间：当气温低于 25℃时，C30 以内混凝土，不超过 2h；C30 以上混凝土，不超过 1.5h；当气温高于 25℃时，则应相应缩减 0.5h。

（二）运输工具选择

混凝土运输分地面运输、垂直运输及楼面水平运输。

（1）地面运输　场内短距离运输可采用机动翻斗车或双轮手推车。运距较长时，宜用混凝土搅拌运输车。搅拌运输车是将搅拌站拌好的混凝土运到距离较远的工地，在运输途中继续缓慢搅拌，以防止混凝土离析。也可装入干料，在达到浇筑地点前 15～20min，开动搅拌机进行搅拌。

（2）垂直运输　对于多层建筑，我国目前多采用塔式起重机、井架及施工电梯作垂直运输。采用井架及施工电梯时，可采用手推车作楼面运输，但应铺设跳板，以防践踏钢筋。最合宜的方法是采用布料机（带布料杆的混凝土泵车）。对于高层建筑宜采用混凝土泵运输，也可采用自升塔式起重机或爬升塔式起重机运输，但高度大时，运输量往往不够。

（三）混凝土泵送运输

泵送混凝土是利用混凝土泵通过管道将混凝土输送到浇筑地点，以综合完成地面水平运输、垂直运输和楼面水平运输。常用的混凝土泵有液压柱塞泵。

液压柱塞泵（图 4-51）是利用柱塞的往复运动将混凝土吸入和排出。

国产混凝土泵的生产率有 8、30、60、85m³/时数种规格，其水平输送距离自 200～520m 不等，垂直运输距离为 30～100m。混凝土输送管有钢管、橡胶管及塑料管，管径为 75～200mm，每段管长 3m，此外还配有 45°、90°弯管和锥形管。

混凝土泵应根据运距和排送量选用。当泵的规格和管径一定时，运距增大，则阻力增加，排送量随之减小。图 4-52 所示为某泵的运距-排量图表。水平管、垂直管、弯管、锥形管的阻力是各不相同的，为简化计算，通常将各种不同形式的管节折算成水平管长来计算其换算运距。例如：ϕ150mm 钢管，每一米长垂直管，其水平折算长为 6m，每一 90°弯管，水平折算长为 12m；每一 45°弯管，水平折算长为 6m；每一锥形管，水平折算长为 3m 等。

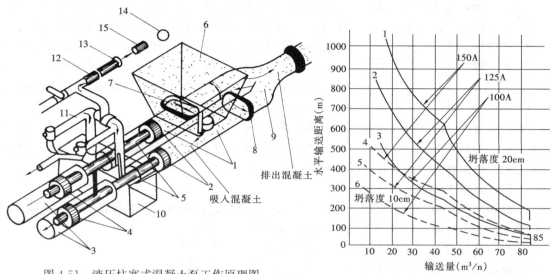

图 4-51　液压柱塞式混凝土泵工作原理图

1—混凝土缸；2—混凝土活塞；3—液压缸；4—液压活塞；5—活塞杆；6—料斗；7—吸入端水平阀；8—排出端竖直片阀；9—Y 形输送管；10—水箱；11—水洗装置换向阀；12—水洗用高压软管；13—水洗用法兰；14—海绵球；15—清洗活塞

图 4-52　某泵水平运距-排量图

1、4—150A 管；2、5—125A 管；3、6—100A 管（实线表运送 18～22cm 坍落度混凝土；虚线表运送 8～12cm 坍落度混凝土）

【例 4-9】　HB-3C 型混凝土泵的最大水平运距为 350m。今某工程需作 30m 垂直运输，地面和楼面水平运输距离共长 40m，管路中须采用 4 个 90°弯管和两个锥形管，问该混凝土泵适用否？

【解】　管路运距折算长为：

$4 \times 12 + 2 \times 3 + 30 \times 6 + 40 = 274m < 350m$，故 HB-30C 型泵适用。

根据运距折算长 274m 及管径规格，由运距-排量图即可确定其每小时的排送量。

为了使混凝土泵能灵活的工作，将混凝土泵装在汽车底盘上，并加装折叠式或伸缩式布料杆时称为布料机（亦称布料泵车），如图 4-53 所示。泵车上部能作 360°全回转，因此可在作业范围内向高处、低处、远处自由地进行混凝土的运输和浇灌，适用于基础工程、地下室、多层建筑、筒仓、水塔等工程。

采用泵送时，混凝土应满足下述要求：骨料最大粒径与输送管道内径之比，用碎石时，宜小于或等于 1：3；用卵石时，宜小于 1：2.5；通过 0.35mm 筛孔的砂应不少于 15%；砂率宜为 40%～50%；每立方米混凝土水泥用量宜在 390～420kg 之间；混凝土坍落度宜为 8～18cm，并宜掺适量的外加剂。

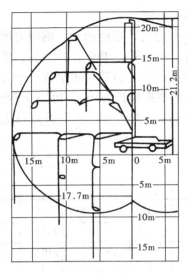

图 4-53　DC-S115B 型泵车布料杆的作业范围

泵送时，应减少泵送阻力，严防分层离析、管道堵塞、漏气或吸入空气等不良现象。施工中应注意：①混凝土的供应必须保证混凝土泵能连续工作，不得中途停顿，致使砂浆粘附管壁，形成堵塞；②输送管线宜直，转弯宜缓，少用锥形管，以减少阻力。管道接头应严密，以防漏气。如管道向下倾斜，要防止混凝土因自重流动，管内混凝土中断，混入空气而引起混凝土离析，产生堵塞。对于垂直管道，在其底部要增设逆流阀，以防停泵时立管中的混凝土反压回流；③为减少泵送阻力，泵送前应先用适量的水泥砂浆润滑输送管内壁。当预计泵送中断超过 45 分钟或混凝土出现离析时，应立即用压力水或其他方法冲洗管内残留的混凝土；④送料斗内应经常有足够的混凝土，防止空气混入，导致离析、堵塞。

用混凝土泵送、浇筑的结构，要加强养护，防止因水泥用量较大而引起龟裂。如混凝土浇筑过快，对模板的侧压力大，模板和支撑应有足够的强度和稳定性。

三、混凝土浇筑

混凝土浇筑前，应对模板、支架、钢筋和预埋件进行检查，符合设计要求后方能浇筑混凝土，浇筑时应保证混凝土的均匀性、密实性及结构的整体性，要保持钢筋及预埋件位置正确，模板及支架不应松动或超过允许的变形。重点工程或重要部位混凝土的浇筑应填写施工记录。

（一）浇筑要求

（1）防止离析，保证混凝土的均匀性。浇筑中，当混凝土自由倾落高度较大时，易产生离析现象。为防止离析，当混凝土自由下落高度大于 2m 或在竖向结构中浇筑高度超过 3m 时，应采用串桶、溜槽或溜管下料（图 4-54）。

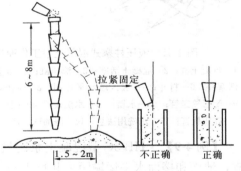

图 4-54　串桶及其使用图

（2）分层灌注，分层捣实，并应在前层混凝土凝结前，将次层混凝土浇筑完毕，以保证混凝土的密实性和整体性。分层厚度，应使混凝土能捣固密实，当采用插入式振动器时，为振动棒长的 1.25 倍；当采用表面振动器时，为 200mm，当用人工捣固时，根据钢筋疏密程度不同，一般为 250～150mm。

（3）正确留置施工缝　施工缝是新浇筑混凝土与已凝固或已硬化混凝土的结合面，它是结构的薄弱环节。为保证结构的整体性，混凝土一般应连续浇筑，如因技术或组织上的原因不能连续浇筑，且停歇时间有可能超过混凝土的初凝时间时，则应预先确定在适当的位置留置施工缝。施工缝宜留在剪力较小处且便于施工的部位。柱留水平施工缝，梁、板留垂直施工缝。柱施工缝（图 4-55）留在基础顶面、梁或吊车梁牛腿的下面、吊车梁的上面、无梁楼盖柱帽的下面；梁板连成整体的大断面梁施工缝留在板底面以下 20～30mm

处，当板下有梁托时，留在梁托下部；单向板施工缝留在平行于板的短边的任何位置；有主次梁的板，宜顺次梁方向浇筑，其施工缝应留量在次梁跨度的中间 1/3 范围内（图 4-56）；双向受力板、厚大结构、拱、壳、多层钢架及其他结构复杂的工程，其施工缝位置应按设计要求留置。

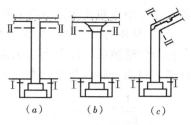

图 4-55 柱子施工缝位置

在施工缝处继续浇筑混凝土时，应待已浇筑的混凝土达 1.2N/mm² 强度后，清除施工缝表面水泥粒屑和松动石子或软弱混凝土层，经湿润、冲洗干净，再抹一层水泥浆或与混凝土成分相同的水泥砂浆，然后浇筑混凝土，细致捣实，使新旧混凝土结合紧密。

（二）浇筑方法

（1）多层钢筋混凝土框架结构浇筑多层框架结构一般按结构层分层施工，当结构平面较大或混凝土工程量较大时，宜分段进行施工。根据施工要求，施工段数目不宜过多，各段工程量应大致相等，施工缝位置既要符合受力要求，又要便于施工；根据结构特点，施工缝宜与建筑缝相吻合，平面上各段内不宜出现阴角，以免温度应力集中，形成裂缝；为避免早期温度裂缝，根据温差不同，一般分段长度不宜超过 25～30m，大工程在工期紧迫的情况下采用连续流水施工时，还应根据施工队数目和技术停歇等因素划分施工段，使第一施工队（钢筋队）完成第一施工层各施工段后准备转移到第二施工层的第一施工段时，该段第一层混凝土应已达到允许工人在其上进行操作的强度（1.2N/mm²）。

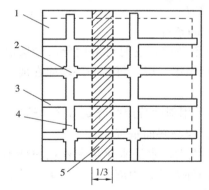

图 4-56 肋形楼板施工缝位置
1—楼板；2—柱；3—次梁；4—主梁；
5—1/3 梁跨（施工缝位置）

根据结构特点和工程量大小不同，每层框架又有两种施工程序：当楼层不高或工程量不大时，柱、梁板可一次整体浇筑，柱与梁板间不留施工缝；当楼层较高或工程量大时，柱与梁板分两次浇筑。柱、梁板一次整体浇筑时，在柱浇筑后，须停顿 1～1.5h，待柱混凝土初步沉实后，再浇筑其上的梁板，以避免因柱混凝土下沉，在梁、柱接头处形成裂缝。柱、梁板分两次浇筑时，柱施工缝留在梁底（或梁托下），待柱混凝土达 1.2N/mm² 强度后，再浇筑梁板。

浇筑柱时，一施工段内的柱应按排或列由外向内对称地依次浇筑，不要从一端向另一端推进，以避免柱模因混凝土单向浇筑受推倾斜而使误差积累难以纠正。柱（或墙）浇筑高度超过 3m 时，应采用串桶或溜管下料，或从柱模侧的浇筑孔灌注混凝土。柱或墙浇筑前，其底部应先填 50～100mm 厚与混凝土成分相同的水泥砂浆，然后分层浇筑混凝土，当浇筑至柱顶出现较厚的砂浆层时，则应加干净骨料仔细捣实。

梁和板一般同时浇筑，顺次梁方向从一端向前推时，较大尺寸的梁（梁高大于 1m）可单独浇筑，其施工缝留在板底以下 20～30mm 处。

（2）厚大钢筋混凝土结构浇筑 厚大钢筋混凝土结构，如设备基础、高层建筑基础等，其施工特点有三：结构整体性要求高，一般不留施工缝，要求整体浇筑；结构体积大，水泥水化热温度应力大，要采取有效措施预防混凝土早期开裂；混凝土体积大，泌水多，施工中应对泌水采取有效措施。

1) 整体浇筑方案，为保证结构的整体性，混凝土应连续浇筑，要求每一处的混凝土在初凝前就被后一部分混凝土覆盖并捣实成整体，根据结构特点不同，有全面分层、分段分层、斜面分层等浇筑方案（图4-57）。

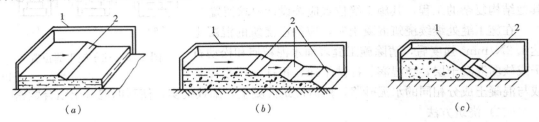

图 4-57 大体积混凝土浇筑方案

(*a*) 全面分层；(*b*) 分段分层；(*c*) 斜面分层

1—模板；2—新浇筑的混凝土

A. 全面分层　当结构平面面积不大时，可将整个结构分为若干层进行浇筑，即第一层全部浇筑完毕后，再浇筑第二层，如此逐层连续浇筑，直至结束。为保证结构的整体性，要求次层混凝土在前层混凝土初凝前浇筑完毕。若结构平面面积为 F（m^2），浇筑分层厚为 h（m），每小时浇筑量为 Q（m^3/时），混凝土从开始浇筑至初凝的延续时间为 T 小时（一般等于混凝土初凝时间减去混凝土运输时间），为保证结构的整体性，则应满足：

$$F \cdot h \leqslant Q \cdot T, \text{故} F \leqslant Q \cdot T/h \tag{4-24}$$

即采用全面分层时，结构平面面积应满足式（4-24）的条件。

B. 分段分层　当结构平面面积较大时，全面分层已不适应，这时可采用分段分层浇筑方案。混凝土从底层开始浇筑，进行一定距离后回来浇筑第二层，每后一层均应在前一层混凝土初凝前进行，如此依次向前浇筑以上各分层。

C. 斜面分层　当结构的长度超过厚度的3倍时，可采用斜面分层的浇筑方案。这时，振捣工作应从浇筑层斜面下端开始，逐渐上移，且振动器应与斜面垂直。

2) 早期温度裂缝预防　厚大钢筋混凝土结构由于体积大，水泥水化热聚积在内部不易散发，内部温度显著升高，外表散热快，形成较大的内外温差，内部产生压应力，外表产生拉应力，如内外温差过大（25℃以上）则混凝表面将产生裂纹。当混凝土内部逐渐散热冷却，产生收缩，由于受到基底或已硬化混凝土的约束，不能自由收缩，而产生拉应力。温差越大，约束程度越高，结构长度越大，则拉应力越大。当拉应力超过混凝土的抗拉强度时即产生裂纹，裂缝从基底开始向上发展，甚至贯穿整个基础。这种裂缝比表面裂缝危害更大。要防止混凝土早期产生温度裂缝，就要降低混凝土的温度应力。控制混凝土的内外温差，使之不超过25℃，以防表面开裂；控制混凝土冷却过程中的总温差和降温速度，以防止基底开裂。要优先采用水化热低的水泥（如矿渣硅酸盐水泥），降低水泥用量，掺入适量的粉煤灰或在浇筑时投入适量的毛石，降低浇筑速度和浇筑厚度或采用人工降温措施（拌制时，用低温水，养护时用循环水冷却）。浇筑后应及时覆盖，以控制内外温差，减缓降温速度，尤应注意寒潮的不利影响。必要时，取得设计单位同意后，可分块浇筑，块和块间留1m宽后浇区，待各分块混凝土干缩后，再浇筑后浇区。分块长度可根据有关手册计算，当结构厚度在1m以内时，分块长度一般为20～30m。

3）泌水处理　大体积混凝土另一特点是上、下灌筑层施工间隔时间较长，各分层之间易产生泌水层，它将使混凝土强度降低，产生酥软、脱皮起砂等不良后果。采用自流方式和抽汲方法排除泌水，会带走一部分水泥浆，影响混凝土的质量。如在同一结构中使用两种不同坍落度的混凝土，可收到较好的效果。若掺用一定数量的减水剂，则可大大减少泌水现象。

（三）混凝土的捣实

混凝土灌入模板以后，由于骨料间的摩阻力和水泥浆的粘结力，不能自行填充密实，其内部是疏松的，有一定体积的空洞和气泡，不能达到要求的密实度，而影响其强度、抗冻性、抗渗性和耐久性。因此混凝土入模后，还需经密实成型。混凝土密实成型途径有三：一是借助于机械外力（如机械振动）来克服拌合物的剪应力而使之液化；二是在拌合物中适当加多水分以提高其流动性，总之便于成型，成型后用离心法、真空抽吸法将多余的水分和空气排出；三是在拌合物中掺高效减水剂，使其坍落度大大增加，以自流浇注成型，它是一种有发展前途的方法。目前现场常用机械振捣成型方法。

（1）混凝土机械捣实原理　混凝土机械捣实的原理是由混凝土振动机械产生简谐振动，并把振动力传给混凝土，使其发生强迫震动，破坏混凝土拌合物的凝聚结构，使水泥浆的粘结力和骨料间的摩阻力显著减小，流动性增加，骨料在重力作用下下沉，水泥浆则均匀分布填充骨料间的空隙，气泡逸出，孔隙减少，游离水分挤压上升，且使混凝土充满模内，提高密实度。振动停止后，混凝土又重新恢复其凝聚结构并逐渐凝结硬化。

（2）振捣机械的应用　现场常用混凝土振捣机械按其工作方式分为：内部振动器、表面振动器、外部振动器（图4-58）。

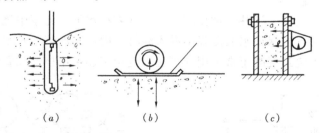

图4-58　振动器的原理

（a）内部振动器；（b）表面振动器；（c）外部振动器

1）内部振动器　内部振动器又称插入式振动器，分偏心轴式和行星滚锥式（简称行星式）两种（图4-59）。前者的振动频率为5000～6000次/分。后者的振动频率为12000～15000次/分，故振捣效果好，且构造简单，维修方便，其软轴转速比前者的软轴转速低，故使用寿命长，因而前者已逐渐被后者所取代。

插入式振动器常用于振捣基础、柱、梁、墙及大体积结构混凝土。使用时，一般应垂直插入，并插到下层尚未初凝的混凝土中约50～100mm（图4-60），以使上、下层互相结合。操作时，要做到快插慢抽。如插入速度慢，会先将表面混凝土振实，与下部混凝土发生分层离析现象；如拔出速度过快，则由于混凝土来不及填补而在振动器抽出的位置形成空洞。振动器的插点要均匀排列，排列方式有行列式和交错式两种（图4-61）。插点间距不宜大于1.5R（R为振动器的作用半径）。振动器距模板不应大于0.5R，并避免碰振钢筋、模板、吊环及预埋件等。每一插点的振捣时间一般为20～30s，用高频振动器时不应少于10s，过短不易捣实，过长可能使混凝土分层离析，一般振捣至混凝土表面呈现浮浆，不再显著下沉为止。

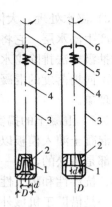
图4-59　行星滚锥式振动器原理图
(a) 内滚道式；(b) 外滚道式
1—滚锥；2—滚道；3—振动棒外壳；4—滚锥轴；5—挠性连轴节；6—驱动软轴

2）表面振动器　表面振动器又称平板振动器，由带偏心块的电动机和平板组成，在混凝土表面进行振捣，其有效作用深度一般为200mm，因此它适用于振捣面积大而厚度小的结构，如楼板、地坪或预制板等。振捣时其移动间距应能保证振动器的平板覆盖已振实部分的边缘，前后位置搭接30～50mm。每一位置上振动时间为25～40s，以混凝土表面出现浮浆为准。

3）附着式振动器　附着式振动器也是一个带偏心块的电动机，它借螺栓或卡具固定在模板外部，通过模板将振动传给混凝土，因此模板应有足够的刚度。它适用振捣厚度小、钢筋密、不宜用插入式振动器的构件如薄腹梁、墙体等。振动器设置间距应通过试验确定，一般为1～1.5m。振动深度约为250mm，如结构较厚，则在构件两侧安设振动器，同时进行振捣。

混凝土经振捣后，表面会有水出现，称泌水现象。泌水不宜直接排走，以免带走水泥浆，宜用吸水材料吸水。必要时进行二次振捣，或二次抹光。如泌水现象严重，应考虑改变配合比，或掺用减水剂。

（四）水下浇筑混凝土

深基础、地下连续墙、沉井及钻孔灌注桩等常需在水下或泥浆中浇筑混凝土。水下或泥浆中浇筑混凝土时，应保证水或泥浆不混入混凝土内，水泥浆不被水带走，混凝土能借压力挤压密实。水下浇筑混凝土常采用导管法。近年来还采用挠性软管法和泵送法等。

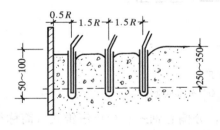
图4-60　插入式振动器插入深度

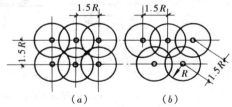
图4-61　插点布置
(a) 行列式；(b) 交错式

导管法如图4-62所示，导管直径约250～300mm，且不小于骨料粒径的8倍，每节管长3m，用法兰密封连接，顶部有漏斗，导管用起重机吊住，可以升降。灌筑前，用铅丝吊住球塞堵住导管下口，然后将管内灌满混凝土，并使导管下口距地基约300mm，距离太小，容易堵管，距离太大，则开管时冲出的混凝土不能及时封埋管口下端，而导致水或泥浆渗入混凝土内。漏斗及导管内应有足够的混凝土，以保证混凝土下落后能将导管下端埋入混凝土内0.5～0.6m。剪断铅丝后，混凝土在自重作用下冲出管口，并迅速将管口下端埋住。此后，一面不断灌筑混凝土，一面缓缓提起导管，且始终保持导管在混凝土内有一定的埋深h_2，埋深越大则挤压作用越大，混凝土越密实，但也越不易浇筑，一般埋

深 h_2 为 $0.5\sim0.8$m。这样，最先浇筑的混凝土始终处于最外层，与水接触，且随混凝土的不断挤入而不断上升，故水或泥浆不会混入混凝土内，水泥浆不会被带走，而混凝土又能在压力下自行挤密。为保证与水接触的表层混凝土能呈塑性状态上升，每一灌筑点应在混凝土初凝前浇至设计标高。混凝土应连续浇筑，导管内应始终注满混凝土，以防空气混入，并应防止堵管，如堵管超过半小时，则应立即换插备用管进行浇筑。一般情况下，每一导管灌筑范围以 $4\text{m}\times4\text{m}$ 为限，面积更大时，可用几根导管同时浇筑，或待一浇筑点浇筑完毕后再将导管换插到另一浇筑点进行浇筑，而不应在一浇筑点将导管作水平移动以扩大浇筑范围。浇筑完毕后，应清除与水接触的表层厚约 0.2m 的松软混凝土。

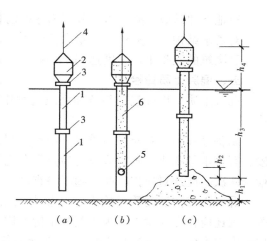

图 4-62　导管法水下浇筑混凝土
1—钢导管；2—漏斗；3—密封接头；
4—吊索；5—球塞；6—铁丝或绳子

　　水下浇筑时，混凝土的密实程度取决于混凝土所受的挤压力。为保证混凝土在导管出口处有一定的超压力 P，则应保持导管内混凝土超出水面一定高度 h_4，若导管下口至水面的距离为 h_3，则

$$P = 0.025h_4 + 0.015h_3$$

故　　　　　　　　　　$$h_4 = 40P - 0.6h_3 \tag{4-25}$$

　　要求的超压力 P 与导管作用半径有关，当作用半径为 4m 时，P 为 0.25N/mm^2；当作用半径为 3.5m 时，P 为 0.15N/mm^2；当作用半径为 3.0m 时，P 为 0.1N/mm^2。

四、混凝土养护

　　混凝土的凝结硬化是水泥水化作用的结果，而水泥水化作用必须在适当的温度和湿度条件下才能进行。混凝土的养护，就是使混凝土具有一定的温度和湿度，而逐渐硬化。混凝土养护分自然养护和人工养护。自然养护就是在常温（平均气温不低于 5℃）下，用浇水或保水方法使混凝土在规定的期间内有适宜的温湿条件进行硬化。人工养护就是人工控制混凝土的温度和湿度，使混凝土强度增长，如蒸汽养护、热水养护、太阳能养护等，现浇结构多采用自然养护。

　　混凝土浇筑后，如气候炎热、空气干燥，不及时进行养护，混凝土中水分蒸发过快，出现脱水现象，则混凝土表面将产生干缩裂纹，或形成片状、粉状剥落，影响其强度、耐久性和整体性，故混凝土早期养护非常重要。一般在浇筑后 12h 内即应覆盖和浇水使其保持湿润状态。浇水养护日期视水泥品种而定，硅酸盐水泥，普通硅酸盐水泥和矿渣硅酸盐拌制的混凝土不得少于 7 昼夜；掺用缓凝型外加剂或有抗渗性要求的混凝土，不得少于 14 昼夜，浇水次数应能保持混凝土具有足够的湿润状态。

　　对不易浇水养护的高耸结构、大面积混凝土，或缺水地区，可在已凝结的混凝土表面喷涂塑料溶液（如氯乙烯树脂溶液）等，溶液挥发后，形成塑料膜，使混凝土与空气隔绝，阻止水分蒸发，以保证水化作用正常进行。

对地下建筑或基础，可在其表面涂刷沥青乳液，以防混凝土内水分蒸发。

对蓄水结构，如贮液池、蓄水屋面等，可进行蓄水养护。

已浇筑的混凝土，强度达到 $1.2N/mm^2$ 后，始允许在其上来往人员，进行操作。

五、混凝土质量检查

混凝土质量检查包括制备和浇筑过程中的质量检查养护后的质量检查及允许偏差的检查。

制备过程中，对原材料质量、用量、配合比和坍落度等每一工作班至少检查两次。如砂、石含水量变化，则尚应及时检查配合比。浇筑过程中，对坍落度每一工作班至少也应检查两次。此外对搅拌时间应随时检查。

混凝土养护后的质量检查，一般指抗压强度检查，如设计有特殊要求如抗渗、抗冻等，则还应作专项检查。为了判断结构或构件的混凝土是否能达到设计的强度等级，可根据标准立方体试件（边长 150mm）在标准条件下（20±3℃温度和相对湿度 90% 以上的湿润环境）养护 28 天后的试压结果确定。试件应在浇筑地点制作。标准养护的试件组数，每拌制 100 盘且不超过 100m³ 的同配合比混凝土，其取样不少于 1 组（三个）；每工作班拌制的同配合比混凝土不足 100 盘时，其取样不少于 1 组；现浇楼层，每层取样不少于 1 组。为了检查结构或构件的拆模、出池、出厂、吊装、预应力张拉、放张，以及施工期间临时负荷的需要，尚应留置与结构或构件同养护条件的试件，试件组数可按实际需要确定。

每组（三个）试件应在同盘混凝土中取样制作。其强度代表值，取三个试件试验结果的平均值，作为该组试件强度代表值；当三个试件中的过大或过小的强度值，与中间值相比超过中间值的 15% 时，以中间值代表该组试件强度；当三个试件中的过大和过小强度值与中间值相比均超过中间值的 15%，其试验结果不应作为强度评定的依据。

混凝土强度检验评定，应符合下列要求：

（一）混凝土强度应分批进行验收。同一验收批的混凝土应由强度等级相同、龄期相同及生产工艺和配合比基本相同的混凝土组成。同一验收批的混凝土强度，应以同批内全部标准试件的强度代表值来评定。

（二）混凝土强度的评定

（1）标准差已知的统计方法　当混凝土的生产条件在较长时间内能保持一致，可以根据前一检验期（每个检验期不应超过三个月，且在该期间内验收批总数不得小于 15 组）内同一品种混凝土试件的强度数据，满足该同一品种混凝土的强度变异性能保持稳定的情况下，对连续三组试件代表的一个验收批，进行检验评定，该连续的三组试件代表的验收批，其强度应同时符合下列要求：

当混凝土强度等级≤C20 时

$$\begin{cases} m_{fcu} \geqslant f_{cu,k} + 0.7\sigma_0 \\ f_{cu,min} \geqslant \max\{f_{cu,k} - 0.7\sigma_0, 0.85f_{cu,k}\} \end{cases} \tag{4-26a}$$

当混凝土强度等级＞C20 时

$$\begin{cases} m_{fcu} \geqslant f_{cu,k} + 0.7\sigma_0 \\ f_{cu,min} \geqslant \max\{f_{cu,k} - 0.7\sigma_0, 0.90f_{cu,k}\} \end{cases} \tag{4-26b}$$

式中　m_{fcu}——同一验收批混凝土强度的平均值（N/mm^2）；

$f_{cu,k}$——设计的混凝土强度标准值（N/mm²）；

σ_0——验收批混凝土强度的标准差（N/mm²）；

$f_{cu,min}$——同一验收批混凝土强度的最小值（N/mm²）。

验收批混凝土强度的标准差 σ_0，应根据前一检验期内同一品种混凝土试件的强度数据，按下列公式确定：

$$\sigma_0 = \frac{0.59}{m} \sum_{i=1}^{m} \Delta f_{cu,i} \tag{4-27}$$

式中　$\Delta f_{cu,i}$——前一检验期内第 i 验收批混凝土试件中强度的最大值与最小值之差；

　　　m——前一检验期内验收总批数。

（2）标准差未知的统计方法　当混凝土的生产条件不能在较长时间内保持一致，或在前一检验期内的同一品种混凝土没有足够的强度数据用以确定验收批混凝土强度标准差时，应不小于 10 组的试件代表一个验收批，其强度应同时符合下列要求：

$$\begin{cases} m_{fcu} - \lambda_1 \sigma \geqslant 0.9 f_{cu,k} \\ f_{cu,min} \geqslant \lambda_2 f_{cu,k} \end{cases} \tag{4-28}$$

式中　σ——验收批混凝土强度的标准差（N/mm²），按式（4-22）计算，如计算值小于 $0.06 f_{cu,k}$ 时，取 $\sigma = 0.06 f_{cu,k}$；

λ_1，λ_2——合格判定系数，当试件组数为 10～14 时，$\lambda_1 = 1.70$，$\lambda_2 = 0.90$；当试件组数为 15～24 时，$\lambda_1 = 1.65$，$\lambda_2 = 0.85$；当试件组数 $\geqslant 25$ 时，$\lambda_1 = 1.60$，$\lambda_2 = 0.85$。

第四节　混凝土冬期施工

一、混凝土冬期施工特点

我国混凝土结构工程施工及验收规范规定：根据当地气温资料、室外平均气温连续五天稳定低于 +5℃时，混凝土及钢筋混凝土工程必须遵照冬期施工技术规定进行施工。冬期施工时，气温低，水泥水化作用减弱，混凝土强度增长慢，当温度降至 0℃以下时，水泥水化作用基本停止，混凝土强度亦停止增长。当温度降至 -2～-4℃时，混凝土内的水分开始结冰，体积膨胀，混凝土内产生冰胀应力，使早期水泥石结构内部产生微裂纹，同时降低了水泥与砂石和钢筋间的粘结力。受冻的混凝土在解冻后，其强度虽能继续增长，但已不能达到原设计的强度等级。混凝土遭受冻结后强度损失，与遭冻时间的早晚、冻结前混凝土的强度、水灰比等有关。遭受冻结时间愈早、受冻前强度愈低、水灰比愈大，则强度损失愈多，反之则损失愈少。为了保证混凝土在受冻前具备抵抗冰胀应力的能力，使混凝土受冻后其强度损失不超过 5%，而必需的最低强度，称为混凝土受冻临界强度。它与水泥品种、混凝土强度等级有关，对普通硅酸盐水泥混凝土，受冻临界强度为设计强度等级的 30%；对矿渣硅酸盐水泥混凝土为设计强度等级的 40%；但 C10 及 C10 以内的混凝土，其受冻临界强度不低于 5N/mm²。

二、材料加热

为满足混凝土拌制、运输、浇筑等操作的需要和有利于水泥的水化，冬期施工时需对原材料加热或采用热拌法对混凝土加热。热拌法是在强制式搅拌机中通以蒸汽，对混凝土进行加热搅拌，常用于混凝土预制厂。原材料加热设备及工艺较简单，现场常用之。

材料加热时，应首先考虑加热水，因水的比热大，且水加热设备简单。如水加热至极限温度而热量尚不足时，再加热砂、石，水泥不允许加热。水、砂、石可直接通入蒸汽加热，工程量小时亦可用火加热。水、砂、石加热极限温度视水泥品种、标号而定，对标号低于525号的普通硅酸盐水泥或矿渣硅酸盐水泥，水加热极限温度为80℃，砂、石加热极限温度为60℃；标号大于及等于525号的普通硅酸盐水泥或矿渣硅酸盐水泥，水加热极限温度为60℃，砂、石加热极限温度为40℃；如水加热温度超过80℃时，则搅拌时，水应先与砂、石拌和，后加入水泥，以防止水泥假凝。

三、材料加热至混凝土成型的热工计算

（一）混凝土拌合物的温度

混凝土拌合物的温度公式是：

$$T_0 = [0.9(m_{ce}T_{ce} + m_{sa}T_{sa} + m_gT_g) + 4.2T_w(m_w - w_{sa}m_{sa} - w_gm_g)$$
$$+ c_1(w_{sa}m_{sa}T_{sa} + w_gm_gT_g) - c_2(w_{sa}m_{sa} + w_gm_g)] \quad (4\text{-}29)$$
$$\div [4.2m_w + 0.9(m_{ce} + m_{sa} + m_g)]$$

式中　　　　　　　T_0——混凝土拌合物的温度（℃）；

m_w、m_{ce}、m_{sa}、m_g——水、水泥、砂、石的用量（kg）；

T_w、T_{ce}、T_{sa}、T_g——水、水泥、砂、石的温度（℃）；

w_{sa}、w_g——砂、石的含水率（%）；

c_1、c_2——水的比热容（kJ/kg·K）及溶解热（kJ/kg）；当骨料温度>0℃时，$c_1 = 4.2$，$c_2 = 0$；当骨料温度≤0℃时，$c_1 = 2.1$，$c_2 = 335$。

（二）混凝土拌合物的出机温度

混凝土拌合物的出机温度公式为：

$$T_1 = T_0 - 0.16(T_0 - T_i) \quad (4\text{-}30)$$

式中　T_1——混凝土拌合物的出机温度（℃）；

T_i——搅拌机棚内温度（℃）。

（三）混凝土拌合物经运输至成型完成时的温度

混凝土拌合物经运输至成型完成时的温度公式为：

$$T_2 = T_1 - (\alpha t_t + 0.032n)(T_2 - T_a) \quad (4\text{-}31)$$

式中　T_2——混凝土拌合物经运输至成型完成时的温度（℃）；

t_t——混凝土自运输至浇筑成型完成的时间（h）；

n——混凝土转运次数；

T_a——运输时的环境气温（℃）；

α——温度损失系数（h^{-1}）；当用搅拌输送车时，$\alpha = 0.25$；当用开敞式小型自卸汽车时，$\alpha = 0.20$；当用开敞式小型自卸汽车时，$\alpha = 0.30$；当用封闭式自卸汽车时，$\alpha = 0.10$；当用手推车时，$\alpha = 0.50$。

（四）考虑模板和钢筋吸热影响，混凝土成型时的温度

混凝土在考虑模板和钢筋吸热影响的成型完成时的温度公式为：

$$T_3 = \frac{c_c m_c T_2 + c_f m_f T_f + c_s m_s T_s}{c_c m_c + c_f m_f + c_s m_s} \quad (4\text{-}32)$$

式中　　T_3——考虑模板和钢筋吸热影响，混凝土成型完成时的温度（℃）；

c_c、c_f、c_s——混凝土、模板材料、钢筋的比热容（kJ/kg·K）；

m_c——每立方米混凝土的重量（kg）；

m_f、m_s——与每立方米相接触的模板、钢筋的重量（kg）；

T_f、T_s——模板、钢筋的温度，未预热者可采用当时环境气温（℃）。

四、混凝土冬期施工方法

混凝土冬期施工方法分蓄热法、外部加热法（蒸汽加热、电热、红外线加热）和掺外加剂法三类。蓄热法工艺简单，施工费用增加不多，但养护时间较长。外部加热能使混凝土在较高温度下养护，强度增长快，但设备多，费用高，能耗大，热效率低，适用于需迅速增长强度的结构。掺外加剂法施工简便，费用增加不多，是一种有发展前途的冬期施工方法。蓄热法与掺外加剂法综合运用也可获得良好的效果。

（一）蓄热法养护混凝土

蓄热法是利用加热原材料或混凝土所获得的热量及水泥水化热，并用保温材料（如草帘、草垫、草袋、锯末、炉渣等）覆盖保温，防止热量散失过快，延缓混凝土的冷却，使其在正温度条件下增长强度以保证冷却至0℃时混凝土强度大于受冻临界强度。当室外最低温度不低于−15℃时，地面以下的工程或表面系数（φ）不大于15m^{-1}的结构，应优先采用蓄热法养护。

1. 混凝土蓄热养护过程中的温度计算

（1）混凝土蓄热养护开始至任一时刻 t 的温度

$$T = \eta e^{-\theta v_{ce}t} - \varphi e^{-v_{ce}t} + T_{m,a} \tag{4-33}$$

（2）混凝土蓄热养护开始至任一时刻 t 的平均温度

$$T_m = \frac{1}{v_{ce}t}\left(\varphi e^{-v_{ce}t} - \frac{\eta}{\theta}e^{-\theta v_{ce}t} + \frac{\eta}{\theta} - \varphi\right) + T_{m,a} \tag{4-34}$$

其中，综合参数 θ、φ、η 如下：

$$\theta = \frac{\omega K\psi}{v_{ce}c_c\rho_c}, \varphi = \frac{v_{ce}c_{ce}m_{ce}}{v_{ce}c_c\rho_c - \omega k\varphi}$$

$$\eta = T_3 - T_{m,a} + \varphi$$

式中 T——混凝土蓄热养护开始至任一时刻 t 的温度（℃）；

T_m——混凝土蓄热养护开始至任一时刻 t 的平均温度（℃）；

t——混凝土蓄热养护开始至任一时刻的时间（h）；

$T_{m,a}$——混凝土蓄热养护开始至任一时刻 t 的平均气温（℃）；

ρ_c——混凝土质量密度（kg/m³）；

m_{ce}——每立方米混凝土水泥用量（kg/m³）；

c_{ce}——水泥累积最终放热量（kJ/kg）；

v_{ce}——水泥水化速度系数（h^{-1}）；

ω——透风系数；

φ——结构表面系数（m^{-1}）；

K——围护层的总传热系数（kJ/m²·h·K）；

e——自然对数之底，可取 $e=2.72$。

当施工需要计算混凝土蓄热养护冷却至0℃的时间 t_0 时，可根据公式（4-33）采用逐次逼近的方法进行计算。

2. 蓄热法热工计数的有关参数

(1) 结构表面系数 ψ 值 可按下式计算：

$$\psi = \frac{A_c}{V_c} \tag{4-35}$$

式中 A_c——混凝土结构表面积；

V_c——混凝土结构总体积。

(2) 平均气温 $T_{m,a}$ 可采用蓄热养护开始至 t 时气象预报的平均气温，若遇大风雪及寒潮降临，可按每时或每日平均气温计算。

(3) 围护层总传热系数 K 可按下式计算：

$$K = \frac{3.6}{0.04 + \sum_{i=1}^{n} \dfrac{d_i}{k_i}} \tag{4-36}$$

式中 d_i——第 i 围护层的厚度（m）；

k_i——第 i 围护层的导热系数（W/m·K）。

(4) 水泥累积最终放热量 c_{ce}、水泥水化速度系数 v_{ce}、透风系数 w 按表 4-23、表 4-24 取值。

水泥累积最终放热量 c_{ce} 和水泥水化速度系数 v_{ce}　　　　　　表 4-23

水泥品种及强度等级	c_{ce}（kJ/kg）	v_{ce}（h^{-1}）
42.5 级硅酸盐水泥	400	
42.5 级普通硅酸盐水泥	360	0.013
32.5 级普通硅酸盐水泥	330	
32.5 级矿渣、火山灰质、粉煤灰水泥	240	

透 风 系 数 ω　　　　　　　　　　　　表 4-24

保 温 层 的 种 类	透 风 系 数 ω		
	小 风	中 风	大 风
保温层由容易透风材料组成	2.0	2.5	3.0
在容易透风材料外面包以不易透风材料	1.5	1.8	2.0
保温层由不易透风材料组成	1.3	1.45	1.6

注：小风速<3m/s，3m/s≤中风速≤5m/s，大风速>5m/s。

3. t_0 的简化公式

当实际采取的蓄热养护条件满足 $\varphi/T_{m,a} \geqslant 1.2$，且 $K\psi \geqslant 50$ 时，可按以下简化公式直接计算 t_0：

$$t_0 = \frac{1}{V_{ce}} \ln \frac{\varphi}{T_{m,a} + \Delta} \tag{4-37}$$

式中 t_0——混凝土蓄热养护冷却至 0℃ 的时间（h）；

Δ——误差修正项，当 $\varphi/T_{m,a} > 1.5$ 时，取 $\Delta = 0$；当 $1.2 \leqslant \varphi/T_{m,a} \leqslant 1.5$ 时，取 $\Delta = \eta e^{\beta}$，其中 $\beta = (0.021 T_3 + 0.001 C_{ce} + 0.405)(10/T_{m,a} - 1)$。

按此简化公式计算，与精确的式（4-32）比较，其计算的误差平均为 5% 左右。

【例 4-10】 某 C20 混凝土构件，每立方米的材料用量为：原 425 号普通硅酸盐水泥

134

300kg，水 160kg，砂子 600kg，石子 1350kg。材料的温度分别为：水 75℃，砂子 50℃，石子 −5℃，水泥 5℃。砂子含水率 5%，石子含水率 2%，搅拌棚内温度为 5℃，混凝土拌合物用人力手推车运输，倒运共 1 次，运输和成型共历时 0.5h。每立方米混凝土接触的钢模板为 320kg，钢筋为 50kg，模板未预热。混凝土采用蓄热养护，围护层采用 20mm，厚草帘和 3mm 厚油毡保温，其导热系数分别为 $k_1=0.047$W/（m·K）及 $k_2=0.175$W/（m·K）。平均气温为 −5℃，透风系数 ω 为 1.45，混凝土结构表面系数 $\psi=12.1$（m^{-1}），试计算混凝土各阶段的温度和蓄热养护过程中混凝土冷却至 0℃ 的时间及其平均温度，并复核该混凝土在冻前可否达到临界强度。

【解】 1. 混凝土拌合物的理论温度

$$
\begin{aligned}
T_0 &= [0.9(m_{ce}T_{ce}+m_{sa}T_{sa}+m_gT_g)+4.2T_w(m_w-w_{sa}m_{sa}-w_gm_g)\\
&\quad +c_1(w_{sa}m_{sa}T_{sa}+w_gm_gT_g)-c_2(w_{sa}m_{sa}+w_gm_g)]\\
&\quad \div[4.2m_w+0.9(m_{ce}+m_{sa}+m_g)]\\
&= [0.9\times(300\times5+600\times50-1350\times5)+4.2\times75\\
&\quad \times(160-0.05\times600-0.02\times1350)+4.2\\
&\quad \times(0.05\times600\times50)-2.1\\
&\quad \times(0.02\times1350\times5)-335\times(0.02\times1350)]\\
&\quad \div[4.2\times160+0.9\times(300+600+1350)]=20.1（℃）
\end{aligned}
$$

式中 c_1、c_2 取值为：砂：$T_{sa}=50℃>0℃$，$c_1=4.2$，$c_2=0$；石：$T_g=-5℃<0℃$，$c_1=2.1$，$c_2=335$。

2. 混凝土拌合物的出机温度

$$
\begin{aligned}
T_1 &= T_0-0.16(T_0-T_i)\\
&= 20.1-0.16(20.1-5)\\
&= 17.7（℃）
\end{aligned}
$$

3. 混凝土拌合物经运输至成型完成时的温度

$$
\begin{aligned}
T_2 &= T_1-(\alpha t_t+0.032n)(T_1-T_a)\\
&= 17.7-(0.5\times0.5+0.032\times1)(17.7+5)\\
&= 11.3（℃）
\end{aligned}
$$

式中 $\alpha=0.50$（手推车运输）。

4. 考虑模板和钢筋吸热影响，混凝土成型完成时的温度

$$
\begin{aligned}
T_3 &= \frac{c_cm_cT_z+c_fm_fT_f+c_sm_sT_s}{c_cm_c+c_fm_f+c_sm_s}\\
&= \frac{0.9\times2400\times11.3-0.48\times320\times5-0.48\times50\times5}{0.9\times2400+0.48\times320+0.48\times50}\\
&= 10（℃）
\end{aligned}
$$

式中 c_c、c_f、c_s 分别取值为 0.9、0.48、0.48（kJ/kg·K）。

5. 混凝土蓄热养护过程中的温度

（1）围护层的总传热系数：

$$
K=\frac{3.6}{0.04+\sum_{i=1}^{n}\dfrac{d_i}{k_i}}=\frac{3.6}{0.04+\dfrac{0.02}{0.047}+\dfrac{0.003}{0.175}}
$$

$$= 7.46 (\text{kJ/m}^2 \cdot \text{h} \cdot \text{K})$$

（2）混凝土蓄热养护开始至任一时刻的温度：

$$\theta = \frac{\omega K \psi}{v_{ce} C_c \rho_c} = \frac{1.45 \times 7.46 \times 12.1}{0.013 \times 0.9 \times 2400} = 4.66$$

$$\varphi = \frac{v_{ce} C_{ce} m_{ce}}{v_{ce} C_c \rho_c - \omega K \psi}$$

$$= \frac{0.013 \times 330 \times 300}{0.013 \times 0.9 \times 2400 - 1.45 \times 7.46 \times 1.21}$$

$$= -12.52$$

式中 $C_{ce} = 330$（kJ/kg），$v_{ce} = 0.013$（h^{-1}）为查表 4-22 所得。

$$\eta = T_3 - T_{m,a} + \varphi = 10 + 5 - 12.52 = 2.48$$

根据公式（4-33）

$$T = \eta e^{-\theta v_{ce} t} - \varphi e^{-v_{ce} t} + T_{m,a}$$

$$= 2.48 e^{-4.66 \times 0.013 t} + 12.52 e^{-0.013 t} - 5$$

从表 4-25 计算结果得，混凝土冷却至 0℃ 的时间 $t_0 \approx 70$（h）。

t 值 计 算 表　　　　　　　表 4-25

t（h）	$e^{-0.06058t}$	$2.48 e^{-0.06058t}$	$e^{-0.013t}$	$12.52 e^{-0.013t}$	-5	T（℃）
0	1.000	2.48	1.000	12.52	-5	10
24	0.234	0.579	0.732	9.165	-5	4.744
48	0.055	0.135	0.536	6.711	-5	1.846
60	0.026	0.065	0.458	5.734	-5	0.799
69	0.015	0.038	0.408	5.106	-5	0.144
70	0.014	0.036	0.403	4.931	-5	-0.033

（3）混凝土自蓄热养护开始至 t_0 的平均温度：

$$T_m = \frac{1}{v_{ce} t} \left(\varphi e^{-v_{ce} t} - \frac{\eta}{\theta} e^{-\theta v_{ce} t} + \frac{\eta}{\theta} - \varphi \right) + T_{m,a}$$

$$= \frac{1}{0.013 \times 70} \left(-12.52 e^{-0.013 \times 70} - \frac{2.48}{4.66} e^{-4.66 \times 0.013 \times 70} + \frac{2.48}{4.66} + 12.52 \right) - 5$$

$$= \frac{1}{0.91} (-5.04 - 0.348 + 0.532 + 12.52) - 5$$

$$= 3.43 (℃)$$

根据养护期间混凝土平均温度 3.43℃ 及冷却至 0℃ 时的延续时间为 70h，参照原 425 号普通硅酸盐水泥混凝土强度增长曲线，可知冷却至 0℃ 时，混凝土强度只达到设计强度等级的 18%，小于受冻临界强度（设计强度等级的 30%），不能抗冻。

（4）按简化公式计算 t_0：

由于 $\varphi / T_{m,a} = -12.52 / -5 = 2.504 > 1.5$

且 $K\psi = 7.46 \times 12.1 = 91 > 50$

故可采用简化公式（4-37）计算，并取 $\Delta = 0$

则

$$t_0 = \frac{1}{v_{ce}} \ln \frac{\varphi}{T_{m,a}} = \frac{1}{0.013} \ln \left(\frac{-12.52}{-5} \right)$$

$$=\frac{1}{0.013}\times0.918=70.6\text{（h）}$$

用简化公式计算混凝土冷却时间 t_0 为 70.6h，与精确公式（4-33）计算结果 t_0 为 70h 相吻合。

（二）掺外加剂法

在混凝土中加入适量的抗冻剂、早强剂、减水剂及加气剂，可使混凝土在负温下进行水化，增长强度。使混凝土冬期施工工艺大大简化，节约能源，减少附加设施、降低冬期施工费用，是冬期施工有发展前途的施工方法。

加入抗冻剂可降低混凝土中水的冰点，使之在一定负温下不冻结，为水泥水化提供必要的水分。加入早强剂可使混凝土在液相存在的条件下，加速水泥水化的过程，使混凝土早期强度迅速增长。加入减水剂，可减少用水量，以减轻因水分冻胀对混凝土的危害。引入加气剂后，由于存在大量微小封闭的气泡，可缓解冰冻应力并提高混凝土的抗冻耐久性。

各种外加剂其性能不同，氯化钠（NaCl）、氯化钙（$CaCl_2$）有抗冻、早强作用，但对钢筋有腐蚀作用，在一般钢筋混凝土结构中，其掺量不应超过水泥用量的 1%。由于其掺量有限，故只宜用于 -10℃ 以内的负温情况。亚硝酸钠（$NaNO_3$）有抗冻、阻锈、减水的作用，用于 -10℃ 以内的负温情况。碳酸钾（K_2CO_3）、尿素、胺水有抗冻作用，可用于更低温条件下施工。但碳酸钾促凝作用强烈，胺水、尿素有缓凝作用，宜分别加入缓凝剂及促凝剂以调节其凝结时间。硫酸钠（Na_2SO_4）有早强作用，但对混凝土后期强度不利，其掺量一般不宜超过水泥用量的 3%。三乙醇胺 $[NH_3(C_2H_4OH_2)]$ 有早强作用，其用量不少于水泥量的 0.02%，也不大于 0.05%。木素磺酸钙、MF 有减水作用，但木素磺酸钙还有缓凝作用。加气剂目前国内常采用松香加热起泡。

混凝土冬期施工外加剂配方，应满足抗冻早强的需要，不应腐蚀钢筋，不应影响混凝土后期强度和其他物理力学性能或产生其他不良影响。单一的外加剂常不能满足混凝土冬期施工的需要，一般宜采用复合配方。理想的配方应由抗冻剂、早强剂、减水剂和加气剂组成，而以抗冻剂为核心，抗冻剂的成分与分量应根据大气负温值、结构特点等选用。常用的配方有如下几种：

（1）氯盐外加剂　氯化钠、氯化钙价廉且材源广，但对钢筋有腐蚀，一般钢筋混凝土中其掺量不应超过 1%；无筋混凝土中，采用热材料拌制的混凝土，其掺量不超过 3%；采用冷材料拌制的混凝土，其掺量不超过 15%。在高温环境中及预应力钢筋混凝土中，禁止使用氯盐外加剂。为抑制氯盐对钢筋的腐蚀，宜与阻锈剂（如亚硝酸钠）复合使用。如氯化钠 2%＋亚硝酸钠 2% 可用于 -5℃ 以内负温施工；氯化钙 3%＋亚硝酸钠 5% 可用于 -8℃ 以内负温施工。

（2）硫酸钠-氯化钠复合外加剂　由硫酸钠 2%、氯化钠 1%～2% 和亚硝酸 1%～2% 组成，在 -3～-5℃ 时，氯化钠及亚硝酸钠掺量均为 1%；-5～-8℃ 时，其掺量均为 2%。这种配方不用于高湿环境及预应力结构中。

（3）亚硝酸钠-硫酸钠复合配方　由亚硝酸钠 2%～8% 及硫酸钠 2% 组成。当气温分别为 -3℃、-5℃、-8℃、-10℃，亚硝酸钠的掺量分别为 2%、4%、6%、8%。若与蓄热法结合，还可用于 -10～-20℃ 的条件下施工。但由于亚硝酸钠货源紧，不易大量推广。

（4）三乙醇胺复合外加剂　由三乙醇胺0.03％、氯化钠1％、亚硝酸钠1％、木素磺酸钙0.25％组成，可用于-10℃以内的负温条件下施工。三乙醇胺、木素磺酸钙与硫酸钠（2％）配制的早强减水剂适用于0℃左右的温度条件下施工。

（5）加气减水早强抗冻复合剂　由加气剂0.005％～0.01％、减水剂UNF0.5％～0.7％、三乙醇胺0.03％和亚硝酸钠1％～2％组成，用于-10℃以内负温条件下施工，其抗渗、抗冻耐久性好。

当气温更低（-10～-20℃）时，可采用碳酸钾-木素磺酸钙（或萘皂）抗冻剂、氨水型抗冻剂、硝酸钙-尿素抗冻剂、尿素烧碱型抗冻剂、并配以适宜的早强剂。

掺用外加剂时，拌合时间应适当延长，以保证混凝土搅拌均匀，并应加强早期养护。对掺有氯盐的混凝土应在40分钟内浇筑完毕，以防凝结，且不宜用蒸汽养护。

第五节　液压滑升模板施工

一、液压滑升模板特点、组成与构造

液压滑升模板是一种具有自升设备，能随混凝土的浇筑自行向上滑升的模板装置。如图4-63所示，液压滑升模板装置由模板系统、操作系统和液压滑升系统三部分组成。模板系统包括模板、围圈及提升架等。操作系统包括内外操作平台及内外吊脚手架，是施工操作场所。液压滑升系统包括支承杆、液压千斤顶和操作控制装置，是滑升动力。提升架将模板和操作平台连成整体，千斤顶穿过支承杆（支承杆埋于混凝土中）并固定在提升架

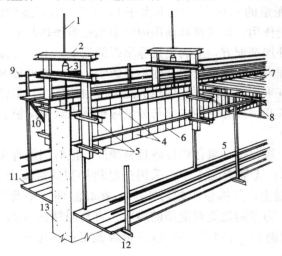

图4-63　滑升模板组成示意图

1—支承杆；2—提升架；3—液压千斤顶；4—围圈；
5—围圈支托；6—模板；7—内操作平台；8—平台桁架；9—栏杆；
10—外挑三脚架；11—外吊脚手；12—内吊脚手；13—混凝土墙体

上，当千斤顶沿支承杆向上爬升时，便带动提升架使整个滑模装置一起上升，随着模板的上升，不断地浇筑混凝土并绑扎钢筋，直到需要的高度为止。滑模施工不用支架，不需周期装拆，用材省，劳动力消耗少，施工进度快，结构整体性好，但模板一次性投资较多。

滑模适宜于现场浇筑高耸的钢筋混凝土结构，如筒仓、烟囱、双曲冷却塔及高层建筑框架、筒体、剪力墙体等。

（一）模板系统

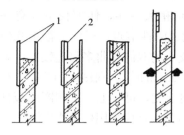

图 4-64 衬模板示意图
1—普通模板；2—衬模板

（1）模板 模板承受新浇筑混凝土的侧压力、冲击力和滑升时混凝土与模板间的摩阻力，它应有足够的强度和刚度。模板宜采用 1.5～2mm 厚钢板制作，其宽度一般为 200～600mm，高度取决于滑升速度和混凝土达到出模强度所需要的时间。常温下一般为 1.0～1.2m，滑升速度较快或冬期施工时，常为 1.4～1.6m。为减少滑升时的摩阻力，便于脱模，内外模板应形成上口小、下口大的倾斜度，一般单面斜度为 0.2%～0.5%H（图 4-67）。模板 1/3 高处的净空，即为结构截面宽度。

模板应具有通用性和互换性，规格和型号应尽量减少。为适应变截面的需要，对阶梯形变截面结构可在模板内加相应厚度的衬模（图 4-64）；对于烟囱等变直径结构，可采用一定数量的收分模板和活动模板（图 4-65）。收分模板可以与其他模板重叠，当内、外模板直径逐渐缩小时，收分模板与活动模板的重叠部分逐渐增加，当收分模板的边缘超过活

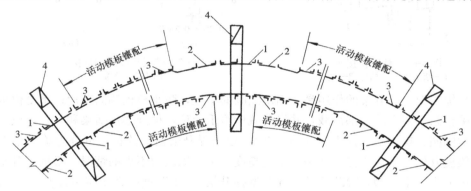

图 4-65 变直径结构模板示意图
1—固定模板；2—收分模板；3—活动模板；4—提升架

动模板而达到与另一块模板搭接时，即可拆去多余的活动模板。对柱、梁交接处可设置堵头板（图 4-66）。当只施工柱时，用堵头板将柱模与梁模隔断，仅在柱膜内灌筑混凝土，而梁模则处于空滑状态。当模板滑至梁底标高时，拔去堵头板上的活动插销，并利用临时焊在钢筋上的挡杆阻止堵头板上滑。当柱梁模不断上升时，堵头板留在原地不动，逐渐从模板下面脱出，于是柱模和梁模互相连通，便可绑扎梁的钢筋并浇筑梁的混凝土。梁浇筑完后，将堵头板移置于梁顶标高处，并利用钢筋上部另一挡杆挡住堵头板使其不能上移，当模板上升时，堵头板逐渐插入梁模中使梁、柱模隔断，然后插入插销，堵头板便随模板上升，又可继续浇筑柱混凝土。

滑模施工时，梁的底模是不能滑升的。梁底模除可采用一般支撑方法外，常将梁内原有钢筋（或适当增加一部分钢材）设计成劲性钢筋骨架形式，作为支承梁自重和底模的桁架使用，底模则吊挂在劲性钢筋骨架上。

（2）围圈 围圈用以固定模板位置，承受模板传来的水平荷载和垂直荷载。围圈沿水平方向布置在模板外侧，上、下各一道（图 4-67）。为使模板受力合理、变形小，当模板高 1～1.2m 时，两围圈间距（即模板跨距）宜为 500～770mm。上围圈距模板上口不宜大于 250mm，以确保模板上口的刚度。下围圈距模板下口可稍大一些，使模板下部有一定柔性，以利脱模。内、外围圈均应形成闭合框，转角处做成刚性节点，以保证模板几何形状不变，并防止滑升时产生较大变形。围圈系以提升架为支点的双向弯曲多跨连续梁，要求在侧压力作用下，其变形不大于跨距的 1/500。当跨距小于 2.5m 时，一般采用 L75×6 角钢或 [8 槽钢制作；当跨距大于 2.5m 时，为增强围圈的竖向刚度，可将上、下围圈用腹杆联系，形成桁架式转圈。当操作平台支承在围圈上时，由于荷载大，应采用桁架作围圈。

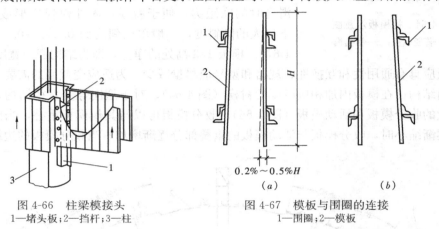

图 4-66 柱梁模接头　　　　　　图 4-67 模板与围圈的连接
1—堵头板；2—挡杆；3—柱　　　　　1—围圈；2—模板

（3）提升架 提升架的作用是：固定围圈的位置，防止模板侧向变形；承受模板系统和操作平台系统传来的全部荷载，并将荷载传给千斤顶，提升架由横梁和立柱组成，立柱上有支承围圈、操作平台的支托（图 4-68）。根据提升架横梁数目，可分为单横梁提升架和双横梁提升架。单横梁提升架用于模板高度较小、侧压力不大的情况。根据提升架平面形式，可分为"Ⅰ"型，"X"型和"Y"型提升架。"Ⅰ"型提升架应用最普遍，"X"型

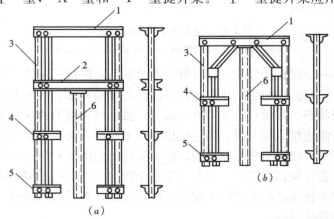

图 4-68 钢提升架示意图
（a）双横梁式；（b）单横梁式
1—上横梁；2—下横梁；3—立柱；4—上围圈支托；5—下围圈支托；6—套管

提升架用于十字交叉墙处，"Y"型提升架用于转角墙处（图4-69）。

提升架的横梁一般用 $\lceil$12 槽钢制作（以横梁提升架的上横梁可用 $\lceil$8 槽钢制作），其立柱常用 $\lceil$12～$\lceil$16 槽钢或 L65×6 角钢制作。提升架槽梁与模板顶部的净距应满足绑扎水平钢筋和埋设预埋件的需要，对配筋结构不宜小于 500mm；对无筋结构不宜小于 250mm。但也不应过大，否则，支承杆自由长度增加，将影响其稳定性和承载能力，提升架两立柱间的净距 $\overline{W}$，应根据结构截面最大宽度 A、模板厚度 B、围圈截面宽 C、围圈支托 D，以及由于模板倾斜度要求向两侧放宽的尺寸 E 来确定，即

$$\overline{W} = A + 2(B + C + D) + E$$

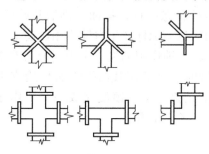

图 4-69 纵横墙交界处提升架布置

（二）操作平台系统

（1）操作平台　操作平台供材料堆放、设备布置及施工人员操作之用，有时还需在其上安设起重机。

内操作平台一般由承重桁架（或梁）、楞条和铺板组成。承重桁架支承在提升架的立柱上，也可通过托架支承在桁架式围圈上。操作平台应有足够的强度和刚度，以便能控制平台水平上升。根据施工对象结构特点不同，承重桁架可采用不同的布置方案，在圆筒结构中，宜按辐射状布置；在矩形或方形结构中，宜按单向或双向布置。单向布置时，桁架之间应设水平支撑，两端的承重桁架间应设垂直支撑，以保证操作平台的整体刚度和稳定性。此外，在可能条件下，还可利用建筑物本身的结构（如板状网架或钢桁架屋盖）作为操作平台，即可节省钢材，又可将结构升送到设计位置。

外操作平台由挑架和铺板组成。挑架固定在提升架的立柱上或固定在围圈上。

（2）内、外吊脚手架　内、外吊脚手架供修整混凝土表面、检查质量、调整和拆除模板、支设梁底模等之用。内吊脚手架悬挂在提升架内侧立柱和内操作平台的桁架上。外吊脚手架悬挂在提升架外侧立柱和外挑架上。铺板宽度为 500～800mm。

（三）液压滑升系统

（1）支承杆　支承杆是千斤顶向上爬升的轨道，又是滑升模板的承重支杆，承受施工中的全部荷载。支承杆的承载能力应与千斤顶的起重量相适应，由于千斤顶起重量为 30～35kN，故支承杆常用 ϕ25 圆钢筋制作。支承杆须经冷拉调直，其冷拉率为 2‰～3‰。支承杆的长度一般为 3～4m一根，采用丝扣连接、榫接或焊接接长（图4-70）。相邻支承杆的接头应互相错开。在同一接头高度范围内，接头数量不应超过 25%。为此，第一段支承杆取用四种不同长度，每种长度相差 500mm，以后用同一长度的支承杆接长，便能保证接头位置错开。

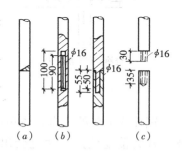

图 4-70　支承杆的连接方式
（a）焊接连接；（b）榫接连接；
（c）丝扣连接

支承杆用钢量多，为节省钢材，可利用结构物中的钢筋作支承杆，或采用工具式支承杆。采用工具式支承杆时，须在提升架上附设套管，使支承杆与混凝土隔离，以便施工结束后，收加支承杆重复使用。

支承杆的承载能力（N）按上端（上卡头处）固定、下端（新浇混凝土层底部）铰接的压杆计算。$\phi25$ 圆钢按其自由长度不同，其承载能力为 12～18kN，一般按 15kN 取用。

（2）液压千斤顶　常用液压千斤顶多为 HQ30 型（图 4-71），其起重量为 30kN。施工时，千斤顶固定在提升架的横梁上，支承杆穿经千斤顶的中心孔道。千斤顶工作过程为：(a) 进油千斤顶上卡头受向下的压力，当上卡头下降一微位移时，各钢珠即对支承杆产生强大的水平压力而卡紧支承杆（称自锁作用），故活塞不能下行；(b) 继续进油由于活塞不能下行，迫使油缸筒及下卡头上升一个行程，因而提升架及模板亦随之上升。这时全部荷载由上卡头传给支承杆，排油弹簧处于被压缩状态；(c) 排油　排油开始后，在弹簧恢复力作用下，下卡头受弹簧向下的压力，其钢珠与支承杆产生自锁作用，使下卡头卡紧支承杆，与此同时，上卡头受弹簧向上的推力，其自锁作用消失。由于下卡头卡紧支承杆，位置不变，故弹簧迫使上卡头及活塞上升。这时，全部荷载由下卡头传给支承杆，缸筒不升也不降落。当活塞上升到上止点后，排油结束，千斤顶便完成一个工作循环，如此不断循环，千斤顶就沿支承杆不断上升，模板亦随之上升。

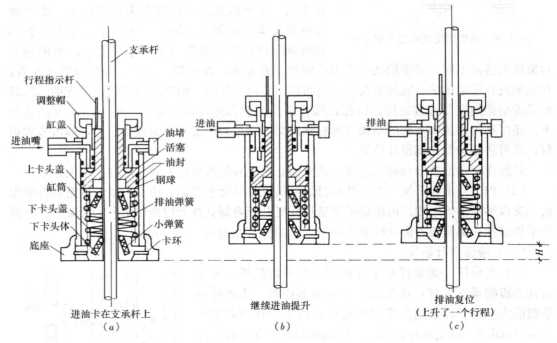

图 4-71　千斤顶的构造和提升原理图

钢珠式卡头的优点是体积小，动作灵活，但钢珠对支承杆的压痕较深，不利于工具式支承杆的重复使用，而且会出现千斤顶上升后的回缩下降现象，使每次实际行程不足 30mm。此外，钢珠还有可能被杂质卡死在斜孔内，导致卡头失灵等缺点。用楔块式卡头代替钢珠式卡头，具有加工简单，卡头小滑量小，锁紧能力强，压痕小等优点。

（3）支承杆、千斤顶的数量与布置　支承杆及千斤顶的数量取决于滑模装置的总荷载（P）和支承杆及千斤顶的承载能力。常用千斤顶起重能力为 30～35kN，考虑施工时千斤顶有可能失灵、不同步等不利因素，可取千斤顶及支承杆的承载能力为 15kN。若取千斤顶的工作条件系为 0.8，则千斤顶及支承杆的数量为：

$$n = P/(1.5 \times 0.8)$$

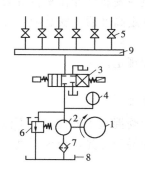

图 4-72 液压控制台原理图
1—电动机；2—齿轮油泵；3—电磁换向阀；4—压力表；5—针阀；6—溢流阀；7—滤油器；8—油箱；9—分流器

支承杆一般应布置在竖向为连续混凝土的部位，如柱式墙体内，以免支承杆脱空失稳。千斤顶的布置则应考虑各千斤顶所受的荷载大致相等，以利同步提升。在筒体和墙体结构中，支承杆及千斤顶常均匀布置，当操作平台荷载分布不均时，荷载及摩阻力大的区段，千斤顶应适当增多。在框架结构中，边柱和中柱上千斤顶的数量比，根据柱间距和梁跨度不同，一般为 $1:1.2 \sim 1:1.5$。集中布置在边柱上的千斤顶，考虑到操作平台荷载内大外小，故内侧千斤顶应适当增多，以免提升时，提升架向内侧倾斜。

（4）液压控制台及油路布置　千斤顶由液压控制台控制。控制台由电动机、油泵、油箱、压力表、控制调节阀等组成（图 4-72）。工作时，电动机带动油泵，压力油经换向阀、分流器、针阀和管路输送给各千斤顶，使千斤顶沿支承杆爬升并带动滑模上升，当千斤顶上升一行程后，电磁换向阀回油，千斤顶不再上升。

油路布置应考虑使各千斤顶尽可能同步、压力传递均匀和便于控制。输油管路一般采用分组布置，每组千斤顶数目不超过 10 台，油路布置有分组串联、分组并联和混联几种形式（图 4-73）。分组并联应用较普通，其优点是便于调整千斤顶的升差，更换千斤顶时不需断开油路，但液压元件较多。

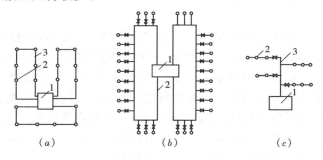

图 4-73　油路布置
（a）分组串联；（b）分组并联；（c）串并混合联；
1—控制台；2—千斤顶；3—油管

二、液压滑升模板施工工艺

（一）液压滑升模板的组装

滑模构造比较复杂，而且要求一次组装好，一直到施工结束，中途不再拆、装，因此要求按照设计做好准备工作。组装前，应对各组装部件进行检查；弹出建筑物和结构截面中心线及内外轮廓线；设立可靠的垂直控制点；搭设临时组装平台；安装垂直运输机械等。

滑模的组装顺序是：安装提升架（提升架按编号及类型安在设计位置，并临时固定之）→安装围圈（其安装顺序是先内后外，先上后下，检查内外围圈的间距后，用螺栓与提升架连接，然后拆除提升架临时支撑）→绑扎竖向钢筋和模板高度内的水平钢筋→安装内外模板（先内模，后外模）→安装内操作平台桁架、支撑及铺板→安装外操作平台挑架和铺板→安装液压系统设备并空载运转→安装支承杆→模板滑升→定高度后，安装内、外吊脚手架及安全网。

液压滑升模板组装的允许偏差，应遵照液压滑模设计施工规程规定。

（二）混凝土配合比选择

混凝土配合比除应满足设计要求外，还应满足滑模施工工艺要求：

（1）为保证滑模连续施工，混凝土应有合适的出模强度，能承受混凝土的自重，不流淌，不坍落，使滑升摩阻力小，混凝土不拉裂，出模的混凝土表面易于抹光。出模强度一般以 $0.05 \sim 0.25 \text{N/mm}^2$ 为宜。

（2）为维持一定的滑速，要求应有合适的凝结时间，在浇筑上层时，下层混凝土应仍处于塑性状态，故要求初凝时间控制在 2 小时左右，在出模时混凝土接近终凝，故要求终凝时间控制在 4～6 小时范围内。

（3）为便于浇筑，混凝土应具有良好的和易性。宜用细粒多、粗粒少的骨料，石子粒径不超过结构截面最小尺寸的 1/8。混凝土入模坍落度，用机械捣实时为 4～6cm；人工捣实时为 8～10cm。

在设计配合比时，应根据工程对象、滑升速度、现场气温条件等因素，分别试配，找出几种不同气温下初凝、终凝时间及强度增长曲线，以供施工时选用。

（三）混凝土浇筑、钢筋绑扎及模板滑升

采用滑模施工时，混凝土浇筑、钢筋绑扎及模板滑升是相互交替、连续进行的，应相互配合，紧密衔接。

混凝土浇筑必须严格执行分层交圈均匀浇筑的制度。分层的厚度应满足浇筑上层时，下一层混凝土仍处于塑性状态，对一般墙体，分层厚度以 200～300mm 为宜；对框架柱及平面较小的筒体，分层厚度可增至 400mm。分段浇筑时，应对称浇筑，各段的浇筑时间应大致相等。要防止单方向浇筑，应有计划地、匀称地变换混凝土的浇筑方向，以免摩阻力不一，引起结构的倾斜或扭转。当气温较高时，宜先浇筑内墙，后浇筑受阳光直射的外墙；先浇筑直墙，后浇筑墙角和墙垛；先浇筑较厚的墙，后浇注薄墙。浇筑过程，应及时清除模板表面的砂浆和混凝土，以免增加滑升阻力。

模板滑升应根据混凝土凝固速度、出模强度、气温变化等，采用合宜的滑升速度。速度过快，会引起混凝土出模后流淌、坍落；过慢则粘结力增大，使滑升困难。适宜的滑升速度，应使出模的混凝土表面湿润，手按现指纹，砂浆不粘手，能用抹子抹平，正常气温时，滑升速度一般为 100～350mm/h。正常滑升时，要保持模板和操作平台水平上升，以防结构倾斜。要注意使千斤顶同步上升，减少升差，每次提升时，必须使离控制台最远的千斤顶达到额定行程后才停止加压，回油时，必须使最远的千斤顶充分回油。

根据混凝土浇筑和模板滑升特点，整个施工过程可分为初浇初升、随浇随升和末浇末升三个阶段。

（1）初浇初升阶段　指混凝土浇筑开始至模板第一次滑升结束这一阶段。在这阶段内仅进行混凝土浇筑和模板滑升两项工作（钢筋已在模板组装时绑扎），混凝土浇筑高度由混凝土自重和滑升阻力而定，浇筑高度过小时，模内混凝土自重小于滑升阻力，混凝土可能会被模板带起，反之，则会使混凝土浇筑时间延长，最先浇筑的混凝土易与模板粘结。

浇筑高度一般取 600～700mm 分 2～3 层在 3 小时内浇筑完毕，当底部混凝土达到出模强度时，将模板试升 50mm 观察混凝土凝结情况，判断混凝土能否出模，若出模的混凝土用手按压现指纹、不粘浆，或滑升时耳闻沙沙声，说明可以滑升，应即将模板滑升 200～300mm。这时全部荷载将由千斤顶传给支承杆，故需对滑模进行全面检查，应特别注意支承杆有无弯曲或被带起现象，千斤顶工作是否正常，操作平台是否水平，提升架是否垂直等。

（2）随浇随升阶段　模板初升并经检查调整后，即可进入随浇随升阶段。在这阶段内，混凝土浇筑、钢筋绑扎、模板滑升三项工作相互交替连续进行。开始时，模板的滑升速度稍慢于混凝土浇筑速度，待混凝土上表面距模板上口 160～150mm 时，便可按正常速度滑升，即混凝土每浇一层（200～300mm）模板滑升一次，每次滑升高度与每层浇筑高度相同，两次滑升时间间隔一般不超过 1 小时，如气温较高时，应增加 1～2 次中间滑升，使模板滑升 30～50mm，以免混凝土与模板粘结。浇筑时，应保持混凝土表面比模板上口低 100～150mm，同时还应使最上一道水平钢筋留在混凝土外，作为绑扎上一道钢筋的标志。

一般情况下滑模施工系连续进行，如因施工需要或其他原因（如遇 6 级以上大风）不能连续施工时，应采取停滑措施。停滑时，混凝土应浇筑到同一水平面，模板每隔 0.5～1 小时滑升一个行程，直至混凝土与模板不粘结为止。

（3）末浇末升阶段　当混凝土浇筑至距建筑物顶标高 1 米左右时，混凝土的浇筑与模板的滑升应逐步放慢，以便进行模板的准确抄平和找正工作，使最后一层混凝土标高及位置正确，浇筑结束后，模板应继续滑升，直至混凝土与模板不粘结为止。

（四）建筑物垂直度观测

高层建筑物的允许垂直偏差，为建筑物高度的 1/1000，但总偏差不大于 80mm。垂直度观测方法有线锤观测法、经纬仪观测法和激光铅直仪观测法等。

线锤观测法是在操作平台上对应于建筑物中心的点和四角预定点，用铅丝吊挂重 15～25 千克的线锤，并使线锤始终位于建筑物的底部，对照建筑预先设置的中心点和预定点，即可确定建筑物的垂直偏差或有无扭转。但当建筑物较高时，由于线锤摆动，测量精度低。

用经纬仪观测时，是根据地面所设控制桩、建筑物中心线桩和滑模上所设的对应测点进行观测，以测量建筑物的垂直度。

用激光铅直仪观测是利用激光铅直仪发出的竖向激光束射到设置在操作平台中心的激光接收器（激光接收器系用描图纸绘成环圈或方格网夹在透明的玻璃平板中间）上呈现出明亮的、直径不大于 10mm 的红色光斑。根据红色光斑在接收器上的位置，即可观测出建筑物的垂直度偏差。采用两束垂直激光束可以直接观测建筑物的扭转。若采用自动控制系统的激光自控仪，则可自动调整建筑物的垂直偏差和扭转。

（五）操作平台水平度测量与控制

滑模施工中，为避免建筑物产生倾斜等不良现象，当操作平台荷载均匀且无水平外荷的情况下，应保持操作平台和模板水平上升。操作平台水平度可借助水平仪及固定在第一提升架上的刻度尺测量，刻度尺与千斤顶支承杆平行。测量时只需用水平仪测得各刻度尺上的差值。一般要求：相邻两提升架上千斤顶的高差不超过 10mm；平台高差不超过

20～30mm，当平台面积大于300m²时，可适当增加，但不得大于60mm。

平台水平控制常用方法有液压截流限位阀控制、激光控制等。

液压截流限位阀控制是在各千斤顶上或在能够有效控制操作平台水平的各组千斤顶的主油路中设置液压截流限位阀，并在各千斤顶支承杆的同一标高处安设限位控制挡，限位控制挡比限位阀高250～500mm。当千斤顶出现升差时，爬升块的千斤顶限位阀先顶住限位控制挡而封闭油路，使该千斤顶停止上升；爬升慢的千斤顶继续进油上升，直到顶住限位控制挡为止。当各千斤顶都达到同一标高后，再将限位控制挡上移一个步距，以便再次控制千斤顶的升差，这样就可不断找平和控制操作平台的水平。

采用激光控制时，是在操作平台上安设激光发射装置，发射水平激光束。水平激光束能在垂直轴上以一定速度旋转，射到固定在提升架上的激光接收器上，再通过相应的电器讯号控制千斤顶油路的接通和切断，自动调整平台水平上升。

三、施工中易产生的问题及其处理

（一）支承杆弯曲失稳

支承杆弯曲失稳的原因有：支承杆加工或安装不直；操作平台荷载过大或不均匀；千斤顶歪斜；相邻千斤顶升差过大；支承杆脱空过长；遇障碍强行滑升等。施工中应及时检查，及时处理，以防引起严重的质量安全事故。支承杆弯曲后，应立即停止该支承杆千斤顶工作，并立即卸荷，然后按弯曲部位和弯曲大小作不同处理。

当支承杆在混凝土上部失稳弯曲不大时，可加焊一段与支承杆相同直径的钢筋；弯曲较大时，则应将支承杆弯曲部分切除，另焊帮条；若弯曲大而长，则需另换新支承杆。新支承杆底部应垫钢靴，以扩大在混凝土上的支承面（图4-74）。

当支承杆在混凝土内部失稳弯曲时，混凝土表面将向外凸起并产生裂纹现象，弯曲不大时，可将支承杆弯曲处破裂的混凝土清除后，用带钩螺栓加固；弯曲严重时，应将弯曲部分切除，另加帮条焊（图4-75）。支承杆加固后，尚应支模填补混凝土。

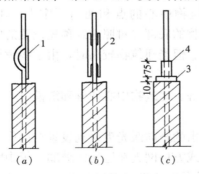

图4-74　支承杆在混凝土
上部弯曲时的加固措施
(a) 弯曲不大时；(b) 弯曲很大时；
(c) 弯曲既长又严重时
1—φ25钢筋；2—φ22钢盘；
3—钢垫板；4—φ29套管

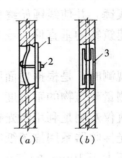

图4-75　支承杆在混凝土
内部弯曲时的加固措施
(a) 弯曲不大时；(b) 弯曲严重时；
1—垫板；2—φ20带钩螺栓；
3—φ22钢筋

当支承杆通过门窗洞口或无墙的楼层时，脱空长度大，支承杆极易弯曲失稳，必须采取加固措施（图4-76）。

146

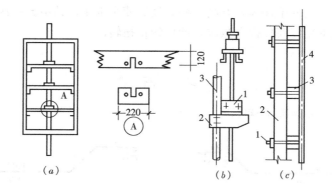

图 4-76　支承杆脱空加固法

(a) 利用木窗衬模木枋加固；

(b) 卸荷加固：1—传力夹具；2—传力牛腿；3—钢管柱；

(c) 木柱加固：1—带钩螺柱；2—木柱；3—硬木顶板；4—支承杆

（二）建筑物倾斜

建筑物产生倾斜的原因有：操作平台不水平，使模板向一侧倾斜；操作平台有较大的偏心荷载或受较大风荷影响，使模板向一侧倾斜。影响操作平台水平的因素有：平台荷载分布不匀；支承杆负载不一；千斤顶升差未及时调整；混凝土浇筑不对称，各处摩阻力相差大；操作平台刚度差，难以控制水平等。施工中应及时发现偏差，找出倾斜原因并采取相应措施。

当操作平台受较大的固定偏心荷载作用，或经常受较大的风荷载作用时，则操作平台应保持一定的倾斜度上升，使操作平台在偏心荷载作用一侧或背风一侧升高。

当建筑物已产生倾斜时，纠正方法通常是调整操作平台的高差，即借助千斤顶将操作平台在建筑物倾斜的一侧升高使平台倾斜，但其倾斜度不应超过模板的倾斜度，然后继续滑升浇筑混凝土，使建筑物倾斜逐步纠正。至建筑物垂直度恢复正常时，再将操作平台水平上升。此外亦可在操作平台上与倾斜方向相反的一侧堆放重物，或调整混凝土的浇筑方向和顺序，或在千斤顶下加斜垫板等方法进行纠偏。但纠偏应逐步进行，避免结构出现死弯等不良现象。

（三）建筑物扭转

建筑物扭转的原因有：千斤顶升差不匀，模板收分不匀；经常沿一个方向浇筑混凝土等，导致操作平台产生扭矩，而使平台和建筑物扭转。纠正的方法可采用与扭转相反的方向浇筑混凝土，或施加反向力矩。当建筑物为圆筒形结构时，可沿圆周等间距地布置 4～8 对双千斤顶，将两千斤顶设置于槽钢挑梁上，挑梁与提升架横梁相连接，使提升架由双千斤顶承担，通过调整两个千斤顶的不同提升高度，来纠正

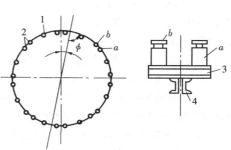

图 4-77　双千斤顶纠正扭转

1—单千斤顶；2—双千斤顶；
3—挑梁；4—提升架横梁

操作平台和模板的扭转。如图 4-77 所示，当操作平台和模板发生顺时针方向扭转时，先

将顺时针扭转方向一侧的千斤顶 a 升高一些，然后使全部千斤顶滑升一次，以形成反时针方向的扭转，如此重复将模板提升数次，即可纠正扭转。

习　　题

4-1　计算图 4-78 所示钢筋的下料长度。

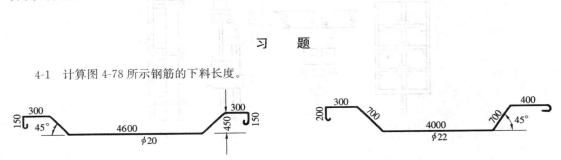

图 4-78

4-2　试将冷轧带肋钢筋力学性能表（表 4-4），冷轧扭钢筋力学性能表（表 4-7）与热轧钢筋 HPB300 级、HRB335 级（直径 8—25mm）力学性能表（表 4-1）进行比较并说明有哪些不同。

4-3　某梁设计主筋 3 根 HRB335 级、直径 20mm（$f_{y1}=335\text{N/mm}^2$），今现场无 HRB335 级钢筋，拟用 HPB300（$f_{y2}=300\text{N/mm}^2$）代换，试计算需几根钢筋？若用 $\phi20$ 钢筋代换，当梁宽为 250mm 时，钢筋按一排布置是否可行？

4-4　某混凝土实验室配合比为 1：2.12：4.37，$W/C=0.62$，每立方米混凝土水泥量为 290kg，实测现场砂含水率 3%，石含水率 1%。

试求：①施工配合比；
　　　　②当用 250L 搅拌机搅拌时，每拌投料水泥、砂、石、水各多少？

4-5　某高层建筑基础钢筋混凝土底板长×宽×高＝25m×14m×1.2m，要求连续浇注混凝土，不留施工缝。搅拌站设三台 250 公升搅拌机，每台实际生产率为 5m³/h，混凝土运输时间为 25 分钟，气温为 25℃。混凝土 C30，浇筑分层厚 300mm。

试求：①混凝土浇筑方案；
　　　　②完成浇筑工作所需时间。

4-6　某框架结构现浇钢筋混凝土板，厚 150mm，其支模尺寸为 3.5m×4.95m，楼层高为 4.5m，采用组合钢模及钢管支架（对接钢管）支模，模板结构布置如图 4-40 所示（内钢楞悬壁长由 350mm 变为 450mm，其他均不变）。试作配板设计，并验算内钢楞及支架承载能力。

4-7　已知钢筋混凝土梁高 0.8m，宽 0.4m，采用 C30 级混凝土，坍落度为 50mm，混凝土温度 20℃，不用外加剂，混凝土浇筑速度 1m/h，试计算梁模板所受的荷载（梁侧模和底模），并绘制梁模板侧压力分布图。

4-8　已知一个 3m 高钢筋混凝土柱，截面为 300mm×300mm，混凝土坍落度 50mm，混凝土浇筑速度 0.5m/h，混凝土温度 20℃，试计算柱模板所受的水平荷载，并绘压力分布图。

4-9　某混凝土墙高 2.70m，宽 200mm，混凝土温度 15℃，坍落度 80mm，混凝土浇筑速度 1.5m/h（沿高度方向），模板采用 18mm 厚木胶合板，内竖楞采用 50mm×100mm 方木，试确定竖楞间距。

4-10　试回答所浇混凝土侧压力计算结果中 $H<h$ 和 $H>h$ 意义有何不同？并用图表示。

4-11　某框架柱断面为 400mm×600mm，采用滑模施工，根据混凝土自重应大于混凝土与模板间的摩阻力的要求，试校核采用 1.2m 高的钢模时，滑升时混凝土是否会拉裂或被模板带起？（混凝土与钢模间的摩阻力为 1800～2400N/m²）

4-12　某高层建筑钢筋混凝土墙厚 180mm，采用滑模施工，问木模满足要求否？（木模与混凝土间的摩阻力为 2450～3000N/m²）

4-13　滑模千斤顶支承杆一般采用 HPB235 级直径 25 圆钢，今模板下口至千斤顶上卡头的距离为 1800mm（即支承杆的自由长度 l）。试计算：

①一根支承杆所能承受荷载 $N(N = \varphi \cdot A \cdot f$，其中 φ 为压杆稳定系数，A 为支承杆横截面面积，f 为钢的强度设计值，一般取 $210N/mm^2$，支承杆的计算长 $l' = 0.7l$）；

②若滑模总荷载（包括全部自重、堆料、设备重及摩阻力）为 900kN，试求千斤顶及支承杆数量。

4-14　零星混凝土质量检验，混凝土设计强度等级为 C30，立方体试件抗压强度分别为 34、35、33、36、36.5、34.5N/mm²，试评定混凝土质量是否合格。

4-15　现用蓄热法养护混凝土，水泥为强度等级 42.5 的普通硅酸盐水泥，混凝土平均温度为 11.6℃，养护 8 昼夜，试估算混凝土冷却到 0℃时可达到混凝土设计强度的百分率（%）是多少。是否满足要求？

4-16　柱模板构造设计与构件验算

已知条件：钢筋混凝土柱截面 600mm×600mm；柱模板的总计算高度 $H = 3$m；柱模面板采用 18mm 厚木胶合板；竖楞采用 50mm×100mm 枋木（间距不大于 300mm）；柱箍选用双向 2ϕ48.3×3.6mm 扣件式钢管，M12 型对拉螺栓拉紧。

通过施工现场实践完成如下作业：

①柱模板构造设计：绘制柱模板构造示意图（含柱模板立面示意图）；

②柱模板荷载标准值和组合设计值计算；

③验算柱模面板、竖向楞（枋木）柱箍的强度和刚度，对拉螺栓承担的最大拉力。

第五章 预应力混凝土工程

在建筑工程中，预应力混凝土结构体系主要有部分预应力混凝土现浇框架结构体系及无粘结预应力混凝土现浇楼板结构体系。在特种结构中，预应力混凝土电视塔、筒、贮液池等相继发展。此外，预应力技术在房屋加固与改造中也得到了推广应用。随着大跨度公共建筑的兴起，预应力技术与空间钢结构相结合，创造出预应力网架、斜拉网壳及索拱桥等结构新体系。预应力混凝土与钢筋混凝土比较，具有构件截面小，刚度大，自重轻，抗裂度高，耐久性好，材料省等优点。预应力混凝土施工，需要专门的材料和设备，工艺特殊、单价高。在大开间、大跨度及大荷载的结构中，采用预应力混凝土结构可减少材料用量，扩大使用功能，综合效益好，在现代结构中具有广阔的发展前景。

预应力混凝土按预应力度大小分为：全预应力混凝土和部分预应力混凝土。全预应力混凝土是在全部使用荷载下，受拉边缘不允许出现拉应力的预应力混凝土，适用于混凝土不许开裂的结构。部分预应力混凝土是在全部使用荷载下，受拉边缘允许出现一定裂缝。这种结构构件综合性好，费用较低，适用面广。

预应力混凝土按施加预应力的方法不同可分为：先张法预应力混凝土和后张法预应力混凝土。先张法是混凝土浇筑前张拉钢筋，预应力是靠钢筋（钢丝）与混凝土之间的粘结力传递给混凝土。后张法是混凝土达到一定强度后张拉钢筋，预应力靠锚具传递给混凝土。在后张法中，按预应力钢筋粘结状态又可分为：有粘结预应力混凝土和无粘结预应力混凝土。前者在钢筋张拉后通过孔道灌浆使预应力筋与混凝土相互粘结。后者由于预应力筋涂有油脂、预应力只能永久地靠锚具传递给混凝土。

第一节 预应力筋与锚固体系

一、预应力筋

（一）预应力筋品种与规格

目前，我国预应力筋的品种有钢丝、钢绞线和单根粗钢筋（精轧螺纹筋和冷轧螺纹筋）等三个品种。其中，钢丝、钢绞线应用最多。螺纹钢筋为直线筋。

预应力筋的发展趋势：高强度、低松弛、粗直径、耐腐蚀。

1. 钢丝

预应力钢丝是用优质高强钢盘条，经冷轧处理、酸洗镀铜后冷拔而成。

预应力钢丝根据深加工要求不同，分冷拉钢丝和消除应力钢丝两类。又由应力松弛性能不同，有普通松弛型钢丝和低松弛钢丝。表面形状不同，又分光圆钢丝、刻痕钢丝和螺旋肋钢丝。

冷拉钢丝是经冷拔后直接用于预应力混凝土的钢丝。这种钢丝上伸长率差，存在残余应力，屈强比低，一般仅用于水管、电杆。

普通松弛型钢丝是冷拔丝经矫直回火后，消除残余应力，提高了钢丝比例极限、屈强比和弹性模量，改善了塑性，这种钢丝以往广泛应用，由于技术进步，近几年，逐步向低松弛方向发展。

低松弛型消除应力钢丝是钢丝冷拔后在张力状态下经回火处理的钢丝。这种钢丝应力松弛率低、屈服强度高、抗裂性能高、钢材耗量少、综合效益好，在建筑工程中推广应用具有很强的生命力。

刻痕钢丝是用冷轧或冷拔方法使钢丝产生周期复化的凹或凸痕的钢丝，与混凝土握裹力好，这种钢丝可用于先张法预应力混凝土中小型构件。

螺旋肋钢丝的公称直径、横截面积，每束重量等均与光圆钢丝相同。

预应力钢丝规格与力学性能应符合国家标准《预应力混凝土钢丝》（GB/T 5223—2002）的规定，见表 5-1～表 5-4。

光圆钢丝尺寸及允许偏差、参考重量 表 5-1

公称直径 d_n (mm)	直径允许偏差 (mm)	公称横截面积 s_n (mm²)	参考重量 (kg/m)
3.00	±0.04	7.07	0.058
4.00		12.57	0.099
5.00※	±0.05	19.63※	0.154
6.00		28.27	0.222
7.00		38.48※	0.302
8.00	±0.06	50.26	0.394
9.00※		63.62※	0.499
10.00		78.54	0.616
12.00		113.1	0.888

※ 表示常用规格

冷拔钢丝的力学性能 表 5-2

公称直径 d_n (mm)	抗拉强度 σ_b (MPa)	规定非比例伸长应力 $\sigma_{p0.2}$ (MPa)	最大力下总伸长 (L_0=200mm) δ (%)	弯曲次数 次/180°	弯曲次数 弯曲半径 R (mm)	断面收缩率 (%)	每 210mm 扭矩的扭转次数 n	初始应力相当于 70%公称抗拉强度时，1000h 后应力松弛率 (%)
	不 小 于					不 小 于		不 大 于
3.00	1470	1100	1.5	4	7.5	—	—	8
4.00	1570	1180		4	10	35	8	
5.00	1670	1250		4	15		8	
	1770	1330		4	15		8	
6.00	1470	1100		5	15		7	
7.00	1570	1180		5	20	30	6	
	1670	1250		5	20		6	
8.00	1770※	1330		5	20		5	

注：1. 规定非比例伸长应力 $\sigma_{p0.2}$ 值不小于公称抗拉强度的 75%。

2. 除抗拉强度、规定非比例伸长应力外，对压力管道用钢丝还需进行断面收缩率、扭转次数、松弛率的检验；对其他用途钢丝还需进行断后伸长率、弯曲次数的检验。

公称直径 d_n (mm)	抗拉强度 σ_b (MPa) 不小于	规定非比例伸长应力 $\sigma_{p0.2}$ (MPa) 不小于		最大力下总伸长率 ($L_0=200\text{mm}$) σ (%) 不小于	弯曲次数		应力松弛性能		
		WLR	WNR		次/180° 不小于	弯曲半径 R (mm)	初始应力相当于公称抗拉强度的百分数 (%)	1000h 后应力松弛率 (%) 不大于	
								WLR	WNR
4.00	1470	1200	1250		3	10	对所有规格		
	1570	1380	1330						
	1670	1470	1410						
5.00※	1770※	1560	1500		4	15	60	1.0	4.5
	1860	1640	1580						
6.00	1470	1290	1250	3.5	4	15			
	1570	1380	1330						
	1670	1470	1410				70	2.0	8
7.00※	1770※	1560	1500		4	20			
8.00	1470	1290	1250		4	20			
9.00※	1570※	1380	1330		4	25			
10.00					4	25	80	4.5	12
12.00	1470	1290	1250		4	30			

注：1. 规定非比例伸长应力 $\sigma_{p0.2}$ 值对低松弛钢丝 WLR 应不小于公称抗拉强度的 88%，对普通松弛钢丝 WNR 应不小于公称抗拉强度的 85%。

2. 弹性模量为 $(2.05\pm0.1)\times10^5$ MPa，但不作为交货条件。

3. 表中带※表示常用规格

公称直径 d_n (mm)	抗拉强度 σ_b (MPa) 不小于	规定非比例伸长应力 $\sigma_{p0.2}$ (MPa) 不小于		最大力下总伸长率 ($L_0=200\text{mm}$) σ (%) 不小于	弯曲次数		应力松弛性能		
		WLR	WNR		次/180° 不小于	弯曲半径 R (mm)	初始应力相当于公称抗拉强度的百分数 (%)	1000h 后应力松弛率 (%) 不大于	
								WLR	WNR
≤5.0	1570	1380	1330			15	对所有规格		
	1670	1470	1410						
	1770	1560	1500				60	1.5	4.5
	1860	1640	1580				70	2.5	8
>5.0	1470	1290	1250	3.5	3				
	1570	1380	1330			20			
	1670	1470	1410				80	4.5	12
	1770	1560	1500						

注：规定非比例伸长应力 $\sigma_{p0.2}$ 值对低松弛钢丝 WLR 应不小于公称抗拉强度的 80%，对普通松弛钢丝 WNR 应不小于公称抗拉强度的 85%。

2. 钢绞线

预应力钢绞线是由多根冷拉钢丝在绞线机上成螺旋形咬合，并经消除应力回火处理而成的总称。钢绞线整根破断力大，柔性好，施工方便，有广阔的发展前景。

钢绞线按捻制结构不同分为：1×2 钢绞线，1×3 钢绞线和 1×7 钢绞线，如图 5-1 所示。1×2 钢绞线用量少，1×3 钢绞线仅用于先张法预应力混凝土构件，1×7 钢绞线是由于 6 根外层钢丝围绕着一根中心钢丝（直径加大 2.5%）绞成，后张法构件中用途广泛。

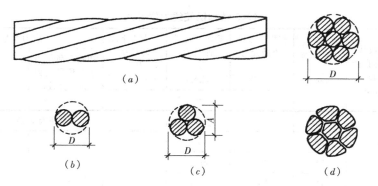

图 5-1 预应力钢绞线

(a) 1×7 钢绞线；(b) 1×2 钢绞线；
(c) 1×3 钢绞线；(d) 模拔钢绞线
D—钢绞线公称直径；A—1×3钢绞线测量尺寸

钢绞线按深加工要求不同分标准型钢绞线（低松弛钢绞线）、刻痕钢绞线和拔模钢绞线。其中低松弛钢绞线的力学性能优异，质量稳定，价格适中，是我国土建工程中用途最广，用量最大的一种预应力筋。

刻痕钢绞线力学性能与低松弛钢绞线相同。

模拔钢绞线是在捻制成型后，再经模拔处理（图 5-1d）。外径较小，可减少孔道直径。在相同直径孔道内，可使钢绞线的数量增加，而且它与锚具的接触面大，易于锚固。

钢绞线的规格和力学性能应符合国家标准《预应力混凝土用钢绞线》（GB/T 5224—2003）的规定，见表 5-5～表 5-8。

<table>
<tr><td colspan="7" align="center">1×3 结构钢绞线尺寸及允许偏差、参考重量　　　　表 5-5</td></tr>
<tr><td rowspan="2">钢绞线结构</td><td colspan="2">公　称　直　径</td><td rowspan="2">钢绞线测量尺寸
A
(mm)</td><td rowspan="2">测量尺寸 A
允许偏差
(mm)</td><td rowspan="2">钢绞线参考
截面积
S_n
(mm²)</td><td rowspan="2">钢绞线
参考重量
(kg/m)</td></tr>
<tr><td>钢绞线直径
D
(mm)</td><td>钢丝直径
d
(mm)</td></tr>
<tr><td rowspan="3">1×3※</td><td>8.60</td><td>4.00</td><td>7.46</td><td rowspan="3">+0.20
−0.10</td><td>37.7</td><td>0.296</td></tr>
<tr><td>10.80</td><td>5.00</td><td>9.33</td><td>58.9</td><td>0.462</td></tr>
<tr><td>12.90</td><td>6.00</td><td>11.20</td><td>84.8</td><td>0.666</td></tr>
<tr><td>1×3 I</td><td>8.70</td><td>4.04</td><td>7.54</td><td></td><td>38.5</td><td>0.302</td></tr>
</table>

注：I—刻痕钢绞线。
带※号表示常用规格

<table>
<tr><td colspan="6" align="center">1×7 结构钢绞线的尺寸及允许偏差、参考重量　　　　表 5-6</td></tr>
<tr><td>钢绞线结构</td><td>公称直径
D
(mm)</td><td>直径允许
偏差
(mm)</td><td>钢绞线参考截面积
S_n
(mm²)</td><td>钢绞线参考重量
(kg/m)</td><td>中心钢丝直径 d_0 加大范围
(%)
不小于</td></tr>
<tr><td rowspan="6">1×7※</td><td>9.50</td><td rowspan="2">+0.30
−0.15</td><td>54.8</td><td>0.430</td><td rowspan="9">2.5</td></tr>
<tr><td>11.10</td><td>74.2</td><td>0.582</td></tr>
<tr><td>12.70</td><td rowspan="4">+0.40
−0.20</td><td>98.7</td><td>0.775</td></tr>
<tr><td>15.20</td><td>140</td><td>1.101</td></tr>
<tr><td>15.70</td><td>150</td><td>11.78</td></tr>
<tr><td>17.80</td><td>190</td><td>1.500</td></tr>
<tr><td rowspan="3">(1×7) C</td><td>12.70</td><td rowspan="3">+0.40
−0.20</td><td>112</td><td>0.890</td></tr>
<tr><td>15.20</td><td>165</td><td>1.295</td></tr>
<tr><td>18.00</td><td>223</td><td>1.750</td></tr>
</table>

注：C—模拔钢绞线。
※—常用规格

钢绞线结构	钢绞线公称直径 D (mm)	公称强度 σ_b (MPa)	整根钢绞线的最大力 F_b (kN)	规定非比例伸长力 $F_{p0.2}$ (kN)	最大力下总伸长率 ($L_0 \geqslant$ 400mm) (%)	应力松弛性能	
						初始负荷相当于公称最大力的百分数，(%)	1000h 后应力松弛率 (%)
			不　小　于				不大于
1×3※	8.60	1720	65.3	58.8	对所有规格		
		1860	70.6	63.5			
		1960	73.9	66.5			
	10.80	1720	102	91.8		60	1.0
		1860	110	99.0			
		1960	115	104	3.5		
	12.90	1720	147	132		70	2.5
		1860	159	143			
		1960	166	150			
1×3 I	8.70	1570	59.7	53.7		80	4.5
		1720	66.2	59.6			
		1860	71.6	64.4			

注：规定非比例伸长力不小于整根钢绞线公称最大力的 90%。
　　带※表示常用规格

钢绞线结构	钢绞线公称直径 D (mm)	公称强度 σ_b (MPa)	整根钢绞线的最大力 F_b (kN)	规定非比例伸长力 $F_{p0.2}$ (kN)	最大力下总伸长率 ($L_0 \geqslant$ 500mm) (%)	应力松弛性能	
						初始负荷相当于公称最大力的百分数，(%)	1000h 后应力松弛率 (%)
			不　小　于				不大于
1×7※	12.70	1720	170	153	对所有规格		
		1860	184	166			
		1960	193	174			
	15.20	1720	241	217		60	1.0
		1860	260	234			
		1960	274	247	3.5		
	15.70	1770	258	232		70	2.5
		1860	279	251			
	17.80	1720	327	294			
		1860	353	318			
1×7※	12.70	1860	208	187		80	4.5
	15.20	1820	300	270			
	18.00	1720	384	346			

注：1. 非比例伸长力 $F_{p0.2}$ 不小于整根钢绞线公称最大力的 90%。
　　2. 钢绞线弹性模量为 (1.95±0.1)×10⁵MPa，但不作为交货条件。
　　3. 带※表示常用规格

3. 精轧螺纹钢筋

精轧螺纹钢筋是一种热轧不带纵肋而模肋为不连续的梯形螺纹的直条钢筋（图 5-2），该钢筋在任意截面上都能拧上带内螺纹的连接器进行接长，或拧上特制螺母进行锚固。无需冷拉与焊接、施工方便。主要用于直线预应力筋。

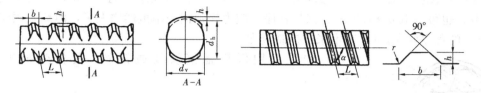

图 5-2 精轧螺纹钢筋外形

精轧螺纹钢筋的规格与力学性能见表 5-9 和表 5-10。

精轧螺纹钢筋直径、重量　　　　　　　　表 5-9

公称直径（mm）	18	25	28	32
基圆截面积（mm²）	254.5	490.9	615.8	804.2
理论重量（kg/m）	2.11	4.05	5.12	6.66

精轧螺纹钢筋的力学性能　　　　　　　　表 5-10

级　别	屈服点（MPa）	抗拉强度（MPa）	伸长率 δ_5（%）	冷弯 90°	松弛值 10h
	不　小　于				不大于
JL785	785	980	7	$D=7d$	80%$\sigma_{0.1}$，1.5%
JL835	835	1035	7	$D=7d$	
RL540	540	835	10	$D=5d$	

注：1. D—弯心直径，d—钢筋公称直径；
　　2. RL540 级钢筋，$d=32$mm 时，冷弯 $D=6d$；
　　3. 钢筋弹性模量为 $1.95 \times 10^5 \sim 2.05 \times 10^5$ MPa。

（二）预应力筋的特性

1. 应力-应变曲线

预应力筋采用的钢丝、钢绞线都属于硬钢性质，只有精轧螺纹钢筋属于软钢性质。

钢丝、钢绞线的应力-应变曲线如图 5-3 所示，当钢丝拉伸超过比例极限 σ_p 后，$\sigma\varepsilon$ 呈非线性变化关系。由于钢丝、钢绞线没有明显的屈服点，一般以残余应变为 0.2% 时的强度定为屈服强度 $\sigma_{0.2}$。当钢丝拉伸超过 $\sigma_{0.2}$ 后，应变 ε 加快，σ 至 σ_b 时，σ 继续发展，在 $\sigma\varepsilon$ 曲线上呈水平段然后断裂。

比例极限 σ_p，习惯上采用残余应变为 0.01% 时的应力。

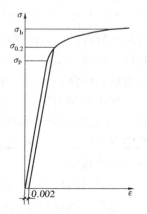

图 5-3 预应力钢丝的
应力-应变曲线

2. 应力松弛

预应力筋的应力松弛是指钢材受到一定的张拉力后在长度保持不变的条件下，钢材的应力随时间的增长而降低的现象。此降低值称为应力松弛损失。产生应力松弛的原因，主要是由于金属内错位运动，使一部分弹性变形转化为塑性变形引起的。试验表明，应力松弛初期发展较快，在最初几分钟内可完成损失总值的 40%～50%。强度越高应力松弛损失就越高，钢丝、钢绞线的应力松弛率比精轧螺纹钢筋大。同时还表明，初应力越大，应力松弛损失率越大。温度越高应力松弛损失越大。为了减少张拉过程中产生的应力松弛损失，可采取如下两项措施：

（1）采取超张拉程序，$0 \rightarrow 1.05\sigma_i \xrightarrow{\text{持荷 2min}} \sigma_i$，比一次张拉程序 $0 \rightarrow \sigma_i$，可减少松弛损失 10%；也可采取 $0 \rightarrow 1.03\sigma_i$ 超张拉程序，应力松弛损失率虽然增大了，但剩余预应力仍比 $0 \rightarrow \sigma_i$ 的程序要大。（σ_i 表示张拉控制应力）。

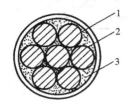

（2）如果采用低松弛钢绞线或钢丝，其松弛损失可减少 70%～80%。

（三）无粘结预应力钢绞线

无粘结钢绞线是用防腐润滑油脂涂在钢绞线表面上，并用外包装塑料护套制成（图 5-4）。它主要用于后张法预应力混凝土结构中的无粘结预应力筋。它应符合行业标准《无粘结预应力钢绞线》（J3006—2003）的规定。

图 5-4 无粘结钢绞线
1—钢绞线；2—油脂；
3—塑料护套

无粘结预应力钢绞线规格选用 1×7 结构，直径有 9.5mm、12.7mm、15.2mm、15.7mm 等。其质量应符合国家标准（GB/T 5224—2003）的要求。防腐润滑油脂应有良好的化学稳定性，对周围用材料无侵蚀作用；不透水、不吸湿；抗腐蚀性能强；润滑性能好，摩阻力小；在规定的温度范围内、高温不流淌低温不变脆，并有一定韧性。其质量应符合行业标准（JG3007）的要求。护套材料应采用高密度聚乙烯树脂，其质量应符合国家标准（GB11116—89）的规定。护套颜色宜采用黑色。也可采用其他颜色，但颜色不能损伤护套性能。

预应力钢绞线的力学性能，经检验合格后方可制作无粘结预应力筋。

二、预应力筋的锚固体系

预应力筋锚固体系包括锚具、夹具和连接器等。

锚具是后张法结构或构件中为保持预应力筋拉力并将其传递到混凝土的永久性锚固装置。夹具是先张法构件施工时为保持预应力筋拉力并将其固定在张拉台座（或钢模）上的临时性装置。后张法张拉预应力筋时，也需用夹具，它是将千斤顶（或其他张拉设备）的张拉力传递给预应力筋的临时性装置，又称工具锚。连接器是先张法或后张法施工中将预应力从一根预应力筋传递到另一根预应力筋的装置。

预应力筋用锚具、夹具和连接器按锚固方法不同，可分为夹片式（单孔与多孔夹片锚具）、支承式（镦头锚具、螺母锚具）、锥塞式（钢质锥形锚具）和握裹式（挤压锚具、压花锚具）四类。设计与施工单位应根据结构要求、产品技术性能和张拉方法等选用合适的锚具和连接器。

（一）锚具、夹具连接器的性能要求

锚具、夹具和连接器的性能应符合现行国家标准《预应力筋用锚具、夹具和连接器》GB/T 14370 的有关规定，其工程应用应符合行业标准《预应力筋用锚具、夹具和连接器应用技术规程》（JGJ 85—2002）的规定。其中，预应力筋-锚具组装件（预应力筋端部装有锚具）的锚固性能是评定锚具是否合格、安全可靠的指标。

预应力筋-锚具组装件的静载锚固性能，是由锚具效率系数 η_a 和达到实测极限拉力时组装件受力长度的总应变 ε_{apu} 确定的。

η_a 定义是预应力筋-锚具组装件的实际拉断力与预应力筋的理论拉断力之比，应按下式计算：

$$\eta_a = \frac{F_{apu}}{\eta_p \cdot F_{pm}} \tag{5-1}$$

式中　F_{apu}——预应力筋-锚具组装件的实测极限拉力；

　　　F_{pm}——预应力筋的实际平均极限抗拉力，由预应力筋试件实测破断荷载平均值计算得出；

　　　η_p——预应力筋的效力系数，应按下列规定取用：预应力筋-锚具组装件中预应力筋为 1～5 根时，$\eta_p=1.0$；6～12 根时，$\eta_p=0.99$；13～19 根时，$\eta_p=0.98$；20 根以上时，$\eta_p=0.79$。

在预应力筋强度等级已确定条件下，预应力-锚具组装件的静载锚固性能试验结果，应同时满足：$\eta_a \geqslant 0.95$，$\varepsilon_{apu} \geqslant 2\%$。

夹具的静载锚固性，应由预应力筋-夹具组装件静载试验测定的夹具效率系数 η_g 确定。

$$\eta_g = F_{gpu}/F_{pu} \tag{5-2}$$

式中　F_{gpu}——预应力筋—夹具组装件的实测极限应力。

试验结果应满足 $\eta_g \geqslant 0.92$。

另外，承受一般静、动荷载的预应力混凝土结构，预应力筋-锚具（连接件）组装件尚应满足循环数为 200 万次的疲劳性能试验；在抗震结构中还应满足循环次数为 50 次的周期荷载试验。

（二）钢绞线锚固体系

1. 张拉端锚具

钢绞线张拉端锚具主要采用夹片锚具，它是利用夹片来锚固预应力钢绞线的一种楔紧式锚具。有单孔夹片和多孔夹片两类。

（1）单孔夹片锚具

单孔夹片锚具由锚环与夹片组成，如图 5-5 所示。锚环采用 45 号钢，调质热处理硬度 HRC32～35。夹片用 20crMnTi 合金钢，并采用心软齿硬的做法，表面热处理后的齿面硬度应为 HRC60～62。

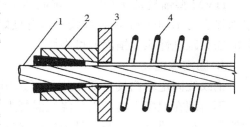

图 5-5　单孔夹片锚固体系
1—钢绞线；2—单孔夹片锚具；
3—承压钢板；4—螺旋筋

单孔夹片锚具适用于锚固单根无粘结预应力钢绞线，也可用作先张法夹具。单孔夹片锚具用于锚固 $\phi^s 12.7$ 和 $\phi^s 15.2$ 钢绞线时，其锚固承压钢板的尺寸宜为 $80mm \times 80mm \times 12mm$，螺旋筋采用 $\phi 6$ 钢筋，直径 $\phi 70$ 四圈。

（2）多孔夹片锚具

多孔夹片锚固体系是由多孔夹片锚具、锚垫板（铸铁喇叭管）、螺旋筋等组成。如图 5-6 所示。这种锚具是在一块多孔的锚板上，利用每个锥形孔装一副夹片，夹持一根钢绞线。其特点是，任何一根钢绞线锚固失效都不会引起整体锚固失效。每束钢绞线的根数不受限制。

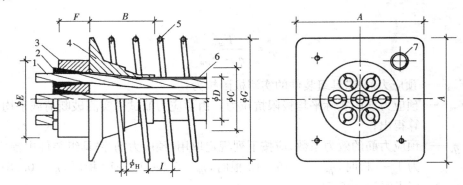

图 5-6　多孔夹片锚固体系

1—钢绞线；2—夹片；3—锚板；4—锚垫板（铸铁喇叭管）；5—螺旋筋；
6—金属波纹管；7—灌浆孔

对锚板与夹片的要求，与单孔夹片锚具相同。

多孔夹片锚固体系发展较快，在后张法有粘结预应力混凝土结构中用途最广。国内主要品牌有：QM、OVM、HVM 等。

QM 型锚具由锚板和夹片组成，根据钢绞线根数，可选用不同孔数的锚板。适用锚固直径 12.7、12.9、15.2 和 15.7mm 等，强度为 1570～1860MPa 的各类钢绞线或钢丝束，互换性好。

OVM 型锚具适用于强度 1860MPa、直径 12.7mm、15.7mm，3～55 根钢绞线，采用带弹性槽的二片式夹片，以适应钢绞线直径变化量大的特点，如果直径可控时，也可取消弹性槽。

HVM 型锚具是在 OVM 型锚固体系的基础上优化设计的轻量化高性能锚固体系。可锚固强度为 1960MPa 的钢绞线。具有良好的抗疲劳性能，较高的结构锚固效率系数，较强的锚具跟进性能和锚固的可靠性。

2. 固定端锚具

钢绞线固定端锚具目前常用的可选用张拉端的夹片锚具，但必须安装在结构或构件外，不得埋在混凝土内，以免浇筑混凝土时松动夹片。还可以选用以下三种类型作为固定端锚具：挤压锚具，压花锚具和环形锚具。其中，环形锚具仅用于薄壁结构。

（1）挤压锚具

P 型挤压锚具是在钢绞线端部安装异形钢丝衬圈和挤压套，利用专用的挤压机将挤压套挤过模孔后，使其产生塑性变形而咬紧钢绞线，形成可靠锚固，如图 5-7 所示。挤压套采用 45 号钢，其尺寸为 $\phi35\times58$mm（用于 ϕ^s15 钢绞线），挤压后其尺寸为 $\phi30\times70$mm。

挤压锚具既可埋在混凝土结构内，也可安装在结构之外，对有粘结预应力钢绞线和无粘结预应力钢绞线都适用，应用范围最广，当用于无粘结预应钢绞线时，挤压锚具下设钢垫板和螺旋筋，见图 5-5；用于有粘结预应力钢绞线时，见图 5-7。当一束钢绞线的根数较多，设置整块钢垫板有困难时，可将钢垫板分成若干块。但要注意钢垫板上的挤压锚具间距：对 $\phi15$ 钢绞线不小于 60mm，孔径宜为 $\phi20$。

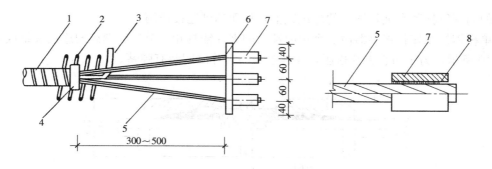

图 5-7 挤压锚具

1—金属波纹管；2—螺旋筋；3—排气管；4—约束圈；5—钢绞线；

6—锚垫板；7—挤压锚具；8—异形钢丝衬圈

（2）压花锚具

H型压花锚具是利用专用压花机将钢绞线端头压成梨形散花头的一种握裹式锚具，如图 5-8 所示。

压花锚具的性能主要取决于梨形头尺寸和直线段长度。一般情况下对直径为 15.2mm 和 12.7mm 的钢绞线，梨头长度分别不小于 150mm 和 130mm；梨形头的最大直径分别不小于 95mm 和 80mm，梨形头前的直线锚固段长度分别不小于 900mm 和 700mm。

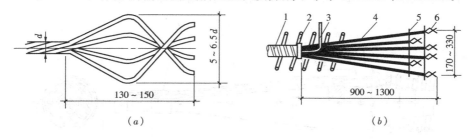

图 5-8 压花锚具

（a）、（b）两种压花锚具

1—波纹管；2—螺旋筋；3—排气管；4—钢绞线；5—构造筋；6—压花锚具

对 ϕ^s15 钢绞线不小于 $\phi95\times150$mm。多根钢绞线的梨头应分排埋置在混凝土内。为提高压花锚具四周混凝土及散花头根部混凝土抗裂强度，在散花头部配构造筋，在散花头根部配置螺旋筋，混凝土强度不低于 C30，压花锚距构件边缘不小 30mm，第一排压花锚的锚固长度，对 ϕ^s15 钢绞线不小于 900mm，每排相隔至少 300mm。

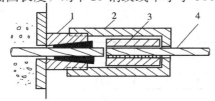

图 5-9 单根钢绞线锚头连接器

1—带外螺纹的锚环；2—带内螺纹的套筒；

3—挤压锚具；4—钢绞线

压花锚具仅适用于固定端空间较大且有足够粘结长度的空间。

3. 连接器

（1）单根钢绞线连接器

单根钢绞线锚头连接器是由带外螺纹的夹片锚具、挤压锚具与带内螺纹的套筒组成。如图 5-9 所示，前段筋采用带外螺纹的夹片锚具锚固，后段筋的挤压锚具穿在带内螺纹的套筒内，利用该套筒的内螺纹拧紧在夹片锚具的外螺纹上，从而达到连接作用。

单根钢绞线接长连接器由二个带内螺纹的夹片锚具和一个带外螺纹的连接头组成，如图 5-10 所示。为了防止夹片松脱，在连接头与夹片之间装有弹簧。

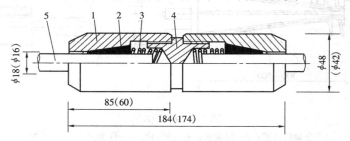

图 5-10　单根 $\phi^s 15.2$（$\phi^s 12.7$）钢绞线接长连接器

1—带内螺纹的加长锚环；2—带外螺纹的连接头；

3—弹簧；4—夹片；5—钢绞线

（2）多根钢绞线连接器

多根钢绞线连接器由连接体、夹片、挤压锚具、白铁护套、约束圈等组成。如图 5-11 所示。其连接体是一块增大的锚板。锚板中部锥形孔用于锚固前段束，锚板外周边的槽口用于挂后段束。表 5-11 列出 OVM15 系列连接器的相关尺寸。

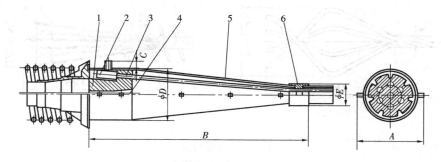

图 5-11　多根钢绞线连接器

1—连接体；2—挤压锚具；3—钢绞线；4—夹片；5—白铁护套；6—约束圈

OVM15 多根钢绞线连接器主要尺寸　　　　　　　　　　　表 5-11

型　号	预应力筋根数	A	B	C	ϕD	ϕE
OVM15L-3	3	209	678	25	169	59
OVM15L-4	4	209	678	25	169	59
OVM15L-5	5	221	730	25	181	59
OVM15L-6	6	239	748	25	199	73
OVM15L-7	7	239	748	25	199	73
OVM15L-9	9	261	801	25	221	83
OVM15L-12	12	281	845	25	241	93
OVM15L-19	19	323	985	25	283	103

4. 环锚

Z 型环锚，又称游动锚具，用于圆形结构的环状钢绞线束，或使用在两端不能安装普通张拉锚具的钢绞线上。

该锚具的预应力筋首尾锚固在一块锚板上，张拉时需安装变角块在一个方向进行张拉。如图 5-12 所示。表 5-12 列出 Z 型环锚的有关尺寸。

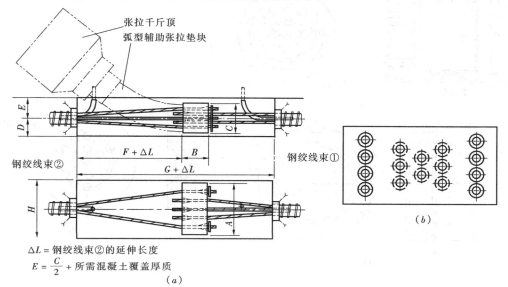

ΔL = 钢绞线束②的延伸长度

$E = \dfrac{C}{2} +$ 所需混凝土覆盖厚质

（a）

图 5-12 Z 型环锚

（a）环锚有关尺寸；（b）环锚锥孔

OVM Z 型游动锚具有关尺寸   表 5-12

型　　号	A	B	C	D	F	H
OVMHM15-2	160	65	50	50	150	200
OVMHM15-4	160	80	90	65	800	200
OVMHM15-6	160	100	130	80	800	200
OVMHM15-8	210	120	160	100	800	250
OVMHM15-12	290	120	180	110	800	320
OVMHM15-14	320	125	180	110	1000	340

注：参数 E、G 应根据工程结构确定，ΔL 为环形锚索张拉伸长值。

（三）钢丝束锚固体系

1. 镦头锚具

适用锚固任意根数 ϕ_5^P、ϕ_7^P 的钢丝。一套锚具由 A 型和 B 型组成。A 型由锚杯与螺母组成，用于张拉端锚固。B 型为锚板，用于固定端锚固。图 5-13 为镦头锚具装配图，图5-14 为 A 型锚杯与 B 型锚板，DM5A 和 B 型与规格见表 5-13。

锚杯与锚板用 45 号钢制作，先经调质热处理后再进行机械加工。螺母用 30

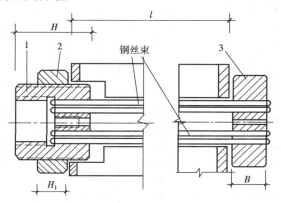

图 5-13 钢丝束镦头锚具装配图

1—锚杯（DM5A）；2—螺母；3—锚板（DM5B）

161

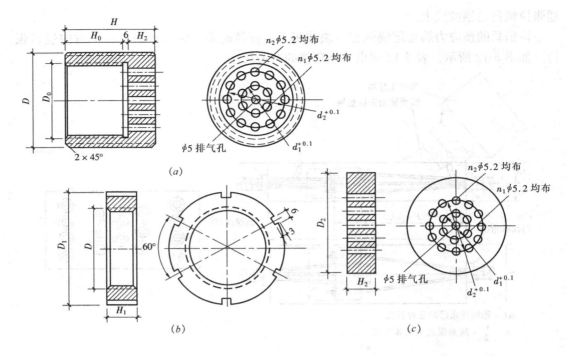

图 5-14　A 型锚杯与 B 型锚板

(a) 锚杯；(b) 螺母；(c) B 型锚板

号钢制作。锚杯的内外壁均有丝扣，内丝扣用于连接张拉螺丝杆，外丝扣用于拧紧螺母锚固钢丝束。锚杯和锚板四周钻孔，以固定镦头的钢丝，孔数和间距由钢丝根数确定。钢丝可用液压冷镦器进行镦头。钢丝束一端可在制束时将头镦好，另一端则待穿束后镦头，但构件孔道端部要设置扩孔。

$\phi 5$ 钢丝束镦头锚具尺寸（mm）　　　　　　　　　表 5-13

（一）A 型锚杯与螺母

型　号	钢丝根数	螺纹 D	螺纹 D_0	H	H_0	n_1	n_2	n_3	d_1	d_2	d_3	H_1	D_1
DM5A-4	4	M36×2	M24×2	40	15	4			12			15	55
DM5A-7	7	M41×2	M27×2	45	20	6	1		16	0		20	65
DM5A-10	10	M49×2	M35×2	50	20	2	9		8	24		20	75
DM5A-12	12	M52×2	M37×2	60	25	3	9		10	26		22	80
DM5A-14	14	M56×2	M40×2	60	25	4	10		12	28		22	85
DM5A-16	16	M60×2	M42×2	70	30	5	11		14	30		25	90
DM5A-18	18	M64×3	M45×2	70	30	6	12		16	32		25	95
DM5A-20	20	M68×3	M48×2	70	30	7	13		19	35		25	95
DM5A-22	22	M68×3	M48×2	75	35	8	14		21	37		30	100
DM5A-24	24	M72×3	M52×3	75	35	9	15		24	40		30	100
DM5A-28	28	M76×3	M55×3	75	35	2	10	16	11	27	43	30	105
DM5A-32	32	M80×3	M57×3	80	40	4	11	17	13	29	45	35	110
DM5A-36	36	M84×3	M60×3	80	40	6	12	18	16	32	48	35	115
DM5A-39	39	M88×3	M63×3	85	42	7	13	19	10	35	61	35	120
DM5A-42	42	M91×3	M65×3	90	45	8	14	20	21	37	53	40	125
DM5A-45	45	M94×3	M68×3	90	45	9	15	21	24	40	56	40	130

型　号	钢丝根数	D_2	H_2	n_1	n_2	n_3	d_1	d_2	d_3
DM5B-4	4		15	4			12		
DM5B-7	7		20	6	1		16	0	
DM5B-10	10		20	2	9		8	24	
DM5B-12	12	75	25	3	9		10	26	
DM5B-14	14	80	25	4	10		12	28	
DM5B-16	16	85	30	5	11		14	30	
DM5B-18	18	85	30	6	12		16	33	
DM5B-20	20	85	30	7	13		19	35	
DM5B-22	22	90	35	8	14		21	37	
DM5B-24	24	90	35	9	15		24	40	
DM5B-28	28	95	35	2	10	16	11	27	43
DM5B-32	32	95	40	4	11	17	13	29	45
DM5B-36	36	100	40	6	12	18	16	32	48
DM5B-39	39	100	42	7	13	19	19	35	51
DM5B-42	42	105	45	8	14	20	21	37	53
DM5B-45	45	105	45	9	15	21	24	40	56

$\phi^P 7$ 钢丝束镦头锚具尺寸（mm）

（一）A 型锚杯与螺母

型　号	钢丝根数	螺纹 D	螺纹 D_0	H	H_0	n_1	n_2	d_1	d_2	H_1	D_1
DM7A-6	6	M52×2	M37×2	60	25	6		22		22	80
DM7A-8	8	M62×3	M44×2	60	25	8		30		25	90
DM7A-10	10	M68×3	M48×2	70	30	2	9	12	34	30	95
DM7A-12	12	M72×3	M52×3	75	35	3	9	14	36	30	100
DM7A-14	14	M76×3	M55×3	80	35	4	10	16	38	30	110
DM7A-16	16	M80×3	M57×3	85	40	5	11	19	41	35	115
DM7A-18	18	M84×3	M60×3	85	40	6	12	22	44	35	120
DM7A-20	20	M91×3	M63×3	95	45	7	13	26	48	35	125
DM7A-22	22	M96×3	M67×3	95	45	8	14	30	52	40	130
DM7A-24	24	M100×3	M70×3	100	50	9	15	33	55	42	135

（二）B 型锚板

型　号	钢丝根数	D_2	H_2	n_1	n_2	d_1	d_2
DM7B-6	6	75	25	6		22	
DM7B-8	8	80	25	8		30	
DM7B-10	10	85	30	2	9	12	34
DM7B-12	12	95	35	3	9	14	36
DM7B-14	14	95	35	4	10	16	38
DM7B-16	16	95	40	5	11	19	41
DM7B-18	18	100	40	6	12	22	44
DM7B-20	20	100	45	7	13	26	48
DM7B-22	22	110	45	8	14	30	52
DM7B-24	24	120	50	9	15	33	55

　　张拉时，张拉螺丝杆一端与锚杯内丝扣连接，另一端与拉杆式千斤顶的拉杆连接，当张拉到控制应力时，锚杯被拉出，则拧紧锚杯外丝扣上的螺母加以锚固。

　　这种锚具加工简单，锚固性能好，张拉方便，成本低，适应广，是目前钢丝束主要选用锚具。但要求钢丝等长下料，张拉端要扩孔，施工比较麻烦。

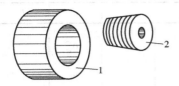

图 5-15　钢质锥形锚具
1—锚环；2—锚塞

2. 钢质锥形锚具　钢质锥形锚具由锚塞和锚环组成。如图 5-15。锚具型号有 GE5 和 GE7 型两种。适用于锚固 12～30 根 ϕ_7^5 钢丝束。这种锚具是一种楔紧式锚具，是在锚塞顶紧锚环后，利用钢丝与锚塞、锚环之间的摩擦力来锚固钢丝的，所以，这种锚具必须满足自锁和自锚两个条件。自锁就是锚塞顶紧后，不能回弹脱出锚环；自锚就要使预应力筋在张拉力作用下，带着锚塞楔紧而不发生滑移。

锚环与锚塞均用 45 号钢制作。为防止滑丝，锚环与锚塞的锥度应严格保持一致（一般为 5°），锚环孔形与锚塞的大小只允许同时出现正或负偏差。锚具尺寸按锚固钢丝根数确定。由于钢丝直径误差及锚具加工精度影响，钢质锥形锚具在张拉过程中容易出现滑丝、断丝现象，并且不易更换。

3. 单根钢丝夹具

（1）锥销夹具

锥销夹具适用夹持单根直径 4～5mm 的冷拔钢丝和消除应力钢丝。常用的钢丝锚固夹具有圆锥齿板式夹具、圆锥三槽式夹具。锚固时将齿板或锥销打入套筒，借助摩擦力将钢丝锚固。如图 5-16 所示，锥销夹具由套筒与锥塞组成。

锥销夹具须具备自锁和自锚能力。因此钢丝用夹具的套筒采用 45 号钢，调质热处理

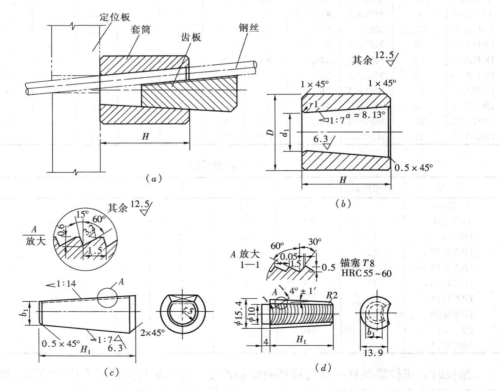

图 5-16　锥销夹具
（a）装配图；（b）套筒；（c）冷拔钢丝用齿板式锚塞；（d）消除应力钢丝用齿槽式锚塞

硬度为 HRC25～28；锚塞采用倒齿形，热处理硬度为 HRC55～58。

（2）夹片夹具

夹片夹具适用于夹持单根直径 5mm 的消除应力钢丝。

夹片夹具由套筒和夹片组成，如图 5-17 所示。（其中图（a）夹具用于固定端，图（b）夹具用于张拉端）。套筒内装有弹簧，将夹片顶紧，以确保成组张拉时夹片不滑脱。

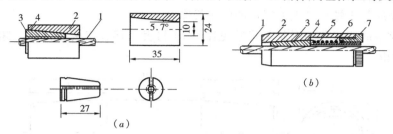

图 5-17　单根钢丝夹片夹具

（a）固定端夹片夹具；（b）张拉端夹片夹具

1—钢丝；2—套筒；3—夹片；4—钢丝圈；5—弹簧圈；6—顶杆；7—顶盖

（四）粗钢筋锚固体系

1. 精轧螺纹钢筋锚固体系　精轧螺纹钢筋锚具是利用与该钢筋螺纹相适宜的特制螺母锚固的一种支承式锚具。它包括螺母和垫板，如图 5-18。锚具尺寸见表 5-14。

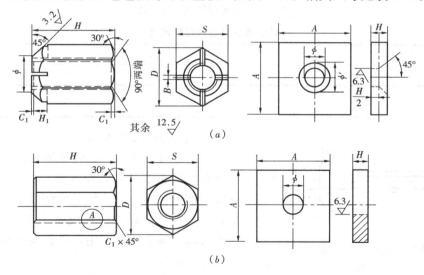

图 5-18　精轧螺纹钢筋的锚具

（a）锥面螺母与垫板；（b）平面螺母与垫板

精轧螺纹钢筋的锚具尺寸（mm）　　　　　　　　　　　　表 5-14

钢筋直径 (mm)	螺　母					垫　板			
	分　类	D	S	H	H_1	A	H	ϕ	ϕ'
25	锥　面	57.1	50	65	15	110	25	30	55
	平　面				—				—
32	锥　面	67	58	72	18	130	32	38	70
	平　面				—				—

螺母分平面螺母和锥面螺母两种，锥面螺母可通过锥体与锥孔的配合，保证预应力筋正确对中；开缝作用是增强对预应力筋的夹持能力。螺母材料用 45 号钢，调质热处理硬度 HRB215±15，其抗拉强度为 $750\sim860N/mm^2$。螺母的内螺纹是按钢筋尺寸公差和螺母尺寸之和设计。凡是钢筋尺寸在允许范围内。都能实现较好连接。

垫板也相应分为平面垫板与锥面垫板两种。由于螺母给垫板压力沿 45° 方向四周传递，垫板边长应等于螺母最大外径加两倍垫板厚度。

精轧螺纹钢筋连接器的形状与尺寸见图 5-19 与表 5-15。连接器材料、螺纹要求与精轧螺纹钢筋相同。

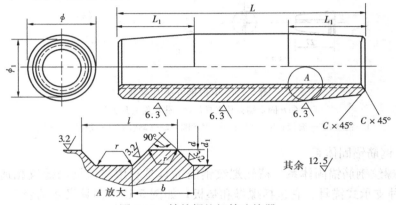

图 5-19　精轧螺纹钢筋连接器

精轧螺纹钢筋连接器尺寸　　　　　　　　　　　　　　　　　　　　　表 5-15

公称直径 d_0 (mm)	ϕ	ϕ'	L	L_1	d	d_1	l	b	r	c
					(mm)					
25	50	38	132	45	25.5	29.7	12	8	1.5	1.6
32	60	46	160	60	32.5	37.5	16	9	2.0	2.0

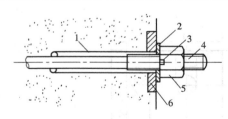

图 5-20　张拉端冷轧锚固体系

1—孔道；2—垫圈；3—排气槽；4—冷轧螺纹头；
5—螺母；6—锚垫板

2. 冷轧螺纹锚固体系

冷轧螺纹锚具，又称轧丝锚具，是用冷滚压方法在光圆钢筋的端部滚压出一定长度的螺纹，并配有螺母。这种方法加工的螺纹，其外径大于原钢材外径，而螺纹内径仅略小于原钢材直径，由于考虑冷加工强化作用，可仍按原钢材直径使用。这种锚具在竖向筋中采用较多。

张拉端冷轧螺纹锚具，见图 5-20 和表 5-16。

张拉端冷轧螺纹锚固体系尺寸　　　　　　　　　　　　　　　　　　表 5-16

钢筋直径 (mm)	冷轧螺纹	螺母 $S\times H$ (mm)	垫圈 $D\times t$ (mm)		锚下垫板（mm） $a\times b\times t_1$	d_1
				d		
25	M27×3	41×40	70×6	30	100×100×14	36
32	M34×3	55×50	80×8	37	120×120×16	46

注：表中符号：S—螺母六角形对边间距离；H—螺纹高度；D—垫圈直径；d—垫圈孔径；t—垫圈厚度；a、b—垫板边长；t_1—垫板厚度；d_1—垫板中心孔径。

内埋式固定端的螺母与锚垫板合一，做成锥形螺母。锥形螺母尺寸为：对 $\phi25$ 钢筋外径为 55mm，厚度 40mm；对 $\phi32$ 钢筋外径为 70mm，厚度 50mm。

第二节　预应力筋张拉设备

预应力筋张拉设备由液压千斤顶、电动油泵与压力表组成。张拉设备应由专人使用和保管，定期维护与标定。

张拉设备发展方向：大吨位、小型化和轻量化。

一、液压张拉千斤顶

液压张拉千斤顶按机类不同可分为：拉杆式、穿心式、前卡式、锥锚式和台座式千斤顶。按张拉吨位大小分为：小吨位（≤250kN）、中吨位（＞250kN、＜1000kN）和大吨位（≥1000kN）千斤顶。选用时，应根据所采用的预应力筋的品种、锚具类型和张拉力大小确定。

拉杆式千斤顶是利用单活塞杆张拉预应力筋的单作用千斤顶，是国内最早生产的液压张拉千斤顶。由于该千斤顶只能张拉吨位≤600kN 的支承式锚具，近年来已逐步被多功能穿心式千斤顶代替。

（一）穿心式千斤顶

穿心式千斤顶（代号 YC）是一种双作用千斤顶。其特点是，沿千斤顶纵轴线有一个直通的穿心孔道，供预应力筋穿过后用工具锚固定在千斤顶尾部进行张拉。同时，又有一个顶压系统，供预压力筋张拉后顶压夹片将预应力筋锚固，适用于张拉配夹片式锚具的钢

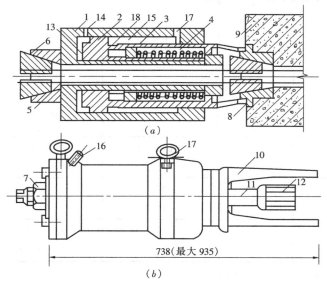

图 5-21　YC-60 型千斤顶
（a）构造与工作原理图；（b）加撑脚后的外貌图
1—张拉油缸；2—顶压油缸（即张拉活塞）；3—顶压活塞；4—弹簧；
5—预应力筋；6—工具锚；7—螺母；8—锚环；9—构件；10—撑脚；
11—张拉杆；12—连接器；13—张拉工作油室；14—顶压工作油室；
15—张拉回程油室；16—张拉缸油嘴；17—顶压缸油嘴；18—油孔

丝束和钢绞线。当再配置拉杆和撑脚等附件后，又可作拉杆式千斤顶使用，适用于张拉螺丝端杆锚具的精轧螺纹钢筋、冷轧螺纹钢筋或配有镦头锚具钢丝束，如图 5-21 所示。如果在千斤顶前端配上分束顶压器，并在千斤顶与撑脚套之间用钢管接长，再在千斤顶后端装上工具锚，又可用于张拉配钢质锥形锚具的钢丝束，如图 5-22 所示。因此，穿心式千斤顶是一种多功能的张拉千斤顶，应用十分广泛。

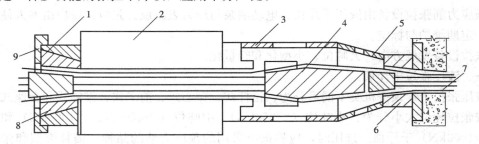

图 5-22　YC60 型千斤顶装有分束顶压器与工具锚的情况

1—工具锚；2—YC60 型千斤顶；3—接卡钢管；4—分束顶压器；5—撑套；
6—钢质锥形锚具；7—钢丝束；8—衬环；9—后盖

穿心式千斤顶系列产品有：YC20D 型、YC60 型、YC120 型等。其技术性能见表 5-17。

YC 型穿心式千斤顶技术性能表　　　　　　　　　　　　表 5-17

项　　目		单　位	YC20D 型	YC60 型	YC120 型
额定油压		N/mm²	40	40	50
张拉缸液压面积		cm²	51	162.6	250
公称张拉力		kN	200	600	1200
张拉行程		mm	200	150①	300
顶压缸活塞面积		cm²		84.2	113
顶压行程		mm		50	40
张拉缸回程液压面积		cm²		12.4	160
顶压活塞回程				弹　簧	液　压
穿心孔径		mm	31	55	70②
外形尺寸	无撑脚	mm	φ116×360	φ195×425	φ250×910
	有撑脚		（不计附件）	φ195×760	φ250×1250
重　量	无撑脚	kg	19	63	196
	有撑脚		（不计附件）	73	240
配套油泵			ZB0.8～500	ZB4～500 ZB0.8～500	ZBS4～500 （三油路）

①张拉行程改为 200mm，型号为 YC60A 型。

②加撑脚后，穿心孔径改为 75mm，型号为 YCL-120 型。

1. YC60 型千斤顶

YC60 型千斤顶的工作原理见图 5-21。张拉时，由油嘴 16 进油，油嘴 17 回油，顶压油缸、连接套联撑套族成一体右移顶住锚环；张拉油缸、端盖螺母、堵头和穿心套联成一体带动工具锚左移张拉预应力筋。

顶压锚固时，在保持张拉力稳定条件下，油嘴 17 进油，顶压活塞、保护套和顶压头联成一体右移将夹片强力顶入锚环内。

张拉油缸采用液压回程，此时油嘴 16 回油，油嘴 17 进油。顶压活塞由弹簧回程，此时，两个油嘴同时回油，顶压活塞在弹簧作用下回程复位。

2. YC20D 型千斤顶

YC20D 型千斤顶是一种多功能的轻型穿心式千斤顶，主要用于张拉单根 $\phi^s 12.7$ 或 $\phi^s 15.2$ 钢绞线，以及张拉吨位小于 200kN 的高强钢筋和小型钢丝束。

3. YC120 型千斤顶

YC120 型千斤顶的主要特点是：由张拉千斤顶和顶压千斤顶两个独立部件"串联"组成。但需多一根高压输油管和增设附加换向阀。它具有构造简单、制作精度容易保证、装拆方便、通用性大等优点，但轴向长度大，预留钢绞线较长。

（二）大孔径穿心式千斤顶

大孔径穿心式千斤顶又称群锚千斤顶，是一种具有大口径的穿心孔，利用单液缸张拉预应力筋的单作用千斤顶。这种千斤顶广泛用于张拉大吨位钢绞线束；配上撑脚与拉杆后，也可作拉杆式千斤顶使用。

大孔径穿心千斤顶有三大系列产品：YCD 型、YCQ 型、YCW 型千斤顶，每个系列产品又有多种规格。

1. YCD 型千斤顶

YCD 型千斤顶的技术性能见表 5-18。

YCD 型千斤顶技术性能 表 5-18

项　　　目	单　位	YCD120	YCD200	YCD350
额定油压	N/mm²	50	50	50
张拉缸液压面积	cm²	290	490	766
公称张拉力	kN	1450	2450	3830
张拉行程	mm	180	180	250
穿心孔径	mm	128	160	205
回程缸液压面积	cm²	177	263	—
回程油压	N/mm²	20	20	20
n 个液压顶压缸面积	cm²	$n×5.2$	$n×5.2$	$n×5.2$
n 个顶压缸顶压力	kN	$n×26$	$n×26$	$n×26$
外形尺寸	mm	$\phi315×550$	$\phi370×550$	$\phi480×671$
自　重	kg	200	250	—
配套油泵		ZB₄-500	ZB₄-500	ZB₄-500
适用 $\phi15$ 钢绞线束	根	4～7	8～12	19

注：摘自中国建筑科学研究院与大连拉伸机厂产品资料。

YCD 型千斤顶是为了张拉多孔锚具预应力筋设计的大孔径穿心式千斤顶，其前端安装液压顶压器（与多孔锚具配套），后端安装工具锚。张拉时活塞杆带动工具锚与钢绞线向左移，锚固时，采用液压顶压器或弹性顶压器。可同时张拉多根钢绞线或钢丝束。

2. YCQ 型千斤顶

YCQ 型技术性能见表 5-19。

项　目	单　位	YCQ100	YCQ200	YCQ350	YCQ500
额定油压	N/mm²	63	63	63	63
张拉缸活塞面积	cm²	219	330	550	788
理论张拉力	kN	1380	2080	3460	4960
张拉行程	mm	150	150	150	200
回程缸活塞面积	cm²	113	185	273	427
回程油压	N/mm²	<30	<30	<30	<30
穿心孔直径	mm	90	130	140	175
外形尺寸	mm	φ258×440	φ340×458	φ420×446	φ490×530
自　重	kg	110	190	320	550

注：摘自中国建筑科学研究院产品资料。

　　YCQ 型千斤顶特点是：不顶锚，用限位板代替顶压器。限位板的作用是在钢绞线束张拉过程中限制工作锚夹片的外伸长度，以保证在锚固时夹片有均匀一致和所期望的内缩值，这类千斤顶造价低、操作方便。但锚具的自锚性能要求高。在每次张拉控制油压值或需要将钢绞线锚住时，只要打开截止阀，钢绞线即被锚固。另外，这类千斤顶配有专门的工具锚，以保证张拉端锚固后退楔方便。

　　3. YCW 型千斤顶

　　YCW 型千斤顶是在 YCQ 型基础上发展而来的。近年来，又开发 YCWB 型轻量化千斤顶，它不仅体积小、重量轻，而且强度高，密封性好，是 YCWA 型千斤顶的换代产品。该系列产品的技术性能见表 5-20。

项　目	单　位	YCW100B	YCW150B	YCW250B	YCW400B
公称张拉力	kN	973	1492	2480	3956
公称油压力	MPa	51	50	54	52
张拉活塞面积	cm²	191	298	459	761
回程活塞面积	cm²	78	138	280	459
回程油压力	MPa	<25	<25	<25	<25
穿心孔径	mm	78	120	140	175
张拉行程	mm	200	200	200	200
主机重量	kg	65	108	164	270
外形尺寸 φD×L	mm	φ214×370	φ285×370	φ344×380	φ432×400

注：摘自柳州市建筑机械总厂产品资料。

　　YCW 型千斤顶加撑脚与拉杆后，可用于张拉镦头锚具预应力筋。

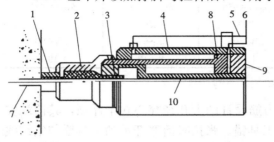

图 5-23　前置内卡式千斤顶构造简图

1—锚具；2—顶压器；3—工具锚；4—外缸；5—回油口；6—进油口；7—预应力筋；8—活塞；9—后盖；10—内缸

　　（三）前置内卡式千斤顶

　　前置内卡式是一种新型的张拉单根预应力筋专用设备，是将工具锚安装在千斤顶前端的一种穿心式千斤顶。

　　前置内卡式千斤顶由外缸、活塞、内缸、顶压器、前后端盖和工具锚等组成，如图5-23 所示。

　　张拉时，高压油从进油口 6 进入，活塞杆 8 与顶压器 2 顶在工具锚的锚环上不动，外缸 4 和后盖 9 带着内缸 10 向后移，并带着工具锚夹片 3 后移从而夹紧钢绞线 7。随着高压油不断作用，内缸继续后移，完成钢绞线的张拉工作。张拉后回油，在油缸复位时，顶压器中的顶楔环顶住工具锚夹片，使夹片松开被夹紧的钢绞线，千斤顶退出，一次张拉完成。

前卡式千斤顶的主要特点是：设置在千斤顶内前端的工具锚不仅能自动夹紧和松开预应力筋，而且使张拉端预应力筋外长露长度由 700mm 减少至 250mm，从而节省钢材。这种千斤顶自重仅 20kg 左右，张拉力为 180～230kN，张拉行程为 160mm，配套的电动小油泵额定压力为 40～50N/mm²，适用于张拉单根钢绞线 $7\phi^s5$ 钢丝束，在无粘结预应力筋张拉中得到广泛使用。

YDC240Q 型前卡式千斤顶的技术性能：张拉力 240kN，额定压力 50N/mm²，张拉行程 200mm，穿心孔直径 18mm，外形尺寸 $\phi108\times580$mm、重量 18.2kg，适用于单根钢绞线张拉或多孔锚具单根张拉。

YDCN 型内卡式千斤顶的技术性能见表 5-21。

YDCN 型内卡式千斤顶性能

表 5-21

项　目	单位	YDC100N-100（200）	YDC1500N-100（200）	YDC2500N-100（200）
公称张拉力	kN	997	1493	2462
公称油压	MPa	55	54	50
张拉活塞面积	cm²	181.2	276.5	492.4
回程活塞面积	cm²	91.9	115.5	292.2
张拉行程	mm	100（200）	100（200）	100（200）
主机质量	kg	78（98）	116（146）	217（263）
长度（L）×直径	mm	289（389）×ϕ250	285（385）ϕ305	289（389）ϕ399
最小工作空间	mm	800（1000）	800（1000）	800（1000）

注：摘自柳海海威姆建筑机械公司产品资料。

（四）台座式千斤顶

台座式千斤顶是在先张法台座上整体张拉或放松预应力筋的单作用千斤顶，其技术性能见表 5-22。

台座式千斤顶技术性能

表 5-22

项　目	单　位	YDT120	YDT300	YDT350
额定油压	MPa	50	50	50
公称张拉力	kN	1200	3000	3500
张拉行程	mm	300	500	700
外形尺寸	mm	ϕ250×595	ϕ400×400×1025	—
重量	kg	150	—	—

（五）锥锚式千斤顶

锥锚式千斤顶是一种具有张拉、顶锚和退楔功能的三作用千斤顶。仅用于带钢质锥形锚具的钢丝束。其技术性能见表 5-23。

锥锚式千斤顶技术性能

表 5-23

项　目	单　位	YZ85-300	YZ85-500	YZ150-300
额定油压	MPa	46	46	50
公称张拉力	kN	850	850	1500
张拉行程	mm	300	500	300

项　　目	单　　位	YZ85-300	YZ85-500	YZ150-300
顶压力	kN	390	390	769
顶压行程	mm	65	65	65
外形尺寸	mm	$\phi 326 \times 890$	$\phi 326 \times 1100$	$\phi 326 \times 1005$
重　　量	kg	180	205	198

注：摘自柳州市建筑机械总厂资料。

锥锚式千斤顶由张拉油缸、顶压油缸、顶杆、退楔装置等组成，见图 5-24。楔块夹住钢丝后，从 A 油嘴供油，张拉缸带动卡盘张拉预应力筋；达到设计张拉力后，从 B 嘴进油，顶杆伸出将锥形锚塞顶入锚环内；从 B 嘴继续进油，千斤顶卸荷回油，利用退楔翼片退楔，顶杆靠弹簧回程。

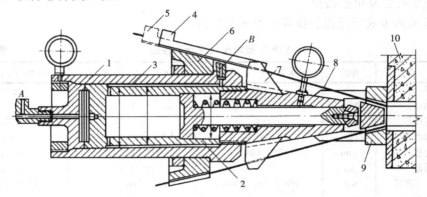

图 5-24　锥锚式千斤顶

1—张拉缸；2—顶压缸；3—退楔缸；4—楔块（张拉时位置）；5—楔块（退出时位置）；
6—锥形卡环；7—退楔翼片；8—钢丝；9—锥形锚具；10—构件；A、B—油嘴

二、电动油泵

（一）电动高压油泵

高压油泵是向液压千斤顶油缸供油，并驱动活塞按照一定速度冲击或回缩的重要设备。油泵的额定压力应大于或等于千斤顶的额定压力。目前常用的油泵有：

ZB4-500 型油泵是目前通用油泵，主要与额定压力不大于 50N/mm² 的中吨位（＞250kN）预应力千斤顶配套使用，也可供对流量无特殊要求的大吨位（＞700kN）千斤顶和对油泵无特殊要求的小吨位（＜250kN）千斤顶使用。它的柱塞行程为 6.8mm，额定流量为 2L/min。

ZBI-630 型系小型油泵，主要用于小吨位液压千斤顶和液压镦头器，也可用于中吨位千斤顶。该油泵自重轻，操作简单，携带方便，对高空作业、场地狭窄的施工现场尤为适用。该油泵柱塞行程为 5.57mm，额定油压 63N/mm²，额定流量 1L/min，重量 55kg，外形尺寸为 501mm×306mm×575mm。

ZB10/320-4/800 型油泵是一种大流量超高压变量油泵，主要与张拉力 1000kN 以上或工作压力在 50N/mm² 以上的预应力液压千斤顶配套使用。它们的额定油压一级为 32N/mm²，二级为 80N/mm²。流量：一级为 10L/min；二级为 4L/min，外形尺寸

1100mm×590mm×1120mm。空泵重量270kg。

ZB6/1-800型油泵，可用于各类型千斤顶的张拉。额定油压80N/mm²，柱塞行程9.5mm，电动机功率1.5kW。主要特点：0～15N/mm²为低压大流量，每分钟流量6L；15～25N/mm²为变量区，由6L/min逐步变为0.6L/min；25～80N/mm²为高压小流量定量区1L/min；体积小、重量轻。

（二）简易张拉设备

1. 电动螺杆张拉机

电动螺杆张拉机主要用于长线台座上单根张拉冷拔钢丝，用弹簧测力计测力，如图5-25所示。

2. 电动卷扬张拉机

LYZ-1型电动卷扬张拉机主要用于长线台张拉 $\phi 4 \sim \phi 5$ 冷拔钢丝。最大拉力10kN，张拉行程5m，电动机功率0.75kW，张拉速度2.5m/min。LYZ-1型分LYX-1A型（支持式）和LYZ-1B型（头轨式）两种，A型适用移动式场地，B型适用固定式场地。

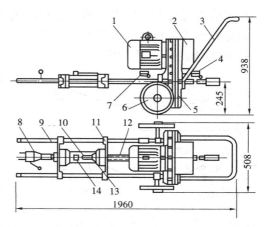

图5-25 电动螺杆张拉机

1—电动机；2—配电箱；3—手柄；4—前限位开关；5—减速箱；6—轮子；7—后限位开关；8—夹钳；9—支撑杆；10—弹簧测力计；11—滑动架；12—螺杆；13—标尺；14—微动开关

三、张拉设备标定与选用

使用千斤顶张拉预应力筋时，张拉力的大小是通过油泵上的油压表读数控制的。油压表读数反映千斤顶张拉缸活塞单位面积上的油压力。在理论上压力表读数乘以活塞面积，为张拉力的大小。但实际张拉力要比理论计算小，原因是一部分张拉力被油缸与活塞之间摩擦力所抵消。摩擦力大小与油封新旧、油缸与活塞精度等许多因素有关，难以计算确定油表读数的理论值。因此，一般采用标定（校验）方法，直按测定千斤顶的实际张拉力与油压表读数之间的关系值，即 P 与 N 的关系曲线（图5-26），供实际张拉时使用。

千斤顶的标定（校验）必须同配套使用的高压油泵和压力表一起进行。即"配套标定"。经标定的千斤顶和油压表也应采用"配套使用"，这样方能准确地控制预应力筋的张拉力。

千斤顶的标定（校验）一般在试验机上进行（校验时千斤顶活塞运行方向应与实际工作状态一致）。有条件时，也可采用测力计标定方法（如压力传感器，弹簧测力计和水银测力计等）试验机和测力计准确度不低于±0.2%，压力表精度不低于1.5级。

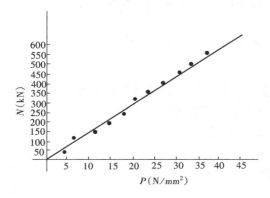

图5-26 YC-60型千斤顶校正曲线

一般千斤顶标定期限不超半年。若千斤顶经过拆卸修理，油压表受过碰撞出现失灵现象，或互换了油压表，或张拉中预应力筋发生多根断裂，或出现张拉伸长值误差较大等情况，张拉设备都必须重新配套校正，方能继续使用。

第三节　预应力施工计算

在预应力混凝土构件中，常见的预应力筋布置有以下几种形状，见图 5-27。了解预应力筋布置形状，有助于预应力施工计算。

1. 单抛物线形（图 5-27a）

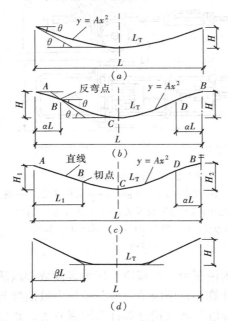

图 5-27　预应力筋布置形状
(a) 单抛物线形；(b) 正反抛物线形；(c) 直线与抛物线相切；(d) 双折线形

预应力筋单抛物线形适用于简支梁。

$$\theta = \frac{4H}{L} \quad L_T = \left(1 + \frac{8H^2}{3L^2}\right)L \quad (5\text{-}3)$$

$$y = Ax^2 \quad A = \frac{4H}{L^2} \quad (5\text{-}4)$$

2. 正反抛物线形（图 2-27b）

预应力筋正、反抛物线形布置适用于框架梁。其优点是与荷载弯矩图相吻合。预应力筋外形从中 C 点至支座 A（或 B）点采用两段曲率相反的抛物线，在反弯点 B（或 D）处相接并相切，A（或 B）点与 C 点分别为两抛物线的顶点。反弯点求法：先定出反弯点的位置线至梁端的距离 αL 为 0.1～0.2L，再连接 A（或 B）点跨中 C 点的直线，两者交点即为与反弯点。图中抛物线方程为

$$y = Ax^2 \quad (5\text{-}5)$$

式中　跨中区段　$A = \dfrac{2H}{(0.5 - \alpha)L^2}$；

梁端区段　$A = \dfrac{2H}{\alpha L^2}$

3. 直线与抛物线形相切（图 5-27c）

预应力筋直线与抛物线形相切布置适用于多跨框架梁的边跨梁外端，其优点是可以减少框架梁跨中及内支座处的摩擦损失。预应力筋外形在梁端区段为直线而在跨中区段为抛物线，两段相切 B 点，切点至梁端的距离 L_1，可按下式计算：

$$L_1 = \frac{L}{2}\sqrt{1 - \frac{H_1}{H_2} + 2\alpha\frac{H_1}{H_2}} \quad (5\text{-}6)$$

当 $H_1 = H_2$　　　　　　　　$L_1 = 0.5L\sqrt{2\alpha}$ 　　　　　　　(5-7)

式中　　　　　　　　　　　$\alpha = 0.1 \sim 0.2$

4. 双折线形（图 5-27d）

预应力筋双折线形布置适用于集中荷载作用下的框架梁或开洞梁。其优点是可使预应力引起的等效荷载直接抵消部分集中荷载，但不宜用于三跨及三跨以上的框架梁。一般情

况下，$\beta = \left(\dfrac{1}{4} \sim \dfrac{1}{3}\right) L$。

一、预应力筋下料长度

预应力筋的下料长度应由计算确定。计算时，应考虑下列因素：构件孔道长度或台座长度、锚（夹）具厚度、千斤顶工作长度（算至夹挂预应力筋部位）、镦头预留量、预应力筋外露长度等。

（一）钢丝束下料长度

1. 采用钢质锥形锚具，用锥锚式千斤顶在构件上张拉时，钢丝的下料长度 L 按图 5-28 所示计算：

（1）两端张拉 $L = l + 2(l_1 + l_2 + 80)$ (5-8)

（2）一端张拉 $L = l + 2(l_1 + 80) + l_2$ (5-9)

式中 l——构件的孔道长度；

      l_1——锚环厚度；

      l_2——千斤顶分丝头至卡盘外端距离，对 yz85 型千斤顶为 470mm（包括大缸 40mm）。

2. 采用镦头锚具，以拉杆式穿心千斤顶在构件上张拉时，钢丝的下料长度 L 计算，应考虑钢丝束张拉锚固后螺母位于锚杯中部，见图 5-29。

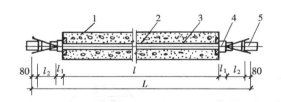
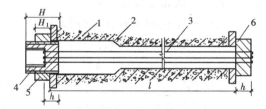

图 5-28 采用钢质锥形锚具时   图 5-29 采用镦头锚具时钢丝
钢丝下料长度计算简图   下料长度计算简图

1—混凝土构件；2—孔道；3—钢丝束；   1—混凝土构件；2—孔道；3—钢丝束；
4—钢质锥形锚具；5—锥锚式千斤顶   4—锚杯；5—螺母；6—锚板

$$L = l + 2(h + \delta) - K(H - H_1) - \Delta L - C \qquad (5\text{-}10)$$

式中 l——构件的孔道长度，按实际丈量；

      h——锚杯底部厚度或锚板厚度；

      δ——钢丝镦头留量，对 $\phi^P 5$ 取 10mm；

      K——系数，一端张拉时取 0.5，两端张拉时取 1.0；

      H——锚杯高度；

      H_1——螺母高度；

    ΔL——钢丝束张拉伸长值；

      C——张拉时构件混凝土的弹性压缩值。

（二）钢绞线下料长度

采用夹片锚具，以穿心式千斤顶在构件上张拉时，钢绞线束的下料长度 L，按图 5-30 计算。

（1）两端张拉

$$L = l + 2(l_1 + l_2 + l_3 + 100) \qquad (5-11)$$

（2）一端张拉

$$L = l + 2(l_1 + 100) + l_2 + l_3 \qquad (5-12)$$

式中　l——构件的孔道长度；

　　　l_1——夹片式工作锚厚度；

　　　l_2——穿心式千斤顶长度；

　　　l_3——夹片式工具锚厚度。

（三）长线台座预应力筋下料长度

先张法长线台座上的预应力筋，可采用钢丝和钢绞线。根据张拉装置不同，可采取单根张拉方式与整体张拉方式。预应力筋下料长度 L 的基本算法如下（见图 5-31）。

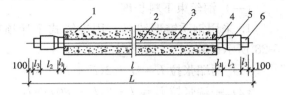

图 5-30　钢绞线下料长度计算简图
1—混凝土构件；2—孔道；3—钢绞线；4—夹片式工作锚；5—穿心式千斤顶；6—夹片式工具锚

$$L = l_1 + l_2 + l_3 - l_4 - l_5 \qquad (5-13)$$

式中　l_1——长线台座长度；

　　　l_2——张拉装置长度（含外露预应力筋长度）；

　　　l_3——固定端所需长度；

　　　l_4——张拉端工具式拉杆长度；

　　　l_5——固定端工具式拉杆长度。

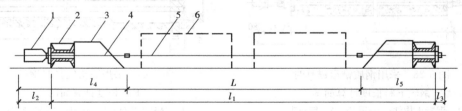

图 5-31　长线台座预应力筋下料长度计算简图
1—张拉装置；2—钢横梁；3—台座；4—工具式拉杆；5—预应力筋；6—待浇混凝土的构件

如预应力筋直接在钢横梁上张拉与锚固，则可取消 l_4 与 l_5 值。

同时，预应力筋下料长度应满足构件在台座上排列要求。

二、预应力筋张拉力

预应力筋的张拉力大小，直接影响预应力效果。张拉力越高，建立的预应力值越大，构件的抗裂性也越好；但预应力筋在使用过程中经常处于过高应力状态下，构件出现裂缝的荷载与破坏荷载接近，往往在破坏前没有明显的警告，这是危险的。另外，如张拉力过大，造成构件反拱过大或预拉区出现裂缝，也是不利的。反之，张拉阶段预应力损失越大，建立的预应力值越低，则构件可能过早出现裂缝，也是不安全的。因此，设计人员不仅在图纸上要标明张拉力大小，而且还要注明所考虑的预应力损失项目与取值。这样，施工人员如遇到实际施工情况所产生的预应力损失与设计取值不一致，则有可能调整张拉力，以准确建立预应力值。

1. 预应力筋张拉力

预应力筋的张拉力 P_j，按下式计算：

$$P_j = \sigma_{con} \cdot A_p \qquad (5\text{-}14)$$

式中　σ_{con}——预应力筋的张拉控制应力；

　　　A_p——预应力筋的截面面积。

预应力筋的张拉控制应力 σ_{con}，不宜超过表 5-24 的数值。当符合下列情况之一时，表 5-24 中的张拉控制应力限值可提高 $0.05f_{ptk}$ 或 $0.05f_{pyk}$；

（1）要求提高构件在施工阶段的抗裂性能而在使用阶段受压区内设置的预应力筋；

（2）要求部分抵消由于应力松弛、摩擦、钢筋分批张拉以及预应力筋与张拉台座之间的温差等因素产生的预应力损失。

张拉控制应力 σ_{con} 允许值　　　　　　　　　　　　表 5-24

项　　次	预应力筋种类	张　拉　方　法	
		先　张　法	后　张　法
1	消除应力钢丝、钢绞线	$0.75f_{ptk}$	$0.75f_{ptk}$
2	中强度预应力钢丝	$0.75f_{ptk}$	
3	精轧螺纹钢筋		$0.85f_{pyk}$

预应力筋的张拉控制应力，应符合设计要求。施工时预应力筋如需超张拉，其最大张拉控制应力 σ_{con}：对消除应力钢丝和钢绞线为 $0.8f_{ptk}$，对精轧螺纹钢筋为 $0.90f_{ptk}$。

2. 预应力筋有效预应力值

预应力筋中建立的有效预应力值 σ_{pe}，可按下式计算：

$$\sigma_{pe} = \sigma_{con} - \sum_{i=1}^{n} \sigma_{li} \qquad (5\text{-}15)$$

式中　σ_{li}——第 i 项预应力损失值。

对碳素钢丝与钢绞线，其有效预应力值 σ_{pe} 不宜大于 $0.6f_{ptk}$，也不宜小于 $0.4f_{ptk}$。

如设计上仅提供有效预应力值，则需计算预应力损失值，两者叠加，即得所需的张拉力。

三、预应力损失

根据预应力筋应力损失发生的时间可分为：瞬间损失和长期损失。张拉阶段瞬间损失包括孔道摩擦损失、锚固损失、弹性压缩损失等；张拉以后长期损失包括预应力筋应力松弛损失和混凝土收缩徐变损失等。对先张法施工，有时还有热养护损失；对后张法施工，有时还有锚口摩擦损失、变角张拉损失等；对平卧重叠生产的构件，有时还有叠层摩阻损失。

上述预应力损失的主要项目（孔道摩擦损失、锚固损失、应力松弛损失、收缩徐变损失等），设计时都计算在内。当施工条件变化时，应复算预应力损失值，调整张拉力。

（一）孔道摩擦损失

1. 理论计算

预应力筋与孔道壁之间的摩擦引起的预应力损失 σ_{l2}（简称孔道摩擦损失），可按下列公式计算（图 5-32）：

$$\sigma_{l2} = \sigma_{con}\left(1 - \frac{1}{e^{Kx+\mu\theta}}\right) \qquad (5\text{-}16)$$

式中　K——考虑孔道（每米）局部偏差对摩擦影响的系数，按表5-25取用；

　　　x——从张拉端至计算截面的孔道长度（以m计），也可近似地取该段孔道在纵轴上的投影长度；

　　　μ——预应力筋与孔道壁的摩擦系数，按表5-25取用；

　　　θ——从张拉端至计算截面曲线孔道部分切线的夹角（以弧度计）。

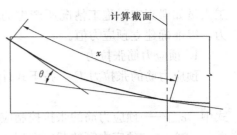

图 5-32　孔道摩擦损失计算简图

当 $\mu\theta + Kx \leqslant 0.2$ 时，σ_{l2} 可按下列近似公式计算：

$$\sigma_{l2} = \sigma_{con}(Kx + \mu\theta) \tag{5-17}$$

对不同曲率组成的曲线束，宜分段计算孔道摩擦损失，较为精确。

对空间曲线束，可按平面曲线束计算孔道摩擦损失，但 θ 角应取空间曲线包角，x 应取空间曲线弧长。

当采用钢质锥形锚具或多孔夹片锚具（QM 与 OVM 型等）时，尚应考虑锚环口或锥形孔处的附加摩擦损失，其值可根据实测数据确定。

系数 K 与 μ 值　　　　　　　　　　　　　　　　　表 5-25

项　次	孔道成型方式	K	μ
1	预埋金属波纹管	0.0030	0.30
2	预埋钢管	0.0010	0.30
3	预埋塑料管	0.0020	0.18
4	钢管或橡胶管抽芯成型	0.0015	0.55
5	无粘结预应力钢绞线	0.0040	0.08

注：本表数据根据混凝土结构设计规范及工程实测数据综合确定。

2. 现场测试

对重要的预应力混凝土工程，应在现场测定实际的孔道摩擦损失。其常用的测试方法有：精密压力表法与传感器法。

（1）精密压力表法　在预应力筋的两端各安装一台千斤顶，测试时首先将固定端千斤顶的油缸拉出少许，并将回油阀关死；然后开动千斤顶进行张拉，当张拉端压力表读数达到预定的张拉力时，读出固定端压力表读数并换算成张拉力。两端张拉力差值即为孔道摩擦损失。

（2）传感器法　在预应力筋的两端千斤顶尾部各装一台传感器。测试时用电阻应变仪读出两端传感器的应变值。将应变值换算成张拉力，即可求得孔道摩擦损失。

如实测孔道摩擦损失与计算值相差较大，导致张拉力相差大于 5%，则应调整张拉力，建立准确的预应力值。

根据张拉端拉力 P_j 与实测固定端拉力 P_a，可按下列二式分别算出实测的 μ 值与跨中拉力 P_m：

$$\mu = \frac{-\ln\left(\dfrac{P_a}{P_j}\right) - Kx}{\theta} \tag{5-18}$$

$$P_{\mathrm{m}} = \sqrt{P_j \cdot P_{\mathrm{a}}} \tag{5-19}$$

3. 减少孔道摩擦损失的措施

(1) 改善预留孔道与预应力筋制作质量

孔道局部偏差的影响系数，不仅理解为孔道本身有无局部弯曲，而且包括预应力筋弯折、端部锚垫板与孔道不垂直、张拉时对中程度等影响在内。尤其是端部锚垫板与孔道不垂直时难于对中，迫使预应力筋紧贴孔壁，增大摩擦力。

(2) 采用润滑剂

对曲线段包角大的孔道，预应力损失很大。可采用涂刷肥皂液、复合钙基脂加石墨、工业凡士林加石墨等润滑剂，以减少摩擦损失，μ 值可降至 $0.1 \sim 0.15$。工业凡士林加石墨的 μ 值稍高于复合钙基脂加石墨，但遇水不皂化，防锈性能比复合钙基脂好。

对有粘结预应力筋，润滑剂偶尔可用，但随后要用水冲掉，以免破坏最后靠灌浆实现的粘结。

(3) 采取超张拉方法

预应力筋采取超张拉，是减少孔道摩擦损失的有效措施。但减少摩擦所需的超张拉与减少锚固损失的超张拉可不叠加，取其中最大值。

(二) 锚固损失

张拉端锚固时由于锚具变形和预应力筋内缩引起的预应力损失称为锚固损失。根据预应力筋的形状不同，分别采取下列算法。

1. 直线预应力筋的锚固损失 σ_{l1}，可按下式计算：

$$\sigma_{l1} = \frac{a}{L} E_{\mathrm{s}} \tag{5-20}$$

式中　a——张拉端锚具变形和预应力筋内缩值，按表 5-26 取用；

　　　L——张拉端至固定端之间的距离；

　　　E_{s}——预应力筋弹性模量。

块体拼成的结构，其预应力损失尚应考虑块体间填缝的预压变形。对于采用混凝土或砂浆为填缝材料时，每条填缝的预压变形值为 1mm。

张拉端锚具变形和预应力筋内缩值 a（mm）　　　　表 5-26

项　　次	锚　具　类　别		a
1	支承式锚具	螺母缝隙	1
		每块后加垫板缝隙	1
2	锥塞式锚具		5
3	夹片式锚具	有顶压时	5
		无顶压时	6~8

注：表中 a 值也可根据实测数据确定。

2. 曲线预应力筋的锚固损失 σ_{l1}，应根据预应力筋与孔道壁之间反向摩擦影响长度 L_{f} 范围内的总变形值等于锚具变形与预应力筋内缩值的条件确定；同时，假定孔道摩擦损失的指数曲线简化为直线（$\theta \leqslant 30°$），并假定正、反摩擦损失斜率相等，得出基本算式为：

$$a = \frac{\omega}{E_{\mathrm{s}}} \tag{5-21}$$

式中　ω——锚固损失的应力图形面积，见图 5-33；

E_s——预应力筋的弹性模量。

第一种情况（图5-33），对单一曲线预应力筋的情况。

锚固损失的应力图形面积等于△ABC面积，即

$$\omega = mL_f^2$$

代入（5-21）式，移项得：

$$L_f = \sqrt{\frac{aE_s}{m}} \qquad (5-22)$$

式中 m——孔道摩擦损失的斜率。

$$m = \frac{\sigma_{con}(Kx + \mu\theta)}{L}$$

$$\sigma_{l1} = 2mL_f = 2m\sqrt{\frac{a \cdot E_s}{m}} = 2\sqrt{maE_s}$$

$$(5-23)$$

从图5-33中可以看出：

（1）锚固损失的影响长度 $L_f \leqslant L/2$ 时，跨中处锚固损失等于零；

（2）$L_f > L/2$ 时，跨中处锚固损失 $\sigma_{l1} = 2m(L_f - L/2)$

第二种情况（图5-34）：对正反抛物线组成的预应力筋，锚固损失消失在曲线拐点外的情况：

$$\omega = \omega_1 + 2\omega_2 + \omega_3 = m_2(L_f - L_1)^2 + m_1(L_1^2 - c^2) + 2m_2(L_f - L_1)L_1$$
$$= m_2(L_f^2 - L_1^2) + m_1(L_1^2 - c^2)$$

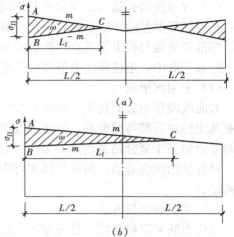

图 5-33 单一曲线预应力筋的锚固
损失计算简图
(a) $L_f \leqslant L/2$; (b) $L_f > L/2$

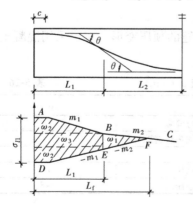

图 5-34 锚固损失消失于曲线
拐点外的计算简图

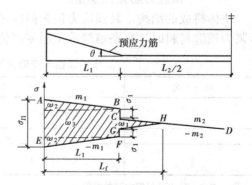

图 5-35 锚固损失消失于折点
外的计算简图

代入（5-22）式，移项得：

$$L_f = \sqrt{\frac{aE_s - m_1(L_1^2 - c^2)}{m_2} + L_1^2} \qquad (5-24)$$

180

式中
$$m_1 = \frac{\sigma_A(KL_1 - Kc + \mu\theta)}{L_1 - c}, \quad m_2 = \frac{\sigma_B(KL_2 + \mu\theta)}{L_2}$$

$$\sigma_{l1} = 2m_1(L_1 - c) + 2m_2(L_f - L_1) \tag{5-25}$$

第三种情况（图 5-35）：对折线预应力筋，锚固损失消失在折点外的情况：

$$L_f = \sqrt{\frac{aE_s - m_1L_1^2 - 2\sigma_1L_1}{m_2} + L_1^2} \tag{5-26}$$

式中　$m_1 = \sigma_{con} \cdot K$；

$\sigma_1 = \sigma_{con}(1 - KL_1)\mu\theta$；

$m_2 = \sigma_{con}(1 - KL_1)(1 - \mu\theta) \cdot K$；

$$\sigma_{l1} = 2m_1L_1 + 2\sigma_1 + 2m_2(L_f - L_1) \tag{5-27}$$

对多种曲率组成的预应力筋，均可从（5-22）基本算式推出 L_f 计算式，再求 σ_{l1}。

（三）弹性压缩损失

先张法构件放张或后张法构件分批张拉时，由于混凝土受到弹性压缩引起的预应力损失，称为弹性压缩损失。

1. 先张法弹性压缩损失

先张法构件放张时，预应力传递给混凝土使构件缩短，预应力筋随着构件缩短而引起的应力损失 σ_{l3}，可按下式计算：

$$\sigma_{l3} = E_s \times \frac{\sigma_{pc}}{E_c} \tag{5-28}$$

式中　E_s、E_c——分别为预应力筋与混凝土的弹性模量；

σ_{pc}——由于预应力所引起位于钢筋水平处混凝土的应力。

对轴心受预压的构件，

$$\sigma_{pc} = \frac{P_{y1}}{A} \tag{5-29}$$

式中　P_{y1}——扣除第一批预应力损失后的张拉力，一般取 $P_{y1} = 0.9P_j$；

A——混凝土截面面积，可近似地取毛面积。

对偏心受预压的构件（如梁、板），

$$\sigma_{pc} = \frac{P_{y1}}{A} + \frac{P_{y1}e^2}{I} - \frac{M_G \cdot e}{I} \tag{5-30}$$

式中　M_G——构件自重引起的弯矩；

e——构件重心至预应力筋合力点的距离；

I——毛截面惯性矩。

2. 后张法弹性压缩损失

当全部预应力筋同时张拉时，混凝土弹性压缩在锚固前完成，所以没有弹性压缩损失。

当多根预应力筋依次张拉时，先批张拉的预应力筋，受后批预应力筋张拉所产生的混凝土压缩而引起的平均应力损失 σ_{l3}，可按下式计算：

$$\sigma_{l3} = 0.5E_s \times \frac{\sigma_{pc}}{E_c} \tag{5-31}$$

式中 σ_{pc}——同公式（5-29）与（5-30），但不包括第一批预应力筋张拉力。

对配置曲线预应力筋的框架梁，可近似地按轴心受压计算 σ_{l3}。

后张法弹性压缩损失在设计中一般没有计算在内，可采取超张拉措施将弹性压缩平均损失值加到张拉力内。

（四）预应力筋应力松弛损失

预应力筋的应力松弛损失 σ_{l4}，可按下列各式计算。

1. 预应力钢丝、钢绞线

普通松弛级

$$\sigma_{l4} = 0.4\psi\left(\frac{\sigma_{con}}{f_{ptK}} - 0.5\right)\sigma_{con} \tag{5-32}$$

式中 ψ——1.0（一次张拉）、0.9（超张拉）。

低松弛级，当 $\sigma_{con} \leqslant 0.7f_{ptk}$ 时

$$\sigma_{l4} = 0.125\left(\frac{\sigma_{con}}{f_{ptk}} - 0.5\right)\sigma_{con} \tag{5-33}$$

当 $0.7f_{ptk} < \sigma_{con} \leqslant 0.8f_{ptk}$ 时

$$\sigma_{l4} = 0.20\left(\frac{\sigma_{con}}{f_{ptk}} - 0.575\right)\sigma_{con} \tag{5-34}$$

2. 精轧螺纹钢筋

一次张拉 $0.05\sigma_{con}$；超张拉 $0.035\sigma_{con}$

3. 冷轧带肋钢筋、冷拔低碳钢丝

一次张拉 $\sigma_{l4} = 0.08\sigma_{con}$

（五）混凝土收缩徐变损失

混凝土收缩、徐变引起的预应力损失 σ_{l5}，可按下列公式计算：

对先张法：

$$\sigma_{l5} = \frac{45 + 280 \times \dfrac{\sigma_{pc}}{f'_{cu}}}{1 + 15\rho} \tag{5-35}$$

对后张法：

$$\sigma_{l5} = \frac{35 + 280 \times \dfrac{\sigma_{pc}}{f'_{cu}}}{1 + 15\rho} \tag{5-36}$$

式中 σ_{pc}——受拉区或受压区预应力筋在各自的合力点处混凝土法向应力；

f'_{cu}——施加预应力时的混凝土立方强度；

ρ——受拉区或受压区的预应力筋和非预应力筋的配筋率。

计算 σ_{pc} 时，预应力损失值仅考虑混凝土预压前（第一批）的损失，并可根据构件制作情况考虑自重的影响。σ_{pc} 值不得大于 $0.5f'_{cu}$。

施加预应力时的混凝土龄期对徐变损失的影响也较大。例如，施加预应力时的混凝土龄期 3d 比 7d 引起的徐变损失增大 14%，龄期 30d 比 7d 减少 28%。

对处于高湿度条件的结构（如贮水池等），按上式算得的 σ_{l5} 值可降低 50%；对处于干燥环境的结构，σ_{l5} 值应增加 20%～30%。

四、预应力筋张拉伸长值

（一）计算公式

1. 先张法张拉伸长值

$$\Delta L = \frac{P_j L}{E_s A_p} \tag{5-37}$$

式中 P_j——预应力筋张拉力；

    L——预应力筋长度；

    E_s——预应力筋弹性模量；

    A_P——预应力筋截面面积。

2. 后张法张拉伸长值

曲线筋的张拉伸长值 ΔL，如图 5-36 所示，按公式（5-38）计算。

$$\Delta L = \frac{P \cdot L_T}{A_p E_s} \tag{5-38}$$

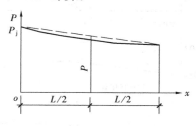

式中 P——预应力筋平均张拉力，取张拉端拉力与计算截面处扣除孔道摩擦损失后的拉力平均值，即

$$P = P_j \left(1 - \frac{KL_T + \mu\theta}{2} \right) \tag{5-39}$$

图 5-36   曲线筋张拉伸长值计算简图

式中 L_T——预应力筋实际长度。

（二）公式运用

1. 对多曲线段或直线段与曲线段组成的曲线预应力筋，张拉伸长值应分段计算，然后叠加，即：

$$\Delta L = \sum \frac{(\sigma_{i1} + \sigma_{i2}) L_i}{2E_s} \tag{5-40}$$

式中 L_i——第 i 线段预应力筋长度；

σ_{i1}、σ_{i2}——分别为第 i 线段两端的预应力筋拉力。

2. 预应力筋的弹性模量取值，对张拉伸长值的影响较大。因此，对重要的预应力混凝土结构，预应力筋的弹性模量应事先测定。根据有关单位试验认为：钢丝束与钢绞线束的弹性模量比单根钢丝和钢绞线的弹性模量低 2%～3%。因此，在弹性模量取值时应考虑这一因素。

3. K、μ 取值应套用设计计算资料。如在试张拉时实测张拉伸长值或实测孔道摩擦损失值与计算值有较大的差异，则应会同设计人员调整张拉力并修改 K 与 μ 值，重算张拉伸长值。

五、计算示例

【例 5-1】   今有 18m 单跨预应力混凝土大梁的预应力筋布置如图 5-37（a）所示。预应力筋采用 2 束 7ϕ^s15.2 钢绞线束，其锚固端采用 OVM15-7 型夹片锚具。预应力筋强度标准值 $f_{ptk}=1860\text{N/mm}^2$，张拉控制应力 $\sigma_{con}=0.7\times1860=1302\text{N/mm}^2$，弹性模量 $E_s=1.95\times10^5\text{N/mm}^2$。预应力筋孔道采用 $\phi65$ 预埋金属波纹管成型，$K=0.003$，$\mu=0.30$。采用夹片锚具锚固时预应力筋内缩值 $a=6\text{mm}$。拟采用一端张拉工艺，是否合适。

【解】   1. 孔道摩擦损失 σ_{l2}

$$\theta = \frac{4\ (1100-100-200)}{18000} = 0.178\text{rad}$$

从 A 点至 C 点：$\sigma_{l2}=1302（0.003\times18+0.3\times0.178\times2）=209\text{N/mm}^2$

2. 锚固损失 σ_{l1}

$$m=\frac{209}{1800}=0.1163\text{N/mm}^2/\text{cm}$$

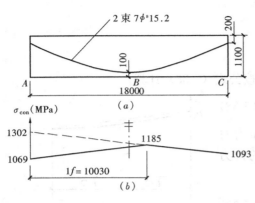

代入（5-22）式，$L_f=\sqrt{\dfrac{0.6\times1.95\times10^5}{0.1163}}=$

1003cm

张拉端 $\sigma_{l1}=2\times0.1163\times1003=233\text{N/mm}^2$

3. 预应力筋应力（图 5-37b）

张拉端 $\sigma_A=1302-233=1069\text{N/mm}^2$

固定端 $\sigma_c=1302-209=1093\text{N/mm}^2$

4. 小结

锚固损失影响长度 $L_f>L/2=9000\text{mm}$，σ_A $<\sigma_C$，该曲线预应力筋应采用一端张拉工艺。

图 5-37 单跨预应力混凝土大梁
（a）预应力筋布置；（b）预应力筋张拉锚固阶段建立的应力

【例 5-2】 某工业厂房采用双跨预应力混凝土框架结构体系。其双跨预应力混凝土框架梁的尺寸与预应力筋布置见图 5-38 所示。预应力筋采用 2 束 $9\phi^s15.2$ 钢绞线束，由边支座处斜线、跨中处抛物线与内支座处反向抛物线组成，反弯点距内支座的水平距离 $\alpha L=0.15\times20000=3000\text{mm}$。预应力筋强度标准值 $f_{ptk}=1860\text{N/mm}^2$，张拉控制应力 $\sigma_{con}=0.75\times1860=1395\text{N/mm}^2$，弹性模量 $E_s=1.95\times10^5\text{N/mm}^2$。预应力筋孔道采用 $\phi80$ 预埋金属波纹管成型，$K=0.003$，$\mu=0.3$。预应力筋两端采用夹片锚固体系，张拉端锚固时预应力筋内缩值 $a=6\text{mm}$。该工程双跨预应力框架梁采用两端张拉工艺。试求：

1. 曲线预应力筋各点坐标高度；
2. 张拉锚固阶段预应力筋建立的应力；
3. 曲线预应力筋张拉伸长值。

【解】 1. 曲线预应力筋各点坐标高度

直线段 AB 的投影长度 L_1，按（5-6）式计算：

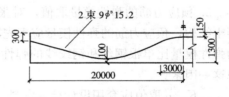

图 5-38 双跨框架梁预应力筋布置

$$L_1=\frac{20000}{2}\sqrt{1-\frac{900}{1050}+2\times0.15\times\frac{900}{1050}}=6325\text{mm}$$

反弯点 D 的坐标高度 $h=100+1050\times\dfrac{0.5-0.15}{0.5}=835\text{mm}$。

设抛物线曲线方程：跨中处为 $y=A_1x^2$；支座处为 $y=A_2x^2$，按（5-5）式求得

$$A_1=\frac{2\times1050}{(0.5-0.15)20000^2}=1.5\times10^{-5}$$

$$A_2=\frac{2\times1050}{0.15\times20000^2}=3.5\times10^{-5}$$

当 $x=50000\text{mm}$，$y=1.5\times10^{-5}\times5000^2=375\text{mm}$，则该点坐标高度$=375+100=475\text{mm}$。图 5-39 绘出曲线预应力筋坐标高度。

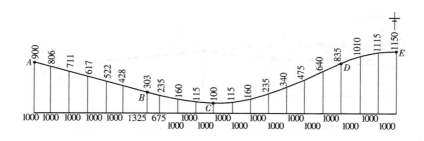

图 5-39　曲线预应力筋坐标高度

2. 张拉锚固阶段预应力筋建立的应力

预应力筋各线段实际长度计算：

$$AB \text{ 段} L_T = \sqrt{597^2 + 6325^2} = 6353\text{mm}$$

$$CD \text{ 段} L_T = 7000\left(1 + \frac{8 \times 735^2}{3 \times 14000^2}\right) = 7051\text{mm}$$

预应力筋各线段 θ 角计算：

$$CD \text{ 段} \theta = \frac{4 \times 735}{14000} = 0.21\text{rad}$$

张拉时预应力筋各线段终点应力计算，列于表 5-27。

表 5-27

线　　段	L_T (m)	θ	$KL_T + {}_t\theta$	$e^{-(KL_T + {}_t\theta)}$	终点应力 (N/mm^2)	张拉伸长值 (mm)
AB	6.353	0	0.0190	0.981	1369	45.0
BC	3.682	0.110	0.0440	0.957	1310	25.3
CD	7.051	0.210	0.0840	0.919	1204	45.1
DE	3.022	0.210	0.0720	0.931	1121	17.9

合计 133mm

锚固时预应力筋各线段应力变化计算：

$$m_1 = \frac{1395 - 1369}{632.5} = 0.042\text{N/mm}^2/\text{cm}$$

$$m_2 = \frac{1369 - 1310}{368.2} = 0.160\text{N/mm}^2/\text{cm}$$

$$L_f = \sqrt{\frac{0.6 \times 1.95 \times 10^5 - 0.042 \times 632.5^2 + 632.5^2}{0.160}} = 1013.1\text{cm}$$

A 点锚固损失 $\sigma_{l1} = 2 \times 0.042 \times 632.5 + 2 \times 0.16 (1013.1 - 632.5) = 175\text{N/mm}^2$ 同理，求得 B 点 $\sigma_{l1} = 122\text{N/mm}^2$。图 5-40 绘出张拉阶段曲线预应力筋沿长度方向建立的预应力值。

3. 曲线预应力筋张拉伸长值

该工程双跨曲线预应力筋采取两端张拉方式，按（5-38）与（5-40）式分段简化计算张拉伸长值。

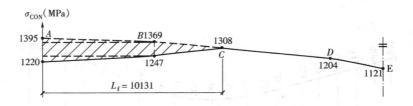

图 5-40　张拉阶段曲线预应力筋沿长度方向建立的应力

$$AB \text{ 段张拉伸长值 } \Delta L_{AB} = \frac{(1395 + 1369) \times 6353}{2 \times 1.95 \times 10^5} = 45.0 \text{mm}$$

同理，可算出其他各段张拉伸长值，填在表 5-27 内。

双跨曲线预应力筋张拉伸长值总计为 (45.0+25.3+45.1+17.9)×2=266mm。

第四节　先张法预应力施工

先张法是先张拉预应力筋，临时锚固在台座或钢模上，然后浇筑混凝土，待混凝土达到一定强度（一般不低于设计强度 75%）使预应力筋与混凝土间有足够粘结力时，放松预应力使预应力筋弹性回缩，对混凝土产生预压应力。

先张法生产可采用台座法或机组流水法。

图 5-41 所示为台座法示意图。它不需要复杂的机械设备，能适宜多种产品生产，可露天作业，自然养护，也可采用湿热养护，故应用较广。

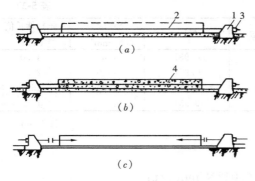

图 5-41　先张法施工顺序
（a）张拉预应力筋；（b）浇筑混凝土；
（c）放松预应力筋
1—台座；2—预应力筋；3—夹具；4—构件

当采用钢模使用机组流水法生产时，预应力筋张拉力由钢模承受，构件连同钢模按流水方式，通过张拉、浇筑、养护等固定机组完成每一生产过程。机组流水法需大量的钢模和较高的机械化程度，且需蒸汽养护，因此只用在预制厂生产定型的构件。

考虑到台座的钢模的承载能力及便于起重和运输，先张法一般只用于生产中小型构件，如楼板、屋面板、肋梁、墙板、檩条、芯棒及中小型吊车梁等。

台座法生产预应力混凝构件的工艺流程如图 5-42 所示。

一、台座构造要求

台座承受全部预应力筋的拉力，它应有足够的强度和稳定性，以免台座变形、倾覆、滑移而引起预应力损失。按构造型式不同，台座可分为墩式和槽式两类。

（一）墩式台座

墩式台座由台墩、横梁、台面组成。一般用于以钢丝作预应力筋的中小型构件的生产。台座长度常为 100~150m，这样可生产多根构件，减少张拉及临时固定工作，又可减少因钢丝滑动或台座横梁变形引起的应力损失。

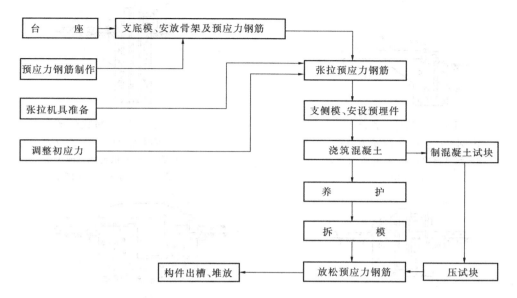

图 5-42　先张法工艺流程

　　根据所受拉力大小不同，墩式台座可采用重力式墩（图 5-43a）、构架式墩（图5-43c）和桩基构架式墩（图 5-43d）等不同形式。台座若不考虑台面受力，仅靠台墩自重和土压力平衡张拉力产生的倾覆力矩，靠土壤反力和摩擦力抵抗水平位移时，则台墩自重大、埋设要深。若台墩与台面共同受力（图 5-43b、d）时，则可大大减少台墩自重和埋设深度。当生产中型构件或多层叠浇构件，其张拉力在 600～1000kN 左右时，可采用图 5-43 (b) 所示与台面共同作用的墩式台座。当生产空心板、平板、过梁等小型

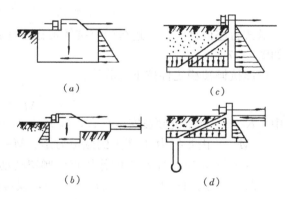

图 5-43　墩式台座
(a) 重力式；(b) 与台面共同作用；
(c) 构架式；(d) 桩基构架式

构件时，由于张拉力和倾覆力矩都不大，可采用图 5-44 所示的简易墩式台座，充分利用台面受力，用卧梁代替台墩。如地基为坚硬的岩层时，可设置锚桩式台座（图 5-45）。在施工现场，还可利用厂房地坪作台面，采用活动工字钢墩（图 5-46a）和活动钢牛腿墩（图 5-46b）作台座。这种台座只需对地坪进行局部处理和加固，施工完后取出，再移往别处重复使用。

　　对于永久性台座台面，为避免混凝土台面因温度变化开裂，影响生产，降低使用寿命，可采用 40～50mm 厚细砂层或油毡层作隔离层，将台面与地基隔离，使台面在温度变化时能自由变形，以减少温度应力。再在台面混凝土中按 100mm 左右间距配置 $\phi^b 5$ 冷拔丝作预应力筋，使台面具有一定的预压应力，以平衡部分温度拉应力。

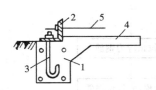

图 5-44 简易墩式台座

1—卧梁；2—75×75 承力角钢；
3—预埋螺栓；4—混凝土台面；
5—钢丝

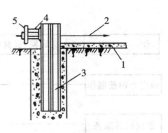

图 5-45 锚桩式台座

1—混凝土台面；2—预应力
钢筋；3—两根钢轨（或工字
钢）；4—槽钢；5—闩头板

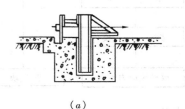

(a)

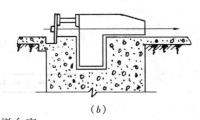

(b)

图 5-46 活动墩台座

(a) 活动工字钢墩；(b) 活动钢牛腿墩

墩式台座设计时，应进行台座抗倾覆稳定性验算、抗滑移验算和强度验算。其计算简图如图 5-47 所示。

台座抗倾覆稳定性按下式验算：

$$K_0 = \frac{M'}{M} \geqslant 1.5 \tag{5-41a}$$

式中　K_0——台座抗倾覆安全系数，取 $K_0 \geqslant 1.5$；

M——由张拉力 T 产生的倾覆力矩。$M = T \cdot e_0$；

e_0——张拉力合力 T 的作用点到倾覆转动点 O 的力臂；

M'——抗倾覆力矩，如忽略土压力，仅考虑自重 G_1、G_2 则

$$M' = G_1 l_1 + G_2 l_2$$

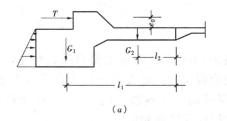

(a)

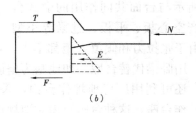

(b)

图 5-47 墩式台座计算图

(a) 抗倾覆计算图；(b) 抗滑移计算图

台座抗滑移稳定性按下式验算：

$$K_0' = \frac{N + E + F}{T} \geqslant 1.3 \tag{5-41b}$$

式中　K_0'——抗滑移安全系数，取 $K_0' = 1.3$；

N——混凝土台面的抵抗能力；

E——土压力合力；

F——混凝土墩与基底的摩擦力。

当墩埋深不大和重量小时，E、F 可忽略不计。

强度验算时，支承横梁的牛腿，按柱牛腿计算方法配筋；墩式台座与台面接触的外伸部分，按偏心受压构件计算；台面按轴心受压杆件计算；横梁按承受均布荷载的简支梁计算，其挠度应控制在 2mm 以内，并不得产生翘曲。

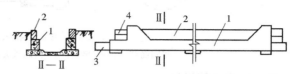

图 5-48　槽式台座

1—传力柱；2—砖墙；3—下横梁；4—上横梁

（二）槽式台座

生产中小型吊车梁，屋架等构件时，由于张拉力和倾覆力矩都很大，一般多采用槽式台座（图 5-48），它由钢筋混凝土传力柱、上下横梁及台面组成。台座长度应便于生产多种构件。为便于混凝土运输及蒸汽养护，台座宜低于地面。为便于拆迁，台座应设计成装配式。设计槽式台座时，应进行抗倾覆稳定性和强度验算。

槽式台座的计算简图如图 5-49 所示。

对张拉端柱和固定端柱进行抗倾覆稳定性验算。以张拉端柱为例，C 点为倾覆点，其倾覆矩为上部预应力筋合力 T_1 对 C 点之矩；抗倾覆矩为下部预应力筋合力 T_2、端柱端部重 G_2、砖墙重 q_1、传力柱重 q_2 和上、下横梁重 G_3、G_4 各力对 C 点之矩。同时还应考虑到预应力筋因温度变化或焊接不良等原因产生突然断裂。当下部预应力筋部分断裂时，对台座最为不利，故计算 T_2 时应考虑这种情况。

强度验算时，首先要求出传力柱对张拉端的反力作用点 e_0，再求出反力 R_A 和 R_B，然后计算端柱的最大弯矩，根据求得的最大弯矩和压力计算配筋。

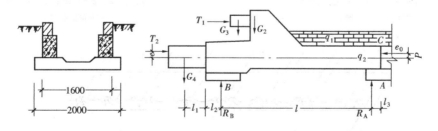

图 5-49　槽形台座的计算简图

二、预应力筋铺设

预应力钢丝和钢绞线下料，应采用砂轮切割机，不得采用弧切割。

长线台座台面（或胎模）在铺设钢丝前刷隔离剂，隔离剂不应玷污钢丝，以免影响钢丝与混凝土的粘结。同时在施工过程中，还应防止雨水冲刷台面上的隔离剂。

钢丝需要接长，可借助于钢丝并接器用 20～22 号铁丝密排绑扎。绑扎长度：对冷轧带肋钢筋不小于 45d；对刻痕钢丝不应小于 80d，钢丝搭接长度应比绑扎长度大 10d（d 为钢丝直径）。

预应力筋与工具式螺杆连接时，采用套筒式连接器，见图 5-50。

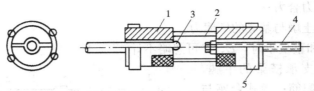

图 5-50 套筒双拼式连接器

1—半圆筒套；2—连接筋；3—钢筋镦头；4—螺丝端杆；5—钢圈

三、预应力筋张拉

（一）预应力钢丝张拉

1. 单根张拉

冷拔丝可在长线台座上采用 10kN 电动螺杆张拉机或电动卷扬机单根张拉。弹簧测力计测力，锥销式夹具锚固，如图 5-51。

刻痕钢丝可采用 20～30kN 电动卷扬机单根张拉，优质锥销夹具锚固，见图 5-52。

2. 整体张拉

（1）在预制厂以机组流水法或传送带法生产预应力多孔板时，可在钢模上用镦头梳筋板夹具整体张拉（图 5-53）。

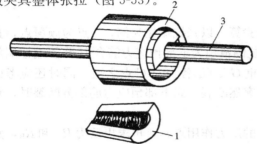

图 5-51　两片式销片夹具

1—销片；2—套筒；3—预应力筋

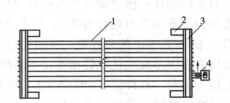

图 5-52　用电动卷扬张拉机张拉单根钢丝

1—冷拔钢丝；2—台墩；3—钢横梁；

4—电动卷扬张拉机

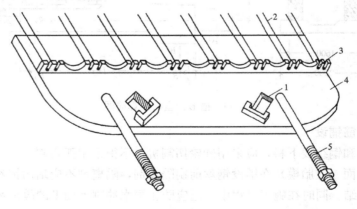

图 5-53　镦头梳筋板夹具

1—张拉钩槽口；2—钢丝；3—镦头；4—活动梳筋板；5—锚固螺杆

钢丝两端镦粗，一端卡在固定端梳筋板上，另一端卡在张拉端的活动梳筋板上。用张拉钩（图 5-54）钩住活动梳筋板，再通过连接套筒将张拉钩和拉杆式千斤顶连接即可张拉。

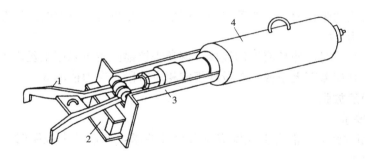

图 5-54　张拉千斤顶与张拉钩

1—张拉钩；2—承力架；3—连接套筒；4—张拉千斤顶

（2）在长线台座上生产刻痕钢丝配筋的预应力薄板时，钢丝两端采用镦头锚具（工具锚）安装在台座两端钢横梁外的承压钢板上，利用设置在台墩与钢横梁之间的两台台座式千斤顶进行整体张拉。也可采用单根钢丝夹片式夹具代替镦头锚具。

当钢丝达到张拉后，锁定台座式千斤顶，直到混凝土强度达到张拉要求后，才能再放松千斤顶。

3. 钢丝张拉程序

预应力钢丝由于张拉工作量大，宜采用一次张拉程序

$$0 \rightarrow 1.03 \sim 1.05 \sigma_{con} 锚固$$

其中，$1.03 \sim 1.05$ 是考虑测力计误差、台座横梁或定位板刚度不足、台度长度不符合设计取值以及操作影响、温度影响等。σ_{con} 应按设计规定采用，并不宜超过表 5-24 规定值。

（二）预应力钢绞线张拉

1. 单根张拉

在两横梁或台座上，单根钢绞线可采用 YC20D 型千斤顶或 YDC240Q 型前卡式千斤顶张拉，单孔夹片工具锚固定。为了节约钢绞线，可采用工具式拉杆与套筒式连接器。

预制空心板梁的张拉顺序为先张拉中间一根，再逐根向两边对称进行。

预制梁的张拉顺序为左右对称进行。如梁顶预拉区配有预应力筋应先张拉。

2. 整体张拉

在多横梁式台座上，可采用台座式千斤顶整体张拉预应力钢绞线，（图 5-55）。千斤顶与横梁组装在一起，利用工具式螺杆与连接器将钢绞线挂在活动横梁上。张拉前，先用测力扳手，或用小型千斤顶在固定端逐根调整钢绞线初应力，张拉时千斤顶推动活动横梁带动钢绞线整体张拉，然后用夹片锚或螺母锚固在固定横梁上。这种张拉装置用钢量较多，初应力调整也费时、工效低，但一次张拉吨位大。

3. 钢绞线张拉程序

采用低松弛钢绞线时，可采取一次张拉程序。

对单根张拉　$0 \rightarrow \sigma_{con}$ 锚固

对整体张拉　$0 \rightarrow$ 初应力调整 $\rightarrow \sigma_{con}$ 锚固

（三）预应力值校核

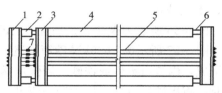

图 5-55　三横梁式成组张拉装置

1—活动横梁；2—千斤顶；3—固定横梁；4—槽式台座；5—预应力筋；6—放张装置；7—连接器

预应力钢绞线的张拉力，一般采用伸长值校核。张拉时预应力的理论伸长值与实际伸长值的允许偏差为±6%。

预应力钢丝张拉时，伸长值不作校核。钢丝张拉锚固后应采用钢丝内力测定仪检查钢丝的预应力值。其偏差不大于或小于设计规定相应阶段预应力值的5%。

四、预应力筋放张

（一）放张要求

1. 预应力筋放张时，混凝土强度应符合设计要求，如设计未说明时，不得低于设计混凝土强度等级的75%。

2. 检查钢丝与混凝土粘合是否可靠。切断钢丝时，应测定钢丝在混凝土内的回缩值。回缩值简易测定方法是在板端贴玻璃片和在靠近板端的钢丝上贴胶带纸用游标卡尺计数，其精度可达0.1mm。

钢丝回缩值：对冷拔丝不应大于0.6mm；对消除应力钢丝不应大于1.2mm。如果只有20%的测试数据超过上述规定值的20%，则认为合格；如果回缩值大于上述数值，则应加强构件端部区域的分布钢筋，提高放张时混凝土强度。

3. 放张前，应拆除侧模，使放张时构件能自由压缩。对于有横肋的物件（如大型屋面板），其端肋内侧面与板面交接处做出一定坡度或做大圆弧，以便放张时端横肋能沿坡面滑动，不至于产生裂纹。

（二）放张顺序

预应力筋的放张顺序，如设计未说明时，应符合下列规定：

（1）轴心受预压构件（如压杆、桩等），所有预应力筋应同时放张；

（2）偏心受预压构件（如梁等），应先同时放张预压力较小区域的预应力筋，再同时放张预压力较大区域的预应力筋。

（3）如不能按（1）、（2）项放张时，应分阶段、对称、相互交错地放张，以防止在放张过程中构件发生翘曲、裂纹及预应力筋断裂等现象。

（三）放张方法

预应力筋的放张应缓慢进行，防止冲击。

配筋不多的中小型预应力混凝土构件，钢丝可用剪切、锯割等方法放张；配筋多的预应力混凝土构件，钢丝应同时放张。如逐根放张，最后几根钢丝将由于承受过大的拉力而突然断裂，易使构件端部开裂。

预应力筋为钢筋时，数量较少时可逐根加热熔断或单根放张；数量较多和张拉预应力值较大时，应同时放张。多根钢丝、钢筋或钢绞线的同时放张，可用油压千斤顶、楔块或砂箱。

图5-56所示为楔块放张预应力筋的示意图。

图5-57所示为1600kN砂箱构造。由钢制套箱及活塞（套箱内径比活塞外径大2mm）等组成，内装石英砂或铁砂。当张拉钢筋时，箱内砂被压实，承担着横梁的反力。放松钢筋时，将出砂口打开，使砂慢慢流出，便可慢慢放松钢筋。采用砂箱放松，能控制放松速度，工作可靠，施工方便。箱中应采用干砂，并有一定级配。例如其细度应将通过50号及30号标准筛的砂，按6∶4的级配使用，这样既可保证砂不易因压碎而造成流不出的现象，又可减少砂的空隙率，从而减少砂的压缩值，减少预应力损失。

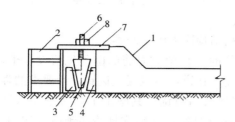

图 5-56 用楔块放松预应力筋示意图

1—台座；2—横梁；3、4—钢块；5—钢楔块；
6—螺杆；7—承力板；8—螺母

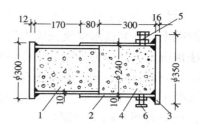

图 5-57 1600kN 砂箱构造图

1—活塞；2—套箱；3—套箱底板；
4—砂；5—进砂口（$\phi25$ 螺丝）；
6—出砂口（$\phi16$ 螺丝）

砂箱的承载能力主要取决于筒壁厚度 t，其值可按下式计算：

$$t \geqslant \frac{pr}{f} \tag{5-42}$$

式中　p——筒壁所受侧压力（N/mm^2）；

$$p = \frac{N}{A} \text{tg}^2 \left(45° - \frac{\varphi}{2} \right)$$

N——砂箱所受正压力（即横梁对砂箱的压力）（N）；

A——砂箱活塞面积（mm^2）；

φ——砂的内摩擦角；

r——砂箱的内半径（mm）；

f——筒壁钢板强度设计值（N/mm^2）。

【例 5-3】　若砂箱最大承载能力（考虑超载分项系数 1.2）$N=1600×1.2=1920$kN，砂箱直径为 240mm，砂的内摩擦角 35°，筒壁钢板强度设计值 $f=215$N/mm^2，试求筒壁钢板厚度。

【解】　$p = \dfrac{1920000}{\dfrac{\pi}{4} × 240^2} \text{tg}^2 \left(45° - \dfrac{35°}{2} \right) = 11.5$N/mm^2

故　　　　　　　　　$t = \dfrac{11.5 × 120}{215} = 6.4$mm

取 $t=8$mm（包括加工损耗减薄在内）。

五、质量检验要求

先张法预应力施工质量，应按现行国家标准《混凝土结构工程施工质量验收规范》（GB50204—2002）的规定进行验收。

预应力筋进场时，应按现行国家标准《预应力混凝土用钢丝》（GB/T 5223）《预应力混凝土用钢绞线》（GB/T 5224）抽样作力学性能检验，其质量必须符合有关标准的规定。

预应力筋铺设时，其品种、级别、规格、数量等必须符合设计要求。

<h2 style="text-align:center">第五节　后张法预应力施工</h2>

后张法是先制作构件或结构，待混凝土达到一定强度后，在构件或结构上张拉预应力

筋的方法。后张法预应力施工不需要台座设备，灵活性大，广泛用于施工现场生产大型预制预应力混凝土构件和就地浇筑预应力混凝土结构。

后张法预应力施工分为有粘结预应力施工和无粘结预应力施工两类。

有粘结预应力施工过程：混凝土构件或结构制作时，在预应力筋部位预先留设孔道，然后浇筑混凝土并进行养护，制作预应力筋并将其穿入孔道，待混凝土达到设计要求的强度后，张拉预应力筋并用锚具锚固，最后进行孔道灌浆与封锚。其施工工艺流程见（图5-58）。这种方法通过孔道灌浆，使预力筋与混凝土相互粘结，减轻锚具传递预应力作用，提高锚固可靠性与耐久性，广泛应用于主要承重构件或结构。

无粘结预应力施工过程：混凝土构件或结构制作时，预先铺设无粘结预应力筋，然后浇筑混凝土并进行养护，待混凝土达到设计要求的强度后，张拉预应力筋并用锚具锚固，最后进行封锚。这种施工方法不需要孔道灌浆，施工方便，但预应力只能永久地等靠锚具传递给混凝土，宜用于分散配置预应力筋的楼板、墙板、次梁及低预应力度的主梁。

一、预留孔道

（一）预应力筋孔道布置

预应力孔道形状有直线、曲线和折线三种类型。其曲线坐标应符合设计要求。

1. 孔道直径和间距

预留孔道直径应根据预应力筋根数、曲线孔道形状和长度、穿筋难易程度等因素确定。孔道内径应比预应力筋与连接器外径大 10～15mm，孔道面积宜为预应力筋净面积的 3～4 倍。在各类预应力筋锚固体系中，都有配套的预应力孔道直径。可查询选用。

预应力筋孔道的间距与保护层应符合下列规定：

（1）对预制的物件，孔道的水平净距不宜小于 50mm，孔道主构件边缘的净距不应小于30mm，且不应小于孔道直径的一半。

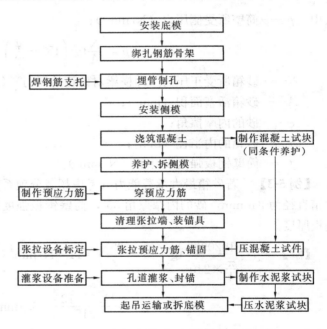

图 5-58　后张法有粘结预应力施工工艺流程
（穿预应力筋也可在浇筑混凝土前进行）

（2）在框架梁中，预留孔道垂直方向净距不应小于孔道外径，水平方向净距不宜小于 1.5 倍孔道外径，从孔壁算起的混凝土保护层最小厚度，梁底为 50mm，梁侧为 40mm，板底 30mm。

2. 钢绞线束端锚头排列

钢绞线束夹片锚固体系锚垫板排列，如图 5-59 所示，可按下式计算：

相邻锚具的中心距 $a \geqslant D + 20\text{mm}$

锚垫板中心距构件边缘的距离

$$B \geqslant \frac{D}{2} + C$$

式中　D——螺旋筋直径（当螺旋筋直径
小于锚垫板边长时，按锚垫
板边长取值）；

　　C——保护层厚度（最小30mm）。

3. 钢丝束端锚头排列

钢丝束镦头锚具的张拉端需要扩孔，
扩孔直径＝外径＋6mm

孔道间距 S，根据螺母直径 D_1 和锚板
直径 D_2 确定。由下式算：

一端张拉时：

$$S \geqslant \frac{1}{2}(D_1 + D_2) + 5\text{mm} \quad (5\text{-}43)$$

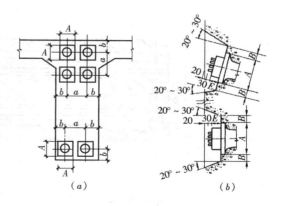

图 5-59　构件端部多孔夹片锚具排列
(a) 锚具排列；(b) 凹槽尺寸
图中 B—凹槽底部加宽部分，参照千斤顶外径确定；
A—锚垫板边长；E—锚板厚度

两端张拉时：

$$S \geqslant D_1 + 5\text{mm}$$

扩孔长度 L，根据钢丝束伸长值 ΔL 和穿束后另一端镦头时能抽出 $300\sim450\text{mm}$ 操作
长度确定。按下式：

一端张拉时：　　　$L_1 \geqslant \Delta L + 0.5H + 300 \sim 450\text{mm}$ 　　　　　(5-44)

两端张拉时：　　　$L_2 \geqslant 0.5(\Delta L + H)$

式中　H——锚杯高度

孔道布置如图 5-60 所示，采用一端张拉时，张拉端交错布置，方便两束同时张拉，
并可避免端部削弱过多，也可减少孔道间距。采用两端张拉时，主张拉端也应交错布置。

(二) 预埋金属波纹管留孔

1. 金属波纹规格

金属波纹管（又称螺旋管）是用冷轧钢带或镀锌钢带在卷管机上压波后螺旋咬合而
成。有单波纹和双波纹；截面形状有圆形和扁形；按照径向刚度有标准形和增强型。

标准型圆形波纹管用途最广，其规格见表 5-28。扁形波纹管仅用于板类构件。增强
型波纹管可代替钢管用于竖向预应力孔道。镀锌波纹管可用于腐蚀性介质的环境或使用期
较长的情况。

圆形波纹管规格（mm）　　　　　　　表 5-28

管内径		40	45	50	55	60	65	70	75	80	85	90	95	100	105	110	115	120
允许偏差		+0.5													+1.0			
钢带厚	标准型	0.25					0.30											
	增强型						0.4						0.50					

2. 金属波纹管的连接与安装

金属波纹管的连接，采用大一号同型波纹管。接头管的长度为 $200\sim300\text{mm}$。其两端

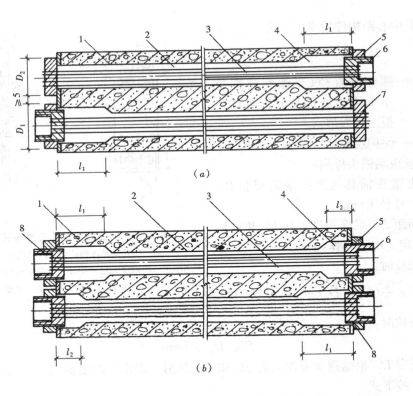

图 5-60　钢丝束镦头锚固体系端部扩大孔布置

(a) 一端张拉；(b) 两端张拉

1—构件；2—中间孔道；3—钢丝束；4—端部扩大孔；5—螺母；

6—锚杯；7—锚板；8—主张拉端

密封胶带封裹，见图 5-61。

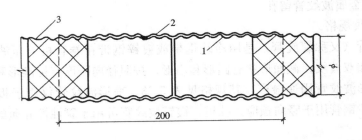

图 5-61　金属螺旋管的连接

1—螺旋管；2—接头管；3—密封胶带

　　波纹管安装，先按设计图纸中预应力筋的曲线坐标，在箍筋上定出曲线位置。然后用钢筋支托（如图 5-62），其间距为 0.8～1.2m。钢筋支托应焊在箍筋上，箍筋底部应垫实。波纹管固定后，必须用铁丝扎牢，以防混凝土浇筑时波纹管上浮而引起质量事故。在安装过程中，应尽量避免波纹管反复弯曲，以防管壁开裂，同时还应防止电焊烧伤波纹管壁。

　　金属波纹管的材质与安装应符合现行行业标准《预应力混凝土用金属波纹管》JG 225 的要求。

（三）预埋塑料波纹管留孔

1. 塑料波纹管是近几年从国外引进的。柳州海威姆建筑机械公司生产的 SBG 塑料波纹管规格，见表 5-29 与表 5-30。

SBG 塑料波纹圆管规格   表 5-29

内径（mm）	外径（mm）	壁厚（mm）	适 用	内径（mm）	外径（mm）	壁厚（mm）	适 用
$\phi50$	$\phi61$	2	$3\sim5s$	$\phi130$	$\phi145$	2.5	$23\sim37s$
$\phi70$	$\phi81$	2	$6\sim9s$	$\phi140$	$\phi155$	3	$38\sim43s$
$\phi85$	$\phi99$	2	$10\sim14s$	$\phi160$	$\phi175$	3	$44\sim55s$
$\phi100$	$\phi114$	2	$15\sim22s$				

SGB 塑料波纹扁管规格   表 5-30

内长轴（mm）	内短轴（mm）	壁厚（mm）	适 用	内长轴（mm）	内短轴（mm）	壁厚（mm）	适 用
46	20	2	$2s$	72	23	2.5	$4s$
60	20	2	$3s$	90	23	2.5	$5s$

注：s—$\phi^s15.2$ 钢绞线。

SBG 塑料波纹管用于预应力孔道具有以下优点：

（1）提高预应力的防腐保护，可防止氯离子侵入而产生的电腐蚀；

（2）不导电，可防止分散电流腐蚀；

（3）密封性好，预应力筋不生锈；

（4）强度高，刚度大，不易踩压，不易被振动棒凿破；

（5）减少张拉过程中的孔道摩擦损失；

（6）提高预应力筋的耐疲劳能力。

2. 塑料波纹管的连接与安装

塑料波纹管的钢筋支托间距不大于 $0.8\sim1.0$mm

塑料波纹管接长：采用熔焊法或高密度聚乙烯塑料套管，塑料波纹管与锚垫板连接也采用聚乙烯套管。塑料波纹管与排气管连接时，在波纹管上热熔排气孔，然后用塑料弧形压板连接。

塑料波纹管的最小弯曲半径为 $0.9\sim1.5$m。

塑料波纹管的材质与安装应符合《预应力混凝土桥梁用塑料波纹管》JT/T 529 的要求。

图 5-62 金属螺旋管的固定
1—梁侧模；2—箍筋；3—钢筋支托；4—螺旋管；5—垫块

（四）抽拔芯管留孔

1. 钢管抽芯法

钢管抽芯法是制作后张法预应力混凝土构件时，在预应力筋位置预先埋设钢管，待混凝土初凝后再将钢管旋转抽出的留孔方法。为防止在浇筑混凝土时钢管位移，每隔 1.0m 用钢筋井架固定。钢管接头处可用长度为 $30\sim40$cm 的铁皮套管连接。在混凝土浇筑后，每隔一定时间慢慢转动钢管，使之不与混凝土粘结，待混凝土初凝后、终凝前抽出钢管，即形成孔道。钢管抽芯法仅适用于留设直线孔道。

2. 胶管抽芯法

胶管抽芯法与钢管抽芯法预理方法相同，所不同的是胶管端应有密封装置。在浇筑混凝土前，胶管内充入压力为 $0.6\sim0.8\text{N/mm}^2$ 的压缩空气或压力水，管径增大 3mm，混凝土初凝后，放出压缩空气或压力水，管径缩小还原，与混凝土脱开随即拔出胶管。胶管抽芯法适用于直线与曲线孔道。

（五）预留孔道质量要求

1. 孔道的规格、数量、位置和形状应符合设计要求；

2. 孔道定位正确、牢固，浇混凝土时不应出现位移和变形；

3. 孔道应平顺，端部的预埋锚垫板应垂直于孔道中心线；

4. 成孔用管道应密封良好，接头应严密且不漏浆；

5. 在曲线孔道的波峰部位设置泌水管，灌浆孔与泌水管的孔径应能保证浆液畅通。排气孔不得遗漏或堵塞；

6. 曲线孔道控制点的竖向位置允许偏差：在截面高（厚）度 $h\leqslant300\text{mm}$ 时为 $\pm5\text{mm}$；$300\text{mm}\leqslant h\leqslant1500\text{mm}$ 时为 $\pm10\text{mm}$；$h>1500\text{mm}$ 时，为 $\pm15\text{mm}$。

二、预应力筋制作

（一）钢绞线下料与编束

在施工现场，钢绞线下料宜用砂轮切割机切割，不得使用电弧切割。

钢绞线编束宜用 20 号铁丝绑扎，间距 $2\sim3\text{m}$，编束时应先将钢绞线理顺，并尽量使各根钢绞线松紧一致，如果钢绞线单根穿入孔道。则不编束。

（二）钢绞线固定端锚具组装

1. 挤压锚具组装

挤压设备采用 YJ45 型挤压机，该机由液压千斤顶、机架和挤压模组成，如图 5-63。其主要性能：额定油压 63N/mm^2，工作缸的面积 7000mm^2，额定顶推力 440kN，额定顶推行程 160mm，外形尺寸 $730\text{mm}\times200\text{mm}\times200\text{mm}$。

挤压机主要工作原理：千斤顶活塞杆推动挤压套通过喇叭形模具，使挤压套直径变细、硬钢丝圈脆断并嵌入挤压套与钢绞线中，以形成牢固的挤压头。

挤压时压力表读数宜为 $40\sim45\text{N/mm}^2$，有时达 50N/mm^2 时应不停地挤过。挤压模磨损后，锚固头直径不宜超差 0.3mm。

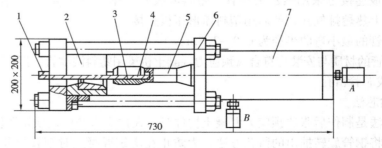

图 5-63　YJ45 型挤压机

1—钢绞线；2—挤压模；3—硬钢丝螺旋圈；4—挤压套；5—活塞杆；
6—机架；7—千斤顶；A—进油嘴；B—回油嘴

2. 压花锚具成型

压花设备采用压花机。该机由液压千斤顶、机架和夹具组成，如图 5-64。压花机最大推力为 350kN，行程为 70mm。

（三）钢丝下料与编束

1. 钢丝下料

清除应力钢丝可直接下料。采用镦头锚具时，钢丝的等长要求严格，为了达到这一要求，钢丝下料可用钢管限位法或用牵引索在拉紧状态下进行。钢管限位法如图 5-65。钢管固定在木板上，钢管内径比钢丝直径大于 3～5mm，钢

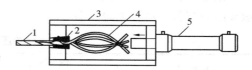

图 5-64　压花机的工作原理
1—钢绞线；2—夹具；3—机架；
4—散花头；5—千斤顶

丝穿过钢管至另一端角铁限位器时，用 DL10 型冷镦器的切断装置切断。限位器与切断器切口间的距离，即为钢丝下料长度。

2. 钢丝编束

为了保证钢丝束两端钢丝的排列顺序一致，穿束与张拉时不致紊乱，每束钢丝必须进行编束，由于锚具形式不同，编束方法也有差异。

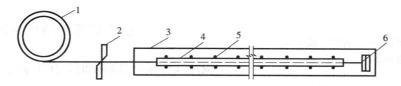

图 5-65　钢管限位法下料
1—钢丝；2—切断器刀口；3—木板；4—φ10 黑铁管；5—铁钉；6—角铁挡头

当采用镦头锚具时，根据钢丝分圈布置的特点，先将内圈和外圈钢丝分别用铁丝按顺序编扎，然后将内圈钢丝放在外圈钢丝内扎牢。为了简化钢丝编束，钢丝的一端可直接穿入锚杯，另一端距端部约 20cm 处编束，以便穿锚板时钢丝不紊乱。钢丝束的中间部分可根据长度适当编扎几道。

当采用钢质锥形锚具时，钢丝编束可分为空心束和实心束两种，编束需要圆盘梳丝板理顺钢丝，并在距钢丝端部 5～10cm 处编一道，使张拉分丝不紊乱。采用空心束时，每隔 1.5m 放一个弹簧衬圈，其优点是钢丝束内空心，灌浆时每根钢丝都被水泥浆包住，钢丝束的握裹力好，但钢丝束外径大，穿筋困难，钢丝受力也不匀。采用实心束可简化工艺，减少孔道摩擦损失。

3. 钢丝镦头

（1）镦头设备

$\phi^P 5$ 预应力钢丝镦头，采用 LD10 型钢丝冷镦器，该机的技术性能如下：额定油压 40N/mm^2；镦头活塞行程 6mm；切筋刀头行程 12mm；镦头力 90kN；夹紧活塞行程 12mm；最大切断力 176kN；外形尺寸：镦头器 ϕ98×279mm，切筋器 ϕ98×326mm；重量：冷镦器 9kg，切筋器 11kg。

$\phi^P 7$ 预应力钢丝镦头，采用 LD20 型钢丝冷镦器，其镦头力为 200kN，构造与 LD10 型冷镦器相同。

（2）镦头尺寸

钢丝镦粗的头型，通常有蘑菇型和平台型两种。如图 5-66。平台型受力性能较好，镦头压力与头型尺寸见表 5-31。

镦头压力与头型尺寸 表 5-31

钢丝直径	镦头压力 （N/mm²）	头型尺寸（mm）	
		直 径	高 度
ϕ^P5	32～36	7～7.5	4.7～5.2
ϕ^P7	40～43	10～11	6.7～7.3

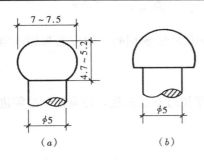

图 5-66　消除应力钢丝冷镦头型
（a）蘑菇型；（b）平台型

（四）预应力筋制作质量要求

1. 钢丝束两端采用镦头锚具时，同束钢丝下料长度的相对差值应不大于钢丝长度的 1/5000，且不大于 5mm，对长度小于 10m 钢丝束可取 2mm。

2. 钢丝镦头尺寸不小于规定值，头型端正圆整，如有裂纹，其长度不延伸至钢丝母材，不允许斜裂或水平裂纹。

3. 钢丝镦头强度不应低于钢丝标准强度值的 98％。

4. 钢绞线挤压锚具制作时，压力表读数应符合说明书规定，挤压后预应力筋外端应露出挤压套筒 1～5mm。

5. 钢绞线压花锚具成型时，梨型头尺寸和直线段长度应符合设计要求。

三、预应力筋穿入孔道

预应力穿入孔道简称穿束，穿束需要解决两大问题：穿束时机和穿束方法。

穿束时机是指处理穿束与浇筑混凝土之间的先后关系。

如果在浇筑混凝土之前穿束，穿束要占用工期，束自重引起的波纹管摆动会增大孔道摩擦损失。束端保护不当易生锈，但穿束省力。

如果在浇筑混凝土之后穿束，则穿束工作可在混凝土养护期内进行，不占用工期，并且便于用通孔器，或高压水清孔，穿束后即可张拉，易于防锈，但穿束比较费力。

穿束方法要根据一次穿入的数量分整束穿和单根穿。钢丝束应整束穿，钢绞线宜采用整束穿，也可以单根穿，穿束工作可由人工卷扬机和穿束机进行。

对长度不大于 60m 曲线束人工穿束方便；对束长大于 60m 的预应力筋，采用卷扬机穿束，钢绞线与卷扬机的钢丝绳之间用特制的牵引头连接，每次牵引 2～3 根钢绞线，速度较快。卷扬机宜用慢速，每分钟约 10m，电动机功率为 1.5～2kW。采用穿束机穿束适用于大型桥梁与构筑物单根钢绞线的情况。

四、预应力筋张拉与锚固

预应力筋张拉前，应提供构件或结构混凝土的强度检验报告。当混凝土的立方体强度满足设计要求后，方可施加预应力。如设计无要求时，不应低于设计强度的 75％。用块体拼装的预应力构件，其拼装主缝处混凝土或砂浆的强度，在设计无规定时，不应低于块体混凝土设计强度的 40％，且不低于 15N/mm²。

锚具进场后应经检验合格，方可使用；张拉设备应事先配套标定，按标定的 P—S 曲线进行张拉。

预应力筋与锚具的连接、安装位置正确，张拉设备安装应使张拉力的作用线与孔道中心线相适应。

（一）预应力筋张拉方式

1. 一端张拉

张拉设备放置在预应力筋一端的张拉方式。适用于长度≤30m的直线预应力筋和锚固损失影响长度 $L_f \geqslant L/2$（L—预应力筋长度）的曲线预应力筋。

2. 两端张拉

张拉设备放置在预应力筋两端的张拉方式。适用于长度＞30m的直线预应力筋和锚固损失影响长度 $L_f < L/2$ 的曲线预应力筋。当张拉设备不足或由于张拉顺序安排关系，也可以先在一端张拉完成后，再移至另一端张拉，补足张拉力后锚固。

3. 分批张拉

对配有多束预应力筋的构件或结构采用分批进行张拉的方式。由于后批预应力筋张拉所产生的混凝土弹性压缩对先批张拉的预应力筋造成预应力损失。所以，先批张拉的预应力筋应加上该弹性压缩损失值或将弹性压缩损失平均统一增加到每根预应力筋的张拉力内。

先批张拉的预应力筋需增加的应力为 $n\sigma_{pc}$（或按式 5-31 计算），n 为预应力筋弹性模量（E_s）与混凝土弹性模量（E_c）之比；σ_{pc} 为张拉后批预应力筋时，对先批张拉的预应力筋重心处混凝土产生的法向应力，按下式求得：

$$\sigma_{pc} = \frac{(\sigma_{con} - \sigma_I)A_P}{A_n}$$

式中　σ_{con}——控制应力；

σ_I——预应力筋第一批预应力损失（锚具变形（按 5-20 公式）和孔道摩擦损失（按 5-17 公式））；

A_P——后批张拉的预应力筋截面面积；

A_n——构件（结构）混凝土净截面面积（近似取毛面积）。

4. 分段张拉

在多跨连续梁板分段施工时，统长的预应力筋需要采用逐段进行张拉的方式。对大跨度多跨连续梁，在第一段混凝土浇筑与预应力筋张拉锚固后，第二段预应力筋利用锚头连接器接长，以形成统长的预应力筋。

5. 补偿张拉方式

早期预应力损失基本完成后，再进行张拉的方式。采用这种补偿张拉方式可克服弹性压缩损失，减少应力松弛损失、混凝土收缩徐变损失等，以达到预期的预应力效果。

（二）预应力筋张拉顺序

预应力筋的张拉顺序，应使混凝土不产生超应力、构件不扭转与侧弯、结构不变位等。因此，采用对称张拉是一项重要原则。同时，还应考虑尽量减少张拉设备的移动次数。

图 5-67 所示预应力混凝土屋架弦杆钢丝束的张拉顺序。钢丝束长度不大于 32m 时，采用一端张拉方式，图 5-67（a）预应力筋为两束，用两台千斤顶分别设置在构件两端，对称张拉一次完成。图 5-67（b）预应力筋为 4 束，需要分两批张拉，用两台千斤顶分别

张拉对角线上的 2 束，然后张拉另 2 束。由分批张拉引起的预应力损失，统一增加到张拉力内。

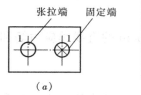

图 5-67 屋架下弦杆预应力筋张拉顺序

（a）2 束；（b）4 束

注：图中 1、2 为预应力筋分批张拉顺序。

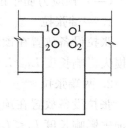

图 5-68 框架梁预应力筋的张拉顺序

图 5-68 所示双跨预应力混凝土框架梁钢绞线束的张拉顺序。钢绞线束双跨曲线筋长度达 40m，采用两端张拉方式。图中 4 束钢绞线分两批张拉，两台千斤顶分别设置在梁的两端，按左右对称各张拉一束，待两批 4 束一端张拉后，再分批在另一端补张拉。这种张拉顺序，可以减少先批张拉预应力筋的弹性压缩损失。

上述构件预应力筋如仅用一台千斤顶张拉或两台千斤顶同时在一束预应力筋上张拉，会引起构件不对称受力，则对称两束预应筋张拉时，张拉力相关不大于设计拉力的 50%，即先将第 1 束张拉到 50% 力，再将第 2 束张拉到 100% 力，最后将第 1 束张拉到 100% 力。

（三）平卧重叠构件张拉

后张预应力混凝土屋架等构件一般在施工现场平卧重叠制作，重叠层数为 3～4 层。其张拉顺序宜先上后下逐层进行。为了减少上下层之间因摩擦引起的预应力损失，可逐层加大张拉力。根据有关单位试验研究和大量工程实践，得出不同隔离层的平卧重叠构件逐层增加的张拉力百分数，见表 5-32。

平卧重叠浇筑构件逐层增加的张拉力百分数   表 5-32

预应力筋类别	隔离剂类别	逐层增加的张拉力百分数			
		顶 层	第二层	第三层	底 层
高强钢丝束	Ⅰ	0	1.0	2.0	3.0
	Ⅱ	0	1.5	3.0	4.0
	Ⅲ	0	2.0	3.5	5.0

注：第一类隔离剂：塑料薄膜、油纸；

第二类隔离剂：废机油滑石粉、纸筋灰、石灰水废机油、柴油石蜡；

第三类隔离剂：废机油；石灰水、石灰水滑石粉。

（四）张拉操作程序

预应力筋的张拉操作程序，主要根据构件类型，预应力筋锚固体系，松弛损失等因素确定。

（1）采用低松弛钢丝和钢绞线时，张拉操作程序为

$$O \longrightarrow P_j \text{ 锚固}$$

（2）采用普通松弛预应力筋时，按下列超张拉程序：

对镦头锚具等可卸载锚头　$O \longrightarrow 1.05P_j \xrightarrow{\text{持荷 2min}} P_j$ 锚固

对夹片锚具等不可卸载锚具　$O \longrightarrow 1.03P_j$ 锚固

以上各种张拉操作程序，均可分级加荷。对曲线预应力筋，一般以 $0.2\sim0.25P_j$ 为测量伸长值起点，分三级加载（$0.2P_j$、$0.6P_j$ 及 $1.0P_j$）或 4 级加载（$0.25P_j$、$0.5P_j$、$0.75P_j$、$1.0P_j$）每级加载后均应测量张拉伸长值。

当预应力筋长度较大、千斤顶张拉行程不够时，应采取分级张拉、分级锚固。第二级初始油压为第一级最终油压。

预应力筋张拉到规定值后（油压读数控制值）就持荷复检伸长值，合格后方可进行锚固。锚固后的预应力筋外露多余长度不小于预应力筋直径的 1.5 倍，且不小于 30mm。

（五）张拉伸长值校核

预应力筋张拉时，通过伸长值的校核，可以综合反映张拉力是否符合要求，孔道摩擦损失是否偏大，以及预应力筋是否有异常现象。为此，对张拉伸长值的校核，要引起重视。

预应力筋张拉伸长值的量测，应在建立初应力之后进行。初应力一般以 $10\%\sigma_{con}$ 作为量测起点，其实际伸长值 ΔL 就等于：

$$\Delta L = \Delta L_1 + \Delta L_2 - C \tag{5-45}$$

式中　ΔL_1——从初应力至最大张拉力之间的实测伸长值；

　　　ΔL_2——初应力以下的推算伸长值；

　　　C——施加预应力时后张法混凝土构件的弹性压缩值。

初应力以下推算伸长值 ΔL_2 可根据弹性范围内张拉力与伸长值成正比的关系，用计算法或图解法确定。

采用图解法时，图 5-69 所示，以伸长值为横坐标，张拉力为纵坐标，将各级张拉力的实测伸长值标在图上，绘成张拉力与伸长值关系曲线 CAB，然后延长此线，与横坐标交于 O 点，则 OO_1 段即为推算伸长值 ΔL_2，此法比计算法准确。

五、孔道灌浆

预应力筋张拉完后，即可进行孔道灌浆。孔道灌浆的目的是为了防止钢筋的锈蚀，增加结构的整体性和耐久性，提高结构抗裂性和承载能力。

灌浆用的水泥浆应有足够强度和粘结力。且应有较大的流动性，较小的干缩性和泌水性。应采用强度等级不低于 42.5 的普通硅酸盐水泥，水灰比为 $0.4\sim$ 0.45 之间，水泥浆硬化后的强度应不低于 $30N/mm^2$。由于纯水泥浆的干缩性和泌水性都较大，凝结后往往

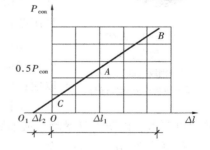

图 5-69　推算伸长值图解法

形成月牙空隙，故宜适当地掺入细砂和其他塑化剂。并宜掺入为水泥量万分之一的铝粉或 0.25% 的木质素磺酸钙，以增加孔道灌浆的密实性和灰浆的流动性。

水泥浆的稠度宜控制在 $12s\sim20s$。采用真空灌浆工艺时，宜控制在 $18s\sim25s$；3h 自由泌水率宜为 0，且不大于 1%；泌水率在 24h 内全部被水泥浆吸收；24h 自由膨胀率：采用普通灌浆工艺时不应大于 6%，采用真空灌浆工艺时，不应大于 3%。

水泥浆泌水率和自由膨胀率的测试方法，应符合现行国家标准《预应力孔道灌浆剂》GB/T25182的规定。

灌浆用的水泥浆要过筛，在灌浆过程中应不断搅拌，以免沉淀析水。灌浆工作应连续进行，不得中断，并应防止空气压入孔道而影响灌浆质量。灌浆压力以 $0.5\sim0.6N/mm^2$ 为宜，如压力过大，易胀裂孔壁。灌浆前，应用压力水将孔道冲刷干净，湿润孔壁。灌浆顺序，应先下后上，以免上层孔道漏浆把下层孔道堵塞。直线孔道灌浆时，应从构件一端灌到另一端。曲线孔道灌浆时，应从孔道最低处向两端进行。如孔道排气不畅，应检查原因，待故障排除后重灌。当灰浆强度达到 $15N/mm^2$ 时，方能移动构件，灰浆强度达到100%设计强度时，才允许吊装。

灌浆时，灰浆可能从喷嘴处喷射出来，操作人员应戴防护眼镜、口罩和手套，以保证安全。

六、无粘结预应力施工

无粘结预应力混凝土是指配有无粘结预应力筋靠锚具传力的一种预应力混凝土。

无粘结预应力混凝土施工过程是：将无粘结预应力筋按设计位置铺设在模板上。再浇混凝土，待混凝土达到设计规定强度后进行张拉锚固。这种后张法预应力混凝土的工艺特点是：无需预留孔道与灌浆，施工方便，预应力筋易弯成所需的曲线形状，摩擦损失小，但对锚具要求高。适用于曲线配筋的结构。在大面积预应力楼板中应用广泛。

1. 无粘结预应力筋制作

无粘结预应力筋由预应力钢材、涂料层和外包层组成（图5-70）。

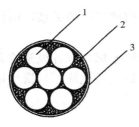

图 5-70　无粘结
预应力筋
1—钢绞线或钢丝束；
2—油脂；3—塑料护套

预应力钢材可采用 $7\phi5$ 钢丝束或 $\phi12$ 和 $\phi15$ 钢绞线。

涂料层的作用是使预应力筋与混凝土隔离，减少张拉时摩阻损失，防止预应力筋腐蚀等。一般选用1号或2号建筑油脂作为涂料层。

外包层的作用是保护防腐油脂并防止预应力筋与混凝土粘结。外包层材料可采用高压聚乙烯塑料制作。塑料外包层通常是用塑料注塑机注塑成形，壁厚一般为 $0.8\sim1.0mm$。

无粘结筋制作时，防腐油脂应充足饱满，外包层松紧要适度，保证成型的塑料护套与涂满油脂的预应力筋有一定间隔，以便预应力筋能在塑料护套内任意抽动、减少张拉时摩阻损失。

无粘结筋应堆放在通风干燥处，露天堆放应搁置在板架上，并加以覆盖，以防烈日暴晒造成油脂流淌。

2. 无粘结预应力筋铺设

无粘结筋铺设前，应逐根检查外包层的完好程度，对有轻微破损者，可用塑料胶粘带修补，对破损严重者应予以报废。

无粘结筋的铺设应严格按设计要求的位置、曲线形状正确就位并固定牢靠。铺放曲线筋时，矢高可垫铁马凳控制，马凳高度应根据设计要求的无粘结筋曲率确定。马凳间距为 $1\sim2m$，并用铁丝与无粘结筋扎紧。

铺设双向配筋的无粘结筋时，应逐根地对各交叉点相应的两个标高进行比较，找出各交叉点标高低的无粘结筋先铺放，然后再铺放标高较高的无粘结筋。并应避免两个方向的无粘结筋相互穿插铺放。

　　无粘结筋的固定端采用内埋式时，可选用镦头锚板或挤压锚具（图 5-71）。挤压锚具是利用液压挤压机将套筒挤紧在钢绞线端头上的一种锚具。固定端锚具在模板上就位固定时，钢丝镦头必须与锚板贴紧，挤压锚具应与承压钢板贴紧，并配置螺旋钢筋。

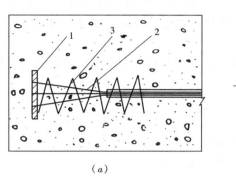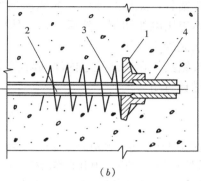

(a)　　　　　　　　　　　　　(b)

图 5-71　内埋式固定端锚具

(a) 镦头锚固定端；(b) 钢绞线挤压锚具

1—锚板；2—钢丝或钢绞线；3—螺旋筋；4—挤压锚具

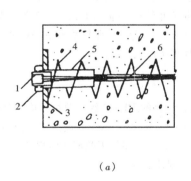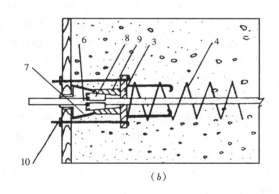

(a)　　　　　　　　　　　　　(b)

图 5-72　张拉端锚具

(a) 镦头锚固系统张拉锚；(b) 夹片式锚具张拉端

1—锚杯；2—螺母；3—承压板；4—螺旋筋；5—塑料保护套；

6—无粘结预应力筋；7—塑料穴模；8—夹片；9—锚环；10—钩螺丝

　　无粘结筋的张拉端锚具，主要有单孔夹片锚具和镦头锚具等。无粘结筋的张拉端可采用凸出式与凹入式做法（图 5-72）。端头的预埋钢板应垂直于无粘结筋，螺旋筋应紧靠预埋钢板。凹入式的做法，是利用塑料穴模形成凹口，锚具埋在板端混凝土内。

　　3. 无粘结预应力筋张拉

　　无粘结预应力筋通常采用前卡式千斤顶（图 5-23）单根张拉。张拉顺序，在一般情况下，可依次张拉。张拉方法，由于无粘结筋摩阻力小，用于楼面结构时曲率也小，因此，不论直线筋或曲线筋，其长度不大于 25m 时，都可采用一端张拉；长度大于 25m 时，宜在两端张拉；当长度超过 50m 时，宜采取分段张拉与锚固。

无粘结筋的张拉力、张拉程序及张拉伸长值校核与后张法有粘结预应力筋的张拉相同。

4. 锚固区处理

无粘结预应力筋的锚固区，必须有严格的密封防护措施，严防水气进入，锈蚀预应力筋。

对夹片锚具，无粘结预应力筋锚固后的外露长度除保留 30mm 外，多余部分用砂轮锯割掉，不得用电弧切割。然后，在锚具与承压板表面涂以防水砂浆，再用微膨胀混凝土或低收缩水泥砂浆封闭。

对镦头锚具，在端部孔道内注满防腐油脂后，用塑料或金属帽盖严，再用钢筋混凝土圈梁将端锚具封闭。

习　题

5-1　先张法与后张法在预应力传递上有哪些不同？

5-2　后张法结构中的锚具有什么作用和要求（含工艺性能）？

5-3　列表说明常用预应力筋的配套锚具类型。

5-4　影响锲紧或锚具锚固能力的主要因素是什么？锚具的锚固性能如何确定？

5-5　后张法预应力筋分批张拉时，应力损失该如何计算？

5-6　24m 预应力屋架下弦孔道长度 23800mm，下弦截面尺寸 220mm×240mm。下弦截面净面积 A_n ＝44400mm²。下弦 2 个预应力的孔道采用 ϕ50 预埋波纹管线型。混凝土强度等级 C40，弹性模量 E_c ＝$3.3×10^4$ N/mm²。预应力的配 2 束 16ϕ5 钢丝束，每束预应力筋截面面积，A_P ＝314mm²，弹性模量 E_S ＝$2×10^5$ N/mm²，其标准强度 f_{ptk} ＝1670N/mm²。设计控制应力 σ_{con} ＝0.7f_{ptk}。张拉端采用 DM5A-16 型镦头锚具，固定端采用 DM5B-16 型锚板，选用一台 yc-60 型千斤顶张拉，试求：

①计算钢丝束的下料长度。

②确定钢丝束的张拉程序（用数字在图上标出）。

5-7　24m 预应力屋架下弦配置 4 根直径 25mm 的精轧螺纹直线径的 RL540 级，单根预应力筋的截面面积 A_p ＝491mm²，其标准强度 f_{pyk} ＝540N/mm²，弹性模量 E_S ＝$2×10^5$ N/mm²。设计张拉控制应力 σ_{con} ＝0.85×f_{ptk}。混凝土强度等级 C40，弹性模量 E_c ＝$3.3×10^4$ N/mm²，屋架下弦截面面积 A_n ＝220×240＝52800mm²。采用一端张拉方式，选用 2 台 yc-60 型千斤顶，试求：

①确定预应力筋的分批张拉顺序。

②确定预应力筋的张拉操作程序，并计算张拉力。

③验算②张拉控制应力，如果超过 0.90f_{ptk}（精轧螺纹的最大允许控制值），该采取什么措施，以达到预期的预应力效果。

第六章 结 构 安 装 工 程

结构安装，就是使用起重机械将预制构件或构件组合单元，安放到设计位置上的工艺过程。是装配式结构房屋施工中的一个主导分部工程，直接影响整个房屋结构的工程质量、进度和成本，应予以充分的重视。

结构安装工程的施工特点：

(1) 构件的尺寸与重量，以及安装标高与安装位置，是选择起重机械的主要参数。构件的安装工艺和安装方法，则随选用的起重机械而不同。

(2) 有的构件在起吊、运输或安装过程中，由于吊点或支承点原因，其应力状态与构件在使用阶段的应力状态不同。在这种情况下，吊装前要进行吊装验算，或采取相应的加强措施。

(3) 基础的标高及轴线，与构件的几何尺寸及预埋件位置，均与安装相应参数有关，吊装前，两者必须同时进行检查，以消除制作上产生的差异，带来安装的误差。

(4) 高空作业多，工作面小，容易发生事故，应在采取可靠的安全技术措施的同时，重视和加强施工现场的安全教育。

根据上述特点，在拟定结构安装方案时，着重解决几个问题：合理选择起重机械，并做好吊装前各项准备工作；确定构件吊装工艺和结构吊装方法；确定起重机的开行路线和构件在预制阶段和吊装阶段的平面位置。

第一节 起 重 机 械

用于结构安装工程的起重机械主要有：履带式起重机、汽车式起重机、轮胎式起重机和塔式起重机等。

一、履带式起重机

履带式起重机（图 6-1）是一种自行式，360°全回转的起重机。具有操作灵活、行驶方便、臂杆可以接长或更换的特点。其工作装置改装后，可成挖土机或打桩架。是一种多功能的机械。在工业厂房结构安装中，使用最为广泛。

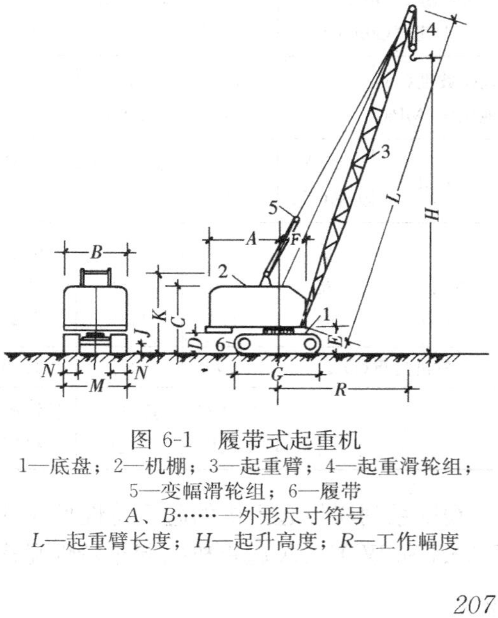

履带式起重机主要由动力装置、传动机构、行走机构（履带）、工作机构（起重杆、滑轮组和卷扬机）以及平衡重等组成。

（一）履带式起重机的型号及技术性能

履带式起重机外形尺寸见表 6-1。

国内生产的几种常用履带起重机的主要

图 6-1 履带式起重机
1—底盘；2—机棚；3—起重臂；4—起重滑轮组；
5—变幅滑轮组；6—履带
A、B……—外形尺寸符号
L—起重臂长度；H—起升高度；R—工作幅度

技术性能见表6-2。

履带起重机外形尺寸表（单位：m）　　　　　　　表 6-1

符号	名　　称	型　　号				
		QU25	W1001	W₁-100	W₁-200	QUY-50
A	机身尾部到回转中心距离	4.225	4.005	3.785	4.95	5.49
B	机棚外廊宽度	3.12	3.12	3.477	3.20/3.60	3.08
C	机棚离地高度	3.631	3.675	3.157	4.125	3.08
K	棚顶滑轮至地面高度		4.17	3.622		3.20
E	臂杆铰点离地面高度		1.70	1.70	2.10	1.70
G	履带长度	3.67	3.30	3.80	4.50	4.00
F	臂杆铰点至回转中心距离	1.50	1.30	1.30	1.60	0.90
I	行走轮轴距		3.21	3.10		4.66
N	履带板宽度	0.68	0.675	0.60	0.80	0.76
M	履带最大宽度	3.60	3.20	3.10	4.05	4.30
D	机架离地最小距离	0.27	0.25	0.31	0.39	0.36

国内生产的几种履带起重机主要技术性能　　　　　　　表 6-2

型　　号		W₁-100	QU20	QU25	QU32A	QU40	QUY50	W200A	KH180-3
最大起重量	主钩	15	20	25	36	40	50	50	50
（t）	副钩	—	2.3	3	3	3		5	
最大起升高度	主钩	19	11～27.6	28	29	31.5	9～50	12～36	9～50
（m）	副钩	—		32.3	33	36.2		40	
臂　长	主钩	23	13～30	13～30	10～31	10～34	13～52	15；30；40	13～62
（m）	副钩	—	5		4	6.2		6	6.1～15.3
起升速度(m/min)			23.4；46.8	50.8	7.95～23.8	6～23.9	35；70	2.94～30	35；70
行走速度(km/h)		1.5	1.5	1.1	1.26	1.26	1.1	0.36；1.5	1.5
最大爬坡度（%）		20	36	36	30	30	40	31	40
接地比压(MPa)		0.089	0.096	0.082	0.091	0.086	0.068	0.123	0.061
发动机	型号	6135	6135K-1	6135AK-1	6135AK-1	6135AK-1	6135K-15	12V135D	PD604
	功率(kW)	88	88.24	110	110	110	128	176	110
外形	长	5303	5348	6105	6073	6073	7000	7000	7000
尺寸	宽	3120	3488	2555	3875	4000	3300～4300	4000	3300～4300
（mm）	高	4170	4170	5327	3920	3554	3300	6300	3100
整机自重(t)		40.74	44.5	41.3	51.5	58	50	75；77；79	46.9
生产厂		抚顺挖掘机厂	抚顺挖掘机厂	长江挖掘机厂	江西采矿机械厂	江西采矿机械厂	抚顺挖掘机厂	杭州重型机械厂	抚顺、日立合作生产

　　QU 系列履带起重机的起重特性见表 6-3，W₁-100 型履带起重机的起重特性见表 6-4，W200A 和 WD200A 起重机的起重特性见表 6-5，KH180-3 起重机的起重特性见表 6-6。

表 6-3

QU系列履带起重机额定起重量（t）

臂长(m)	机型	工作幅度（m）																			
		3.5	4	4.5	6	7	7.5	8	8.5	9	9.5	10	10.5	11	12	12.5	14	15	16	17	18
10	QU32	32		26.5	18	14.8	13.7	12.7	12	11.2	10.3	9.7									
	QU32A	36		30	19	15.5	14	13.3	12.5	11.6	11	10.2									
	QU40		40	33	20.7	16.3	14.5	13.3	11.8	11	10.3	9.5									
	QU50		50		24.8	19.8	17.9	16.6	15.1	14.1	13.1	12.5									
13	QU16			16	10		7.2					4.8				3.5					
	QU25			25	17.6	14.4	13	12	11.3	10.6	10	9.5	8.9	8.5	7.7	7.3					
	QU32			25	17	14.2	13	12	11	10.5	9.8	9.2	8.7	8.2	7.3						
	QU32A				18	14.8	13.8	12.7	11.6	10.7	10	9.3	8.8	8.4	7.5						
	QU40			23.1	20.5	16	14.5	13	11.8	10.9	10.2	9.3	8.6	10	6.9						
	QU50			25	24.6	19.4	17.8	16.2	15	13.9	13	12.2	11.6	10.9	9.6						
16	QU25				16.1	13.4	12.3	11.3	10.6	9.9	9.4	8.8	8.4	7.9	7.1	6.6	6	5.5			
	QU32				16.2	13.3	12.3	11.3	10.4	9.8	9.3	8.6	8.2	7.7	6.9	6.5	5.7				
	QU32A				17	14.2	13	12	11	10.6	9.4	9.0	8.3	7.8	6.7	6.8	6.5				
	QU40				20.4	16	14.5	12.9	11.8	10.8	9.8	9.1	8.3	7.8	6.7						
	QU50				24.5	19.3	17.7	16.1	15	13.7	12.8	12	11.4	10.8	9.5	8.7	7.8				
19	QU32				15.3	12.8	11.7	10.8	10	9.3	8.6	8.2	7.7	7.2	6.5	6.2	5.4	4.8	4.5		
	QU32A				16.2	13.3	12.4	11.4	10.5	9.9	9.3	8.7	8.2	7.7	6.6	6.3	5.5	5.3	4.9		
	QU40				20.3	15.9	14.4	12.8	11.7	10.6	9.8	9	8.1	7.2	6.6	6.0	5.1				
	QU50				24.4	19.2	17.6	15.9	14.8	13.6	12.7	11.9	11.2	10.6	9.4	8.6	7.8	7.2	6.6		
20	QU25			14.3	12.1	11.2	10.4	9.7	9.1	8.5	8	7.5	7.1	6.3	6.2	5.3	4.8	4.5	3.9		

工 作 幅 度 （m）

臂长(m)	机型	3.5	4	4.5	6	7	7.5	8	8.5	9	9.5	10	10.5	11	12	12.5	14	15	16	17	18
22	QU32					14.4	11.8	11	10.2	9.4	8.8	8.2	7.7	7.3	6.8	6.1	5.7	5	4.5	4.2	3.5
	QU32A				15.4	12.9	11.8	10.9	10.1	9.4	8.7	8.3	7.8	7.3	6.5	6.2	5.4	4.9	4.6	3.9	3.4
	QU40					15.8	14	12.7	11.6	10.6	9.8	8.9	8.3	7.6	6.5	5.5	4.9				
	QU50				24.1	18.9	17.2	15.6	15	13.3	12.5	11.6	11	10.3	9.1	8.8	7.5	6.9	6.3	5.3	
23	QU16				9						4.6					3.0		2.2			
25	QU32							9.7	9	8.5	7.8	7.4	6.8	6.5	5.8	5.4	4.7	4.2	3.9	3.3	2.8
	QU32A							10.3	9.5	8.9	8.3	7.8	7.4	6.9	6.2	5.8	5.1	4.6	4.3	3.6	3.2
	QU40							12.4	11.4	10.4	9.5	8.8	8.1	7.6	6.6	6	5	4.4	3.9	3.1	
	QU50							15.4	14.3	13.1	12.3	11.4	10.9	10.2	8.9	8.6	7.3	6.8	6.1	5.2	4.5
28	QU25							8.3	7.8	7.3	6.8	6.4	6	5.7	5	4.7	4	3.6	3.2	2.7	2.3
	QU32							8.6	8	7.4	6.8	6.4	5.9	5.5	4.9	4.6	3.9	3.3	3.1	2.5	2.1
	QU32A							9.8	9.1	8.6	7.9	7.5	6.9	6.6	5.9	5.5	4.7	4.1	3.7	2.8	2.5
	QU40							12.3	11	10.3	9.4	8.7	7.9	7.5	6.5	5.9	4.9	4.3	3.8	3	
	QU50							15.3	14.2	13	12.3	11.3	10.8	10.2	8.8	8.1	7.2	6.7	6.0	5.1	4.4
31	QU32A									7.5	6.9	6.5	6	5.6	5	4.7	4	3.4	3.2	2.6	2.2
	QU40											8.5	7.8	7.2	6.3	5.8	4.8	4.2	3.7	2.9	
	QU50											11.2	10.6	9.9	8.7	8.4	7.1	6.5	5.9	5	4.3
34	QU40											8.4	7.6	7.1	6.1	5.6	4.6	3.9	3.5	2.7	2
	QU50											11.1	10.6	10	8.6	7.8	7	6.5	5.8	4.9	4.2
40	QU50													9	7.6	7.3	6	5.5	4.8	3.9	3.2
副臂	QU25、QU32、QU32A														3						
	UQ40、QU50																3	2.9	2.8	2.6	2.5

W₁-100 型履带起重机的起重性能　　　　　　表 6-4

工作幅度 (m)	臂　长　13m		臂　长　23m	
	起重量 (t)	起升高度 (m)	起重量 (t)	起升高度 (m)
4.5	15	11	—	—
5	13	11	—	—
6	10	11	—	—
6.5	9	10.9	8	19
7	8	10.8	7.2	19
8	6.5	10.4	6	19
9	5.5	9.6	4.9	19
10	4.8	8.8	4.2	18.9
11	4	7.8	3.7	18.6
12	3.7	6.5	3.2	18.2
13	—	—	2.9	17.8
14	—	—	2.4	17.5
15	—	—	2.2	17
17	—	—	1.7	16

W200A、WD200A 型履带起重机起重性能　　　　　　表 6-5

工作幅度 (m)	臂长 15m		臂长 30m		臂长 40m	
	起重量 (t)	起升高度 (m)	起重量 (t)	起升高度 (m)	起重量 (t)	起升高度 (m)
4.5	50	12.1	—	—	—	—
5.0	40	12.0	—	—	—	—
6.0	30	11.7	—	—	—	—
7.0	25	11.3	—	—	—	—
8	21.5	10.7	20	26.5	—	—
9	17.5	10.0	16.5	26.3	—	—
10	15.5	9.4	14.5	26.1	8	36
11	13.5	8.7	12.7	25.6	7.3	35.8
12	11.7	8.0	12.1	25.4	6.7	35.6
14	9.4	5.0	9.4	24.6	5.6	35.1
16			7.5	23.5	4.8	34.3
18			6.1	22.4	4.1	33.8
20			5.5	21.2	3.4	32.9
22			4.8	19.8	2.8	31.8
24					2.5	30.6
26					2.1	29.0
28					1.8	27.1
30					1.5	25.0

工作幅度 (m)	起 重 臂 长 度 （m）							
	13	19	25	31	37	43	49	52
	起 重 量 （t）							
3.7	50	—						
4.0	45.8	—						
4.5	37.9	37.1						
5.0	32	31.9						
6.0	24.3	24.2	24					
7.0	19.5	19.3	19.1	18.9				
8.0	16.2	16	15.7	15.4	15.3			
9.0	13.8	13.6	13.4	13.2	13	11.6		
10.0	12.1	11.9	11.7	11.5	11.4	11.2	8.3	
12	9.5	9.3	9.1	8.9	8.8	8.6	7.8	6.7
14		7.7	7.4	7.2	7.1	6.9	6.8	6.2
16		6.4	6.2	6.0	5.8	5.6	5.5	5.4
18		5.6 (17.5m)	5.2	5.1	4.9	4.7	4.5	4.4
20			4.5	4.3	4.2	3.9	3.8	3.7
22			3.9	3.7	3.6	3.4	3.2	3.1
24				3.3	3.1	2.9	2.7	2.6
26				2.9	2.7	2.5	2.3	2.2
28				2.5	2.3	2.1	2.0	1.9
30					2.2	1.8	1.7	1.6
32					1.8	1.6	1.4	1.3
34						1.4	1.2	1.1

起重机的主要技术性能（起重量 Q、起升高度 H 及工作幅度 R）还可以用曲线方式表示，以 W_1-100 型与 W_1-200 型为例，其工作性能曲线如图 6-2 及图 6-3 所示。

起重机的工作性能曲线表示起重机的起重量、起升高度及工作幅度之间的关系。从起重机的性能表和曲线图中可以看出：三个参数值取决于起重臂长度及其仰角的变化。当起重臂长度一定时，随着仰角的增大，起重量和起升高度增加，而工作幅度减小；当起重仰角不变时，随着起重臂长度的增加，起升高度和工作幅度亦增加，而起重量则减小。据此，可得出 R、H、L 和 α 相互之间的几何关系（见图 6-1 所示），并可用下列公式表示：

$$R = F + L\cos\alpha \tag{6-1}$$

$$H = E + L\sin\alpha - d_0 \tag{6-2}$$

式中　E——起重臂铰点离地面高度（m）；

　　　F——起重臂铰点至回转中心距离（m）；

　　　d_0——吊钩钩口至起重臂顶端定滑轮中心的最小距离（为 2.5～3.5m）。

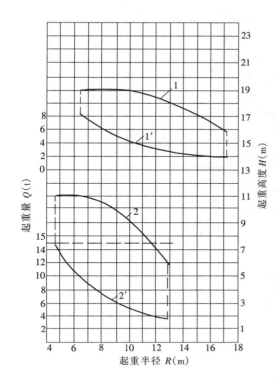

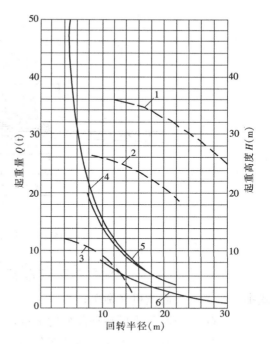

图 6-2　W₁-100 型履带式起重机性能曲线

1—$L=23$m 时 R-H 曲线；1′—$L=23$m 时 Q-R 曲线；

2—$L=13$m 时 R-H 曲线；2′—$L=13$m 时 Q-R 曲线

图 6-3　W₁-200 型起重机性能曲线

1—$L=40$m 时 R-H 曲线；2—$L=30$m 时 R-H 曲线；

3—$L=15$m 时 R-H 曲线；4—$L=40$m 时 Q-R 曲线；5—

$L=30$m 时 Q-R 曲线；6—$L=15$m 时 Q-R 曲线

（二）履带起重机稳定性验算

起重机稳定性是指整个机身在起重作业时的稳定程度。起重机在正常条件下工作，一般可以保持机身稳定，但在超负荷吊装或由于施工需要接长起重臂时，需进行稳定性验算，以保证在吊装作业中不发生倾覆事故。

履带起重机的稳定性应以起重机处于最不利工作状态即稳定性最差时（机身与行驶方向垂直）进行验算，此时，应以履带中心 A 为倾覆中心验算起重机稳定性（图 6-4）。

（1）当考虑吊装荷载及附加荷载（风荷载、刹车惯性力和回转离心力等）时应满足下式要求：

$$K_1 = \frac{稳定力矩}{倾覆力矩} \geq 1.15$$

（2）当仅考虑吊装荷载时应满足下式要求：

$$K_2 = \frac{稳定力矩}{倾覆力矩} \geq 1.40$$

K_1、K_2 称稳定性安全系数。倾覆力矩取吊重一项所产生的力矩；稳定力矩取全部稳定力矩与其他倾覆力矩之差。

按 K_1 验算较复杂，施工现场一般用 K_2 简化验算，由图 6-4 可得：

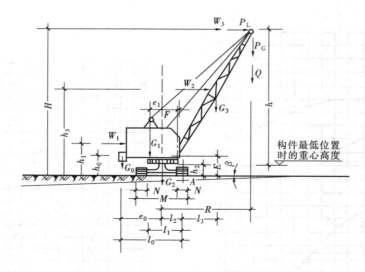

图 6-4　稳定性验算简图

$$K_2 = \frac{G_1 l_1 + G_2 l_2 + G_0 l_0 - G_3 l_3}{Q(R - l_2)} \geqslant 1.40 \qquad (6\text{-}3)$$

式中　　G_0——起重机平衡重；

　　　　G_1——起重机可转动部分的重量；

　　　　G_2——起重机机身不转动部分的重量；

　　　　G_3——起重臂重量（起重臂接长时，为接长后的重量），约为起重机重量的

　　　　　　　$4\% \sim 7\%$；

l_0、l_1、l_2、l_3——以上各部分的重心至倾覆中心 A 点的相应距离。

　　验算后如不满足应采取增加配重等措施。

二、汽车起重机

　　汽车起重机按起重量大小分为轻型、中型和重型三种。起重量在 20t 以内的为轻型，50t 及以上的为重型；按起重臂形式分为桁架臂或箱形臂两种；按传动装置形式分为机械传动、电力传动、液压传动三种。表 6-7 为按传动装置形式进行的分类和表示方法。

汽车起重机型号分类及表示方法 表 6-7

类	组	型	代号	代号含义	主 要 参 数	
					名　称	单　位
起重机械	汽车起重机 Q（起）	机械式 液压式 Y（液） 电动式 D（电）	Q QY QD	机械式汽车起重机 液压式汽车起重机 电动式汽车起重机	最大额定 起重量	t

　　（一）轻型汽车起重机

　　轻型汽车起重机的生产厂家很多。相同型号者，其技术性能和起重特性相近，但不完全相同。

　　现将北京起重机械厂、徐州重型机械厂、长江起重机厂生产的 8t、12t、16t 的汽车起重机的主要技术性能列于表 6-8。

几种轻型汽车起重机主要技术性能 表 6-8

项　目		单位	型　号					
			QY8E	QY8	QY12	QY12	QY16	QY16C
最大起重量		t	8	8	12	12	16	16
最大起重力矩		kN·m	240	240	417.5	416	588	484
工作速度	起升速度（单绳）	m/min	58	40	85	144	100	130
	臂杆伸缩（伸/缩）	s	291	12.5/14.5	70/24	96/34.5	75/35	81/40
	支腿收放（收/放）	s		7/6	20/18	16.8/8.2	15/15	24/29
行驶性能	最大行驶速度	km/h	90	60	68	60	68	70
	爬坡能力	%	18	28	26	18	22	36
	最小转弯半径	m	8	8	8.5		10	10.5
底盘	型号		EQ140	EQ140		EQ144	K202BL	QY16C 专用
	轴距	m	3.95	3.95	4.5		4.005	4.2
	前轮距	m	1.8	1.8	2.09		2.15	2.06
	后轮距	m	1.8	1.8	1.90		1.94	
	支腿跨距（纵/横）	m	/4.25	3.42/4	3.98/4.8	4.1/4.8	4.4/4.8	4.6/5
发动机	型号		Q6100-1	Q6100-1		Q6100-1	6D20W	6135Q-2
	功率	kW	100	100		100	151	161
外形尺寸	长	m	8.75	8.35	10.2	10.4	12.09	10.69
	宽	m	2.42	2.4	2.5		2.56	2.5
	高	m	3.22	2.9	3.2	3.18	3.48	3.3
整机自重		t	9.05	9.43	15.7	13.33	24.3	21.7
生产厂			北京起重机厂	长江起重机厂	徐州重型机械厂	长江起重机厂	徐州重型机械厂	长江起重机厂

（二）中型汽车起重机

中型汽车起重机的主要规格有 20t、25t、32t、40t，其主要技术性能见表 6-9。

几种中型（20～40t）汽车起重机主要技术性能 表 6-9

项　目		单　位	机　械　型　号				
			QY20H	QY20	QY25A	QY32	QY40
最大起重量		t	20	20	25	32	40
最大起重力矩		kN·m	602	635	950	990	1560
工作速度	起升速度（单绳）	m/min	70	90/40	120	80	128
	臂杆伸缩（伸/缩）	s	62/40	85/36	115/50	163/130	84/50
	支腿收放（收/放）	s	22/31	22/34	20/25	20/25	11.9/27.2
行驶性能	最大行驶速度	km/h	60	63	70	64	65
	爬坡能力	%	28	25	23	30	25
	最小转弯半径	m	9.5	10	10.5	10.5	12.5
底盘	型号		HY20QZ				CQ40D
	轴距	m	4.7	4.05/1.3	4.33/1.35	4.94	5.225
	前轮距	m	2.02	2.09	2.09	2.05	
	后轮距	m	1.865	1.865	1.865	1.875	
	支腿跨距（纵/横）	m	4.63/5.2	4.72/5.4	5.07/5.4	5.33/5.9	5.18/6.1
发动机	型号		F8L413F				NTC-290
	功率	kW	174				216.3

项　目		单位	机　械　型　号				
			QY20H	QY20	QY25A	QY32	QY40
外形尺寸	长	m	12.35	12.31	12.25	12.45	13.7
	宽	mm	2.5	2.5	2.5	2.5	2.5
	高	mm	3.38	3.48	3.5	3.53	3.34
整机自重		t	26.3	25	29	32.5	40
生产厂			北京起重机厂	徐州重型机械厂			长江起重机厂

（三）重型汽车起重机

重型汽车起重机的主要规格有 50t、75t、125t，其主要技术性能见表 6-10。

重型（50t 以上）汽车起重机主要技术性能　　　　　表 6-10

项　目		单位	起　重　机　型　号				
			QY50 (TG-500E)	QY50	QY65	QT75	QY125
最大起重量		t	50	50	65	75	125
最大起重力矩		kN·m	1530	1530		2400	4340
工作速度	起升速度（单绳）	m/min	92	70.8	48~60	55.4	106.5
	臂杆伸缩（伸/缩）	s	125/	104/82	148/41	148/41	155/
	支腿收放（收/放）	s	19/28	23/44			
行驶性能	最大行驶速度	km/h	71	71	67	30	50
	爬坡能力	%	24	37	(14°)	(15°)	24.2
	最小转弯半径	m	13.7	13			14.96
底盘	型号		KG53TXL	自制	自制	自制	KF·125·63/64
	前轮距	m		2.04	2.8		
	后轮距	m		2.055	2.5		
	支腿跨距（纵/横）	m	5.45/6.6	5.45/6.6	6.25/6.5	6.3/7	7.27/8
发动机	型号		RE$_8$		上车 6135Q$_1$ 下车 6150Z	上车 6135Q$_1$ 下车 F10L413F	上车 BF$_6$L913C 下车 F$_{12}$L413
	功率	kW	224		163/259	163/236	124/284
外形尺寸	长	m	13.26	13.655	15.8	15.5	17.53
	宽	m	2.82	2.75	3.4	3.2	2.99
	高	m	3.7	3.47	3.98	4.2	3.98
整机自重		t	38.35	38.91	70	67.85	92.22
生产厂			多田野一北京	徐州重型机械厂	长江起重机厂		

三、轮胎起重机

轮胎起重机是一种装在专用轮胎式行走底盘上的起重机，其横向尺寸较大，故横向稳定性好，能全回转作业，并能在允许载荷下负荷行驶。它与汽车起重机有很多相同之处，主要差别是行驶速度慢，故不宜作长距离行驶，适宜于作业地点相对固定而作业量较大的场合。

轮胎起重机按传动方式分为机械式（QL）、电动式（QLD）和液压式（QLY）。液压式发展快，已逐渐替代了机械式和电动式。

常用轮胎起重机有 QLY16 和 QLY25 型两种，其起重特性见表 6-11 和表 6-12。

表 6-11

QLY16型轮胎起重机起重特性

工作幅度 (m)	使用支腿 臂长8m 起升高度 (m)	臂长8m 起重量 (t)	臂长13.5m 起升高度 (m)	臂长13.5m 起重量 (t)	臂长19m 起升高度 (m)	臂长19m 起重量 (t)	带副臂24.5m 起升高度 (m)	带副臂24.5m 起重量 (t)	不使用支腿 臂长8m 起升高度 (m)	臂长8m 起重量 起重臂在前方	臂长8m 起重量 360°全回转	臂长8m 吊重行走 (t)	臂长13.5m 起升高度 (m)	臂长13.5m 起重量 起重臂在前方	臂长13.5m 起重量 360°全回转
3	9.2	16							9.2	10	7.2	6			
3.5	8.95	16							8.95	8.5	6.1	5.1			
4	8.4	16	14.8	12					8.4	7.5	5.2	4.5	14.8	6	4.2
4.5	8.1	14	14.6	10.8					8.1	6.7	4.5	3.9			
5	7.7	12	14.4	10	20.1	6.8			7.7	6	4	3.6	14.4	4.7	3.3
5.5	7.05	10.2	14.1	9	20	6.3			7.05	5.5	3.6	3.3			
6	6.3	8.7	13.9	8.2	19.5	5.7			6.3	5	3.1	3	13.9	3.8	2.7
7			13.15	6.5	19	5							13.15	3	2.1
8			12.35	5.2	18.45	4.2	24.4	2					12.35	2.5	1.6
9			11.4	4.2	17.9	3.5	24	2					11.4	2.1	1.3
10			10.15	3.5	17	3	23.5	2					10.15	1.7	1.0
11					16.15	2.6	23	2							
12					14.1	2	22.5	2							
14							21.4	1.8							
16							19.8	1.6							
18							17.8	1.4							
20							14.8	1.2							

217

QLY25C 型轮胎起重机额定起重量（t）　　表 6-12

工作幅度(m)	用 支 腿					不用支腿	
	臂长 8.4m	臂长 13.9m	臂长 19.4m	臂长 24.9m	带副臂 31.55mm	360°全回转	前方吊重行走
3	25.0	16.3				8.8	9.5
3.5	24.5	15.0				7.4	8.5
4	22.0	13.8				5.8	7.4
4.5	19.5	12.3	10.3			4.35	6.6
5	17.0	11.8	9.8			3.9	6.0
6	12.6	9.8	7.8	6.1		2.8	5.1
7		9.5	6.8	5.4	3.4	1.7	4.3
8		7.3	6.0	4.8	3.0	1.3	3.7
9		6.0	5.3	4.3	2.7	1.0	3.2
10		5.0	4.6	3.9	2.3	0.7	2.6
11		4.1	4.0	3.6	2.1	0.4	2.2
12		3.5	3.3	3.2	1.9		1.9
14			2.5	2.45	1.5		1.3
16			1.95	1.90	1.3		0.99
18				1.5	1.1		
20				1.2	0.9		
22				1.0	0.7		
24					0.5		

注：表中起重量包括吊钩重（主钩 250kg，副钩 61kg）。

四、塔式起重机

（一）塔式起重机的类型

塔式起重机按有无行走机构可分为固定式和移动式两种。前者固定在地面上或建筑物上，后者按其行走装置又可分为履带式、汽车式、轮胎式和轨道式四种；按其回转形式可分为上回转和下回转两种；按其变幅方式可分为水平臂架小车变幅和动臂变幅两种；按其安装形式可分为自升式、整体快速拆装和拼装式三种。目前，应用最广的是下回转、快速拆装、轨道式塔式起重机和能够一机四用（轨道式、固定式、附着式和内爬式）的自升塔式起重机。拼装式塔式起重机因拆装工作量大将逐渐淘汰。

塔式起重机型号分类及表示方法见表 6-13。

塔式起重机型号分类及表示方法（ZBJ 04008—88）　　表 6-13

分类	组别	型 号	特性	代号	代号含义	主 参 数	
						名 称	单位表示法
建筑起重机	塔式起重机 Q、T（起、塔）	轨道式	— Z（自） A（下） K（快）	QT QTZ QTA QTK	上回转式塔式起重机 上回转自升式塔式起重机 下回转式塔式起重机 快速安装式塔式起重机	额定起重力矩	kN·m×10⁻¹
		固定式 G（固）		QTG	固定式塔式起重机		
		内爬升式 P（爬）	—	QTP	内爬升式塔式起重机		
		轮胎式 L（轮）	—	QTL	轮胎式塔式起重机		
		汽车式 Q（汽）	—	QTQ	汽车式塔式起重机		
		履带式 U（履）	—	QTU	履带式塔式起重机		

（二）塔式起重机主要技术性能与起重特性

1. 下回转快速拆装塔式起重机

下回转快速拆装塔式起重机都是 600kN·m 以下的中小型塔机。其特点是结构简单，重心低，运转灵活，伸缩塔身可自行架设，速度快，效率高，采用整体拖运，转移方便。适用于砖混砌块结构和大板建筑的工业厂房、民用住宅的垂直运输作业。

（1）主要技术性能

下回转快速拆装塔式起重机的主要技术性能见表 6-14。

下回转快速拆装塔式起重机主要技术性能 表 6-14

	型　号	红旗Ⅱ-16	QT25	QTG-40	QT60	QTK60	QT70
起重特性	起重力矩(kN·m)	160	250	400	600	600	700
	最大幅度/起重载荷(m/kN)	16/10	20/12.5	20/20	20/30	25/22.7	20/35
	最小幅度/起重载荷(m/kN)	8/20	10/25	10/46.6	10/60	11.6/60	10/70
	最大幅度吊钩高度(m)	17.2	23	30.3	25.5	32	23
	最小幅度吊钩高度(m)	28.3	36	40.8	37	43	36.3
工作速度	起升(m/min)	14.1	25	14.5/29	30/3	35.8/5	16/24
	变幅(m/min)	4	14	13.3	30/15	2.46	
	回转(r/min)	1	0.8	0.82	0.8	0.8	0.46
	行走(m/min)	19.4	20	20.14	25	25	21
电动机功率	起升	7.5	7.5×2	11	22	22	22
	变幅(kW)	5	7.5	10	5	2/3	7.5
	回转	3.5	3	3	4	4	5
	行走	3.5	2.2×2	3×2	5×2	4×2	5×2
质量	平衡重	5	3	14	17	23	12
	压重(t)		12				
	自重	13	16.5	29.37	25	23	26
	总重	18	31.5	43.37	42	46	38
	轴距×轴距(m)	3×2.8	3.8×3.2	4.5×4	4.5×4.5	4.6×4.5	4.4×4.4
	转台尾部回转半径(m)	2.5			3.5	3.57	4
	拖运方式	整体拖运	整体拖运	解体拖运	整体拖运	整体拖运	整体拖运
	拖运尺寸(m)	22×3×4	19.35×3.8×3.42		24×3×4.3	13.8×3×4.2	
	臂架结构	俯仰变幅臂架	俯仰变幅臂架	俯仰变幅臂架	俯仰变幅臂架	小车变幅臂架	俯仰变幅臂架
	塔身结构	法兰盘连接	伸缩式塔身、液压立塔	伸缩式塔身、液压立塔	伸缩式塔身、液压立塔	伸缩式塔身	伸缩式塔身
	生产厂	沈阳建筑机械厂	上海建工机械	沈阳建筑机械厂	哈尔滨工程机械厂	四川建筑机械厂	

（2）外形结构及起重特性

几种常用的下回转快速拆装塔式起重机的外形结构及起重特性见图6-5～图6-8。

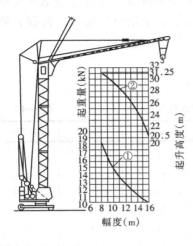

图 6-5　QT16 型塔式起重机
外形结构及起重特性

①—起重量与幅度关系曲线；
②—起升高度与幅度关系曲线

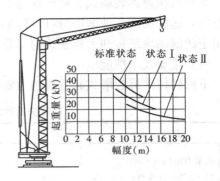

图 6-6　QT25 型塔式起重机
外形结构及起重特性

标准状态—幅度13m，吊钩高度15m，
臂根铰点高度14.1m；状态Ⅰ—幅度16m，
吊钩高度19.7m，臂根铰点高度17.5m；
状态Ⅱ—幅度20m，吊钩高度23m，
臂根铰点高度21m

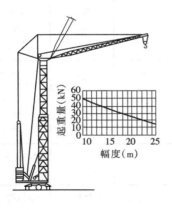

图 6-7　QT40 型塔式起重机
外形结构及起重特性

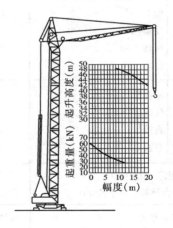

图 6-8　QTG60 型塔式起重机
外形结构及起重特性

2. 上回转塔式起重机

除老产品 TQ60/80 型外，当前主要厂家生产的上回转塔式起重机均采用液压顶升接高（自升）、水平臂小车变幅装置。这种塔机通过更换辅助装置可改成固定式、轨道行走式、附着式、内爬式等。

（1）主要技术性能

上回转自升塔式起重机的主要技术性能见表6-15。

表 6-15

上回转自升塔式起重机主要技术性能

型 号	TQ60/80[①] (QT60/80)	QTZ50	QTZ60	QTZ63	QT80A	QT80E
起重力矩（kN·m）	600/700/800	490	600	630	1000	800
最大幅度/起重载荷（m/kN）	30/20、25/32 20/40	45/10	45/11.2	48/11.9	50/15	451
最小幅度/起重载荷（m/kN）	10/60、10/70、 10/80	12/50	12.25/60	12.76/60	12.5/80	10/80
起升高度 附着式 （m）	—	90	100	101	120	100
轨道行走式	65/55/45	36	100	45.5	45.5	45
固定式	—	36	39.5	41	45.5	—
内爬升式	—	—	160	140	140	
工作速度 起升（2绳） （4绳） 变幅（m/min） 行走	21.5 (3绳) 14.3 8.5 17.5	10～80 5～40 24～36	32.7～100 16.3～50 30～60	12～80 6～40 22～44	29.5～100 14.5～50 22.5 18	32～96 16～48 30.5 22.4
电动机功率 起升 变幅（小车） 回转 （kW） 行走 顶升	22 7.5 3.5 7.5×2	24 4 4 4	22 4.4 4.4 — 5.5	30 4.5 5.5 — 4	30 3.5 3.7×2 7.5×2 7.5	30 3.7 2.2×2 5×2 4
质量 平衡重 压重 （t） 自重 总重	5/5/5 46/30/30 41/38/35 92/73/70	2.9～5.04 12 23.5～24.5	12.9 52 33 97.9	4～7 14 31～32	10.4 56 49.5 115.9	7.32 44.9
起重臂长 平衡臂长 （m） 轴距×轨距	15～30 8 4.8×4.2	45 13.5	35/40/45 9.5 —	48 14 —	50 11.9 5×5	45
生产厂	北京、四川建筑机械厂	陕西建设机械厂	四川建筑机械厂	陕西建设机械厂	北京建工机械厂	江麓机械厂

型 号	QTZ100	QTZ120	QTZ120	QTZ200	FO/23B	H3/36B
起重力矩（kN·m）	1000	1200	1200	2000	1450	2950
最大幅度/起重载荷（m/kN）	60/12	501	50/20	40/35	50/23	60/40
最小幅度/起重载荷（m/kN）	15/80	16/80	16.45/80	10/200	14.5/100	24.6/120
起升高度 附着式 （m）	180	120	120	162	203.8	148
轨道行走式	—	50	50	55	61.6	56.6
固定式	50	—	—	55	—	—
内爬升式	—	140	140	—	203.8	—
工作速度 起升（2绳） （4绳） 变幅（m/min） 行走	10～100 5～50 34～52 —	30～120 15～60 7.5～50 20	30～120 15～60 5.5～60 20	6～80 3～40 22.38 10.38	100 50 7.5～60 15～30	100 50 7.5～60 15～30
电动机功率 起升 变幅（小车） 回转 （kW） 行走 顶升	30 5.5 4×2 — 7.5	30 5 3.7×2 7.5×2 7.5	30 0.5～4.4 3.7×2 7.5×2 7.5	45×2 5 5×2 3.5×4 —	51.5 4.4 4.4×2 10 10	51.5 4.4 8.8×2 2.6/5.2×4 —
质量 平衡重 压重 （t） 自重 总重	7.4～11.1 26 48～50	14.2 （行走）52.5	14.2 （行走）55.8	8 51.6 141 200.6	16.1 116.6 69 201.7	17.5 84 133 234.5

型　号	QTZ100	QTZ120	QTZ120	QTZ200	FO/23B	H3/36B
起重臂长　　　　(m) 平衡臂长 轴距×轨距	60 17.01 —	50 6×6	50 13.5 6×6	40 20 6.5×6.5	50 11.9 6×6	61.9 21.2 6×6
生产厂	陕西建设 机械厂	江麓机械厂	哈尔滨工程 机械厂	北京重型 机械厂	北京、四川 建机厂	四川建筑 机械厂

① TQ60/80 型是轨道行走、上回转、可变塔高（非自升）塔式起重机。

（2）外形结构和起重特性

几种常用的上回转塔式起重机的外形结构和起重特性如图 6-9～图 6-13 所示。

①TQ60/80 型塔式起重机

该型塔机是一种能改变塔身高度的上回转塔式起重机，曾经是使用最广泛的机型，现逐渐被自升式代替，其外形结构和起重特性如图 6-9 所示。

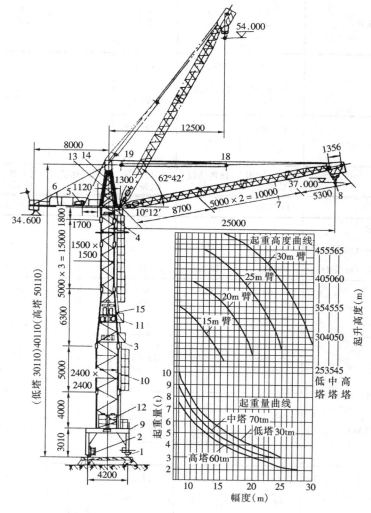

图 6-9　TQ60/80 型塔式起重机的外形结构和起重特性

222

②QTZ63 型塔式起重机

QTZ63 型塔式起重机是水平臂架、小车变幅，上回转自升式塔式起重机，具有固定、附着、内爬等多种功能。独立式起升高度为 41m，附着式起升高度达 101m，可满足 32 层以下的高层建筑施工。该机最大起重臂长为 48m，额定起重力矩为 617 kN·m（63t·m），最大额定起重量为 6t，作业范围大，工作效率高。图 6-10 所示为 QTZ63 型塔式起重机的外形结构和起重特性。

③QT80 型塔式起重机

QT80 型是一种轨行、上回转自升塔式起重机，目前，生产厂家很多，在建筑施工中使用比较广泛。现以 QT80A 型为例，将其外形结构和起重特性示于图 6-11 中。

④QTZ100 型塔式起重机

QTZ100 型塔式起重机具有固定、附

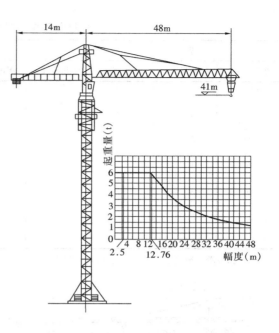

图 6-10　QTZ63 型塔式起重机的
外形结构和起重特性

着、内爬等多种使用形式，独立式起升高度为 50m，附着式起升高度达 120m，采取可靠的附着措施可使起升高度达到 180m。该塔机基本臂长为 54m，额定起重力矩为 1000kN·m（约 100t·m），最大额定起重量为 8t；加长臂为 60m，可吊 1.2t，可以满足超高层建筑施工的需要。其外形如图 6-12 所示，起重性能见表 6-16。

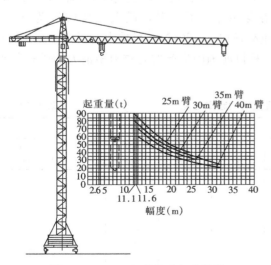

图 6-11　QT80A 型塔式起重机的
外形结构和起重特性

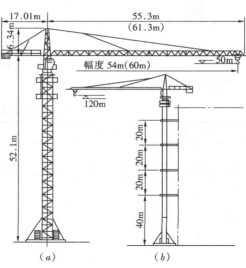

图 6-12　QTZ100 型塔式起重机的外形
(a) 独立式；(b) 附着式（120m）

223

臂　　长　　54m				臂　　长　　60m			
幅度（m）	起重量（t）	幅度（m）	起重量（t）	幅度（m）	起重量（t）	幅度（m）	起重量（t）
3～15	8	40	2.5	3～13	8	38	2.25
16	7.4	42	2.35	14	7.47	40	2.10
18	6.46	44	2.21	16	6.39	42	1.97
20	5.72	46	2.09	18	5.57	44	1.86
22	5.12	48	1.98	20	4.92	46	1.75
24	4.63	50	1.87	22	4.4	48	1.65
26	4.21	52	1.78	24	3.97	50	1.56
28	3.86	54	1.69	26	3.6	52	1.48
30	3.56			28	3.29	54	1.40
32	3.29			30	3.02	56	1.33
34	3.06			32	2.79	58	1.26
36	2.85			34	2.59	60	1.20
38	2.66			36	2.41		

注：起升滑车组倍率 $a=2$ 时，最大起重量为 4t。

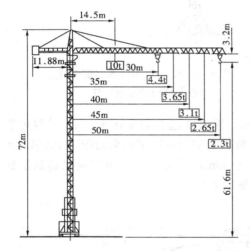

图 6-13　FO/23B 型塔式起重机

⑤FO/23B 型塔式起重机

FO/23B 型是由北京、四川、沈阳等建筑机械厂联合引进法国 POTAIN 公司生产技术的产品，起重臂可拼成 30m、35m、40m、45m、50m 等五种长度，并可组合成轨行、附着、固定、爬升等多种工作方式，其外形如图 6-13 所示，起重特性如表 6-17。

⑥H3/36B 型塔式起重机

H3/36B 型是四川建筑机械厂引进法国 PO-TAIN 公司生产技术的产品，起重臂可拼装成 40～60m 五种长度，塔身采用内外两组结构，内塔身能上、下滑升，最大工作幅度为 60m，起重载荷可达 120kN，起重力矩可达 2950kN·m，是目前国内生产的起重力矩最大的塔式起重机。其起重特性见表 6-18。

FO/23B 型塔式起重机的起重性能　　　　表 6-17

$l=30～50m$		$l=35～50m$		$l=40～50m$		$l=45～50m$		$l=50m$	
R（m）	Q（t）	R（m）	Q（t）	R（m）	Q（t）	R（m）	Q（t）	R（m）	Q（t）
2.9～14.5	10	32	4.05	36	3.5				
16	8.9	34	3.75	38	3.3				
18	7.8	35	3.65	40	3.1				
20	6.9					42	2.9		
22	6.2					44	2.7		
24	5.6					45	2.65		
26	5							46	2.55
28	5							48	2.45
30	4.4							50	2.3

注：1. 表中 l—臂长，R—工作幅度，Q—起重量。

　　2. 表中起重量系采用 DM 型吊钩的数值；使用 SM 型吊钩时，各幅度的起重量应增加 0.3t，但最大起重量为 5t。

臂 长 60m

幅度 (m)		21.7	24	26	28	30	32	34	36	39	40	42	44	46	48	50	52	54	56	58	60
起重量 (t)	$a=4$	12	10.7	9.7	8.9	8.2	7.6	7.1	6.6	6											
	$a=2$										6	5.7	5.3	5.05	4.8	4.55	4.35	4.15	3.95	3.75	3.6

臂 长 55m

幅度 (m)		23.2	25	27	29	31	33	35	37	39	42	43	45	47	49	51	53	55
起重量 (t)	$a=4$	12		10.1	9.3	8.6	8	7.4	6.9	6.5	6							
	$a=2$											6	5.6	5.4	5.1	4.85	4.6	4.4

臂 长 50m

幅度 (m)		24.1	26	28	30	32	34	36	38	40	43	44	46	48	50
起重量 (t)	$a=4$	12		10	9.3	8.6	8	7.5	7	6.6	6				
	$a=2$											6	5.8	5.5	5.2

臂 长 45m

幅度 (m)		24.4	27	29	31	33	35	37	39	41	43	44	45
起重量 (t)	$a=4$	12	10.7	9.8	9.1	8.4	7.9	7.4	6.9	6.5		6	
	$a=2$												6

臂 长 40m

幅度 (m)	24.6	26	28	30	32	34	36	38	40
起重量 (t) $a=4$	12		10.4	9.6	8.9	8.3	7.7	7.2	6.8

注：1. 表中 a 为起重滑车组的倍率。

    2. 表中起重量系采用 DM 型吊钩的数值；使用 SM 型吊钩时，各幅度的额定起重量应增加 0.4t，但不超过 6t。

（三）塔式起重机的塔身升降、附着及内爬升

1. 顶升接高（自升）与降落

（1）顶升作业步骤

自升式塔式起重机的顶升接高系统由顶升套架、引进轨道及小车、液压顶升机组等三部分组成。

顶升接高的步骤如下（图 6-14）：

①回转起重臂使其朝向与引进轨道一致并加以销定。吊运一个标准节到摆渡小车上，并将过渡节与塔身标准节相连的螺栓松开，准备顶升（图 6-14a）。

②开动液压千斤顶，将塔机上部结构包括顶升套架约上升到超过一个标准节的高度；然后用定位销将套架固定，于是塔式起重机上部结构的重量就通过定位箱传递给塔身（图 6-14b）。

③液压千斤顶回缩，形成引进空间，此时将装有标准节的摆渡小车开到引进空间内（图 6-14c）。

④利用液压千斤顶稍微提起待接高的标准节，退出摆渡小车；然后将待接高的标准节平稳地落在下面的塔身上，并用螺栓连接（图 6-14d）。

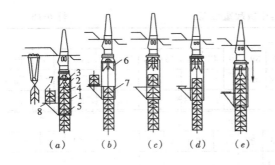

图 6-14 自升式塔式起重机的顶升接高过程

(a) 准备状态；(b) 顶升塔顶；(c) 推入塔身标准节；
(d) 安装塔身标准节；(e) 塔顶与塔身联成整体

1—顶升套架；2—液压千斤顶；3—承座；4—顶升横梁；
5—定位销；6—过渡节；7—标准节；8—摆渡小车

⑤拔出定位销，下降过渡节，使之与已接高的塔身联成整体（图 6-14e）。

塔身降落与顶升方法相似，仅程序相反。

(2) 升降作业注意事项

①在升降作业过程中，必须有专人指挥，专人照看电源，专人操作液压系统，专人紧固螺栓。非操作人员不得登上爬升套架的操作平台，更不得启动液压系统的泵、阀开关或其他电气设备。

②升降作业应尽量在白天进行。特殊情况需在夜间作业时，必须备有充分的照明。

③风力在四级以上时，不得进行升降作业。在作业过程中如风力突然加大时，必须立即停止作业，并紧固连接螺栓。

④顶升前应预先放松电缆，其长度宜大于顶升总高度，并应紧固好电缆卷筒，下降时应适时收紧电缆。

⑤顶升过程中，应将回转机构制动住，严禁回转塔身及其他作业。

⑥升降时，必须调整好顶升套架滚轮与塔身标准节的间隙，并应按规定使起重臂和平衡臂处于平衡状态，并将回转机构制动住，当回转台与塔身标准节之间的最后一处连接螺栓（销子）拆卸困难时，应将其对角方向的螺栓重新插入，再采取其他措施。不得以旋转起重臂动作来松动螺栓（销子）。

⑦升降时，顶升撑脚（爬爪）就位后，应插上安全销，方可继续下一动作。

⑧升降完毕后，各连接螺栓应按规定扭力紧固，液压操纵杆回到中间位置，并切断液压升降机构电源。

2. 附着

自升塔式起重机的塔身接高到设计规定的独立高度后，须使用锚固装置将塔身与建筑物相联结（附着），以减少塔身的自由高度，保持塔机的稳定性，减小塔身内力，提高起重能力。锚固装置由附着框架、附着杆和附着支座组成，如图 6-15 所示。

塔式起重机的附着应按使用说明书的规定进行，一般应注意下列几点：

(1) 根据建筑施工总高度、建筑结构特点及施工进度要求制定附着方案。

(2) 起重机附着的建筑物，其锚固点的受力强度应满足起重机的设计要求。附着杆系的布置方式、相互间距和附着距离等，应按出厂使用说明书规定执行。有变动时，应

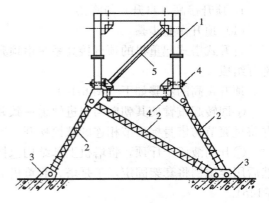

图 6-15 锚固装置的构造

1—附着框架；2—附着杆；3—支座；
4—顶紧螺栓；5—加强撑

226

另行设计；

（3）装设附着框架和附着杆件，应采用经纬仪测量塔身垂直度，并应采用附着杆进行调整，在最高锚固点以下垂直度允许偏差为2/1000；

（4）在附着框架和附着支座布设时，附着杆倾斜角不得超过10°；

（5）附着框架宜设置在塔身标准节连接处，箍紧塔身。塔架对角处在无斜撑时应加固；

（6）塔身顶升接高到规定锚固间距时，应及时增设与建筑物的锚固装置。塔身高出锚固装置的自由端高度，应符合出厂规定；

（7）起重机作业过程中，应经常检查锚固装置，发现松动或异常情况时，应立即停止作业，故障未排除，不得继续作业；

（8）拆卸起重机时，应随着降落塔身的进程拆卸相应的锚固装置。严禁在落塔之前先拆锚固装置；

（9）遇有六级及以上大风时，严禁安装或拆卸锚固装置；

（10）锚固装置的安装、拆卸、检查和调整，均应有专人负责，工作时应系安全带和戴安全帽，并应遵守高处作业有关安全操作的规定；

（11）轨道式起重机作附着式使用时，应提高轨道基础的承载能力和切断行走机构的电源，并应设置阻挡行走轮移动的支座；

（12）应对布设附着支座的建筑物构件进行强度验算（附着荷载的取值，一般塔机使用说明书均有规定），如强度不足，须采取加固措施。构件在布设附着支座处应加配钢筋并适当提高混凝土的强度等级。安装锚固装置时，附着支座处的混凝土强度必须达到设计要求。附着支座须固定牢靠，其与建筑物构件之间的空隙应嵌塞紧密。

3. 内爬升

（1）概述

内爬升塔式起重机是一种安装在建筑物内部（电梯井或特设空间）的结构上，依靠爬升机构随建筑物向上建造而向上爬升的起重机。适用于框架结构、剪力墙结构等高层建筑施工。一般内爬式塔式起重机的外形如图6-16所示。

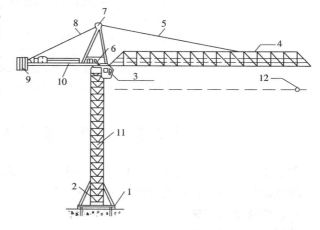

图6-16　内爬升塔式起重机外形

1—十字框架底盘；2—爬升塔身；3—控制室；4—主臂；
5—主臂拉索；6—回转台；7—塔顶；8—平衡臂拉索；
9—压铁；10—平衡臂；11—延伸塔身；12—吊钩

（2）爬升过程

内爬升塔式起重机的爬升过程如图6-17所示。

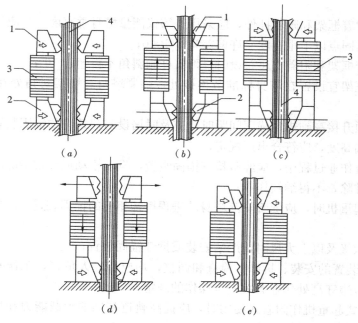

图 6-17　内爬式塔式起重机爬升过程

（a）开始工作、夹爪接合；（b）下部夹爪放松、上部提升；

（c）走完行程、下部夹爪接合；（d）上部夹爪放松，油缸下降；

（e）上部夹爪接合、恢复到图（a）位置

重复上述动作，不断提升到要求位置，塔式起重机下降时可反向操作。

1—上夹爪；2—下夹爪；3—液压顶升装置；4—塔身立杆

第二节　单层工业厂房结构吊装

单层工业厂房由于面积大、构件类型少、数量多，一般多采用装配式钢筋混凝土结构。除基础为现浇外，其他构件均为预制。

一、构件吊装工艺

单层工业厂房结构的主要构件有柱、吊车梁、连系梁、地基梁、屋架、托架、天窗架、屋面板及支撑系统等。柱和屋架等大型构件一般均在施工现场就地预制，其他构件则多集中在预制厂生产，然后运到现场安装。

构件吊装前要做好各项准备工作，其内容包括：清理及平整场地；修建临时道路；构件的运输、就位和堆放；构件的强度、型号、数量和外观等质量检查；构件的弹线、编号以及基础准备、吊具准备等。

预制构件吊装的施工过程包括：绑扎、吊升、就位、临时固定、校正、最后固定等工序。

（一）柱的吊装

柱在吊装前除应做好上述准备工作外，还需对基础杯底进行抄平，确定绑扎方法、绑扎位置和绑扎点数，确定柱的吊升方法等项工作。必要时还应根据吊点位置进行吊装的强度和抗裂度验算。

1. 基础准备及柱的弹线

基础准备系指柱吊装前对杯底抄平和杯口顶面弹线。

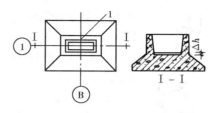

图 6-18　杯形基础弹线与杯底找平

杯底抄平系对杯底标高进行一次检查和调整，以保证柱吊装后的牛腿标高准确。调整方法是：先测出杯底的实际标高，量出柱底至牛腿顶面的实际长度，然后根据牛腿顶面的设计标高与杯底实际标高之差，可得柱底至牛腿顶面的应有长度。将其与柱量得的实际长度相比，得到制作误差（即杯底标高应有的调整值 Δh），并在杯口内标出（图 6-18），用 1：2 水泥砂浆或细石混凝土将杯底抹平至标志处（柱基施工时，杯底标高一般均要求低于设计标高 50mm）。例如，实测杯底标高－1.20m，柱牛腿面设计标高＋7.80m，量得柱底至牛腿面的实际长度为 8.95m，则杯底标高的调整值 $\Delta h = (7.80+1.20) - 8.95 = +0.05$m。

图 6-19　柱子弹线图

1—柱中心线；
2—地坪标高线；
3—基础顶面线；
4—吊车梁对位线；
5—柱顶中心线

基础杯口顶面弹线要根据厂房的定位轴线测出，并与柱的安装中心线相对应，以作为柱安装、对位和校正时的依据（图 6-18）。

柱应在柱身的三个面弹出安装中心线（图 6-19）。矩形截面柱按几何中心线；工字形截面柱除在矩形部分弹出中心线外，为便于观测和避免视差，还应在工字形截面的翼缘部位弹一条与中心线平行的线。此外，在柱顶和牛腿面还要弹出屋架及吊车梁的安装中心线。

2. 柱的绑扎

柱一般均在施工现场就地预制，用砖或土作底模平卧生产，侧模可用木模或组合钢模，在制作底模和浇混凝土前，就要确定绑扎方法，并在绑扎点预埋吊环或预留孔洞，以便在绑扎时穿钢丝绳。

柱的绑扎方法、绑扎位置和绑扎点数目，要根据柱的形状、断面、长度、配筋以及起重机的起重性能确定。

柱的绑扎位置应按柱起吊时由自重产生的正负弯矩绝对值基本相等的原则确定，以保证柱在吊装过程中不产生过大的变形或折断。对于有牛腿的柱，吊点一般在牛腿下 200mm 处。中、小型柱大多数可绑扎一点；重型柱或配筋少而细长的柱（如抗风柱），为了防止起吊过程中柱身断裂，需绑扎两点，且吊索的合力点应偏向柱重心上部。必要时，需经验算吊装应力和裂缝宽度后确定绑扎点数。工字形截面和双肢柱的绑扎点应选在实心处，否则应在绑扎位置用方木垫平。

常用的绑扎方法有：

（1）斜吊绑扎法　当柱的宽面抗弯能力满足吊装要求时，或柱身较长，起重臂长度不足时，可采用斜吊绑扎法。其特点是柱在平卧状态下直接从底模吊起，不需翻身；起吊后柱呈倾斜状态，吊索在柱宽面一侧，起重钩可低于柱顶，起重高度可较小（图 6-20）。

（2）直吊绑扎法　当柱的宽面抗弯能力不足时，吊装前需先将柱翻身再绑扎起吊，这时要采取直吊绑扎法（图 6-21）。柱起吊后呈直立状态。柱翻身后刚度较大，抗弯能力增强，吊装时柱与杯口垂直，容易对位。采用这种方法时，起重机吊钩将超过柱顶，故需用铁扁担，因此需要的起重高度比斜吊法大，起重臂要比斜吊法长。

图 6-20　斜吊绑扎法

（3）两点绑扎法　当柱身较长，一点绑扎的抗弯能力不足时可采用两点绑扎起吊（图 6-22）。

3. 柱的吊升

柱的吊升方法应根据柱的重量、长度、起重机的性能和现场条件确定。

根据柱在吊升过程中运动的特点，吊升可分为旋转法和滑行法两种。重型柱子有时还可用两台起重机抬吊。

（1）旋转法　柱吊升时，起重机的起重臂边升钩、边回转，使柱身绕柱脚旋转起吊，然后插入基础杯口（图 6-23）。

为了操作方便和起重臂不变幅，柱在预制或排放时，应尽量使柱脚靠近基础，使柱基中心，柱脚中线和柱绑扎点均位于起重机的同一起重半径的圆弧上，该圆弧的圆心为起重机的回转中心，半径为圆心到绑扎点的距离。这种布置方法称为"三点共弧"。

若施工现场条件限制，不可能将柱的绑扎点、柱脚和柱基三者同时布置在起重机的同一起重半径的圆弧上时，可采用绑扎点与基础中心或柱脚与基础中心两点共弧布置，但这种布置时，柱在吊升过程中起重机要变幅，影响工效。

旋转法吊升柱受振动小，生产效率较高，但对起重机的机动性要求高。当采用履带式、汽车式、轮胎式等起重机时，宜采用此法。

（2）滑行法　柱吊升时，起重机只升钩，起重臂不转动，使柱脚沿地面滑行逐渐直立，然后插入杯口（图 6-24）。

采用滑行法布置柱的预制或排放位置时，应使绑扎点靠近基础，绑扎点与杯口中心均位于起重机的同一起重半径的圆弧上。

滑行法吊升柱的缺点是滑行过程中柱受到振动；优点是在起吊过程中起重机只须转动吊杆即可将柱吊装就位，比较安全。滑行法一般用于：柱较重、较长而起重机的安全荷载下的回转半径不够时；或现场狭窄柱无法按旋转法排放布置时；以及采用桅杆式起重机吊装柱时等情况。

如果用双机抬吊重型柱时，仍可采

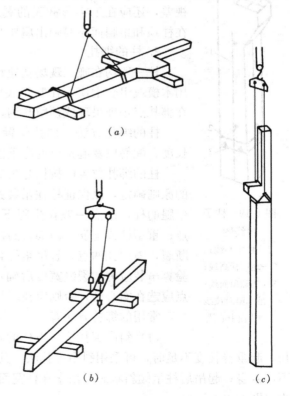

图 6-21　一点绑扎直吊法
（a）柱翻身时绑扎法；（b）柱直吊时绑扎方法；
（c）柱的吊升

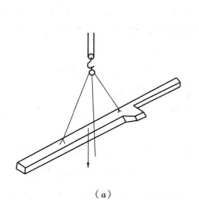
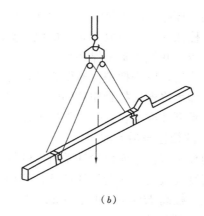

图 6-22　柱的两点绑扎法

（a）斜吊；（b）直吊

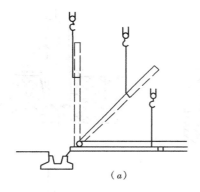
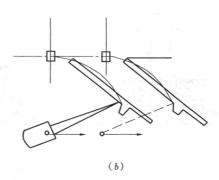

图 6-23　旋转法吊装柱

（a）柱吊升过程；（b）柱平面布置

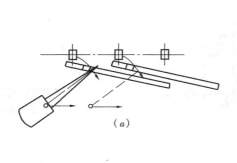
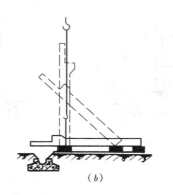

图 6-24　滑行法吊柱

（a）平面布置；（b）滑行过程

用旋转法（两点抬吊）和滑行法（一点抬吊）。

4. 柱的对位与临时固定

如柱采用直吊法时，柱脚插入杯口后应悬离杯底适当距离进行对位。若用斜吊法，可在柱脚接近杯底时，于吊索一侧的杯口中插入两个楔子，再通过起重机回转进行对位。对位时应从柱四周向杯口放入 8 个楔块，并用撬棍拨动柱脚，使柱的吊装中心线对准杯口上的吊装准线，并使柱基本保持垂直。

柱对位后，应先把楔块略微打紧，再放松吊钩，检查柱沉至杯底后的对中情况，若符合要求，即可将楔块打紧作柱的临时固定，然后起重钩便可脱钩。

吊装重型柱或细长柱时除需按上述进行临时固定外，必要时应增设缆风绳拉锚。

5. 柱的校正与最后固定

柱的校正包括平面位置和垂直度的校正，如前所述，平面位置在临时固定时多已校正好。垂直度检查要用两台经纬仪从柱的相邻两面观察柱的安装中心线是否垂直。垂直偏差的允许值：柱高 $H \leqslant 5m$ 时为 5mm；柱高 $H > 5m$ 时为 10mm；当柱高 $H \geqslant 10m$ 时为 1/1000 柱高，且不大于 20mm。校正方法：当垂直偏差值较小时，可用敲打楔块纠正；当垂直偏差值较大时，可用千斤顶校正法、钢管撑杆斜顶法及缆风绳校正法等，（图 6-25）。

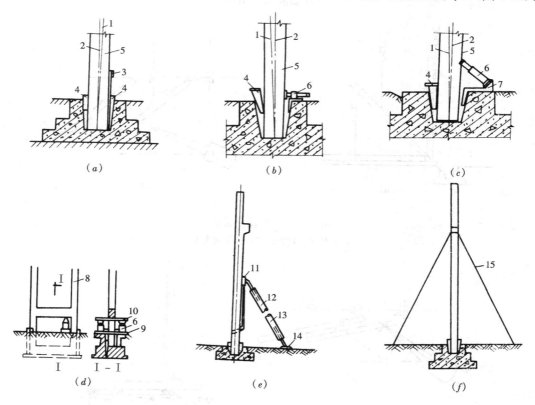

图 6-25　柱子垂直度校正方法

(a) 钢钎法；(b) 千斤顶平顶法；(c) 千斤顶斜顶法；(d) 千斤顶立顶法；
(e) 钢管支撑斜顶；(f) 有缆风校正法。

1—铅垂线；2—柱中线；3—钢钎；4—楔子；5—柱子；6—千斤顶；7—铁簸箕；8—双肢柱；
9—垫木；10—钢梁；11—头部摩擦板；12—钢管校正器；13—手柄；14—底板；15—缆风绳

柱校正后应立即进行最后固定，其方法是在柱脚与杯口的空隙中浇筑比柱混凝土强度等级高一级的细石混凝土。混凝土浇筑应分两次进行，第一次浇至楔块底面，待混凝土强度达 25% 时拔去楔块，再将混凝土浇满杯口。待第二次浇筑的混凝土强度达 70% 后，方能吊装上部构件。

（二）吊车梁的吊装

吊车梁吊装时应两点绑扎，对称起吊，吊钩应对准重心使起吊后保持水平。对位时不宜用撬棍在纵轴方向撬动吊车梁，因柱在此方向刚度较差，过分撬动会使柱身弯曲产生偏差。吊车梁就位时用铁块垫平即可，不需采取临时固定措施。但当吊车梁的高宽比大于 4 时，宜用铁丝将吊车梁临时绑在柱上。

吊车梁的校正工作可在屋盖系统吊装前进行，也可在屋盖吊装后进行，但要考虑安装屋架、支撑等构件时可能引起的柱子偏差，从而影响吊车梁的准确位置。对于重量大的吊车梁，脱钩后撬动比较困难，应采取边吊边校正的方法。

吊车梁的标高主要取决于柱牛腿标高，这在柱吊装前已进行过调整，如仍有微差，可待安装轨道时调正。

吊车梁校正的内容主要是垂直度和平面位置，两者应同时进行。平面位置的校正，主要检查吊车梁纵轴线和跨距是否符合要求。按照施工规范规定轴线偏差不得大于 5mm；在屋架安装前校正时，跨距不得有正偏差，以防屋架安装后柱顶向外偏移。吊车梁的垂直度用锤球检查、偏差值应在 5mm 以内，有偏差时，可在支座处加铁片垫平。

吊车梁平面位置的校正方法，通常用通线法和平移轴线法。通线法是根据柱的定位轴线用经纬仪和钢尺先校正厂房两端的四根吊车梁位置（即纵轴线和轨距），再依据校正好的端部吊车梁沿其轴线拉上钢丝通线，逐根拨正（图 6-26）。平移轴线法是根据柱和吊车梁的定位轴线间的距离（一般为 750mm），逐根拨正吊车梁的安装中心线（图 6-27）。

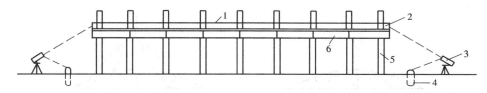

图 6-26　通线法校正吊车梁示意图

1—通线；2—支架；3—经纬仪；4—木桩；5—柱；6—吊车梁

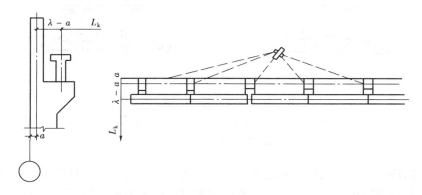

图 6-27　平移轴线法校正吊车梁

吊车梁校正后应立即焊接固定，并在吊车梁与柱的空隙处浇筑细石混凝土。

（三）屋架的吊装

屋架的吊装一般均按节间进行综合安装，即每安好一榀屋架随即将这一节间的全部构件安装上去，包括屋面板、天窗架、支撑、天窗侧板及天沟板等。

钢筋混凝土屋架一般在施工现场平卧叠浇，吊装前应将屋架扶直、就位。

屋架吊装的施工顺序是绑扎、扶直与就位、吊升、临时固定、校正和最后固定。

1. 绑扎

屋架的绑扎点应选在上弦节点处，左右对称于屋架的重心。吊点数目和位置与屋架的形式和跨度有关，一般由设计确定。如施工图未注明或需改变吊点数目和位置时，应事先对吊装应力进行验算。一般当屋架跨度小于 18m 时两点绑扎；大于 18m 的四点绑扎；大于 30m 时，应考虑采用横吊梁，以减少绑扎高度（图 6-28c）；对刚度较差的组合屋架，因下弦不能承受压力，也宜采用横吊梁四点绑扎。

屋架绑扎的吊索与水平面夹角 α 不宜小于 45°，以免屋架承受过大的压力。为了减少屋架的起重高度（当吊车的起重高度不够时）或减少屋架所承受的压力，必要时也可采用横吊梁。屋架的绑扎方法如图 6-28 所示。

2. 屋架的扶直与就位

钢筋混凝土屋架是平面受力构件，侧向刚度较差，扶直时由于自重作用使屋架产生平面外弯曲，部分杆件将改变应力情况，特别是上弦杆极易扭曲开裂，因此必须进行吊装应力验算，如果截面强度不够，应采取加固措施。

按照起重机与屋架预制时相对位置的不同，屋架扶直有两种方式：

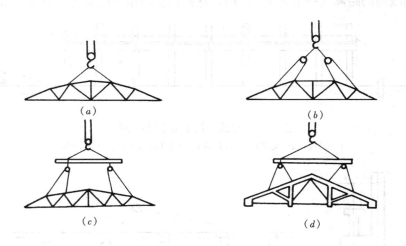

图 6-28　屋架绑扎方法

(a) 跨度小于或等于 18m 时；(b) 跨度大于 18m 时；

(c) 跨度大于 30m 时；(d) 三角形组合屋架

（1）正向扶直　正向扶直是指起重机位于屋架下弦一边，吊钩对准上弦中点，收紧吊钩并略起臂使屋架脱模，然后升钩并起臂使屋架以下弦为轴旋转为直立状况（图 6-29a）。

（2）反向扶直　反向扶直是指起重机位于屋架上弦一边，吊钩对准上弦中点，收紧吊钩，接着升钩并降臂，使屋架以下弦为轴旋转为直立状态（图 6-29b）。

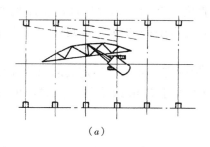 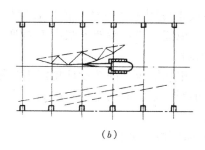

(a) (b)

图 6-29 屋架的扶直

(a) 正向扶直；(b) 反向扶直

正向扶直与反向扶直的最大不同点是在扶直过程中，正向扶直为升臂，反向扶直为降臂，均以保持吊钩始终在上弦中点的垂直上方。升臂比降臂易于操作且较安全，故应尽可能采用正向扶直。

屋架扶直后应立即就位，即移到吊装前规定的位置。屋架就位位置应在预制时事先加以考虑，以便确定屋架两端的朝向及预埋件位置。屋架就位位置与起重机性能和安装方法有关：当与屋架的预制位置在起重机开行路线同一侧时，叫同侧就位（图 6-29a）；当与屋架预制位置分别在起重机开行路线各一侧时，叫异侧就位（图 6-29b）。采用哪一种方法，应视施工现场条件而定。

3. 屋架的吊升、对位与临时固定

屋架采用悬吊法吊升。屋架起吊后旋转至设计位置上方，超过柱顶约 300mm，然后缓缓下落在柱顶上，力求对准安装准线。

屋架对位后应立即进行临时固定。第一榀屋架的临时固定必须十分重视，因为它是单片结构，侧向稳定较差，而且它还是第二榀屋架的支撑。第一榀屋架的临时固定，可用四根缆风绳从两边拉牢（图 6-30）；当先吊装抗风柱时可将屋架与抗风柱连接。第二榀屋架以及以后各榀屋架可用工具式支撑临时固定在前一榀屋架上。

4. 屋架的校正与最后固定

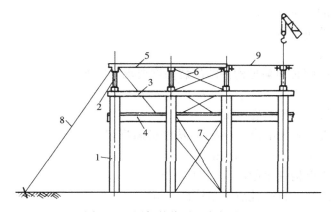

图 6-30 屋架的临时固定与校正

1—柱；2—屋架；3—连系梁；4—吊车梁；5—屋面板；6—屋架垂直
支撑；7—柱间支撑；8—缆风绳；9—工具式撑杆

屋架校正可用垂球或经纬仪检查屋架的垂直度，并用工具式撑杆纠正屋架的垂直偏差。按施工规范规定：屋架上弦中部对通过两个支座中心的垂直面偏差不得大于 $h/250$（h 为屋架高度）。

屋架校正完毕应立即按设计规定用螺母或电焊固定，屋架固稳定后起重机才可松钩。

中、小型屋架一般均用单机吊装，当屋架跨度大于 24m 或重量较大时，可考虑采用双机抬吊。

（四）屋面板的吊装

屋面板四角一般都预埋有吊环，用四根等长的带吊钩吊索吊升。就位后应立即电焊固定。吊装顺序自两边檐口对称地吊向屋脊，以避免屋架半边受荷。

二、结构吊装方案

在拟定单层工业厂房结构吊装方案时，应根据厂房结构型式、跨度、构件重量、安装高度、吊装工程量及工期要求，并结合施工现场条件及现有起重机械设备等因素综合考虑后，着重解决起重机的选择、结构吊装方法、起重机开行路线及构件平面布置等问题。

（一）起重机的选择

起重机选择包括起重机类型和型号的确定。对于一般中小型厂房，由于平面尺寸较大，构件较轻，安装高度不大，厂房内设备安装多在厂房结构安装完成后进行，故宜采用履带式起重机进行结构安装。

履带式起重机型号应根据构件尺寸、重量及安装高度确定。起重机的起重量、起重半径和起重高度均应满足结构安装的需要。同一型号的起重机，一般均有几种不同长度的起重臂。如果构件的重量、安装高度相差较大时，可用同一型号的起重机，以两种不同长度的起重臂进行吊装。例如柱比屋架重，而屋架安装高度大，则可用短臂安装柱，长臂（或接长起重臂）安装屋盖系统，以充分发挥起重机的效能。

1. 起重量

起重机的起重量必须满足下式要求：

$$Q \geqslant Q_1 + Q_2 \tag{6-4}$$

式中　　Q——起重机的起重量（t）；

Q_1——构件的重量（t）；

Q_2——索具的重量（t）。

2. 起重高度

起重机的起重高度必须满足构件的吊装高度要求（图 6-31）。

$$H \geqslant h_1 + h_2 + h_3 + h_4 \tag{6-5}$$

式中　　H——起重机的起重高度（m）；

h_1——安装支座表面的高度（m），从停机面算起；

h_2——安装空隙，不小于 0.3m；

h_3——绑扎点至构件吊起底面的距离（m）；

h_4——索具高度，自绑扎点至吊钩面（m）。

3. 起重半径

起重半径的确定可按三种情况考虑：

（1）当起重机可以开到构件附近去吊装时，对起重半径没有什么要求，在计算起重量

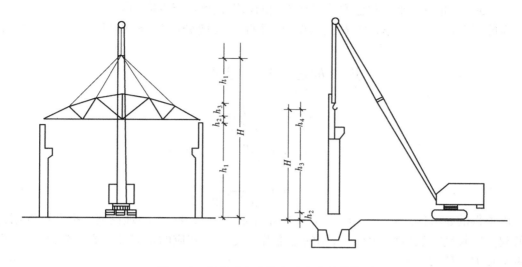

图 6-31　履带式起重机起重高度计算简图

及起重高度后，便可查阅起重机性能表或性能曲线来选择起重机型号及起重臂长度，并可查得在此起重量和起重高度下相应的起重半径，即为起吊该构件时的起重半径，并可作为确定吊装该类构件时起重机开行路线及停机点的依据。

（2）当起重机不能开到构件附近去吊装时，应根据要求的最小起重半径、起重量和起重高度查起重机性能表或性能曲线来选择起重机型号及起重臂长。

（3）当起重机的起重臂需要跨过已安装好的结构去吊装构件时（如跨过屋架或天窗架吊装屋面板），为了不使起重臂与安装好的结构相碰，或当所吊构件宽度较大，为使构件不碰起重臂，均需求出起重机起吊该构件的最小臂长及相应的起重半径。它们可用数解法或图解法求得。

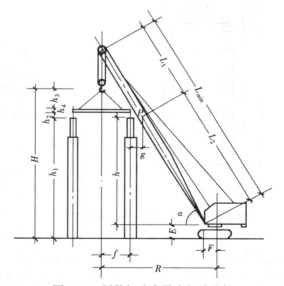

图 6-32　用数解法求最小起重臂长

1）数解法

如图 6-32 所示，最小起重臂长 $L_{\min}$ 可按下式计算：

$$L_{\min} \geqslant L_1 + L_2 = \frac{h}{\sin\alpha} + \frac{f+g}{\cos\alpha} \tag{6-6}$$

式中　$L_{\min}$——起重臂最小长度（m）；

　　　h——起重臂下铰至屋面板吊装支座的高度（m）；

$$h = h_1 - E \tag{6-7}$$

　　　h_1——停机面至屋面板吊装支座的高度（m）；

　　　f——起重钩需跨过已安装好结构的距离（m）；

237

g——起重臂轴线与已安装好结构间的水平距离，至少取 1m。

为使起重臂长度最小，需对式（6-6）进行一次微分，并令 $\mathrm{d}L/\mathrm{d}\alpha=0$，即可求出 α 值。

$$\frac{\mathrm{d}L}{\mathrm{d}\alpha} = \frac{h\cos\alpha}{\sin^2\alpha} + \frac{(f+g)\sin\alpha}{\cos^2\alpha} = 0$$

得

$$\frac{\sin^3\alpha}{\cos^3\alpha} = \frac{h}{f+g}$$

即

$$\mathrm{tg}^3\alpha = \frac{h}{f+g}$$

∴

$$\alpha = \mathrm{arc\ tg}^3\sqrt{\frac{h}{f+g}} \tag{6-8}$$

以求得的 α 值代入式（6-6），即得所需最小起重臂长度 $L_{\min}$ 的理论值。据此可选用适当的起重臂长度，然后根据实际选用的起重臂长度 L 及相应的 α 值代入式（6-1）计算出起重半径 $R = F + L\cos\alpha$。

根据 R 和 L 查起重机性能表或性能曲线，复核起重量 Q 及起重高度 H，如能满足构件吊装要求，即可根据 R 值确定起重机吊装屋面板时的停机位置。

2）图解法

首先按一定比例（如 1：200）绘出厂房的一个节间的纵剖面图，并画出起重机吊装屋面板时吊钩需伸到处的垂线 $Y-Y$（图 6-33）。根据初步选用的起重机型号，从表 6-1 可查得起重机的起重臂下铰至停机面的距离 E，画水平线 $H-H$。自屋架顶向起重机方向量水平距离 $g=1\mathrm{m}$ 得 P 点。根据起重机停机面计算吊钩需要的提升高度 $H_0 = h_1 + h_2 + h_3 + h_0 + d$（$d$ 为吊钩至起重臂顶端滑轮中心的最小高度，一般可取 2.5m），在垂线 $Y-Y$ 上定出 G 点。连接 GP，并延长使之与 $H-H$ 相交于 G_0 即

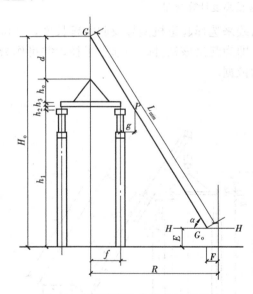

图 6-33　用图解法求最小起重臂长

为起重臂下铰中心，GG_0 即为起重臂的最小长度 $L_{\min}$，α 角即为吊装时起重臂的仰角。起重臂的水平投影加上起重臂下铰中心至起重机回转中心的距离 F，即为起重半径 R。

起重机型号选定后，根据厂房的构件吊装工程量、工期及起重机的台班产量，可按下式计算所需的起重机数量：

$$N = \frac{1}{T \cdot C \cdot K} \Sigma \frac{Q_i}{P_i} \tag{6-9}$$

式中　N——起重机台数；

　　　T——工期（d）；

　　　C——每天工作班数；

K——时间利用系数，一般取 0.8～0.9；

Q_i——每种构件安装工程量（件或吨）；

P_i——起重机相应的产量定额（件/台班）或（吨/台班）。

此外，在决定起重机数量时还应考虑构件装卸和就位工作的需要。

如起重机数量已定，亦可用式（6-9）计算所需工期或每天工作班数。

（二）结构安装方法

单层工业厂房结构安装方法一般有以下两种：

1. 分件吊装法

分件吊装是起重机在车间内每开行一次，仅吊装一种或两种构件。通常分三次开行即可吊完全部构件（图 6-34）。三次开行时各次的吊装任务是：

第一次开行吊装全部柱并进行校正和最后固定；

第二次开行吊装全部吊车梁，连系梁及柱间支撑；

第三次开行分节间吊装屋架、天窗架、屋面板及屋面支撑等。

分件吊装法的优点是每次吊装同类构件，索具不需经常更换，且操作程序相同，吊装速度快；校正有充分时间。且构件可分批进场，供应单一，平面布置比较容易，现场不致拥挤；可根据不同构件选用不同性能的起重机或同一类型起重机选用不同的起重臂，充分发挥

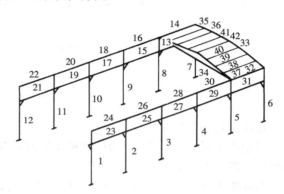

图 6-34　分件吊装时的构件吊装顺序

图中数字表示构件吊装顺序，其中：1～12—柱；13～32—单数是吊车梁，双数是连系梁；33、34—屋架；35～42—屋面板

机械效能。其缺点是不能为后续工程及早提供工作面；起重机开行路线较长。

2. 综合吊装法

综合吊装法是指起重机在厂房跨中一次开行中，分节间吊装完所有各种类型构件。又称节间吊装法。具体做法是先吊装 4～6 根柱并立即校正和固定，随后吊装吊车梁、连系梁、屋架、屋面板等。待吊装完一个节间的全部构件后，起重机再移至下一节间进行吊装。

综合吊装法的优点是由于按节间吊装，可为后续工程及早提供工作面，使各工种能交叉平行流水作业，有利于加快工程进度；起重机的停机点少，开行路线短。其缺点是一种机械同时吊装多种类型构件，安装小构件时，起重机不能充分利用其起重能力；且构件供应紧张，平面布置复杂，现场拥挤，校正困难。这种方法只在采用移动比较困难的桅杆式起重机时，或对某些特殊结构（如门架式结构），或必须为后续工程及早提供工作面时才采用。

装配式单层工业厂房一般采用分件吊装法吊装柱、吊车梁、连系梁、基础梁等构件，然后采用综合吊装法吊装屋盖系统（屋架、天窗架、屋面板、天沟板等）。

（三）起重机开行路线及停机位置

起重机开行路线与起重机的性能、构件尺寸、重量、构件平面布置、构件供应方式以

及吊装方法等有关。

采用分件吊装时，起重机开行路线有以下几种：

(1) 柱吊装时，起重机开行路线有跨边开行和跨中开行两种（图6-35）。

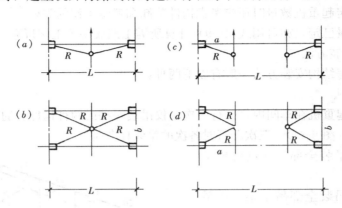

图6-35　吊装柱时起重机开行路线及停机位置
(*a*)、(*b*) 跨中开行；(*c*)、(*d*) 跨侧开行

若柱布置在跨内：

当起重半径 $R<L/2$（L 为厂房跨度）时，起重机在跨内靠边开行，每个停机点只吊一根柱（图6-35*c*）；

当起重半径 $R>L/2$ 时，起重机在跨中开行，每个停机点可吊两根柱（图6-35*a*）；

当起重半径 $R\geqslant\sqrt{(L/2)^2+(b/2)^2}$（$b$ 为柱距）时，起重机在跨中开行，每个停机点可吊四根柱（图6-35*b*）；

当起重半径 $R\geqslant\sqrt{a^2+(b/2)^2}$ 时（a 为开行路线到跨边距离），起重机在跨内靠边开行，每个停机点可吊两根柱（图6-35*d*）。

若柱布置在跨外，起重机在跨外沿轴线开行，每个停机点可吊 1～2 根柱。

(2) 屋架扶直就位及屋盖系统吊装时，起重机在跨中开行。

图6-36是一单跨厂房采用分件吊装法时的起重机开行路线及停机位置图。起重机从Ⓐ轴线进场，沿跨外开行吊装Ⓐ列柱，再沿Ⓑ轴线跨内开行吊装Ⓑ列柱，然后转到Ⓐ轴线扶直屋架并将其就位，再转到Ⓐ轴线吊装Ⓐ列吊车梁、连系梁，随后转到Ⓐ轴线吊装Ⓐ列吊车梁、连系梁，最后转到跨中吊装屋盖系统。

当建筑物为多跨并列且有纵横跨时，可先吊装纵向跨，然后吊装横向跨；若高低跨并列时，则应先吊装高跨，后吊装低跨。

当厂房面积较大或有多跨时，为加速工程进度，可将厂房划分若干施工段，选用多台起重机同时进行施工。每台起重机可独立作业，负责完成一个区段的全部吊装任务，也可选用不同起重性能的起重机协同作业，分别吊装柱和屋盖系统，组织大流水施工。

(四) 构件平面布置

当起重机型号及结构吊装方案确定之后，即可根据起重机性能、构件制作及吊装方法，结合施工现场情况确定构件平面布置。

布置构件时应注意以下几个问题：

（1）各跨构件应尽可能布置在本跨内，如有困难，也可布置在跨外便于安装的地方；

（2）要满足吊装工艺要求，尽可能在起重机的工作半径内，以减少起重机负荷行走及起重臂起伏次数；

（3）应便于支模及浇筑混凝土。对预应力构件尚应考虑抽管、穿筋的操作场地；

（4）应保证起重机、运输车辆的道路畅通。在起重机回转时尾部不致与构件相碰；

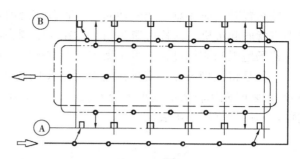

—— 吊装柱的开行路线及停机位置；
—— 扶直屋架及屋架就位的开行路线；
—··— 吊装吊车梁及连系梁的开行路线及停机点；
—·— 吊装屋架及屋面板的开行路线及停机位置

图 6-36　起重机的开行路线及停机位置

（5）要注意吊装时构件的朝向，以免在空中调向，影响进度和安全；

（6）构件应布置在坚实地基上。在新填土上布置时，土要夯实，并采取一定措施防止下沉影响构件质量。

构件平面布置可分为预制和吊装两个阶段。

1. 预制阶段的构件布置

（1）柱的布置　由于柱的起吊方法有旋转法和滑行法两种。为配合这两种起吊方法，柱预制可采取下列两种方式。

1）斜向布置：采用自行式起重机按旋转法吊柱时，宜斜向排列。按三点共弧或两点共弧布置。

按三点共弧作斜向布置时，其预制位置可采用图 6-37 所示的作图法确定。其步骤如下：

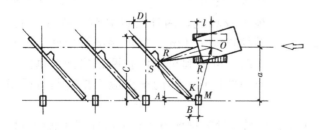

图 6-37　柱子的斜向布置方法之一（三点共弧）

Ⅰ确定起重机开行路线到柱基中线的距离 a。a 值不应超过起重机吊装该柱时的最大起重半径 R，也不能小于起重机回转时其尾部不与周围构件相碰距离为 $A+0.5\mathrm{m}$（A 值查表 6-1）；开行路线不宜通过回填土地段。综合上述条件便可确定 a 值，并在图上画出吊装柱时起重机开行路线。

Ⅱ确定起重机的停机位置。以柱基中心 M 为圆心、吊装该柱的起重半径 R 为半径画弧，交起重机开行路线于 O 点，该 O 点即为吊装该柱的起重机停机点。

Ⅲ确定柱预制位置。以停机点 O 为圆心、OM 为半径画弧，在靠近柱基的弧上选点 K 作柱脚中心的位置，再以 K 为圆心、柱脚到吊点的距离为半径画弧，与 OM 半径所画弧相交于 S，连接 KS 得柱中心线，最后按柱尺寸即可画出柱预制位置图。同时标出柱顶、柱脚与柱到纵横轴线的距离 A、B、C、D 作为支模的依据。

柱布置时尚应注意牛腿的朝向。当布置在跨内，牛腿应面向起重机；布置在跨外，牛腿则应背向起重机。这样可避免吊装时在空中调头，减少操作时间。

若场地限制或柱过长，难于做到三点共弧时，可按两点共弧布置。亦有两种做法：

一种是将柱脚与柱基安排在起重半径 R 的圆弧上，吊点放在起重半径 R 之外（图 6-38a）吊装时先用较大的起重半径 R' 起吊，并抬升起重臂，当起重半径变为 R 后，停升起重臂，随后用旋转法吊装。

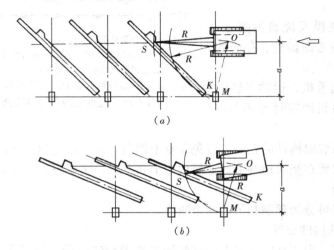

图 6-38　柱高的斜向布置方法

另一种是将吊点与柱基安排在起重半径 R 的圆弧上，柱脚可斜向任意方向，（图 6-38b）吊装时，柱可用旋转法吊升，也可用滑行法吊升。

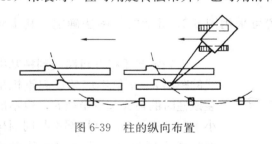

图 6-39　柱的纵向布置

2）纵向布置：当采用滑行法起吊时，柱可按纵向布置，预制时与厂房纵轴平行排列（图 6-39）。若柱长小于 12m，为节约模板及场地，两柱可以叠浇，排成一行；若柱长大于 12m，也可叠浇排成两行。布置时，可将起重机停在两柱之间，每停一点吊两根柱。柱的吊点应安排在起重机吊装该柱时的起重半径上。

柱子叠浇时，层间应涂刷隔离剂，上层柱在吊点处需预埋吊环；下层柱则在底模预留砂孔，便于起吊时穿钢丝绳。

（2）屋架的布置　屋架一般在跨内平卧叠浇预制，每叠 2～3 榀。布置方式有正面斜向、正反斜向及正反纵向布置等三种（图 6-40）。其中应优先采用正面斜向布置，它便于屋架扶直就位。只当场地限制时，才采用其他方式。

屋架正面斜向布置时，下弦与厂房纵轴线的夹角 $\alpha = 10°～20°$；预应力屋架的两端应留出 $l/2 + 3m$ 的距离（l 为屋架跨度）作为抽管、穿筋的操作场地；如一端抽管时，应留出 $l + 3m$ 的距离。用胶皮管作预留孔时，可适当缩短。每两垛屋架间要留 1m 左右的空隙，以便支模和浇筑混凝土。

屋架平卧预制时尚应考虑屋架扶直就位要求和扶直的先后次序，先扶直的放在上层并按轴线编号。对屋架两端朝向及预埋件位置，也要注意作出标记。

2. 吊装阶段构件的就位布置及运输堆放

由于柱在预制阶段已按吊装阶段的就位要求进行布置，当柱的混凝土强度达到设计要求等级后，即可先行吊装，以便空出场地布置其他构件。所以，吊装阶段构件的就位布置一般是指屋架扶直就位，吊车梁、连系梁、屋面板的就位等。

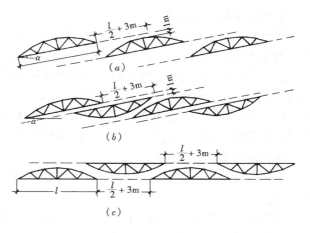

图 6-40　屋架预制时的几种布置方式

(a) 斜向布置；(b) 正、反斜向布置；(c) 正、反纵向布置

（1）屋架的扶直就位　在构件吊装一节中已经提到，屋架扶直后应立即进行就位。就位位置有同侧就位和异侧就位两种，这在预制屋架时已作了考虑，即安排了就位位置的范围。

屋架就位方式有两种：一种是靠柱边斜向就位；另一种是靠柱边成组纵向就位。

1）斜向就位：屋架靠柱边斜向就位，可按下述作图法确定（图 6-41）。

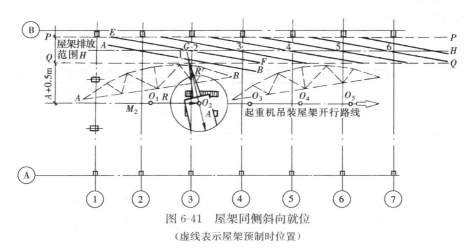

图 6-41　屋架同侧斜向就位

（虚线表示屋架预制时位置）

Ⅰ确定起重机吊装屋架时的开行路线及停机位置

吊装屋架时，起重机一般沿跨中开行，在图上画出平行于厂房纵轴线的跨中开行路线。

停机点位置的确定是以欲吊装的某轴线屋架中点为圆心，以所选择吊装屋架的起重半径 R 为半径画弧交开行路线于 O 点，该点即为吊装该屋架时的停机点。如②轴线的屋架以中心点 M_2 为圆心、吊装屋架的起重半径 R 为半径画弧，交开行路线于 O_2，O_2 即为安装②轴线屋架时的停机点。

Ⅱ确定屋架的就位范围

屋架宜靠柱边就位，但离开柱边不小于 0.2m，并可利用柱作为屋架就位后的临时支撑。当场地受限制时，屋架端头也可少许伸出跨外。这样，可定出屋架就位的外边级 P-P；起重机在吊装屋架和屋面板时，机身需要回转，若起重机尾部至回转中心的距离为 A（查表 6-1），则在距离起重机开行路线 $A+0.5m$ 的范围内不宜布置屋架和其他构件。据此，可定出屋架就位的内边线 Q-Q。在 P-P 和 Q-Q 两线间，即为屋架的就位范围。但有时屋架就位宽度不一定需要那么大。可根据实际需要适当缩小。

Ⅲ确定屋架的就位位置

屋架就位范围确定后，画出 P-P 与 Q-Q 的中心线 H-H，就位后屋架的中点均应在 H-H 线上。

屋架就位位置确定方法，以②轴线屋架为例，以停机点 O_2 为圆心，吊装屋架时的起重半径 R 为半径，画弧交 H-H 线于 G 点，G 点即为②轴线就位后屋架的中点。再以 G 点为圆心，屋架跨度的 1/2 为半径，画弧交 P-P、Q-Q 两线于 E、F 两点，连接 EF，即为②轴线屋架就位的位置。其他屋架的就位位置均应平行此屋架，端头相距 6m。唯①轴线屋架若先安装抗风柱，需退到②轴线屋架的附近就位，使①轴屋架在吊装过程中不碰已安装的抗风柱，具体通过作图定位。

2）纵向就位：屋架纵向就位，一般以 4～5 榀为一组靠柱边顺轴线纵向排列。屋架与柱之间、屋架与屋架之间的净距不小于 0.2m，相互之间应用铅丝及支撑拉紧撑牢。每组屋架之间应留 3m 左右的间距作为横向通道。每组屋架就位中心线应安排在该组屋架倒数第二榀安装轴线之后 2m 外（图 6-42），这样，可避免在已安装好的屋架下绑扎和起吊屋架；起吊后也不致与已安装的屋架相碰。

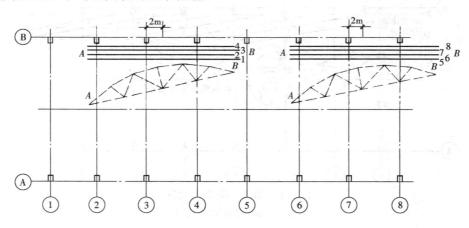

图 6-42　屋架的成组纵向就位

（2）吊车梁、连系梁、屋面板的运输、就位堆放　单层工业厂房除了柱和屋架一般在施工现场制作外，其他构件如吊车梁、连系梁、屋面板等，均在预制厂或工地附近的露天预制场制作，然后运至工地就位吊装。

构件运到现场后，应按施工组织设计所规定位置，按编号及构件吊装顺序进行就位或集中堆放。梁式构件的叠放不宜超过 2 层；大型屋面板叠放，不宜超过 8 层。

吊车梁、连系梁的就位位置，一般在其吊装位置的柱列附近，跨内跨外均可。条件允许的话，也可不就位，而从运输车上直接吊至设计位置，称之"随吊随运"。

屋面板的就位位置，跨内跨外均可（图6-43）。根据起重机吊屋面板时所选用的起重半径确定。一般情况下，当布置在跨内时，大约后退3～4个节间；当布置在跨外时，应向后退1～2个节间开始堆放。就位堆放作图方法如图6-42所示。

以上所介绍的是单层工业厂房构件布置的一般原则和方法。构件的预制位置和排放位置是按作图确定出来的。在实际工作中可将构件按比例用硬纸片剪成小模型，然后在同样比例的平面图上进行布置和调整。经研究可行后，绘出构件平面布置图。

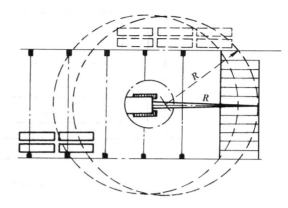

图6-43　屋面板吊装就位布置

三、履带式起重机吊装单层工业厂房实例

某厂金工车间，跨度18m，长54m，柱距6m共9个节间，建筑面积1002.36m²。主要承重结构采用装配式钢筋混凝土工字形柱，预应力混凝土折线形屋架，1.5m×6m大型屋面板，T形吊车梁（表6-19）。车间为东西走向，北面紧靠围墙，有6m间隙，南面有旧建筑物，相距12m，东面为预留扩建场地，西面为厂区道路，可通汽车（图6-44、图6-45）。

某厂金工车间主要承重结构一览表　　　　　　　　　　　表6-19

项　次	跨　度	轴　　线	构件名称及编号	构件数量	构件重量（t）	构件长度（m）	安装标高（m）
1		Ⓐ、Ⓑ	基础梁 YJL	18	1.43	5.97	
2		Ⓐ、Ⓑ ②～⑨	连系梁 YLL_1	42	0.79	5.97	+3.90
		①～② ⑨～⑩	$\}YLL_2$	12	0.73	5.97	+7.80 +10.78
3	Ⓐ～Ⓑ	Ⓐ、Ⓑ ②～⑨	柱 Z_1	16	6.04	12.25	−1.25
		①、⑩	Z_2	4	6.04	12.25	−1.25
		①/A、②/A	Z_3	2	5.4	14.14	
4			屋架 YWJ_{18-1}	10	4.95	17.70	+11.00
5		Ⓐ、Ⓑ ②～⑨	吊车梁 $DCL_{6-4}Z$	14	3.6	5.97	+7.80
		①～② ⑨～⑩	$\}DCL_{6-4}B$	4	3.6	5.97	+7.60
6			屋面板 YWB_1	108	1.30	5.97	+13.90
7		Ⓐ、Ⓑ	天沟 TGB_{58-1}	18	1.07	5.97	+11.60

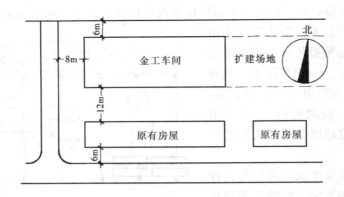

图 6-44　金工车间平面位置图

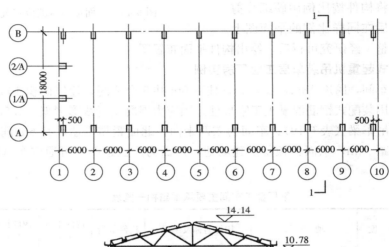

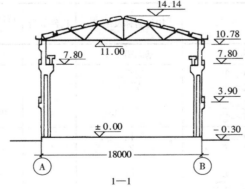

图 6-45　某厂金工车间结构平面图及剖面图

（一）起重机选择及工作参数计算

根据现有起重设备选择履带式起重机 W_1-100 进行结构吊装，其工作参数按公式（6-4）及（6-5），对一些有代表性的构件计算如下：

1. 柱

采用斜吊绑扎法吊装。选择 Z_1 及 Z_3 两种柱分别进行计算。

Z_1 柱　　起重量　　　　　　$Q = Q_1 + Q_2$

$$= 6.0 + 0.2 = 6.2 \text{(t)}$$

起升高度（图 6-46）

$$H = h_1 + h_2 + h_3 + h_4$$
$$= 0\text{❶} + 0.3 + 8.55 + 2.00$$
$$= 10.85(\text{m})$$

Z_3 柱　起重量　　$Q = Q_1 + Q_2 = 5.4 + 0.2 = 5.6(\text{t})$

　　　起升高度　　$H = h_1 + h_2 + h_3 + h_4$
$$= 0 + 0.3 + 11.0 + 2.0 = 13.3(\text{m})$$

2. 屋架（图 6-47）

起重量　　　　　$Q = Q_1 + Q_2 = 4.95 + 0.2 = 5.15(\text{t})$

起升高度　　　　$H = h_1 + h_2 + h_3 + h_4$
$$= 11.3 + 0.3 + 1.14 + 6.0 = 18.74(\text{m})$$

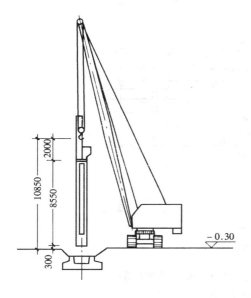

图 6-46　Z_1 柱起重高度计算简图

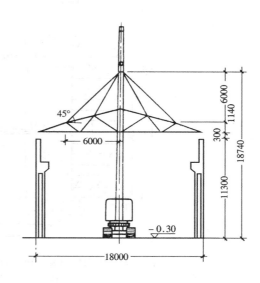

图 6-47　屋架起重高度计算简图

3. 吊装屋面板（图 6-48）

首先考虑吊装跨中屋面板。

起重量　　　　　$Q = Q_1 + Q_2$
$$= 1.3 + 0.2 = 1.5\ (\text{t})$$

起升高度　　　　$H = h_1 + h_2 + h_3 + h_4$
$$= (11.30 + 2.64) + 0.3 + 0.24 + 2.50$$
$$= 16.98\ (\text{m})$$

起重机吊装跨中屋面板时，起重钩需伸过已吊装好的屋架 3m，且起重臂轴线与已安装好的屋架上弦中线最少需保持 1m 的水平间隙，据此来计算起重机的最小起重臂长度和起重倾角。

---

❶　由于柱安装支座表面高度低于停机面,故 $h_1 = 0$

247

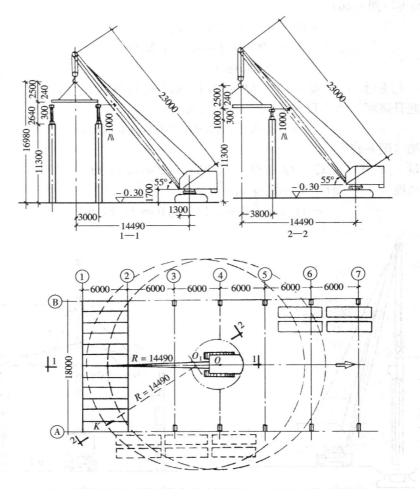

图 6-48 屋面板吊装工作参数计算简图及屋面板的排放布置图

（虚线表示屋面板跨外位置）

所需最小起重臂长度时的起重倾角按公式（6-11）计算：

$$\alpha = \text{arctg}\sqrt[3]{\frac{h}{f+g}} = \text{arctg}\sqrt[3]{\frac{11.30+2.64-1.70}{3+1}}$$

$$= 55°25'$$

代入公式（6-9）可得最小起重臂长

$$L = \frac{h}{\sin\alpha} + \frac{f+g}{\cos\alpha} = \frac{12.24}{\sin55°25'} + \frac{4.00}{\cos55°25'}$$

$$= 21.95(\text{m})$$

结合 W_1-100 起重机的情况，当采用 23m 长的起重臂，并取起重倾角 $\alpha = 55°$ 时，代入公式（6-1）可得工作幅度为：

$$R = F + L\cos\alpha = 1.3 + 23\cos55° = 14.49(\text{m})$$

根据 $L = 23$m 及 $R = 14.49$m，查起重机工作性能曲线表（图 6-2）可得起重量 $Q = 2.3$t＞1.5t，起重高度 $H = 17.3$m＞16.98m。这说明选择起重臂长 $L = 23$m，起重倾角 α

248

＝55。可以满足吊装跨中屋面板的需要。其吊装工作参数如图 6-46 所示。

再以所选定的 23m 长起重臂及 $\alpha=55°$ 倾角用作图法来复核一下能否满足吊装最边缘一块屋面板的要求。

在图 6-48 中，以最边缘一块屋面板的中心 K 为圆心，以 $R=14.49m$ 为半径画弧，交起重机开行路线于 Q_1 点。Q_1 点即为起重机吊装边缘一块屋面板的停机位置。用比例尺量得 $KQ_1=3.8m$。过 Q_1K 按比例作 2-2 剖面。从 2-2 剖面可以看出，所选起重臂及起重倾角可以满足吊装要求。

起重机在吊装屋面板时，首先立于 Q_1 点吊装边缘几块屋面板，然后逐步后退，最后立于 O 点吊装跨中几块屋面板。

若用图解法（图 6-49）也可求得最小臂长 $S_2G_2=22m$，$\alpha=55°20'$。按实际情况采用 $L=23m$，$\alpha=55°$，在图上画出 SG 线段，并可量得其水平投影为 13.2m，垂直投影为 18.8m，并得 $R=14.5m$。与数解法基本相同。

根据以上各种构件吊装工作参数的计算，经综合考虑之后，确定选用 23m 长度的起重臂，并查图 6-2 中 W_1-100 工作性能曲线，列出表 6-20。从表中计算所需工作参数与 23m 起重臂之实际工作参数对比，可以看出选用具有 23m 长度起重臂的履带式起重机 W_1-100 是可以完成结构吊装任务的。

某厂金工车间结构吊装工作参数表 表 6-20

构件名称	Z_1 柱			Z_3 柱			屋 架			屋 面 板		
吊装工作参数	Q (t)	H (m)	R (m)	Q (t)	H (m)	R (m)	Q (t)	H (m)	R (m)	Q (t)	H (m)	R (m)
计算所需工作参数	6.2	10.85		5.6	13.3		5.15	18.74		1.5	16.94	
23m 起重臂工作参数	6.2	19.0	7.8	5.6	19.0	8.5	5.15	19.0	9.0	2.3	17.30	14.49

（二）现场预制构件的平面布置与起重机开行路线

构件采用分件法吊装。柱与屋架在现场预制，在场地平整及杯形基础浇筑后即可进行。由于吊装柱时的最大工作幅度 $R=7.8m$ 小于 $\frac{L}{2}=9m$，故吊装柱时需在跨边开行。吊装屋面结构时，则在跨中开行。根据现场情况，车间南面距原有房屋有 12m 的空地，故 Ⓐ列柱可在此空地上预制，Ⓑ列柱至围墙之间只有 6m 的距离，因此Ⓑ列柱安排在跨内预制。屋架则安排在跨内靠Ⓐ轴线一边预制。关于各构件的预制位置及起重机开行路线、停机点位置见图 6-50。

1.Ⓐ列柱的预制位置

Ⓐ列柱安排在跨外预制。为节约模板，采用两根叠浇制作。柱采用旋转法吊装，每一停机位置吊装两根柱，因此起重机应停在两柱之间，距两柱有相同的工作幅度 R，且要求 R 大于最小工作幅度 6.5m（图 6-2）小于最大工作幅度 7.8m。这便要求起重机开行路线距基础中线的距离应小于 $\sqrt{(7.8)^2-(3.0)^2}=7.2m$ 但大于 $\sqrt{(6.5)^2-(3.0)^2}=5.78m$ 可取 5.9m。这样便可定出起重机开行路线到Ⓐ轴线的距离为 $5.90-0.4=5.5(m)$（式中 0.4m 是柱基础中线至Ⓐ轴线的距离）。开行路线到原有建筑物还有 $12-5.5=6.5(m)$，大于起重机回转中心至尾部的距离 3.3m,故起重机旋转时不会与原有房屋相碰。起重机开行路线及

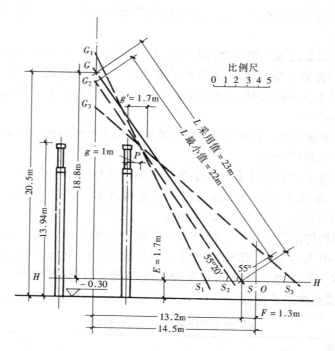

图 6-49　图解法求最小臂长

停机位置确定之后,便可按旋转法起吊三点共弧的原则,定出各柱的预制位置(图 6-50)。

2.Ⓑ列柱的预制位置

Ⓑ列柱在跨内预制。与Ⓐ列柱一样,两根叠浇制作,用旋转法吊装,并取起重机开行路线至Ⓑ列柱基础中心为最小值 5.8m（≈5.78m）,至Ⓑ轴线则为 5.8＋0.4＝6.2m。由此可定出起重机吊Ⓑ列柱的停点位置及Ⓑ列柱的预制位置如图 6-50 所示。但吊装Ⓑ列柱时起重机开行路线到跨中只有 9－6.2＝2.8m,小于起重机回转中心到尾部的距离 3.3m。为使起重机回转时尾部不致与在跨中预制的屋架相碰,屋架预制的位置,应自跨中线后退 3.3－2.8＝0.5m 以上。本例定为退后 1m。

3.Z_3 抗风柱的预制位置

Z_3 柱较长,且只有两根,为避免妨碍交通,故放在跨外预制。吊装前,需先排放再行吊装。

4.屋架的预制位置

屋架以 2～3 榀为一叠,共分四叠在跨内预制。由于考虑同侧就位,在确定预制位置之前,应先定出各榀屋架排放的位置,据此来安排屋架预制场地及具体位置。不论是同侧就位,还是异侧就位,预制场地不要侵占屋架排放位置。屋架两端应留有足够的预应力筋预留孔道抽管和穿筋所需场地。屋架两端的朝向、编号、上下次序均要标明清楚,预埋件位置也不要弄错。

按照上述的布置方案,起重机的开行路线及构件的安装次序如下:

起重机自Ⓐ轴线跨外进场,自①至⑩先吊装Ⓐ列柱→沿Ⓑ轴线自⑩至①吊装Ⓑ列柱→自①至⑩吊装Ⓐ列吊车梁、连系梁、柱间支撑→自⑩到①扶直屋架与屋架就位→吊装Ⓑ列

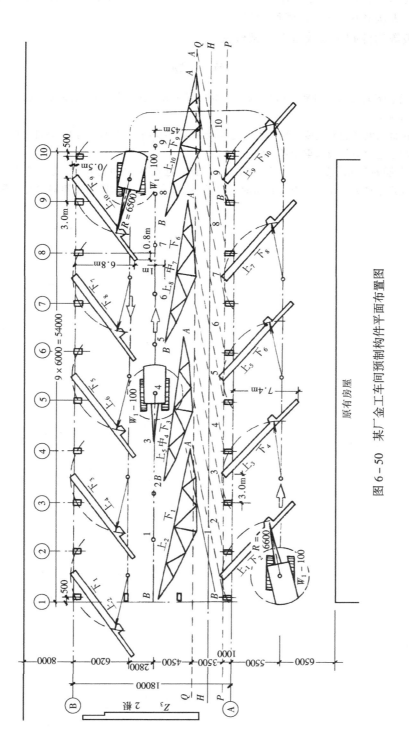

图 6 - 50　某厂金工车间预制构件平面布置图

原有房屋

251

吊车梁、连系梁、柱间支撑→吊装两根抗风柱、起重机自①至⑩吊装屋盖系统（含屋架、屋面支撑、天沟和屋面板），然后退场。

屋面板等构件卸车排放可选小型机械。

习　题

6-1　某车间跨度 24m，柱距 6m，天宽架顶面标高 18m，大型屋面板肋高为 0.24m，自然地面标高为 +0.2m，试求：

①吊装屋面板时的起升高度（绘图表示）。试绘制屋架斜向就位图，屋面板跨外（内）就位图。

②计算最小起重臂长及起重半径（R）。

6-2　某单层的厂房跨度 18m，柱距 6m，9 个节间，选用 W_1-100 型履带式起重机进行结构吊装，吊装屋架时的起重半径 $R=9m$，吊装屋面板时的起重半径 $R=14m$。试绘制屋架斜向就位图，屋面板跨外（内）就位图。

第七章 防 水 工 程

防水工程包括屋面防水和地下防水。

屋面防水主要是防止雨雪对屋面间歇性浸透作用；地下防水则主要是防止地下水对建（构）筑物的经常性浸透作用。因此，防水工程是建筑工程的一项重要工程，其施工质量好坏，直接影响建（构）筑物的使用寿命和使用条件。

按照防水方法区分，屋面工程常用的有卷材防水屋面、涂膜防水屋面、刚性防水屋面以及保温隔热屋面、金属防水屋面、复合防水屋面及块材防水屋面等。

地下工程常用的有卷材防水层、防水混凝土结构、水泥砂浆防水层和沥青胶结材料防水层。

第一节 屋 面 防 水 工 程

一、沥青卷材防水屋面

（一）沥青卷材屋面构造

卷材屋面是采用沥青防水卷材、高聚物改性沥青防水卷材、合成高分子防水卷材等柔性防水材料，通过不同施工工艺及施工方法，将其粘贴成一整片能防水的屋面覆盖层，通常称为柔性防水屋面。施工时，应根据不同的设计要求、材料情况、工程具体做法等选定合适的施工方法。通常有热施工、冷施工及机械固定等。沥青卷材防水屋面，传统施工方法多采用热玛琋脂粘贴法进行逐层铺贴；也可采用工厂配制好的冷玛琋脂直接涂刮后逐层粘贴。

目前我国在屋面防水工程中，采用石油沥青防水卷材的仍占较大比重，仍然是屋面防水工程的主要材料，其构造如图 7-1 所示。

（二）材料要求

1. 沥青

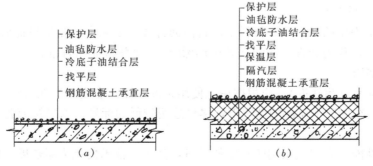

图 7-1 油毡屋面构造层次示意图

(a) 不保温油毡屋面；(b) 保温油毡屋面

在屋面防水工程中多采用 10 号、30 号建筑石油沥青、60 号道路石油沥青或其熔合物。其主要技术质量标准见表 7-1。普通石油沥青（高蜡沥青）及纯沥青耐老化性能差，容易影响工程质量。焦油沥青也由于易受大气作用而老化，一般只用于地下防水层或作防腐材料用。

沥青的技术指标 表 7-1

类　　别	标　号	主 要 技 术 指 标		
		针入度不小于 （1/10mm）	延度不小于 （cm）	软化点不低于 （℃）
建筑石油沥青 （GB494）	30 10	25～40 10～25	3 1.5	70 95

针入度、延度、软化点是划分沥青牌号的依据，根据针入度指标确定标号，每个牌号则应保证相应的延度和软化点。

2. 冷底子油

冷底子油是一种液化沥青，它是由 10 号或 30 号建筑石油沥青，加入挥发性溶剂配制而成的溶液，一般现配现用。采用 10 号、30 号石油沥青与轻柴油或煤油配制的为慢挥发性冷底子油（重量配合比为 4：6），采用 60 号石油沥青与汽油配制的为快挥发性冷底子油（重量配合比为 3：7）。

冷底子油粘度小，能渗入基层，待溶剂挥发后，在基层表面形成一层粘结牢固的沥青薄膜，使之具有一定的憎水性，并能有效地提高沥青玛琋脂与基层的粘结力，为粘结同类沥青防水卷材的材性相容。

3. 沥青防水卷材

用原纸、纤维织物、纤维毡等胎体材料浸涂沥青，表面撒布粉状、粒状或片状材料制成可卷曲的片状防水材料，称为沥青防水卷材。有纸胎、玻纤胎沥青油毡、玻璃布、黄麻织物沥青油毡及铝箔胎沥青油毡等五种。

石油沥青油毡有 200、350、500 号三种标号。卷材屋面工程用油毡一般应采用不低于350 号的石油沥青油毡。

沥青防水卷材的质量指标——不透水性、纵向拉力、柔性和耐热度等应符合国家有关规定。

4. 卷材粘结材料

屋面防水工程用的沥青粘结材料是用石油沥青按一定配合量经熬制脱水并掺入适量的填充料配制而成，称为沥青码琋脂（简称玛琋脂）。铺贴石油沥青油毡，应采用石油沥青配制成沥青玛琋脂。

玛琋脂的标号（耐热度），应根据房屋使用条件、屋面坡度和当地历年极端最高气温，按表 7-2 选用。在保证不流淌的情况下，尽量选用较低的标号，以延缓沥青胶的老化，提高耐久性。

玛琋脂的性能，直接关系到防水层的质量，其主要技术性能为耐热度、粘结力、柔韧性及大气稳定性，而这些又主要取决于原材料及组成。沥青软化点越高，则玛琋脂的耐热性愈好，夏季不易流淌。若选用的沥青塑性好，则沥青的柔韧性就好，冬季不易开裂。

配制玛琋脂用的沥青，常用的是 10 号、30 号或 60 号甲、60 号乙的道路石油沥青或其熔合物，若单独采用一种标号的沥青不能满足要求时，可采用两种标号的沥青混合配制。其配合比应根据选定的标号及使用的材料由试验确定。在施工中按确定的配合比严格配料。

为增强玛琋脂的抗老化性能，并改善其耐热度、柔韧性和粘结力，可掺入适量的经预热干燥（120～140℃）的填充料。采用粉状填料时，其掺入量一般为 10%～25%；采用纤维填料时，掺入量一般为 5%～10%。填料宜优先采用滑石粉、板岩粉云母粉、石棉粉。填料的含水率不宜大于 3%。

沥青玛琋脂标号选用 表 7-2

类　　别	屋面坡度	历年室外极端最高温度	沥青玛琋脂标号
石油沥青玛琋脂	1%～3%	小于 38℃	S—60
		38—41℃	S—65
		41—45℃	S—70
	3%～15%	小于 38℃	S—65
		38—41℃	S—70
		41—45℃	S—75
	15%～25%	小于 38℃	S—75
		38—41℃	S—80
		41—45℃	S—85

注：1. 卷材上有块体保护层或整体刚性保护层时，沥青玛琋脂标号可按表中数据降低 5 号；
　　2. 屋面受其他热源影响（如高温车间等）或屋面坡度超过 25%时，应将沥青玛琋脂的标号适当提高。

熬制沥青要注意温度变化，切忌升温太快，尤其是在沥青将脱水时，要慢慢升温，否则容易使沥青老化变质，加热时间以 3～4 小时为宜。石油沥青粘结材料，加热温度不应高于 240℃，使用温度不宜低于 190℃。无论采用何种沥青材料，应待沥青完全熔化脱水后再慢慢加入经预热干燥的填充料，同时不停地搅拌均匀，直至达到上述规定温度，表面无泡沫疙瘩即可。

（三）沥青油毡屋面防水层施工

1. 基层要求

基层质量的好坏，对保证油毡铺贴质量关系密切，施工时必须重视，一般采用水泥砂浆、细石混凝土或沥青砂浆找平层做为基层，沥青砂浆可增强油毡与找平层的粘结力，但需热施工，一般应用较少；水泥砂浆配合比为 1：3（体积比），水泥强度等级不低于 32.5级；沥青砂浆配合比为 1：8（60 号或 75 号石油沥青：砂）。找平层厚为 15～35mm，找平层应平整坚实，采用水泥砂浆找平层时，水泥砂浆抹平收水后应二次压光，充分养护，不得有松动、起壳、起砂等现象。在与突出屋面结构的连接处以及在基层的转角处，均应做成钝角或半径为 100～150mm 的圆弧形。为防止由于温差及混凝土构件收缩而使防水屋面开裂，找平层应留分格缝，缝宽一般为 20mm，缝应留在预制板支承边的端缝处，其纵横向最大间距，当找平层采用水泥砂浆或细石混凝土时，不宜大于 6m；采用沥青砂浆时，则不宜大于 4m。并于缝口上先单边点粘一层卷材，每边的宽度不应小于 100mm，以防结构变形将防水层拉裂。

待水泥砂浆找平层基本干燥后，将基层清扫干净，于铺贴油毡前 1～2 天涂刷冷底子油一遍（沥青砂浆找平层可不必刷冷底子油），涂刷要薄而均匀，不得有漏刷、麻点和起砂现象，也可用机械喷涂，但应在水泥砂浆凝结初期进行，以保证砂浆中的水泥充分水化，确保找平层质量。待冷底子油干燥后，立即铺贴油毡，以防基层浸水。

2. 油毡铺贴

铺贴前，应清除油毡表面撒布料。基层（保温层或找平层）表面应干燥，如干燥有困难，可采用排汽屋面的铺设方法。然后方可铺贴油毡。

粘贴沥青防水卷材，每层热玛𤨪脂的厚度宜为1～1.5mm；冷玛𤨪脂的厚度宜为0.5～1mm。面层厚度：热玛𤨪脂宜为2～3mm；冷玛𤨪脂宜为1～1.5mm。玛𤨪脂应涂刮均匀，不得过厚或堆积。

油毡铺贴方向应根据屋面坡度或屋面是否受振动而确定。当屋面坡度小于3％时，宜平行屋脊铺贴；坡度大于15％或屋面受振动时，为防止油毡下滑，应垂直屋脊铺贴；坡度在3％～15％之间时，可平行也可垂直屋脊铺贴，卷材屋面坡度不宜超过25％，否则，应在短边搭接处采取防止卷材下滑措施，如在搭接处将卷材用钉子钉入找平层内固定。另外，在叠层铺贴油毡时，上下层油毡不得互相垂直铺贴。

铺贴油毡应采用搭接方法，搭接宽度与铺贴方法有关。上下两层油毡应错开1/3幅油毡宽，相邻两幅油毡短边搭接缝应错开不小于500mm，各层油毡的搭接宽度，长边不应小于70mm，短边不应小于100mm。平行屋脊的搭接缝，应顺流水方向搭接；垂直屋脊的搭接缝，应顺主导风向搭接。各层油毡的搭接缝必须用沥青粘结材料仔细封严，以防翘边渗漏。

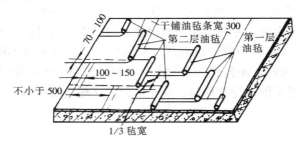

图7-2　油毡水平铺贴搭接要求示意图

平行屋脊铺贴时，由檐口开始，各层油毡的排列如图7-2所示。平行屋脊铺贴不但可减少垂直缝，渗水的可能性小；而且铺贴效率高，材料损耗少。但在高温影响下，油毡容易滑溜，因此，只能用于屋面坡度小于3％的屋面油毡铺贴。

垂直屋脊铺贴时，则应从屋脊开始向檐口进行，以免造成沥青胶过厚而铺贴不平。每幅油毡都应铺过屋脊不小于200mm，屋脊处不得留设短边搭接缝，以增强屋脊的防水和耐久性（图7-3）。

铺贴多跨和有高低跨的房屋时，应按先高后低，先远后近的顺序进行。对同一坡面，应先做好屋面排水比较集中部位（屋面与落水口的连接处、檐口、檐沟、天沟和斜沟等处），并应由屋面最低标高处向上施工，使油毡按水流方向搭接。

卷材铺贴方法有满粘法、空铺法、条粘法、点粘法等四种。满粘法（又称全粘法），即在铺贴防水卷材时，卷材与基层采用全部粘结的施工方法，是一种传统的施工方法，如过去常采用此种方法进行石油沥青防水卷材三毡四油叠层铺贴。适用于屋面面积较小，屋面结构变形不大，找平层干燥的屋面条件。空铺法即在铺贴防水卷材时，卷材与基层仅在四周一定宽度内粘结，其余部分不粘结的施工方法。铺贴时，应在檐口、屋脊和屋面的转角处及突出屋面的连接处，卷材与找平层应满涂玛𤨪脂粘结，其粘结宽度不得小于

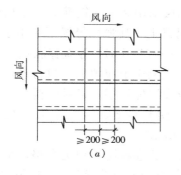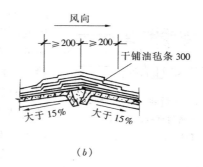

图 7-3 垂直屋脊铺贴示意图

(a) 平面；(b) 屋脊处剖面

800mm，卷材与卷材的搭接缝、卷材与卷材之间应满粘。适用于基层湿度过大、找平层的水蒸气难以由排汽道排入大气的屋面。条粘法即在铺贴防水卷材时，卷材与基层采用条状粘结的施工方法，每幅卷材与基层的粘结面不少于两条，每条宽度不应小于 150mm。在搭接缝、卷材与卷材之间等处亦应满粘。适用于采用留槽排汽不能可靠解决卷材防水层开裂和起鼓的无保温层屋面或基层潮湿的排汽屋面。点粘法则指铺贴卷材时，卷材与基层采用点状粘结的施工方法。要求每平方米面积内至少有 5 个粘结点，每点面积不小于 100mm×100mm，搭接缝、防水层周边一定范围内与基层均应满粘牢固。适用温差较大而基层又十分潮湿的排汽屋面。

油毡铺贴应避免铺斜、扭曲和出现未粘结现象；避免沥青粘结层过厚或过薄，滚压时应将挤出的沥青胶及时刮平、压紧、赶出气泡并予封严。

用绿豆砂作保护层时，应将清洁的绿豆砂预热至 100℃左右，随刮涂热玛琋脂，随铺撒热绿豆砂。绿豆砂应铺撒均匀并滚压使其与玛琋脂粘结牢固。未粘结的绿豆砂应清除。

二、涂膜防水屋面和屋面接缝密封防水

涂膜防水屋面是将液态的防水涂料，在干燥环境下分遍涂布在屋面找平层上，干燥后转化为固态防水膜。施工时，和卷材防水屋面、刚性防水屋面一样，应与屋面接缝密封防水施工配套进行。

（一）防水涂料与接缝密封材料要求

防水涂料分为沥青基防水涂料、改性沥青防水涂料及合成高分子防水涂料三类。分水乳型和溶剂型及反应型三种。接缝密封材料分为改性沥青密封材料和合成高分子密封材料二类。

选用防水涂料、胎体增强材料及接缝密封等材料，其材料质量应符合国家现行有关规范、标准的规定。贮运、保管应符合《屋面工程质量验收规范》（GB 50207—2002）规定。进场时应抽样复验，符合规定方可使用。

（二）一般规定

涂膜防水层的厚度：沥青基防水涂膜在Ⅲ级防水屋面上单独使用时不应小于 8mm，在Ⅳ级防水屋面上或复合使用时不宜小于 4mm；高聚物改性沥青防水涂膜不应小于 3mm，在Ⅲ级防水屋面上复合使用时，不宜小于 1.5mm；合成高分子防水涂膜不应小于 2mm，在Ⅲ级防水屋面上复合使用时，不宜小于 1mm。

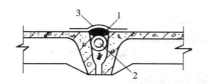

图 7-4　板缝密封防水处理
1—密封材料；2—背
衬材料；3—保护层

当屋面结构层采用装配式钢筋混凝土板时，板缝内应浇灌细石混凝土，其强度等级不应小于 C20；灌缝的细石混凝土中宜掺 UEA 等微膨胀剂。结构层板缝中浇灌的细石混凝土上应填放背衬材料，上部嵌填密封材料，并应设置保护层。背衬材料一般采用聚乙烯泡沫塑料棒、塑料带等、直径应大于接缝宽 1～2mm，如图 7-4 所示。

基层施工要求比卷材防水更为严格，平整度、坡度、表面质量及含水率均应符合规范有关规定。分格缝应与板端缝对齐，均匀顺直，并嵌填密封材料。防水涂膜应分层分遍涂布。待先涂的涂层干燥成膜后，方可涂布后一遍涂料。铺设胎体增强材料时，当屋面坡度小于 15% 时可平行屋脊铺设；当屋面坡度大于 15% 时，应垂直于屋脊铺设，并由屋面最低处向上操作。胎体长边搭接宽度不得小于 50mm；短边搭接宽度不得小于 70mm。采用二层胎体增强材料时，上下层不得互相垂直铺设，搭接缝应错开，其间距不应小于幅宽的 1/3。

涂膜防水层的收头应用防水涂料多遍涂刷或用密封材料封严。

（三）涂膜防水层的施工方法和适用范围及施工要点。

1. 施工方法

见表 7-3。

涂膜防水层施工方法和适用范围　　　　　　　　表 7-3

施工方法	具 体 作 法	适 用 范 围
抹压法	涂料用刮板刮平后，待其表面收水而尚未结膜时，再用铁抹子压实抹光	用于流平性差的沥青基厚质防水涂膜施工
涂刷法	用棕刷、长柄刷、圆滚刷蘸防水涂料进行涂刷	用于涂刷立面防水层和节点部位细部处理
涂刮法	用胶皮刮板涂布防水涂料，先将防水涂料倒在基层上，用刮板来回涂刮，使其厚薄均匀	用于黏度较大的高聚物改性沥青防水涂料和合成高分子防水涂料在大面积上的施工
机械喷涂法	将防水涂料倒入设备内，通过喷枪将防水涂料均匀喷出	用于黏度较小的高聚物改性沥青防水涂料和合成高分子防水涂料的大面积施工

2. 施工程序

涂膜防水层的施工程序如图 7-5 所示。

3. 施工要点

（1）水乳型或溶剂型薄质涂料采用二布三涂施工工艺；反应型薄质涂料采用一布二涂施工工艺；厚质涂料采用一布二涂施工工艺。

（2）涂膜防水层施工前，应在基层上涂刷基层处理剂，基层处理剂可用防水涂料稀释后使用。涂刷时应用力薄涂，使其渗入基层毛细孔中。

（3）对于多组分防水涂料，施工时应按规定的配合比准确计量，充分搅拌均匀，只有搅拌充分，才能保证防水涂料的技术性能达到要求。特别是某些水乳型涂料，如搅拌不均匀，不仅涂布困难，而且会在涂层中成为渗漏的隐患。

（4）确保涂膜防水层的厚度是涂膜防水屋面最主要的技术要求。过薄，会降低屋面整体防水效果，缩短防水层耐用年限；过厚，将在一定意义上造成浪费，在涂料涂刷时，无论是厚质防水涂料还是薄质防水涂料均不得一次涂成，防水涂膜应分遍涂布。待先涂的涂层干燥成膜后，方可涂布后一遍涂料。

（5）若采用二层胎体增强材料时，上下层不得互相垂直铺设，搭接缝应错开，其间距不应小于幅宽的 1/3。

（6）防水涂层涂刷致密是保证质量的关键。要求各遍涂膜的涂刷方向应相互垂直，使上下遍涂层互相覆盖严密。涂层间的接槎，在每遍涂布时应退槎 50～100mm，接槎时也应超过 50～100mm，避免在接槎处涂层薄弱，发生渗漏。

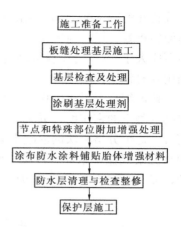

图 7-5　涂膜防水层施工程序

（7）在涂膜防水层的收头处应多遍涂刷防水涂料，或用密封材料封严。

（8）涂布时应按照"先高后低、先远后近"；先涂布排水较集中的水落口、天沟、檐沟，再往高处涂布至屋脊或天窗下的顺序进行。

（9）防水涂膜严禁在雨天、雪天施工；五级风及其以上时不得施工。

沥青基防水涂料施工环境气温宜为 5～35℃；改性沥青防水涂料和合成高分子防水涂料施工环境气温：溶剂性涂料宜为 -5～35℃；水乳性涂料宜为 5～35℃。

（四）屋面接缝密封的施工方法

屋面接缝密封的施工方法有热灌法、冷嵌法两种（见表 7-4）。基层处理剂有单组分和双组分两种，涂刷后 20～60 分钟，即可干燥，并立即嵌填密封材料。如涂刷基层处理剂的时间超过 24h，则应重新涂刷一次。

屋面接缝密封施工方法　　　　　　　　　　　　　　　表 7-4

施 工 方 法		具 体 做 法	适 用 条 件
热 灌 法		采用塑化炉加热，将锅内材料加温，使其熔化，加热温度为 110～130℃，然后用灌缝车或鸭嘴壶将密封材料灌入接缝中，浇灌时温度不宜低于 110℃	适用于平面接缝的密封处理
冷嵌法	批刮法	密封材料不需加热，手工嵌填时可用腻子刀或刮刀先将密封材料批刮到缝槽两侧的粘结面，然后将密封材料填满整个接缝	适用于平面或立面接缝的密封处理
	挤出法	可采用专用的挤出枪，并根据接缝宽度选用合适的枪嘴，将密封材料挤入接缝内。若采用桶装密封材料时，可将包装筒塑料嘴斜向切开作为枪嘴，将密封材料挤入接缝内	适用于平面或立面接缝的密封材料

三、刚性防水屋面

刚性防水屋面是指在屋面结构层上施工一层刚性防水层的一种防水屋面。其中有细石混凝土防水层、补偿收缩混凝土防水层、预应力混凝土防水层等多种。现就细石混凝土防水施工简述如下。

混凝土水灰比不应大于 0.55；每立方米混凝土水泥最小用量不应小于 330kg；含砂率宜为 35%～40%；灰砂比应为 1:2～1:2.5。细石混凝土防水层中的钢筋网片，施工时应放置在混凝土的上部，离防水层上表面 10mm。应使分格缝的位置在屋面板的支承端、屋面转折处、屋面与突出屋面结构的交接处，并应与屋面结构层的板缝对齐。分格缝的间距不应大于 6m。缝中应嵌填背衬材料，缝宽宜为 20～40mm，缝内应嵌填密封材料，上面用卷材作保护层。

普通细石混凝土中掺入减水剂或防水剂时，应准确计量，采用机械搅拌、机械振捣、提高混凝土的密实度。混凝土搅拌时间不应少于 2min。混凝土运输过程中应防止漏浆和离析。每个分格板块的混凝土应一次浇筑完成，不得留施工缝；抹压时不得在表面洒水、加水泥浆或撒干水泥。混凝土收水后应进行二次压光。混凝土浇筑 12～24h 后应进行养护，养护时间不应少于 14 天。养护初期屋面不得上人。

第二节　地下防水工程

地下工程的防水方案，一般可分为三类：

（1）防水混凝土结构　依靠防水混凝土本身的抗渗性和密实性来进行防水。本身既是承重、围护结构，又是防水层。因此，它具有施工简便、工期较短、改善劳动条件、节省工程造价等优点，是解决地下防水的有效途径，从而被广泛地采用。

（2）加防水层　即在结构物的外侧增加防水层以达到防水的目的。常用的防水层有水泥砂浆、卷材、沥青粘结料和金属防水层等，可根据不同的工程对象、防水要求及施工条件选用。

（3）渗排水防水层　即利用盲沟、渗排水层等措施来排除附近的水源以达到防水的目的。适用于形状复杂、受高温影响、地下水为上层滞水且防水要求较高的地下建筑。

现仅就卷材防水层、防水混凝土施工方法介绍如下：

一、卷材防水层

卷材防水层是用玛琋脂将几层油毡粘贴于需防水结构的外侧而形成的多层防水层，它具有良好的韧性和可变性，能适应振动和微小变形；对酸、碱、盐溶液具有良好的耐腐蚀性，但卷材机械强度低、吸水率大、耐久性差、施工操作繁杂，出现渗漏时难以修补。因此，卷材防水层只适于铺贴在形式简单的整体的钢筋混凝土结构基层上，以及整体的以水泥砂浆、沥青砂浆或沥青混凝土为找平层的基层上。

（一）卷材及粘结材料的选择

卷材地下防水层宜采用耐腐蚀的卷材和玛琋脂，如焦油沥青油毡、沥青玻璃布油毡、再生胶油毡等。卷材应保持干燥，铺贴前应清除表面撒布物。耐酸玛琋脂应采用角闪石棉、辉绿岩粉、石英粉或其他耐酸的矿物粉为填充料；耐碱玛琋脂应采用滑石粉、温石棉、石灰石粉、白云石粉或其他耐碱的矿物粉为填充料。防水层所用的沥青，其软化点应较基层及防水层周围介质可能达到的最高温度高出 20～25℃，且不低于 40℃。沥青胶的加热温度、使用温度及冷底子油的配制方法可参见屋面防水有关部分。

（二）卷材铺贴方案

根据需防水结构立面卷材防水层铺贴方式不同，可分为外防外贴法（图 7-6a）和外防内贴法（图 7-6b）。外防外贴法的优点是：防水层施工后即可进行试水，易修补，浇筑混凝土时不会损坏立面防水层，能及时发现需防水结构混凝土的缺陷予以补救，故应用较多。但需有足够的工作面。当需防水结构外侧无足够工作面时，可采用外防内贴法。施工时可视具体条件选用。

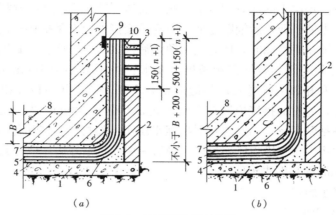

图 7-6　地下结构卷材铺贴

(a) 外防外贴防水层做法；(b) 外防内贴防水层做法

1—混凝土垫层；2—永久性保护墙；3—临时性保护墙；4—找平层；5—卷材防水层；6—卷材附加层；7—保护层；8—需防水结构；9—永久木条；10—临时木条；n—防水卷材层数；B—底板厚度

(1) 外防外贴法　首先在垫层四周砌筑部分永久性保护墙和临时性保护墙。然后在找平层上满涂冷底子油，待干燥后，分层铺贴底层卷材防水层。各层卷材铺好后，其顶端应予以临时固定。在铺贴好的卷材表面上做好保护层后，再进行需防水结构的施工。在需防水层完成后，继续铺贴立面卷材时，应先将临时固定的接槎接位的各层卷材揭开并清理干净，局部损坏的修补后方可进行施工，且此处卷材应错槎接缝（图 7-7）。立面卷材防水层完成后，于卷材表面涂刷 1.5～3.0mm 的热沥青并立即砌筑保护墙。保护墙在转角处和每隔 5～6mm 的地方断开，在断开处的缝中用卷材条或沥青丝填塞，防水层与保护墙间的空隙应随时用砌筑砂浆填实。

临时保护墙宜用石灰砂浆砌筑，以便拆除，内表面用石灰砂浆做找平层，并刷石灰浆。如用模板代替临时性保护墙时，应在其上涂刷隔离剂。

自平面折向立面的卷材与永久性保护墙接触的部位，应用沥青粘结材料紧密贴严；与临时性保护墙或需防水结构的模板接触的部位，应临时贴附在该墙上或模板上。

(2) 外防内贴法　其施工顺序是先在垫层上砌筑永久性保护墙，然后在垫层表面上及保护墙内表面上抹 1∶3 水泥砂浆找平层，等其基本干燥并满涂冷底子油后，沿保护墙与底层铺贴防水层。卷材防水层铺贴完成后，在立面上，应在涂刷防水层最后一层沥青玛碲脂时，趁热粘上干净的热砂或散麻丝，待冷却后，随即抹一层 10～20mm 厚的 1∶3 水泥砂浆保护层；在平面上可铺设一层 30～50mm 厚 1∶3 水泥砂浆或细石混凝土保护层。然后进行需防水结构的施工。

(三) 卷材防水层的施工

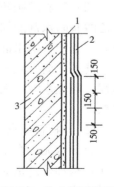

图 7-7　防水错槎接缝

1—卷材防水层；2—保护层；3—需防水结构

261

铺贴卷材的基层必须牢固、无松动现象；基层表面应平整干净；阴阳角处，均应做成圆弧形或钝角。铺贴卷材前，应于基层上满涂冷底子油，要求薄而均匀，对粗糙表面可涂两遍。铺贴卷材时，每层中的沥青玛琋脂，要求涂布均匀，其厚度一般为 1.5～2.5mm。外贴法铺贴卷材应先铺平面，后铺贴立面，平立面交接处应交叉搭接；内贴法宜先铺垂直面，后铺水平面。铺贴垂直面时，应先铺转角，后铺大面。墙面上垂直铺贴时，应待冷底子油干燥后自下而上进行。卷材搭接长度，要求长边不应小于 100mm，短边不应小于 150mm。上下两层和相邻两幅卷材的接缝应错开 1/3 幅宽，并不得互相垂直铺贴。在立面与平面的转角处，卷材的接缝应留在平面距立面不小于 600mm 处。在所有转角处均应铺贴附加层并仔细粘贴紧密。粘贴卷材时应展平压实。卷材与基层和各层卷材间必须粘结紧密，搭接缝必须用沥青玛琋脂仔细封严。最后一层卷材贴好后，应在其表面均匀地涂刷一层厚为 1～1.5mm 的热沥青玛琋脂。

二、防水混凝土结构

（一）防水混凝土分类

1. 普通防水混凝土

普通防水混凝土是通过调整混凝土的配合比来提高混凝土的密实度，以达到提高其抗渗能力的一种混凝土。混凝土是非匀质材料，它的渗水是通过孔隙和裂缝进行的。因此，控制其水灰比、水泥用量和砂率来保证混凝土中砂浆的质量和数量，以抑制孔隙的形成，切断混凝土毛细管渗水通路，从而提高混凝土的密实性和抗渗性能。

2. 掺加外加剂的防水混凝土

（1）加气剂防水混凝土　加气剂防水混凝土是在普通混凝土中掺加微量的加气剂配制而成的。在混凝土中加入加气剂后，会产生大量微小而均匀气泡，使其黏滞性增大，不易松散离析，显著地改善了混凝土的和易性，同时抑制了沉降离析和泌水作用，减少了混凝土的结构缺陷。另一方面，由于大量微细气泡的存在，硬化后形成封闭型的水泥浆壳堵塞了内部毛细管通道，从而提高了混凝土的抗渗性能。

常用的加气剂有：松香酸钠，掺量为水泥重量的 0.03%（搅拌均匀后，再加入占水泥重量 0.075% 的氯化钙）；松香热聚物，掺量为水泥质量的 0.005%～0.015%。掺用引气型外加剂的混凝土，其含气量应控制在 3%～5%，含气量过多，则强度降低。

（2）三乙醇胺防水混凝土　在混凝土中掺入水泥重量 0.05% 的三乙醇胺配制而成。三乙醇胺防水剂能加快水泥的水化作用，水化生成物增多，水泥结晶变细、结构密实。因此，三乙醇胺防水混凝土抗渗性能良好，且具有早强作用、施工简便、质量稳定等优点。

此外，尚有氢氧化铁防水混凝土、氢氧化铝防水混凝土，以及采用特种水泥（如加气水泥、塑化水泥、无收缩水泥、膨胀水泥等）配制的防水混凝土等，都具有良好的抗渗效果。

（二）材料要求

（1）水泥　在不受侵蚀性介质和冻融作用时，宜采用火山灰水泥、粉煤灰水泥或普通水泥；掺加外加剂时可采用矿渣水泥；如受侵蚀性介质作用时，应按设计要求选用；在受冻融作用时，应优先选用普通水泥，不宜采用火山灰水泥和粉煤灰水泥。水泥强度等级不宜低于 32.5 级。

（2）砂、石　防水混凝土中所用的砂、石各项技术指标除应符合有关质量标准的规定外，尚应符合下列规定：石子最大粒径不宜大于 40mm；所含泥土不得呈块状或包裹石子表面；吸水率不大于 1.5%。

防水混凝土的配合比应根据设计要求和实际使用材料通过试验选定。且按设计要求的抗渗等级提高 2～4 个等级，每立方米混凝土的水泥用量（包括细粉料在内）不少于 330kg，含砂率以 35%～40% 为宜，灰砂比应为 1:2～1:2.5，水灰比不大于 0.55，坍落度不大于 50mm。

（四）防水混凝土施工

防水混凝土应用机械搅拌，搅拌时间不应少于 2min。掺外加剂的混凝土，其外加剂应用拌和水稀释均匀，不得直接投入，其搅拌时间可延长至 3min，但搅拌掺加气剂防水混凝土时不宜过长，应控制在 1.5～2.0min。

底板混凝土应连续浇灌，不得留施工缝。墙体一般只允许留设水平施工缝，其位置不应留在剪力与弯矩最大处或底板与侧壁交接处，一般宜留在高出底板上表面不小于 200mm 的墙身上。如必须留设垂直施工缝时，则应留在结构的变形缝处。施工缝的形式可按图 7-8 所示选用。

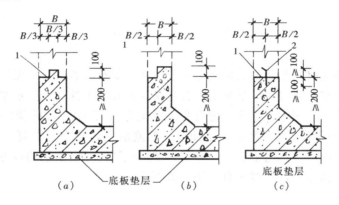

图 7-8　施工缝接缝形式

（a）、（b）企口式（适于壁厚 30cm 以上的结构）；（c）止水片施工缝

（适于壁厚 30cm 以下的结构）；

1—施工缝；2—2～4mm 金属止水片

为了使接缝严密，继续浇筑混凝土前，应将施工缝处混凝土凿毛，清除浮粒和杂物，用水清洗干净并保持湿润，再铺上一层厚 20～50mm 与混凝土成分相同的水泥砂浆，然后继续浇筑混凝土。

防水混凝土初凝后，应覆盖浇水养护 14 天以上，凡掺早强型外加剂或微膨胀水泥配制的防水混凝土，更应加强早期养护。拆模时，结构表面温度与周围气温的温差不得超过 15℃。地下结构应及时回填，不应长期暴露，以避免因干缩和温差产生裂缝。

防水混凝土结构的抗渗性能，应以标准条件下养护的防水混凝土试块的试验结果评定。抗渗试块的留置组数可视结构的规模和要求而定，但每单位工程不得少于两组。试块应在浇筑地点制作，其中一组应在标准条件下养护。其余应与构件相同条件下养护。试块养护期不少于 28 天，不超过 90 天。强度试块亦应按《混凝土结构工程施工质量验收规范》（GB 50204—2002）有关规定留置。

第八章 装 饰 工 程

装饰工程一般包括工业与民用建筑的室内外抹灰工程、饰面板（砖）工程和涂料、刷浆及裱糊工程等，其作用是保护结构，提高结构的耐久性，改善清洁卫生条件，弥补墙体在隔热、隔声、防潮功能方面的不足，此外，还能增加建筑物的美观、艺术形象和美化环境。

装饰工程的特点是工程量大，工期长，用工量多，且装饰工程的施工一般是在屋面防水工程完成之后，并在不致被后继工程所损坏和玷污的条件下方可进行。因此，组织好施工，提高机械化施工水平，改革装饰材料和施工工艺，对于提高质量、缩短工期、降低成本则尤为重要。

第一节 抹 灰 工 程

抹灰工程按使用材料和装饰效果分为一般抹灰（如石灰砂浆、水泥砂浆、水泥混合砂浆、聚合物水泥砂浆、麻刀灰、纸筋灰、石膏灰等）和装饰抹灰（如水刷石、水磨石、斩假石、干粘石、喷涂、滚涂、弹涂、仿石彩色抹灰等）。其中一般抹灰按质量要求分为普通和高级两级。普通抹灰为一底层、一面层、两遍成活，要求分层赶平、修整、表面压光；高级抹灰为一底层、几遍中层、一面层、多遍成活，要求阴阳角找方，设置标筋，分层赶平，修整，表面压光，灰线平直方正、清晰美观。

一、一般抹灰

（一）抹灰层的组成及基层表面处理

抹灰层的组成（图 8-1）一般分为底层、中层与面层。底层主要起粘结作用，并对基层进行初步找平；中层的作用是找平；面层（又称罩面）是使表面光滑细致，起装饰作用。

抹灰采取分层进行，目的是为了增强层间的粘结，使之抹得牢固，控制抹平，防止起壳开裂，确保饰面平整美观。

抹灰层的平均总厚度根据具体部位及基层材料而定。如板条顶棚、现浇钢筋混凝土顶棚抹灰厚度不大于 15mm；内墙普通抹灰厚度不大于 18mm；外墙抹灰厚度不大于 20mm。

各抹灰层的厚度，一般是按墙面的平整程度和抹灰的质量要求，抹灰砂浆的种类和抹灰的等级而定。每层厚度不宜过厚，否则不但操作困难，也易于空鼓、起壳。而且，由于内外收水快慢不同，也容易引起裂纹。涂抹水泥砂浆每遍厚度宜为 5~7mm；涂抹石灰砂浆和水泥混合砂浆每遍厚度宜为 7~9mm。面层抹灰经赶平压实后的厚度，用麻刀灰不大于 3mm；纸筋灰、石膏灰不大于 2mm。

抹灰前，对砖石、混凝土等基层表面的灰尘、污垢和油渍等，应清除干净，并将墙面上的施工孔洞堵塞密实。对于过于干燥的基层，要洒水湿润。为确保砂浆与基层表面粘结牢固，防止抹灰层空鼓起壳，在抹灰前，必须对不同材料的基层表面进行相应的处理。混凝土表面，用手工涂抹时，宜先凿毛，刮水泥浆（水灰比为 0.37～0.40），洒水泥浆或用界面处理剂处理。常用界面处理剂有 YJ-302 型混凝土界面处理剂等。板条墙或板条顶棚，各板条之间应预留 8～10mm 缝隙，以便底层砂浆能压入板缝内，形成转脚结合牢固。砖墙面应清理灰缝（图 8-2）。木结构与砖石结构、混凝土结构等相接处，应先铺钉金属网，并绷紧牢固（金属网与各基层的搭接宽度不应小于 100mm），以防抹灰层由于两种基层材料胀缩不同而产生裂缝（图 8-3）。门窗框与墙连接处的缝隙，应用水泥砂浆或混合砂浆（加少量麻刀）分层嵌塞密实，以防因振动而引起抹灰层剥落、开裂。加气混凝土表面抹灰前，应清扫干净，并应作基层表面处理，随即分层抹灰，防止表面空鼓开裂。对基层表面进行处理，不仅使砂浆与基层粘结牢固，而且可使加气混凝土表面形成隔离层，使砂浆不致由于早期脱水而开裂。如果同时采用水泥混合砂浆或聚合物水泥砂浆，还可避免砂浆收缩而引起的剥落。

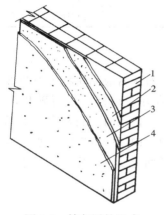

图 8-1　抹灰层的组成

1—基层；2—底层；3—中层；4—面层

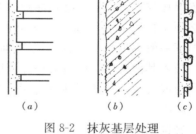

图 8-2　抹灰基层处理

(a) 砖墙砌成凹缝；(b) 混凝土墙面打毛；

(c) 板条应有 8～10mm 间隙

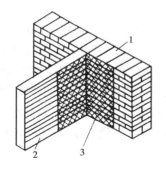

图 8-3　不同基层接缝处理

1—砖墙；2—板条墙；3—钢丝网

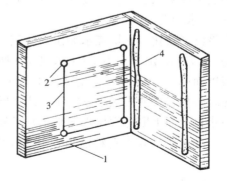

图 8-4　抹灰操作中的标志和标筋

1—基层；2—灰饼；3—引线；4—标筋

（二）抹灰层的施工和要求

为了有效地控制墙面抹灰层的厚度与平直度，抹灰前，应先检查基层表面的平整度，并用与抹灰层相同砂浆设置标志（灰饼）和标筋（图 8-4），作为底层抹灰的依据以便找平。在分层涂抹中，水泥砂浆和水泥混合砂浆的抹灰层，须待前一层抹灰层凝结后，方可涂抹后一层；石灰砂浆的抹灰层，须待前一层 7～8 成干后，方可涂抹后一层。对于板条、金属网眼顶棚和墙的抹灰，为方便操作，增强与基层的粘结力，底层和中层宜用麻刀灰或纸筋灰砂浆，且各层应分遍成活，每遍厚度为 3～6mm。

一般抹灰工程的允许偏差见表 8-1。

一般抹灰的允许偏差和检验方法　　　　　　　表 8-1

项次	项　　目	允许偏差（mm）		检 验 方 法
		普通抹灰	高级抹灰	
1	立面垂直度	4	3	用 2m 垂直检测尺检查
2	表面平整度	4	3	用 2m 靠尺和塞尺检查
3	阴阳角方正	4	3	用直角检测尺检查
4	分格条（缝）直线度	4	3	拉 5m 线，不足 5m 拉通线，用钢直尺检查
5	墙裙、勒脚上口直线度	4	3	拉 5m 线，不足 5m 拉通线，用钢直尺检查

注：1. 普通抹灰，本表第 3 项阴角方正可不检查；
　　2. 顶棚抹灰，本表第 2 项表面平整度可不检查，但应平顺。

为确保抹灰工程质量，必须注意砂浆的选用与配料。石灰膏应用块状生石灰淋制，淋制时，必须用孔径不大于 3mm×3mm 的筛过滤，并贮存在沉淀池内进行熟化，熟化时间，常温下一般不少于 15 天；用于罩面，不应少于 30 天。使用时，石灰膏内不得含有未熟化的颗粒和其他杂质，以免夹在抹灰层内未熟化的颗粒，由于吸收空气中水分继续熟化而出现爆灰或裂缝。抹灰用砂应过筛，不得含有杂物。纸筋应浸透、捣烂、洁净；罩面纸筋宜机碾磨细。

二、装饰抹灰

装饰抹灰的底层均为 1∶3 水泥砂浆打底，厚一般为 12mm，仅面层的做法不同。现将几种装饰抹灰面层的做法简要介绍如下。

（一）水刷石

先将已经硬化的底层浇水润湿，薄刮素水泥浆（水灰比 0.37～0.40）一道。随即用稠度为 5～7cm、配合比为 1∶1 水泥大八厘或 1∶1.25 水泥中八厘或 1∶1.5 水泥小八厘石子浆罩面厚 8～12mm，并用铁抹子压实。待稍收水后，再用铁抹子整面，将露出的石子尖棱轻轻拍平，使表面平整密实。待面层凝固尚未硬化用手指揿上去无压痕时，即用刷子蘸清水自上而下刷掉面层水泥浆至石子外露，凝结前应用清水由上往下把表面水泥浆冲洗干净。外观质量要求石粒清晰，分布均匀，紧密平整，色泽一致，不得有掉粒和接槎痕迹。

（二）水磨石

在底层上先用水泥砂浆按设计要求粘好分格用铜条、铝条或玻璃条（图 8-5）。底层湿润后，薄刮素水泥浆一层（水灰比为 0.37～0.40），紧接着用不同色彩的水泥石子浆（水泥石子 1∶1～1∶1.25），按设计要求的图案花纹分别填入分格网中，抹平压实，使石子大面外露，厚度比嵌条高 1～2mm。待其半凝固后（1～2 天）开始试磨，试磨时，以石子不松动为准。然后，采用磨石机正式洒水开磨，直至露出嵌条，表面光滑发亮为止。

磨石由粗磨至细磨一般分三遍进行。每次磨光后，用同色水泥浆填补砂眼，每隔 3～5 天再按同法磨第二遍或第三遍。最后，表面用草酸水溶液擦洗，使石子清晰显露，晾干后再行打蜡。外观质量要求表面平整、光滑，石子显露均匀，不得有砂眼、磨纹和漏磨处。分格条位置准确、全部露出。

（三）干粘石

将已硬化、粗糙而平整的底层洒水湿润，并刷水泥浆（水灰比为 0.4～0.5）一遍。随即涂抹一层厚为 4～6mm、稠度不大于 80mm 的水泥砂浆或聚合物水泥砂浆粘结层。同时将配有不同的颜色的中小八厘石子甩粘在粘结层上，随即用滚子或铁抹子将石子拍入粘结层，要求拍平压实。石子嵌入砂浆的深度不小于粒径的 1/2，但不得拍出灰浆。待水泥砂浆有一

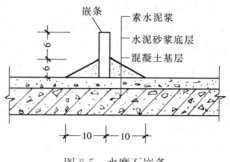

图 8-5　水磨石嵌条

定强度后，即可洒水养护。外观质量要求石粒粘结牢固，分布均匀，颜色一致，不露浆，不漏粘，阳角处不得有明显黑边。

（四）剁斧石（斩假石、人造假石）

先用 1∶2～1∶2.5 的水泥砂浆打底（厚约 12mm）并嵌好分格条。然后在硬化、粗糙的水泥砂浆底层上洒水湿润，薄刮水泥浆（水灰比 0.37～0.40）一道。随即抹厚为 11mm、配合比为 1∶1.25 的水泥石子浆罩面层，罩面一般两遍成活，使与分格条齐平，并用刮尺赶平。待收水后，再用木抹子打磨压实，并从上往下竖向顺势溜直。抹完面层后须采取防晒措施，洒水养护 3～5 天后开始试剁。试剁后石子不脱落，即可用剁斧将面层剁毛。在墙角、柱子等边楞处，宜横向剁出边条或留出 15～20mm 宽的窄小条不剁。待斩剁完毕后，拆除分格条，去边屑，即能显出较强的琢石感。外观质量要求剁纹均匀顺直，深浅一致，不得有漏剁处；阳角处横剁和留出不剁的边条，应宽窄一致，楞角无损。

（五）喷涂

喷涂是利用压缩空气通过喷枪，将聚合物水泥砂浆均匀地喷涂在水泥砂浆底层上。根据砂浆的稠度和喷射压力的大小，喷涂饰面类型有表面砂浆饱满、波纹起伏的"波面喷涂"；有表面不出浆而满布细碎颗粒的"粒状喷涂"；还有在波面喷涂单色饰面层上，再喷射不同花色的水泥砂浆花点的"花点喷涂"。聚合物水泥砂浆具有良好的保水性和粘结力，增加涂层的柔韧性，减少开裂的倾向，具有防水、防污染性能。其配合比见表 8-2。

喷涂砂浆配合比 表 8-2

饰面做法	水　泥	颜　料	细骨料	木质素磺酸钙	聚乙烯醇缩甲醛胶	石灰膏	砂浆稠度（cm）
波　面	100	适　量	200	0.3	10～15		13～14
波　面	100	适　量	400	0.3	20	100	13～14
粒　状	100	适　量	200	0.3	100		10～11
粒　状	100	适　量	400	0.3	20	100	10～11

施工时，先用 10～13mm 厚、1∶3 水泥砂浆打底，木抹搓平，干燥后，喷刷 1∶3

（胶∶水）107 胶水溶液一遍，以保证涂层粘结牢固。接着喷涂厚为 3～4mm 的饰面层，要求三遍成活，每遍不宜太厚，不得流坠。饰面层收水后，在分格缝处用铁皮括子沿着靠尺刮去面层，露出底层，做成分格缝，缝内可涂刷聚合物水泥砂浆。

（六）滚涂

先将底灰用木抹搓平、搓细，浇水湿润，再用稀 108 胶粘贴分格条。然后用抹子（或胶板）将厚为 2～3mm 带色的聚合物水泥砂浆均匀地涂刷在底层上，随即用平面或刻有花纹的橡胶、泡沫塑料滚子在罩面层上直上直下施涂涂拉，并一次成活滚出所需花纹。做到手势用力一致，色彩、花纹均匀一致。滚涂方法有干滚和湿滚两种。干滚法是滚子上下一个来回后再向下滚一遍，达到表面均匀拉毛即可，滚出的花纹较粗，但工效较高；湿滚法为滚子蘸水上墙，并保持整个表面水量一致，滚出的花纹较细，但比较费工。饰面带色砂浆重量配合比为：白水泥∶水泥∶砂∶108 胶∶水＝100∶10∶110∶22∶33（灰色）；白水泥（或水泥）∶砂子∶108 胶∶水∶氧化铬绿＝100∶100∶20∶33∶2（绿色）；白水泥∶砂∶108 胶∶水＝100∶100∶20∶20～30（白色）。

（七）弹涂

其施工工艺即可先用厚为 12mm、1∶3 水泥砂浆打底，再做弹涂饰面；也可直接将色浆弹涂在基层较平整的混凝土板、加气板、石膏板、水泥石膏板等板材上。弹涂时，先将基层湿润刷（喷）底色浆，然后用于摇筒形弹力器将色浆弹涂在墙面，成为直径 1～3mm 大小相同、相互交错、凸凹不平的圆状浆点。面层厚为 2～3mm，一般 2～3 遍成活。每遍色浆不宜太厚，不得流坠。第一遍应覆盖 70％以上。弹涂色浆配合比见表 8-3。

弹涂砂浆配合比　　　　　　　　　　　表 8-3

项　　目	水　　　　泥		颜　料	水	聚乙烯醇缩丁醛胶
刷底色浆	普通硅酸盐水泥	100	适　量	90	20
刷底色浆	白水泥	100	适　量	80	13
弹花点	普通硅酸盐水泥	100	适　量	55	14
弹花点	白水泥	100	适　量	45	10

注：1. 根据气温情况，加水量可适当调整。

2. 普通硅酸盐水泥应不低于 32.5 级。

3. 聚乙烯醇缩丁醛胶的含固量为 10％～12％，比重为 1.05，pH 值为 6～7，黏度为 3500～4000Pa·s，应能与水泥浆均匀混合。聚乙烯醇缩丁醛胶宜用塑料、陶瓷容器贮运。

喷涂、滚涂、弹涂饰面层，要求颜色一致、花纹大小均匀、不显接槎。

装饰抹灰质量允许偏差见表 8-4。

装饰抹灰的允许偏差和检验方法　　　　　　　　　表 8-4

项次	项　　　　目	允许偏差（mm）				检　验　方　法
		水刷石	斩假石	干粘石	假面砖	
1	立面垂直度	5	4	5	5	用 2m 垂直检测尺检查
2	表面平整度	3	3	5	4	用 2m 靠尺和塞尺检查
3	阳角方正	3	3	4	4	用直角检测尺检查
4	分格条（缝）直线度	3	3	3	3	拉 5m 线，不足 5m 拉通线，用钢直尺检查
5	墙裙、勒脚上口直线度	3	3	—	—	拉 5m 线，不足 5m 拉通线，用钢直尺检查

第二节　饰面板（砖）工程

饰面板（砖）工程就是将天然石饰面板、人造石饰面板和饰面砖等安装或镶贴在基层上的装饰方法。常用的有天然大理石、预制水磨石、釉面瓷砖、陶瓷锦砖（马赛克）等。

随着建筑工业化的发展，一种在工厂生产、现场安装，即墙板制作与饰面结合并一次成型的装饰外墙板日益得到广泛运用，从而加速了装饰工程的进展。此外，还有大块安装的"玻璃幕墙"等，更加丰富和扩大了装饰工程的内容。

现仅以墙面天然大理石安装、釉面瓷砖和陶瓷锦砖镶贴为例，介绍施工方法如后。

一、大理石施工

墙面与柱面安装饰面板，应先行抄平、分块弹线。然后根据图纸要求进行选板，按弹线尺寸及花纹图案预拼和编号、校正尺寸。一般情况下，小块板材采用粘贴法；大块板材（边长＞400mm）或镶贴墙面高度超过1m时，则有传统的安装法和经改进的新工艺安装法。

（一）小板块的施工

先用1∶3水泥砂浆打底、找规矩，厚约12mm，刮平，表面划毛。待底子灰干硬后，在已湿润的块料背面抹上约2～3mm厚的素水泥浆粘贴，然后且木槌轻敲，随之用靠尺和水平尺找平，使相邻各板块接缝齐平，高差不超过0.5mm，并将边口和挤出的水泥浆擦净。

（二）大板块的施工（图8-6）

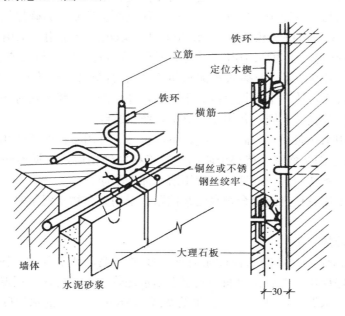

图8-6　大理石安装法

按设计要求在基层表面上绑扎 $\phi6@400$ 钢筋骨架与结构中预埋件固定。安装前，将板块侧面和背面清扫干净并修边打眼，每块板的上下边数量均不少于两个。用防锈金属丝穿入孔内，把板块固定在钢筋骨架上，离墙保持 30mm 空隙，用托线板靠直靠平，要求板块交接处四角平整。水平缝中可楔入木楔以控制厚度。板的上下口用石膏临时固定（较大的板块则要加上临时支撑）。两侧及底部缝隙用纸、麻丝或石膏灰堵严。板块安装，由最下一行的中间或一端开始，依次安装。每铺完一行后，用 1：2.5 水泥砂浆（稠度一般为 100～150mm），分层灌注，每层灌筑高度为 150～200mm，且不得大于板高 1/3，插捣密实，待其初凝后，应检查板面位置，如移动错位应拆除重新安装；若无移动再灌注上层砂浆。施工缝应留在饰面板的水平接缝以下 50～100mm 处。安装第二行板块前，应将上口临时固定用石膏剔掉并清理干净缝隙。

接缝宽度可垫木楔调整。室内安装的大理石饰面板，其接缝应干接，接缝处宜用与饰面板相同颜色的水泥浆填抹。室外安装的大理石饰面板，接缝可干接或在水平缝中垫硬塑料板条。垫塑料板条时，应将压出部分保留，待砂浆硬化后，将塑料板条剔出，用水泥砂浆勾缝。干接缝应用与饰面板相同颜色水泥浆填平。采用浅色的大理石饰面板时，灌浆须用白水泥和白石渣，以防变色，影响质量。

完工后，表面应清洗干净，晾干后，方可打蜡擦亮。

二、釉面瓷砖的施工

釉面瓷砖镶贴前应经挑选、预排，使规格、颜色一致，灰缝均匀。基层应扫净浇水湿润，用 1：3 水泥砂浆打底，厚 6～10mm，找平划毛，打底后 3～4 天开始镶贴瓷砖。镶贴前要找好规矩，按砖实际尺寸弹出横竖控制线，定出水平标准和皮数。接缝宽度应符合设计要求，一般宽为 1～1.5mm。然后用废瓷砖按粘结层厚度用混合砂浆贴灰饼，找出标准。灰饼间距一般为 1.5～1.6m。阳角处要两面挂直。镶贴时先湿润底层，根据弹线稳好平尺板，作为镶贴第一皮瓷砖的依据，一般由下往上逐层粘贴。为确保粘结牢固，瓷砖的吸水率不得大于 18%，且在镶贴前应浸水 2h 以上，取出晾干备用。采用聚合物水泥砂浆（配合比应由试验确定）作为粘结层时，可抹一行（或数行）贴一行（或数行）；采用厚 6～10mm、1：2 的水泥砂浆（或掺入水泥重量 15% 的石灰膏）作为粘结层时，则将砂浆均匀刮抹在瓷砖背面，放在平尺板上口贴于墙面，并将挤出的浆液随时擦净。镶贴后，瓷砖应轻轻敲击，使其粘结牢固，并用靠尺靠平，修正缝隙。

室外接缝应用水泥浆或水泥砂浆嵌缝；室内接缝、宜用与釉面瓷砖相同颜色的石灰膏（非潮湿房间）或水泥浆嵌缝。待整个墙面与嵌缝材料硬化后，根据不同污染情况，用棉丝、砂纸清理或用稀盐酸溶液刷洗，然后用清水冲洗干净。

釉面砖也可采用胶粘剂或聚合物水泥浆镶贴；采用聚合物水泥浆时，其配合比由试验确定。

三、陶瓷锦砖的施工

用厚 10～12mm、1：3 的水泥砂浆打底，找平划毛，洒水养护。镶贴前弹出水平、垂直分格线，找好规矩。然后在湿润的底层上刷水泥浆一道，再抹一层厚 2～3mm、其配比为纸筋：石灰：水泥＝1：1.8 的水泥纸筋灰或厚 2mm、1：1 的水泥砂浆（砂用窗砂筛过筛）粘结层，用靠尺刮平，抹子抹平。同时将锦砖底面朝上铺在木垫板上，缝灌细砂（或刮白水泥浆），并用软毛刷刷净底面浮砂，再在底面上薄涂一层粘结灰浆。然后逐张将陶瓷锦砖按平尺板上口，沿线由下往上、对齐接缝粘贴于墙上。粘贴时应仔细拍实，使其表面平整。待水泥初凝后，用软毛刷将护纸刷水润湿，约半小时后揭纸，并检查缝的平直大小，校正拨直。粘贴 48 小时后，除了取出米厘条后留下的大缝用 1∶1 水泥砂浆嵌缝外，其他小缝均用素水泥浆嵌平。待嵌缝材料硬化后，用稀盐酸溶液刷洗，并随即用清水冲洗干净。

采用由上往下铺贴方式；应严格控制好时间和顺序，否则容易出现由于锦砖下坠而造成缝隙不均或不平整。

饰面工程表面不得有变色、起碱、污点流痕和显著的光泽受损处。颜色应均匀一致，花纹、线条应清晰整齐，深浅一致，不显接槎。

饰面板（砖）装饰面层允许偏差见表 8-5、表 8-6。

饰面板安装的允许偏差和检验方法 表 8-5

项次	项　目	允许偏差（mm）							检　验　方　法
		石　材			瓷板	木材	塑料	金属	
		光面	剁斧石	蘑菇石					
1	立面垂直度	2	3	3	2	1.5	2	2	用 2m 垂直检测尺检查
2	表面平整度	2	3	—	1.5	1	3	3	用 2m 靠尺和塞尺检查
3	阴阳角方正	2	4	4	2	1.5	3	3	用直角检测尺检查
4	接缝直线度	2	4	4	2	1	1	1	拉 5m 线，不足 5m 拉通线，用钢直尺检查
5	墙裙、勒脚上口直线度	2	3	3	2	2	2	2	拉 5m 线，不足 5m 拉通线，用钢直尺检查
6	接缝高低差	0.5	3	—	0.5	0.5	1	1	用钢直尺和塞尺检查
7	接缝宽度	1	2	2	1	1	1	1	用钢直尺检查

饰面砖粘贴的允许偏差和检验方法 表 8-6

项　次	项　目	允许偏差（mm）		检　验　方　法
		外墙面砖	内墙面砖	
1	立面垂直度	3	2	用 2m 垂直检测尺检查
2	表面平整度	4	3	用 2m 靠尺和塞尺检查
3	阴阳角方正	3	3	用直角检测尺检查
4	接缝直线度	3	2	拉 5m 线，不足 5m 拉通线，用钢直尺检查
5	接缝高低差	1	0.5	用钢直尺和塞尺检查
6	接缝宽度	1	1	用钢直尺检查

第三节　涂料、刷浆及裱糊工程

涂料和刷浆是将液体涂料涂敷在物体表面，与基体材料很好粘结并形成完整而坚韧的一层薄膜，以此来保护基层免受外界侵蚀。建筑物的装饰和保护方法很多，但采用涂料却是一种最简便、经济，且维修更新方便的方法。近年来，传统的工艺装饰裱糊工程，随着新型壁纸、墙布材料及粘结剂的出现，亦已形成完整的工艺。

一、涂料工程

按涂料中各组分起的作用，其组成如图8-7所示。主要成膜物质也称粘结剂，是将其他组分粘结成一整体，并在干燥后形成坚韧的保护膜。次要成膜物质即颜料，也是成膜的组成部分，不仅增加涂膜机械强度，提高耐久性和稳定性，并赋予涂膜以绚丽多彩的外观。辅助成膜材料主要包括辅助材料和溶剂，溶剂可调整涂料稠度，达到施工的要求，增加涂料渗透能力，改善粘结性能。为了改善涂料性能，常使用少量辅助材料（催干剂、增塑剂、稳定剂等），催干剂可加速成膜过程，提高成膜质量。涂料品种繁多，使用时应按其性质和用途加以认真选择。对所有腻子应按基层、底涂料和面涂料的性能配套使用。

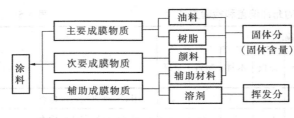

图8-7　涂料的组成

按成膜物质组成不同，建筑用涂料可分为油性涂料（传统的以干性油为基础的涂料，也称为油漆）、有机高分子涂料、无机高分子涂料、有机无机复合涂料。饰面用的涂料品种很多，性能全面。根据分散介质的不同，涂料又可分为溶剂型涂料（包括油性涂料）、水溶性涂料及乳液型涂料（通称乳胶漆）三类。

1. 常用的涂料种类：

（1）清油　又称鱼油、熟油。多用于稀释厚漆和红丹防锈漆、或作打底涂料、配腻子，也可单独涂刷基层表面，但漆膜柔韧，易发黏。

（2）厚漆　又称铅油。漆膜柔软，粘结性好，但光亮度、坚硬性较差。广泛用作各种面漆前的涂层打底，或单独用作要求不高的木质、金属表面涂覆。使用时需加适量清油、溶剂稀释。

（3）调合漆　调合漆质地均匀，稀稠适度，漆膜耐蚀、耐晒、经久不裂，遮盖力强，耐久性较好，施工方便。适用于室内外钢铁、木材等材料表面。常用的有油性调合漆和磁性调合漆等品种。

（4）清漆　分油质清漆和挥发性清漆两类。油质表漆俗称凡立水，如脂胶清漆、酚醛清漆等，漆膜干燥快，光泽好，用于物件表面罩光。挥发性清漆如虫胶清漆（俗称泡立水），是将漆片（虫胶片）溶于酒精（纯度95％以上）内制得。使用方便，干燥快，漆膜坚硬光亮，但耐水、耐热、耐候性差，易失光。多用于室内木材面层打底和罩面。

（5）防锈漆　有油性防锈漆和树脂防锈漆两类。常用油性防锈漆有红丹油性防锈漆和铁红油性防锈漆。树脂防锈漆有红丹酚醛防锈漆、锌黄醇酸防锈漆等。两类防锈漆均有良好的防锈性能，主要用于涂刷钢铁结构表面防锈打底。

（6）乳胶漆　常用的有聚醋酸乙烯乳胶漆。漆膜坚硬、平整、表面无光，色彩明快柔和，附着力强，干燥快（约2h），耐大气污染、耐暴晒、耐水浇，涂刷方便，新墙面稍经（三天以上）干燥即可涂刷。适用于高级建筑室内抹灰面、木材面的面层涂刷，也可用于室外抹灰面。是一种性能良好的新型水性涂料和优良墙漆。

（7）JH 80—1无机建筑涂料　是以金属硅酸钾为主要成膜物质，加入适量固化剂、填料及分散剂搅拌而成的水性无机硅酸盐高分子无机涂料。有各种颜色，具有良好的遮盖力、耐水、耐酸、碱、耐污染、耐热、耐低温、耐擦洗，色泽明亮，可用于各种基层外墙的建筑饰面。施工方法以喷涂效果最佳，也可刷涂和滚涂。这种涂料所含水分已在生产时按比例调好，使用时不能任意加水稀释，只需充分搅拌使之均匀，即可直接使用。

（8）JH 80—2 无机建筑涂料　是以胶态氧化硅为主要成膜物质的单相组分水溶性高分子无机涂料。有各种颜色，涂膜耐酸、耐碱、耐沸水、耐冻融、耐污染，刷涂性好。主要用于外墙饰面，也可用于要求耐擦洗的内墙。

（9）乙丙乳液涂料　系以乙丙乳液（聚酸乙烯——丙烯酸酯共聚乳液）、颜料及其他助剂组成，以水为溶剂。有各种颜色、施工方便，耐老化、耐污染、遮盖力、质感均优于乳胶漆，可刷、喷、滚涂。适用于外墙饰面涂刷，代替水刷石、干粘石工艺。

2. 油性涂料的施工程序

（1）基层处理　木材应干燥，一般含水率不大于 12%。应清除表面灰尘、污垢。裂缝、毛刺、掀岔和脂囊修整后需用腻子填补嵌实，刮平收净、砂纸磨光。金属表面应清除灰尘、油渍、鳞皮、锈斑、焊渣、毛刺。潮湿的金属表面不得施涂。基层为混凝土和抹灰表面施涂溶剂型涂料时，含水率不得大于 8%，施涂水性和乳液涂料时，含水率不得大于 10%。施涂前半个月左右，应将基层的缺棱掉角处，用 1∶3 的水泥砂浆（或聚合物水泥砂浆）修补；表面麻面及缝隙应用腻子填补齐平。基层表面的灰尘、污垢、溅沫和砂浆流痕应清除干净。

（2）打底子　在处理好的基层表面上刷底子油一遍（可适当加色），并使其厚薄均匀一致，以保证整个涂料面色泽均匀。

（3）抹腻子　腻子由涂料、填料（石膏粉、大白粉）、水或松香水等拌制而成。抹腻子可使基层表面平整光滑。涂料用腻子，应具有良好的塑性和易涂性，且涂抹后坚实牢固，不起皮开裂。干燥后，应打磨平整光滑，并清理干净。

（4）施涂涂料　油性涂料的施涂方法及操作工序，根据基层种类、涂料品种及其等级标准而定。基体或基层为混凝土及抹灰内墙、顶棚表面的薄涂料及轻质厚涂料；木材表面施涂溶剂型混色涂料及金属表面施涂涂料。

施涂涂料的方法有刷涂、喷涂、擦涂、揩涂和滚涂等多种。方法的选择与所用的涂料性质有关。

刷涂法是用刷子蘸涂料刷在物体表面上，顺木纹及光线的方向进行。其优点是设备工具简单，操作方便，用油省，适用性较强，但工效低，不适于快干和扩散性不良的涂料施工。

喷涂法是用喷枪等工具，借助压缩空气的气流，将涂料喷成雾状散布到物件表面上。喷射时每层往复进行，纵横交错，一次不能过厚，需几次喷涂，以达到厚而不流。喷嘴应均匀移动，离物面距离控制在 250～350mm，速度为 10～18m/min，气压为 300～400kPa。此法施工简单，工效高，涂膜分散均匀且平整光滑，干燥快，但耗料多，施工应有防火、通风、防爆等安全措施。

擦涂法是用棉花团包纱布蘸涂料在物面上顺木纹擦涂几遍，放置 10～15min，待涂膜稍干再较大面积打圈揩擦，直至均匀发亮为止。此法涂膜光亮，质量好，但较费工时。适用于擦涂漆片。

揩涂法是用布或蚕丝掐成团浸涂料后揩涂物件表面上，来回左右移动，反复搓揩以达到均匀。此法设备工具简单，用料省，但费工时，用手操作易中毒。仅适用于生漆的涂刷施工。

滚涂法系用人造皮毛、橡皮或泡沫塑料制成的滚花筒（$\phi40\times170\sim250mm$），滚上涂料后，再滚涂于物面上，速度不宜太快。待滚筒上油漆基本用完，再垂直方向滚动，使其赶平涂布均匀。此法涂膜厚薄均匀，不流坠，质感好，适用于墙面滚花涂饰。

在整个涂料施涂过程中，涂料不得任意稀释，最后一遍涂料不宜加催干剂。涂刷时，后一遍涂料应待前一遍涂料干燥后方可进行。

施涂溶剂型混色涂料和清漆表面质量要求见表 8-7 及表 8-8。

色漆的涂饰质量和检验方法 表 8-7

项 次	项 目	普通涂饰	高级涂饰	检验方法
1	颜色	均匀一致	均匀一致	观察
2	光泽、光滑	光泽基本均匀 光滑无挡手感	光泽均匀一致 光滑	观察、手摸检查
3	刷纹	刷纹通顺	无刷纹	观察
4	裹棱、流坠、皱皮	明显处不允许	不允许	观察
5	装饰线、分色线直线度 允许偏差（mm）	2	1	拉 5m 线，不足 5m 拉 通线，用钢直尺检查

注：无光色漆不检查光泽。

清漆的涂饰质量和检验方法 表 8-8

项 次	项 目	普通涂饰	高级涂饰	检验方法
1	颜色	基本一致	均匀一致	观察
2	木纹	棕眼刮平、木纹清楚	棕眼刮平、木纹清楚	观察
3	光泽、光滑	光泽基本均匀 光滑无挡手感	光泽均匀一致 光滑	观察、手摸检查
4	刷纹	无刷纹	无刷纹	观察
5	裹棱、流坠、皱皮	明显处不允许	不允许	观察

二、刷浆工程

刷浆是将水性涂料（以水为溶剂）喷刷在抹灰层或物体表面上。刷浆工程常用的浆料有石灰浆、大白浆，可赛银浆和聚合物水泥浆等。

（1）石灰浆 石灰浆应用块状生石灰或生石灰加水调制。为了提高附着力，减少沉淀现象，可加入石灰浆用量 $0.3\%\sim0.5\%$ 食盐或明矾或干性油。如配色浆，可再加入耐碱和耐光的颜料，混合均匀后即可。这是一种低档饰面材料。

（2）大白浆 是用大白粉加水调制而成。为防止掉粉和增加与抹灰面的粘结力，调制时，必须加入胶结料。过去常用的胶结料有龙须菜胶及火碱面胶，两者性能较差。当前采用108胶或聚醋酸乙烯乳胶等，在一定程度上提高了大白浆的附着力。在大白粉兑水时掺入颜料，可制成各种色浆。大白浆主要用于要求较高的内墙面、顶棚刷白。

（3）可赛银浆 是用可赛银粉加水调制而成。可赛银粉膜的附着力、耐水及耐磨性能均比大白浆强，还能耐一定程度的酸碱侵蚀。可赛银有各种颜色，可调制成各种色浆。适用于内墙面刷浆。

（4）聚合物水泥浆 在水泥中掺入有机聚合物（如 108 胶、白乳胶，二元乳胶）和水调制而成。可提高水泥浆的弹性、塑性和粘结性，用于外墙刷浆。一般刷后再罩一遍有机硅防水剂，可增加浆面防水、防污染、防风化等效果。

室内刷浆工程按质量要求，分为普通和高级两级，其操作工序见表 8-9。室外刷浆工程的主要工序见表 8-10。

室内刷浆的主要工序　　表 8-9

项次	工 序 名 称	石灰浆		聚合物水泥浆		大白浆		可赛银浆	
		普通	高级	普通	高级	普通	高级	普通	高级
1	清扫	+	+	+	+	+	+	+	+
2	用乳胶水溶液或聚乙烯醇缩甲醛胶水溶液湿润			+	+				
3	填补缝隙、局部刮腻子	+	+	+	+	+	+	+	+
4	磨平	+	+	+	+	+	+	+	+
5	第一遍满刮腻子						+		+
6	磨平					+	+		+
7	第二遍满刮腻子						+		+
8	磨平						+		+
9	第一遍刷浆	+	+	+	+	+	+	+	+
10	复补腻子		+		+		+		+
11	磨平		+		+		+		+
12	第二遍刷浆	+	+		+	+	+		+
13	磨浮粉						+		+
14	第三遍刷浆		+		+		+		+

注：1. 表中"＋"号表示应进行的工序。

　　2. 高级刷浆工程，必要时可增刷一遍浆。

　　3. 机械喷浆可不受表中遍数的限制，以达到质量要求为准。

　　4. 湿度较大的房间刷浆，应用具有防潮性能的腻子和浆料。

　　5. 腻子配比（重量比）：白乳胶：滑石粉或大白粉：2%羧甲基纤维素溶液＝1：5：3.5。

刷浆工程的基体或基层应干燥。刷浆前应清除基层表面上的灰尘、污垢、溅沫和砂浆流痕。表面的缝隙应用腻子填补齐平，要坚实牢固，不得起皮和裂缝。浆膜干燥前，应防止尘土沾污和热空气的侵袭。刷浆浆料的工作稠度，刷涂时宜小些；喷涂时宜大些。刷浆次序须先顶棚，然后由上而下，且应待第一遍浆干燥后，方可涂刷第二遍，涂层不宜过厚。

刷浆工程要求表面颜色均匀，不显刷纹，不脱皮、起泡、咬色、流坠。其质量要求见

表 8-11。

室外刷浆的主要工序 表 8-10

项 次	工 序 名 称	石灰浆	聚合物水泥浆
1	清扫	+	+
2	填补缝隙、局部刮腻子	+	+
3	磨平	+	+
4	用乳胶水溶液或聚乙烯醇缩甲醛胶水溶液湿润		+
6	第一遍刷浆	+	+
6	第二遍刷浆	+	+

注：1. 表中"+"号表示应进行的工序。

　　2. 机械喷浆可不受表中遍数的限制，以达到质量要求为准。

　　3. 腻子配比（重量比）白乳胶：水泥：水＝1：5：1。

刷浆工程质量要求 表 8-11

项次	项 目	普通涂饰	高级涂饰	检验方法
1	颜色	均匀一致	均匀一致	
2	泛碱、咬色	允许少量轻微	不允许	
3	流坠、疙瘩	允许少量轻微	不允许	观察
4	砂眼、刷纹	允许少量轻微砂眼，刷纹通顺	无砂眼，无刷纹	
5	装饰线、分色线直线度允许偏差（mm）	2	1	拉 5m 线，不足 5m 拉通线，用钢直尺检查

三、裱糊工程

裱糊工程中常用的有普通壁纸、聚氯乙烯（简称 PVC）塑料壁纸、复合壁纸和墙布等。普通壁纸为纸面纸基，系传统使用的壁纸，现已很少采用。塑料壁纸和墙布是目前日益广泛采用的内墙装饰材料，具有可擦洗、耐光、耐老化，颜色稳定，防霉、无毒、施工简单，且花纹图案丰富多彩，富有质感。适用于粘贴在抹灰层、混凝土墙面，以及纤维板、石膏板、胶合板表面。塑料壁纸的裱糊施工要点为：基层处理；弹垂直线；裁纸；浸水润湿和刷胶；壁纸粘贴。

（1）基层处理　裱糊前，应将基层表面的污垢、尘土清除干净，泛碱部位，宜用 9％的稀醋酸中和清洗。不得有飞刺、麻点和砂粒。阴阳角宜顺直。要求基层基本干燥，混凝土和抹灰层的含水率不得大于 8％。木材制品不得大于 12％。对局部的麻点、凹坑、接缝、须先用腻子修补填平，干后用砂纸磨平。对木基层要求接缝密实，不露钉头，接缝处要裱砂纸、砂布，然后满刮腻子，干后磨光磨平。涂刷后的腻子，要坚实牢固，不得起皮和裂缝。常用的腻子为乙烯乳胶（白胶）腻子。在处理好的基层上，裱糊前再满刷或喷一遍 108 稀胶（108 胶：水＝1：1）底胶。要求薄而均匀，不得漏刷、流坠。以便防止基层吸水太快，引起胶结剂脱水而影响壁纸粘结效果。同时也有利于下一步胶结剂的涂刷。

（2）弹垂直线　为使壁纸粘贴的花纹、图案、线条纵横连贯，故在基层底胶干燥后弹划垂直线，作为裱糊壁纸时的操作准线。

（3）裁纸　根据墙面尺寸及壁纸类型、图案、规格尺寸，规划分幅裁纸，并将纸幅编号，按顺序粘贴。墙面上下两端要预留 5cm 的裁边。分幅拼花裁切时，要照顾主要墙面花纹图案，对称完整及光泽效果。裁切的一边只能搭接，不能对缝。裁边应平直整齐，不能有纸毛、飞刺等。

（4）浸水润湿和刷胶　准备上墙的壁纸背面应先刷清水一遍（即闷水），使纸充分吸湿伸胀以防上墙后发生皱折。闷水 5min 以上后，在基层表面刷一遍胶结剂，并且要求墙面刷浆比壁纸刷宽 2～3cm。胶结剂要刷得薄而均匀，不能过多，过少或漏刷。

（5）壁纸粘贴　粘贴时，首先纸幅要垂直，后对花拼缝，再用刮板由上向下、先高后低抹压平整。不足一幅的应裱糊在较暗或不明显的部位。阴角处接缝应搭接，阳角处不得有接缝。多余的胶结剂；应顺操作方向，赶压出纸边，用湿润的干净布及时揩净。要求纸面色泽一致，不得有气泡、空鼓、翘边、皱折和污斑，斜视时无胶痕。各幅拼接时，不得露缝，距墙面 1.5m 处正视，不显拼缝。拼缝处的图案和花纹应吻合，且应顺光搭接。不得有漏贴、补贴和脱层等缺陷。在裱糊过程中以及裱后干燥期间，应防止穿堂风劲吹和温度的突然变化。

裱糊普通壁纸，应先将壁纸背面用水湿润，并在基层表面涂刷胶和复合粘结剂。裱糊时，壁纸正面宜用纸衬托进行。

裱糊墙布和复合壁纸的方法大体与塑料壁纸相同，不同之处首先在于墙布和复合壁纸基材无吸水伸胀的特点，可直接刷胶裱糊；其次是材性与壁纸不同，宜用聚醋酸乙烯乳液作为胶结剂。另外，墙布盖底力稍差，使用时要注意防止裱糊面色泽发生明显差异。

裱糊工程常用胶粘剂配比（重量比）见表 8-12。胶粘剂应按壁纸和墙布的品种选配，并应具有防霉、耐久等性能，如有防火要求则胶粘剂应具有耐高温不起层性能。

裱糊工程常用胶粘剂配合比（重量比）　　　　　　　　　　　表 8-12

胶粘剂用途	配　合　比
1. 裱糊普通壁纸	（1）面粉中加明矾 10％或甲醛 0.2％ （2）面粉中加酚 0.02％或硼酸 0.2％
2. 裱糊塑料壁纸	（1）聚乙烯醇缩丁醛胶（甲醛含量 45％）：羧甲基纤维素（2.5％溶液）：水＝100：30：50 （2）聚乙烯缩甲醛胶：水＝1：1
3. 裱糊墙布	聚醋酸乙烯酯乳胶：羧甲基纤维素（2.5％溶液）＝60：40

第九章　建筑施工组织设计概论

建筑工程施工组织设计，是指导施工全过程的技术经济文件。它根据建筑产品及其生产的特点，按照产品生产规律，运用先进合理的施工技术和流水施工基本理论与方法，使建筑工程的施工得以实现有组织、有计划地连续均衡生产，从而达到工期短、质量好、成本低的效益目的。

第一节　建筑产品生产的特点与程序

建筑产品是指各种类型和规模的工业与民用建筑物或构筑物。它是满足社会生产和生活所需要的商品。

建筑产品生产（施工）是各种建筑物或构筑物，按照设计施工图，在使用地点建造的全部生产活动。一般包括以破土动工到最终产品形成并具备验收条件的全过程。在社会全部经济活动中，这是较为特殊的生产活动，有其本身的特点和规律。认识和研究这种特殊性，是科学有效地组织施工的前提。

一、建筑产品的生产特点

建筑生产活动特点是指建筑产品生产区别于一般工业产品生产活动方面。主要有：

（一）建筑产品的固定性，决定了生产的流动性

生产的流动性是建筑产品不能移动和整体不可分割所造成的。它表现在两方面：一是施工人员和施工机具设备随建筑物或构筑物的坐落位置的变化，而整个转移生产地点；二是在一个建筑产品的生产过程中，施工人员和施工机具又要随建筑物的施工部位的不同，而沿着施工对象上下左右流动，按一定规律转移操作场所（工作面）。因此，施工中各生产要素（如人、机具、材料、方法等）的空间位置和相互间的配合关系就经常处于变化状态。空间的变化意味着施工条件的变化，必然影响到其他方面的关系和组织工作。比如，为适应流动性的需要，机具设备在满足需要的条件下，尽量选用小型的。水电设备和现场临时设施，工程完工后又要拆卸或拆除而转移新工地。由于施工地点不同，物资及其运输方式也会有新变化。人机流动，操作条件变，无疑会影响劳动效率和劳动组织。

（二）建筑产品的多样性，决定了生产的单件性

产品的同一性和生产的批量性是工业产品生产的基础。而建筑产品是由用户提出功能要求、建筑标准、投资数额和建设地点。经设计后，由施工单位按设计图纸建造，这就形成了产品的多样性。由于产品功能和技术要求不同，建设地点的自然条件和技术经济条件也有差异，施工方法和组织方法也会随之改变。即是按同一标准设计建造，看起来完全一样的房屋，由于坐落地区不同，其基础就不可能完全一样。因此，每个工程项目施工都各具特点，施工组织必须按项目进行设计，订出相适应的方案、计划和空间布置。这就是建筑产品生产的单一性。

（三）建筑产品的体形庞大，决定了生产周期长、露天和高空作业多

建筑产品是为人类提供生产和生活的空间结构，其形体远比一般工业产品大。如果充分利用产品形体庞大所提供的空间，在一定施工阶段组织多工种、多专业、多工序的主体交叉施工。不仅能连续均衡生产，而且将大大缩短工期，因为工人生产是连续的，时间充分得到利用，而工作面也不空闲。为此，要求有合理的施工顺序，明确的施工流向，以及相适应的劳动组织，在空间和时间上协调配合，才能收到预期的组织效果。

露天和高空作业主要源于产品形体庞大的特点。有的建筑物或构筑物高达数百米，有的地下、水下数十米，有的面积达若干万平方米，并且都构成一个整体，除了露天生产不可能有别的办法。即使随着建筑工业化水平提高，也不可能从根本上改变露天生产的状况。因此，它不可避免地受到自然气候等条件影响，使劳动效率低，质量与安全问题更加突出，影响施工进度安排和施工工期。所有这些，历来为施工企业所关注的焦点。

综上所述，建筑产品生产特点，主要集中在生产的单件性和流动性造成施工条件多变性。这就决定了建筑施工组织与管理的基本对象是单个建筑产品的施工活动，或者说是一个单项工程。对施工项目全权负责的主体，就是施工项目经理部，而施工企业（公司）是项目的最终责任人。

二、建筑施工程序

施工程序是指按建筑产品生产的客观规律，在组织施工过程（或施工阶段）中必须遵循的先后次序。

施工程序一般包括施工准备阶段、组织施工阶段和工程验收阶段。

（一）施工准备阶段

施工准备工作，是坚持施工程序的主要环节之一，是施工组织与管理的重要内容。它的基本任务，是掌握工程特点和进度要求；摸清施工条件，合理部署施工力量，从技术、物资、人力和组织等方面为施工创造必要的条件。做好施工准备工作，对加快施工进度，提高工程质量，降低成本，都起十分重要的作用。

施工准备工作不仅在施工准备阶段进行，随着工程进展，在分部分项施工之前，都要做好准备工作，因此，施工准备工作是有计划、有步骤、分阶段进行的，贯穿于整个工程项目的始终。

施工准备工作内容很多，以单位工程为例，包括建立项目经理部的指挥机构，编制施工组织设计，征地和拆迁，建修大型临时设施，材料和施工机具准备，施工队伍的集结，后勤服务及现场三通一平等工作。

对以上施工准备工作要求，都要在单位工程施工组织设计中阐明。各项施工准备工作并不是独立的，而是相互配合，互为补充的。

为了保证施工准备工作的质量和进度，必须加强施工单位同设计单位和监理单位的协作配合；必须实行项目管理、分工负责的制度。凡属全场性的准备工作，由施工总承包单位负责规划和日常管理；凡属单位工程的准备工作，应由项目负责人组织进行；分项工程作业准备，该由施工队与工长按计划组织实施。

（二）组织施工阶段

施工阶段从工程项目第一分项工程开工到最后一道工序完成的整个施工活动过程，也是形成最终产品的过程。

组织施工阶段包括两方面的主要内容：一是按计划组织综合施工；二是按施工过程实施全面控制。

1. 按计划组织综合施工

综合施工就是所有不同工种工程，配合不同机械，使用不同的材料，在不同的地点和部位，按预定的顺序和时间，协调地进行施工作业，完成各自的施工任务。

为此，必须提高计划的准确性，使计划建立在可行的技术保障和可靠的物资保障的基础上。另一方面，施工现场的指挥工作，对施工能否正常进行关系极大。项目负责人、工长是施工现场直接组织者和指挥者，必须遵循制定的计划和布置，把人力、机具和材料等协调组织起来。他们的组织能力、协调能力，以及解决问题的能力，对施工的连续性、均衡性起着十分重要的作用。

2. 对施工活动全面控制

施工活动的全面控制，就是对施工过程在投资、进度和质量进行全面控制。控制内容包括检查和调节两方面。

建筑施工活动是一个动态过程。检查就是随施工活动进展，对工程质量与安全，进度与投资的状况，有秩序的跟踪活动。调节功能在于对检查出来的差距和问题，进行专业分析，如质量分析、资源消耗分析、成本分析等。提出改进措施，维护正常施工程序，以期达到预定的目标。

3. 竣工验收阶段

工程项目的竣工验收，是建筑生产组织和管理的最后阶段，是对设计、施工进行检验评定的重要环节；也是对项目投资效益的总检查。因此，做好竣工验收工作，对全面完成合同文件和设计文件规定的施工内容，促进工程项目的及时投产或交付使用有着重要作用。

第二节 施工组织设计的种类

根据工程特点、规模大小及施工条件的差异，在编制深度和广度上的不同而形成不同种类的施工组织设计。

一、施工组织总设计

施工组织总设计，是根据已批准的扩大初步设计编制的。它以若干相互联系的单项工程组成的建设项目或民用建筑群为编制对象。其目的是要对整个建筑项目的施工活动作战略部署，用以指导施工单位进行全场性的施工准备，有计划地开展施工活动。

二、单位工程施工组织设计

单位工程施工组织设计，以单项工程或单位工程为对象编制的，它是根据施工组织总设计，为单位工程作战术部署，用以直接指导施工。并成为施工单位编制施工作业计划，具体安排人力、物力的依据。

三、分部（分项）工程施工设计

分部（分项）工程施工设计，是在单位工程施工中，对某些特别重要结构，或施工技术特别复杂，或采用新工艺、新技术的分部分项工程做施工作业设计，详细说明作业方法和作业过程及注意事项。如大型土石方工程，深基础降水与支护结构，厚大体积混凝土，以及冬、雨季施工等。

第三节　施工组织设计的内容

一、施工组织设计的基本内容及其相互关系

施工组织设计通常具有下列内容：

（1）施工方法与施工机械；施工顺序与施工组织。统称施工方案。

（2）施工进度计划。

（3）施工现场平面布置。

（4）资源、运输和仓储设施的需要及供应。

在上述四项内容中，第（3）和（4）项用于指导施工准备工作的进行，为施工创造物质技术条件；第（1）、（2）项是指导施工过程进行，规定整个施工活动。

施工的最终目的是按规定的工期，优质、低成本地完成建设工程，因此，进度计划在施工组织设计中具有决定性意义，是决定其他内容的主导因素。其他内容的确定首先要满足进度计划的要求，这样它就成为组织设计的中心内容。从组织设计顺序来看，施工方案是根本，是决定其他内容的基础，它虽然以满足工程合同工期作为选择施工方案的首选目标，但必须建立在施工方案的基础上，使进度计划始终受到施工方案的制约。另一方面同样要看到，人力、物力的需要和施工现场平面布置是施工方案和进度计划得以实施的前提和保证。因为施工方案与进度计划的确立，是建立在现场的客观条件上进行选择和安排的。所以，施工组织四项内容是有机联系在一起的，并相互制约，相互补充。

二、施工组织总设计的内容

（1）工程概况　说明建设项目的工程名称、性质、规模、建设地点；工程结构特征；建设地区的地形、地质、水文、气象等自然条件状况；地方技术资源的基本状况等。

（2）施工部署　说明主要建筑物的施工方案；主体工程与辅助工程的施工程序；新材料、新技术、新工艺的应用；工程任务的分配；施工准备工作等。

（3）施工总进度计划　确定包括施工准备工作计划在内的各个建筑物的施工顺序、工期控制，以及相互协调衔接关系；确定主要材料、劳动力、施工机具、成品与半成品及配件等物资需要量和供应计划。

（4）施工总平面图。

三、单位工程施工组织设计的内容

1. 工程概况与施工条件

（1）工程特点　包括平面组合、高度、层数、建筑面积、结构特征、主要分项工程量和交付、使用的期限。

（2）建设地点特征　包括位置，地形，工程地质，不同深度的土壤分析，冻结期与冻层厚，地下水位与水质，气温，冬雨季时间，主导风向，风力和地震烈度等特征。

（3）施工条件　包括三通一平（水、电、道路畅通和场地平整）情况，材料、预制加工品的供应情况，以及施工单位的机具、运输、劳动力和管理等情况。

2. 施工方案

包括主要工种工程选用的机械类型及其布置和开行路线；确定构件种类和数量、生产方式；各主要工种工程的施工方法、施工顺序及技术经济比较。

3. 施工进度计划

进度计划表中标明各分部分项工程的项目、数量、施工顺序及其搭接和交叉作业情况。编制进度计划可应用流水施工原理或网络计划技术。此外，还应列出材料、机具、半成品等需用量计划，施工准备工作计划等。

4. 现场施工平面布置

现场临时建筑物、机械、材料、搅拌站、工棚及仓库等位置布置。

综上所述，单位工程施工组织设计的主要内容是施工方案，施工进度计划表和施工平面布置图三大部分。技术经济比较应贯彻始终，寻求最优方案和最佳进度。

对简单的或一般常见的工程，施工单位又比较熟悉的项目，其单位工程施工组织设计可以简略一些。

施工组织设计的编制单位，随工程规模大小而定。一般大、中型施工项目或民用建筑群的施工组织总设计，应由建筑公司技术负责人组织有关单位编制；小型施工项目和一般工程项目，则由项目技术负责人，组织有关人员编制。在一般情况下，用于直接指导施工的组织设计，应贯彻谁执行谁编制。这是因为负责项目施工的承包单位，要对项目的施工任务直接承担技术和经济责任。自己决定自己的施工项目的组织设计，执行起来比较顺利，比较切合实际，能更好发挥积极性去克服执行中的阻力和困难。

第四节 施工组织设计的编制程序

一、编制前的准备工作

编制前的准备工作有两项：调查研究，摸清施工条件；学习、审查设计图纸。

（一）调查研究，摸清施工条件

根据施工组织设计的需要，施工条件的调查，包括建设地区的自然条件和技术经济条件两个方面。

1. 自然条件资料

（1）地形 包括不小于 1∶2000 地形图；不小于 0.5m 高差的等高线。图上标明水准点和坐标的方格网。

（2）工程地质 包括钻孔布置图，工程地质剖面图及土壤试验报告。

（3）水文地质 包括地下水位常年变化情况，水质分析，水的流向、流量等。

（4）气象 全年气温变化情况及持续天数，全年降雨量及持续天数、常年风向、风速和风力等。

2. 技术经济条件

（1）地方建筑企业状况 包括企业产品的规格、数量、质量以及生产方式、供应能力、运输方式。

（2）地方资源状况 可供使用的地方材料，工业副产品。如煤灰、矿渣等。

（3）当地的交通条件供电、供水、邮电通讯、道路等。

（4）可供使用施工力量。

施工单位要核实上述资料是否满足组织设计要求，对其不足部分，要求作补充。

（二）学习、审查设计图纸

工程设计图纸是施工的依据。施工单位全面熟悉、认真审查设计图纸，摸清设计依据，领会设计意图，对减少施工图上的矛盾或错误，提高工程质量，保证施工顺利进行具有十分重要的作用。

二、施工组织设计的编制依据

（一）施工组织总设计的编制依据

（1）经批准的扩大初步设计及说明书；

（2）合同规定的施工期限及进度要求；

（3）工程概算、定额、技术经济指标、调查资料；

（4）施工中配备的劳动力、机具设备；

（5）施工条件。

（二）单位工程施工组织设计的编制依据

（1）施工图（含标准图）；

（2）施工条件；

（3）工程预算、定额、技术经济指标；

（4）施工企业生产计划。

三、施工组织设计的编制程序

（一）施工组织总设计的编制程序

（1）施工部署　主体系统工程和附属、辅助系统工程的施工程序安排；现场施工准备工作规划；主要建筑物的施工方法。

（2）施工总进度计划　工程项目的开列；计算建筑物及全工地性工程的工程量；确定各单位工程（或单个建筑物）的施工期限；确定各单位工程（或单个建筑物）开竣工时间和相互搭接关系。

（3）劳动力和主要技术物资需要量计划；

（4）施工总平面图　包括各项业务计算；临时房屋及其布置；规划施工供水、供电。

（二）单位工程施工组织设计的编制顺序

（1）分层分段计算工程量；

（2）确定施工方法、施工顺序，进行技术经济比较；

（3）编制施工进度计划；

（4）编制施工机具、材料、半成品以及劳动力需要用量计划；

（5）布置施工平面图，包括临时生产、生活设施，供水、供电、供热管线；

（6）计算技术经济指标；

（7）制定安全技术措施。

施工组织设计编制后，必须按照有关规定，经主管部门审批，以保证编制质量。审批后，各项施工活动必须符合组织设计要求，施工各管理部门都要按照施工组织设计规定内容安排工作。共同为施工组织设计的顺利实施，分工协作，尽力尽责。

第十章 流 水 施 工 原 理

第一节 基 本 概 念

一、建筑生产的流水施工

工业生产的实践证明，流水作业法是组织生产的有效方法。其基本原理也适用于建筑工程的生产组织。因为建筑施工同样具有连续性、均衡性的特点，所以也可以用流水作业法组织施工。

例如要进行 m 个同类型施工对象的施工，每个施工对象可分为四个生产过程。在组织施工时可采用依次作业、平行作业和流水作业等不同生产组织方式（图 10-1）。

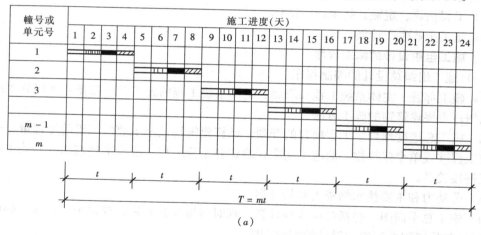

（a）

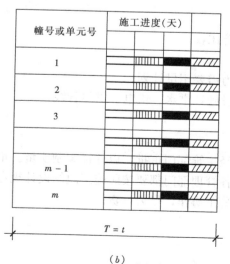

（b）

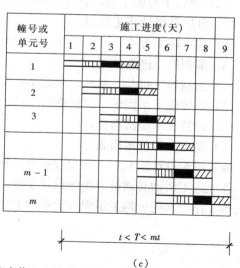

（c）

图 10-1 依次、平行和流水作业方法的比较

284

依次作业是指按着顺序逐个施工对象地进行施工（图 10-1a）。平行作业则是指所有 m 个施工对象同时开工，同时完工（图 10-1b）。若将 m 个施工对象的各施工过程有效地搭接起来，且使其中若干个施工对象处在同时施工状态。也就是说把整个施工对象划分为若干个施工过程（在施工工艺上）和施工段（在空间上），由各施工队（组）依次在各施工段完成各自的施工过程，这种作业方式称为建筑工程的流水施工（图 10-1c）。

二、流水施工的经济效果

由图 10-1 可以看出，采用依次作业虽然同时投入的劳动力和物资资源较少，但工作面空闲期较长，施工工期明显增长。各施工队也为间歇作业，因而同一种物资资源的消耗也无法保证连续。采用平行作业，虽然可充分利用工作面，工期明显缩短，但施工队（组）数却大为增加，资源消耗过分集中，劳动力及物资资源使用也难以保证连续与均衡。采用流水施工则能消除依次作业与平行作业的缺点而保留其优点。从图 10-1（c）可以看出，由于划分了施工段，某些施工队（组）能在同一时间的不同空间平行作业，充分利用了空间，这就有利于制定合理的工期。各施工队（组）也能保持自身的连续作业，资源消耗也就易于保持均衡。由于实行了施工队（组）的生产专业化，因而可以促进劳动生产率的提高，并使工程质量更容易得到保证和提高。这些都为改善现场施工管理提供了良好的条件，实践证明其经济效果是较好的。

三、主要流水参数的选定

建筑施工流水是一系列生产活动，是施工过程在时间上、空间上的进展过程。这一过程的有效性在于对下述几个主要流水参数进行适宜的选定。

（一）施工过程数（n）

组织建筑施工流水时，首先应将施工对象划分为若干个施工过程。所谓施工过程是对某项工作由开始到完了的整个过程的泛称，其内容有简有繁。一般可分为三类：一为加工制备类施工过程；二为运输施工过程；三为在施工中占主导地位的安装砌筑类施工过程。划分施工过程时不宜过简过繁，应根据结构特点、编制进度计划的需要、确定的施工方案与劳动组织为依据，以能指导施工为原则。其具体划分可参见第十二章。

在组织流水施工时，只有安装砌筑类施工过程和直接与安装砌筑过程有关联的运输过程以及需要占用施工对象上工作前线的加工制备过程，才应列入流水施工的生产工艺上去。

（二）施工段数（m）

组织建筑施工流水时，一般需要将施工对象划分为若干个工作面，该工作面就称为施工段。划分施工段的目的就在于使各施工队（组）能在不同的工作面平行进行作业，为各施工队（组）依次进入同一工作面进行流水作业而创造条件。因此，划分施工段是组织流水作业的基础。

在划分施工段时，应考虑以下几点：

（1）各施工段上所消耗的劳动量应力求大致相等。

（2）要有足够的工作面。

（3）要考虑结构的整体性，分界线宜划在伸缩缝、沉降缝以及对结构整体性影响较小的位置。

（4）划分的段数应适中，过多了势必要减少人数而导致工期拖长，过少则又往往会引起资源消耗过分集中，甚至不能保证施工队（组）连续作业。

（5）施工段的划分，通常以主导施工过程为依据来进行的。例如在混合结构房屋的建造中，就是以砌砖、楼板安装为主导施工过程来划分施工段的。而对于整体的钢筋混凝土框架或多层房屋，则是以钢筋混凝土工程作为主导施工过程来划分施工段的。

（6）当有层间关系、分层（楼层或施工层）分段时，应使各施工队（组）能连续施工。即各施工过程的施工队（组）做完第一段能立即转入第二段，施工完第一层的最后一段能立即转入第二层的第一段。因而每层最少施工段数 m_{min} 应满足：

$$m_{min} \geqslant n \ 或 \ m_{min} \geqslant \Sigma b_i \tag{10-1}$$

式中　Σb_i——工作队数。

例如：一个二层现浇钢筋混凝土框架工程，施工过程数 $n=4$，各工作队在各施工段上的工作时间 $t=1$，则施工段数与施工过程数之间有下列三种情况，如图 10-2、图 10-3、图 10-4。

分层	施工过程	施工进度（天）											
		1	2	3	4	5	6	7	8	9	10	11	12
第一层	扎柱钢筋	①	②	③	④								
	支模板		①	②	③	④							
	扎梁板钢筋			①	②	③	④						
	浇筑混凝土				①	②	③	④					
第二层	扎柱钢筋					①	②	③	④				
	支模板						①	②	③	④			
	扎梁板钢筋							①	②	③	④		
	浇筑混凝土								①	②	③	④	

注：①、②、③、④表示施工段数。

图 10-2　当 $m=n$ 时的流水作业

分层	施工过程	施工进度（天）												
		1	2	3	4	5	6	7	8	9	10	11	12	13
第一层	扎柱钢筋	①	②	③	④	⑤								
	支模板		①	②	③	④	⑤							
	扎梁板钢筋			①	②	③	④	⑤						
	浇筑混凝土				①	②	③	④	⑤					
第二层	扎柱钢筋						①	②	③	④	⑤			
	支模板							①	②	③	④	⑤		
	扎梁板钢筋								①	②	③	④	⑤	
	浇筑混凝土									①	②	③	④	⑤

注：①、②、③、④、⑤表示施工段数。

图 10-3　当 $m>n$ 时的流水作业

当 $m=n$ 时，施工队（组）连续施工，施工段上无间歇，工期 11 天，比较理想。

当 $m>n$ 时，施工队（组）仍能连续施工，但每层混凝土浇筑完毕后不能立即进行扎柱钢筋，因为第一层第⑤施工段的扎柱钢筋尚未完成，施工队（组）不能及时进入第二层

分层	施工过程	施工进度（天）											
		1	2	3	4	5	6	7	8	9	10	11	12
第一层	扎柱钢筋	①	②										
	支模板		①	②									
	扎梁板钢筋			①	②								
	浇筑混凝土				①	②							
第二层	扎柱钢筋					①	②						
	支模板						①	②					
	扎梁板钢筋							①	②				
	浇筑混凝土								①	②			

注：①、②表示施工段数。

图 10-4　当 $m<n$ 时的流水作业

第①段进行施工，施工段上出现停歇，致使工期延至 13 天。但不一定有害，有时甚至是必要的，这时可利用停歇的工作面作为养护、备料、放线等准备工作。所以这种组织方式也常被采用。

当 $m<n$ 时，尽管施工段上未出现停歇，但因施工队（组）不能及时投入第二层施工段进行施工，则各施工队（组）不能保持连续施工而造成窝工。因此，采用这种方式对一个建筑物组织流水作业是不合适的。但是在建筑群中可与另一些建筑物组织大流水，从而消除窝工现象。

综上所述，可知当有层间关系时，组织流水作业，每层 $m_{min} \geqslant n$。对于组织一个施工过程有多个施工队（组）的加快成倍节拍流水时，则每层 $m_{min} \geqslant \Sigma b_i$，即每层最少施工段数，至少应等于完成各施工过程的工作队数之和。当有技术间歇要求时，每层最少施工段数为：

$$m_{min} = n + \frac{\Sigma Z_1}{K} + \frac{\Sigma Z_2}{K} \qquad 取整数 \qquad (10\text{-}2)$$

式中　ΣZ_1——一层的施工过程间要求的技术间歇时间的总和。

　　　ΣZ_2——层间技术间歇时间；

　　　K——流水步距（详见下一参数）；

　　　n——施工过程数。当组织加快成倍节拍流水时，则为各施工队（组）数的总和 Σb_i。

当无层间关系时，施工段数的确定则不受此约束。

此外，施工段的划分还受垂直运输方式和进料的影响。如采用塔吊时，分段就可多些，采用井架则可少些，而且施工段数也应与机械布置相适应，以免跨段进行楼面水平运输而造成的混乱。

（三）流水节拍（t）

流水节拍就是指从事某一施工过程的工作队（组）在一个施工段上的工作持续时间。

其大小直接关系着投入劳动量、机械量和材料量的多少，决定着施工速度和施工的节奏。因此，其数值的确定具有重要意义。通常有两种确定方法，一种是根据要求工期来确定，另一种是根据现有能够投入的资源量（人数、机械台数及材料量）来确定，流水节拍可按下式计算确定，并取整数或半天的整倍数。

$$t = \frac{Q}{SRN} = \frac{P}{RN} \tag{10-3}$$

式中　Q——某施工过程在某施工段上的工程量；

　　　P——某施工过程在某施工段上所需劳动量（工日）或机械量（台班）；

　　　S——每工日或每台班的计划产量；

　　　R——施工队（组）人数或机械台数；

　　　N——每天工作班数。

当工期已定，则就决定了流水节拍的大小，按式（10-3）可计算出满足工期要求所需的资源量。这时应检查：

（1）工地现有施工队（组）的组成人数能否满足所需资源量的要求。如果工期紧节拍小，就应增加工作班次。若需增加劳动力，则必须检查其可能性，以及满足工作面的要求。

（2）工地现有和能够投入的机械设备台数，能否满足所需资源量的要求。如果是工期紧节拍小，这时，应首先考虑增加工作班次，若拟定增加机械设备时，则应分析获得的可能性和经济效果。

（3）材料与构件的订购、供应和贮备，是否与所需资源量相适应。除此以外，尚应检查工地现有施工队（组）和机械设备的每工日或每台班的计划产量指标能否满足工期要求。

（四）流水步距（K）

流水步距是指相邻两个施工过程（或工作队）先后进入流水施工的时间间隔（不包括技术间歇时间）。也就是后一个施工过程须在前一个施工过程开始工作后的 K 天时间再开始与之平行搭接。

流水步距的大小或平行搭接的多少，对工期影响很大。在施工段不变的情况下，流水步距小即平行搭接多，则工期短。反之，则工期长。

流水步距的数目取决于参加流水的施工过程数，如施工过程数为 n 个，则流水步距的总数为 $n-1$ 个。

流水步距至少应为一个工作班或半个工作班的时间。流水步距与流水节拍还应保持着一定关系，这要根据所采用的组织流水作业的方式而定。

第二节　组织流水施工的基本方式

一、节奏性专业流水

根据流水节拍的特征，施工过程可分为节奏性施工过程和非节奏性施工过程。所谓节奏性施工过程是指在各施工段上持续时间相等的施工过程，用垂直图表表示时，施工进度线为一斜率不变的斜线（图 10-5a）。与此相反，非节奏性施工过程是指在各施工段上的持续时间不相等的施工过程，其施工进度线，在垂直图表中是一由斜率不同的几个线段所组成的折线（图 10-5b）。

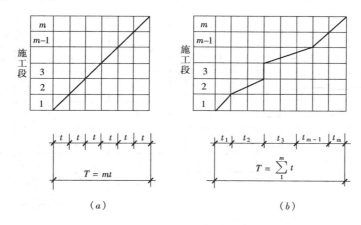

图 10-5　施工过程流水图表

(a) 节奏流水；(b) 非节奏流水

在施工中，通常为完成某一建筑产品（一幢房屋、一个分部工程或一个分项工程、一个构件）的生产，需要组织许多施工过程的活动。当某些在施工工艺上互相联系的施工过程都是节奏性施工过程时，我们把由这些施工过程所组成的专业组合的流水作业称为"节奏性专业流水"反之，则称为"非节奏性专业流水"。在节奏性专业流水中，根据各施工过程之间流水节拍是否相等或是否成倍数，又可分为全等节拍专业流水和成倍节拍专业流水。

（一）全等节拍专业流水

全等节拍流水，是指在所组织的流水范围内，所有的施工过程的流水节拍均为相等的常数。其流水作业进度如图 10-6 所示。

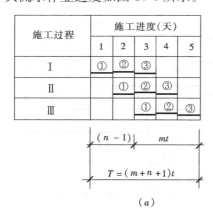

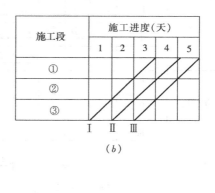

图 10-6　全等节拍流水

(a) 水平图表；(b) 垂直图表

由图 10-6 可知

$$T=(m+n-1)\,t \tag{10-4a}$$

由于

$$t=K$$

则

$$T=(m+n-1)\,K \tag{10-4b}$$

如有技术间歇时间 Z_1，其流水作业进度如图 10-7 所示。

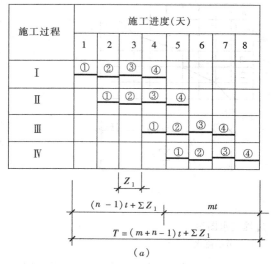
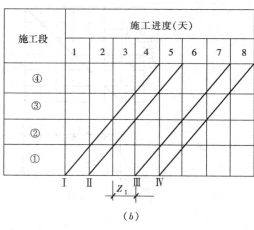

图 10-7　全等节拍流水（有技术间歇时间）

（a）水平图表；（b）垂直图表

由图 10-7 可知

$$T=（m+n-1）\cdot t+\Sigma Z_1 \tag{10-5a}$$

或

$$T=（m+n-1）\cdot K+\Sigma Z_1 \tag{10-5b}$$

施工层	施工过程	施工进度（天）												
		1	2	3	4	5	6	7	8	9	10	11	12	13
第一层	Ⅰ	①	②	③	④	⑤								
	Ⅱ		①	②	③	④	⑤							
	Ⅲ			①	②	③	④	⑤						
第二层	Ⅰ						①	②	③	④	⑤			
	Ⅱ							①	②	③	④	⑤		
	Ⅲ								①	②	③	④	⑤	

图 10-8　全等节拍流水（有技术间歇时间和层间技术间歇时间）

如既有施工过程间的技术间歇 Z_1 要求，又有层间技术间歇 Z_2 要求，除每层划分施工段数应满足（10-2）式要求外，由图 10-8 可知，流水作业总工期则应为：

$$T=（mj+n-1）K+\Sigma Z_1 \tag{10-6a}$$

或

$$T=（mj+n-1）t+\Sigma Z_1 \tag{10-6b}$$

式中　Z_1——一层的施工过程间的技术间歇时间；

　　　j——层数。

（二）成倍节拍专业流水

在组织流水作业时，通常会遇到不同施工过程之间，某一施工过程的工程量相对要少，或者要求某一施工过程尽快完成，因而所需时间少；或者某一施工过程工作面受限，不能投入较多的资源，所需时间就要多。如此种种情况的产生，因而出现各种施工过程的流水节拍不相等而是互成倍数。例如：已知施工过程 $n=3$，$m=6$，各施工过程的流水节拍分别为 $t_1=1$ 天，$t_2=3$ 天，$t_3=2$ 天。组织这种流水作业时，根据工期不同的要求，可以按一般成倍节拍专业流水或加快成倍节拍专业流水组织施工。

1. 一般成倍节拍专业流水

如果工期满足要求，这种组织流水作业方式，则是在保证各施工队（组）连续施工的前提下，确定适当的流水步距，然后安排各施工过程的流水作业。

一般成倍节拍专业流水的工期可按下式计算：

$$T = \sum_{i=1}^{n-1} K_{i,i+1} + \Sigma t_n + \Sigma Z_1 \qquad (10\text{-}7)$$

式中　$\displaystyle\sum_{i=1}^{n-1} K_{i,i+1}$——流水步距总和

当 $t_i \leqslant t_{i+1}$ 时　　　　　$K_{i,i+1} = t_i$

当 $t_i > t_{i+1}$ 时　　　　　$K_{i,i+1} = mt_i - (m-1) \cdot t_{i+1}$　　　　$(10\text{-}8)$

或　　　　　　　$K_{i,i+1} = t_i + (t_i - t_{i+1})(m-1)$　　　　$(10\text{-}9)$

式中　t_i——第 i 个施工过程的流水节拍；

　　　t_{i+1}——第 i 个施工过程的紧后施工过程的流水节拍；

　　　ΣZ_1——技术间歇时间总和；

　　　Σt_n——第 n 个施工过程流水节拍总和。

上例中：$n=3$，$m=6$，则

$t_1 < t_2$　$K_{1,2} = t_1 = 1$ 天

$t_2 > t_3$　$K_{2,3} = 6 \times 3 - (6-1) \times 2 = 8$ 天

$$T = \sum_{i=1}^{n-1} K_{i,i+1} + \Sigma t_n + \Sigma Z_1 = 1 + 8 + 2 \times 6 + 0 = 21 \text{ 天}。$$

2. 加快成倍节拍专业流水

研究图 10-9 所示施工方案可知，如果要缩短这项工程的工期，显然可通过增加其施工过程的工作队（组）数的方法来达到。这种组织流水作业方法称为加快成倍节拍流水。为使各工作队（组）仍能连续依次作业，应取各施工过程流水节拍 t_i 的最大公约数为流水步距 K，相应安排 $b_i = t_i/K$ 个工作队（组）依次每隔 K 天投入施工。如上例，最大公约数为 1，则取 $K=1$。各施工过程队（组）数为：$t_1/K = 1/1 = 1$ 组；$t_2/K = 3/1 = 3$ 组；$t_3/K = 2/1 = 2$ 组；$\Sigma b_i = 6$ 组，施工段若仍为 $m=6$ 段，则其流水作业进度如图 10-10 所示。

由图 10-10 可以看出，加快成倍节拍流水的安排方式，实质上可以看成是由 $\displaystyle\sum_{i=1}^{n} b_i$ 个工作队（组）组成的类似于流水节拍为 K 的全等节拍专业流水，且 K 为成倍节拍的最大公约数。因此，

其总工期计算式相应为：$T = \left(mj + \sum\limits_{i=1}^{n} b_i - 1\right) \cdot K + \Sigma Z_1 = (6 \times 1 + 6 - 1) \times 1 + 0 = 11$ 天。在建筑群的施工中，采用成倍节拍的流水组织方法，可以收到较为显著的效果。

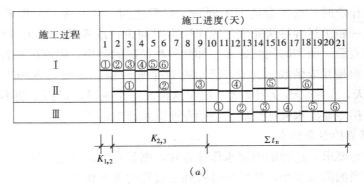

（a）

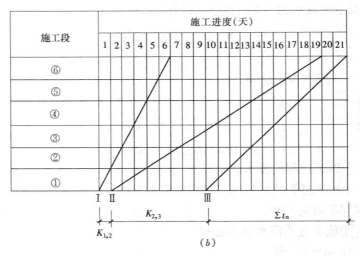

（b）

图 10-9　一般成倍节拍专业流水

（a）水平图表；（b）垂直图表

施工过程	工作队（组）	时间（天）										
		1	2	3	4	5	6	7	8	9	10	11
I	I	①	②	③	④	⑤	⑥					
II	II_a			①				④				
	II_b				②				⑤			
	II_c					③				⑥		
III	III_a							①		③		⑤
	III_b								②		④		⑥

（a）

图 10-10　加快成倍节拍专业流水（一）

（a）水平图表

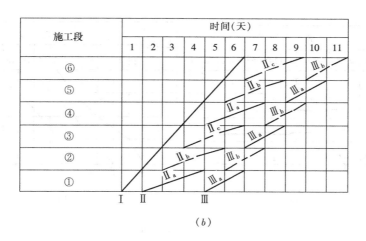

图 10-10　加快成倍节拍专业流水（二）

（b）垂直图表

二、非节奏性专业流水

由若干非节奏性施工过程所组成的专业流水，称为非节奏专业流水。其特点是各施工过程在各施工段上的流水节拍不尽相等，且不同施工过程之间流水节拍也不尽相同。此时，为保持各施工队（组）的连续作业，主要是确定各施工过程的流水步距问题。非节奏专业流水的流水步距的确定方法有多种，本节仅介绍简便易行的一种方法。

表 10-1

流水节拍 施工段 施工过程	①	②	③	④
Ⅰ	2	4	3	2
Ⅱ	3	2	3	2
Ⅲ	4	2	3	4

例如：已知施工过程数 $n=3$，施工段数 $m=4$，流水节拍见表 10-1。

现按"沿段累加数列错位相减取大差"法求各流水步距。

第一步：将各施工过程的流水节拍依次沿段累加得一数列。

施工过程Ⅰ：2、(2+4)＝6、(6+3)＝9、(9+2)＝11；

施工过程Ⅱ：3、(3+2)＝5、(5+3)＝8、(8+2)＝10；

施工过程Ⅲ：4、(4+2)＝6、(6+3)＝9、(9+4)＝13。

第二步：相邻数列错位相减并取最大差值作为其相应流水步距。

$$
\begin{array}{r}
2\quad 6\quad 9\quad 11\quad 0 \\
-)\ 0\quad 3\quad 5\quad 8\quad 10 \\
\hline
2\quad 3\quad \boxed{4}\quad 3\quad - \\
\end{array}
$$

则 $K_{1,2}=4$ 天

$$
\begin{array}{r}
3\quad 5\quad 8\quad 10\quad 0 \\
-)\ 0\quad 4\quad 6\quad 9\quad 13 \\
\hline
\boxed{3}\quad 1\quad 2\quad 1\quad - \\
\end{array}
$$

则 $K_{2,3}=3$ 天

其流水作业进度如图 10-11 所示。

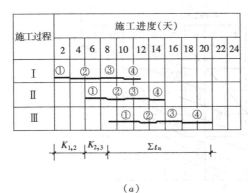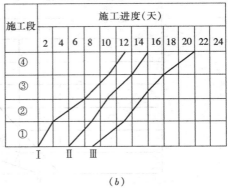

图 10-11　非节奏专业流水

(a) 水平图表；(b) 垂直图表

工期可按式（10-7）进行计算：

$$T = \sum_{i=1}^{n-1} K_{i,i+1} + \Sigma t_{\mathrm{n}} + \Sigma Z_1 = 4 + 3 + 13 + 0 = 20 \text{ 天}$$

综上所述，为完成某一建筑产品的生产，需要组织许多施工过程的活动。在组织这些施工过程的活动中，我们把在施工工艺上互相联系的施工过程组成不同的专业组合（如基础工程，钢筋混凝土工程、砌墙工程、屋面防水工程、装饰工程以及吊装工程等），然后对各专业组合，按其组合的施工过程的流水节拍特征（节奏性），分别组织成为独立的流水组进行分别流水，这些流水组的流水参数可以是不相等的，组织流水的方式也可能有所不同。最后将这些流水组按照工艺要求和施工顺序依次搭接起来，即成为一个工程对象的工程流水或一个建筑群的工程流水。需要指出，所谓专业组合是指围绕主导施工过程的组合，其他的施工过程不必都纳入流水组，而只做为调剂项目与各流水组依次搭接。在更多情况下，考虑到工程的复杂性，在编制施工进度计划时，往往只运用流水作业的基本概念，合理选定几个主要参数，保证几个主导施工过程的连续性。对其他非主导施工过程，只力求使其在施工段上尽可能各自保持连续施工。各施工过程之间只有施工工艺和施工组织上的约束，不一定步调一致。这样，对不同专业组合或几个主导施工过程进行分别流水的组织方式就有极大的灵活性，且往往更有利于计划的实现。这种分别流水的组织方式与后面章节网络计划技术中所述的建筑流水作业，只保证关键线路的连续性，而其他非关键工作均都存在时差，并非完全连续作业的组织方式，同样也正说明这种流水组织方式的灵活性和实用性。

习　题

10-1　已知某工程施工过程数 $n=3$，各施工过程的流水节拍为：$t_1 = t_2 = t_3 = 3$ 天；施工段数 $m=3$ 共有两个施工层。试按全等节拍专业流水作业方式组织施工、计算总工期、绘出水平图表和垂直图表。

10-2　已知某工程施工过程数 $n=3$，$m=5$ 各施工过程的流水节拍为：$t_1 = 2$ 天、$t_2 = 1$ 天、$t_3 = 2$ 天。试分别按一般成倍节拍流水作业和加快成倍节拍流水作业组织施工，计算总工期，绘出水平图表和垂直图表。

10-3　根据表 10-2 所列各施工过程在各施工段上的持续时间，计算各相邻施工过程之间的流水步距，计算总工期，绘出水平图表和垂直图表。

表 10-2

施工过程 施工段	一	二	三	四
①	4	3	1	2
②	2	3	4	2
③	3	4	2	1

单位：天

第十一章 网络计划技术

为适应生产发展和关系复杂的科学研究工作的需要，国内外陆续采用了一些计划管理的新方法，这些方法尽管名目繁多，但内容却大同小异。因其采用网络图的形式来表达各项工作的相互制约和相互依赖关系，所以把这种方法统称为网络计划技术。

网络计划技术具有逻辑严密，主要矛盾突出，有利于计划优化调整，因此在工业、农业、国防和关系复杂的科学研究计划管理中都得到广泛地应用。

网络计划技术的应用，使建筑企业计划的编制、施工的组织与管理有了一个可供遵循的科学基础，是实现建筑企业管理现代化的途径之一。我国建筑企业自 1965 年开始应用这种方法，安排施工进度计划，在提高建筑企业施工管理水平、缩短工期、提高劳动生产率和降低成本等方面，均取得了显著效果。

由于网络计划技术具有许多优点，因此引起了世界各国的普遍重视，特别是近十几年来国外大力开展研究反映各种搭接关系的新型网络计划技术——统称为搭接网络计划技术，从而大大简化了网络图形和计算工作，并扩大了应用范围。

网络计划技术根据绘图符号的不同，可分为双代号与单代号网络计划。此外在建筑网络中还有时标网络、流水网络等。

网络计划应在拟订技术方案，按需要粗细划分工作项目，确定工作之间的先后顺序及各工作的持续时间的基础上进行编制。编出的计划应满足预定的目标，否则应在修改原技术、组织方案的基础上对计划作出优化调整。网络计划在执行过程中应不断进行检查，并根据情况变化作出相应的调整，以实现有效的动态管理。

本章将分别阐述有关双代号与单代号网络图的绘制与计算，时标网络的编制方法及网络优化等。

第一节 双代号网络图

一、双代号网络图的构成与基本符号

以箭线表示工作（或施工过程）、以节点表示工作的开始或结束状态及工作之间的连接点（图 11-1）。以一根箭线两端节点的编号代表一项工作，并按施工顺序先后连接起来的网络图、称为双代号网络图（图 11-2）。现将双代号网络图三个基本要素的有关含义与特性分述如后。

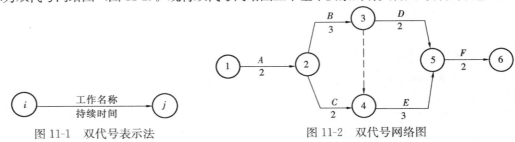

图 11-1 双代号表示法

图 11-2 双代号网络图

（一）工作（工序）

在双代号网络图中，一条箭线表示一项工作，根据计划编制的粗细不同，工作既可以是一个简单的操作工序，也可以是一个复杂的施工过程或一项工程任务。它需要占用一定的时间（有时包括消耗资源）。因此凡是占用一定时间的施工过程，例如混凝土养护、抹灰干燥等技术间歇也可称作一项工作。

除了表示工作的实箭线外，还有一种虚箭线，它表示一项虚工作，没有工作名称，不占用时间，不消耗资源，其主要作用是用来使有关工作的逻辑关系得到正确的表达。如图11-2中的工作4—5受到工作2—3结束的制约，通常就用虚箭线来反映这种关系。有关虚工作的性质与作用将在本节后面详加论述。

所谓工作之间的逻辑关系包括工艺上的关系（简称工艺关系）和组织上的关系（简称组织关系），在网络图中均表现为工作之间的先后顺序。

箭线的长短一般不按比例绘制，它的长短并不反映该工作所占用时间的长短，但在网络上须按工作（工程任务、施工过程）的先后顺序排列。箭线所指的方向表示工作进行的方向，箭尾表示该工作的开始，箭头表示该工作的结束。箭线的方向在网络图中应保持自左向右的总方向并以水平线为主、斜线和竖线为辅。

就某工作而言，紧靠其前面的工作称为紧前工作，紧靠其后面的工作称为紧后工作，与之平行的工作称为平行工作，该工作本身则称为本工作（图11-3）。

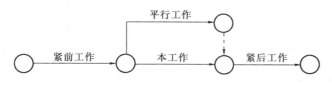

图 11-3　工作的关系

（二）节点（事件）

网络图中表示工作开始、结束或连接关系的圆圈称为节点。箭线出发的节点为紧后工作的开始节点，箭头指向的节点为紧前工作的结束节点。节点仅为前后诸工作交接之点，只是一个"瞬间"，它既不消耗时间，也不消耗资源。

网络图的第一个节点称起点节点，它意味着一项计划（或工程）的开始；最后一个节点称终点节点，它意味着一项计划（或工程）的结束，其他节点都称为中间节点。任意一个中间节点即是紧前诸工作的结束节点，同时也是其紧后诸工作的开始节点。因此，中间节点可反映施工的形象进度（图11-4）。

（三）线路

线路是指网络计划从起点节点到终点节点每条线路的全程而言。从图11-2可以看出，从起点节点到终点节点之间有多条线路，其中工期最长的线路称为关键线路（主要矛盾线），其余称为非关键线路。位于关键线路上的工作称为关键工作，关键工作完成的快慢直接影响整个计划的计划工期。网络图中的线路可依次用该线路上的节点编号来记述，网络图上通常用粗线或

图 11-4　开始节点与结束节点关系

双箭线、彩色线标注表示关键线路。有时网络图上也可能出现几条关键线路。

关键线路和非关键线路，在一定条件下可以相互转化。例如当关键工作施工时间缩短或非关键工作施工时间拖延时，就有可能使关键线路发生转移。

工作、节点、线路是双代号网络图的三个基本要素。

二、双代号网络图的绘制方法

（一）绘制规则

（1）正确表示各工作的逻辑关系。

在网络图中，各工作之间在逻辑上的关系是变化多端的。表11-1所列是双代号网络图中常见的一些逻辑关系及表示方法，其中工作名称以字母表示，表中并列有对应的横道图，以示比较。

双代号网络图中常见的各种工作逻辑关系的表示方法及相应横道图　　　表11-1

序号	横道图	工作之间的逻辑关系	双代号网络图中表示方法
1	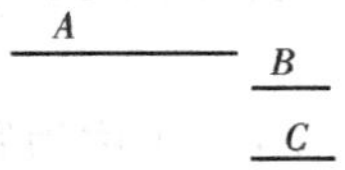	A 完成后进行 B 和 C	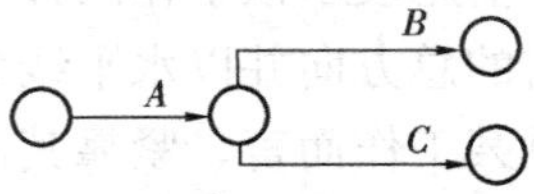
2	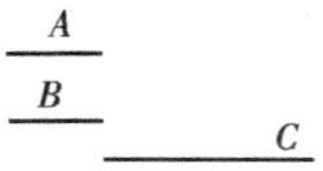	A、B 完成后进行 C	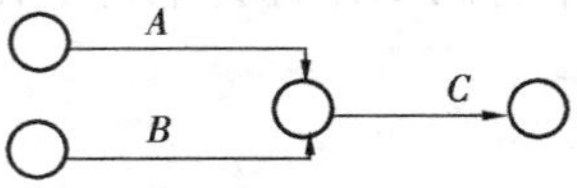
3	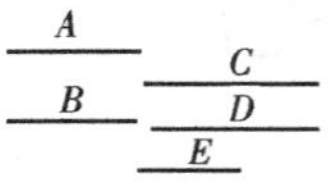	C、D、E 三者在 A、B 完成才能开始	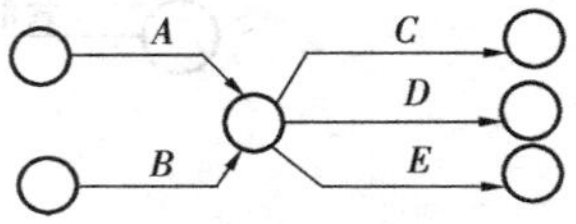
4	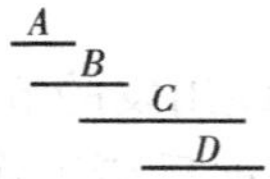	A 完成后进行 C、A、B 均完成后进行 D	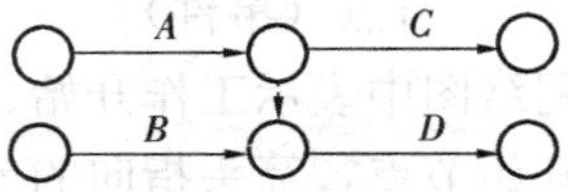
5	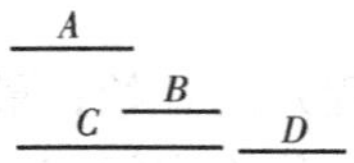	B、C 完成后进行 D，A 在 B 之前	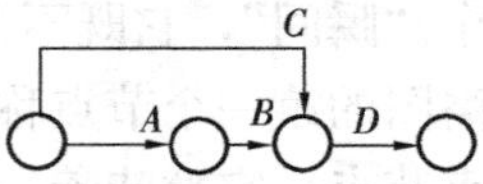
6	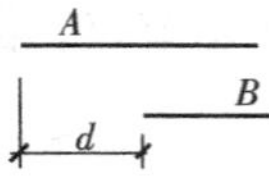	在 A 开始一个 d 的时间后 B 才能开始	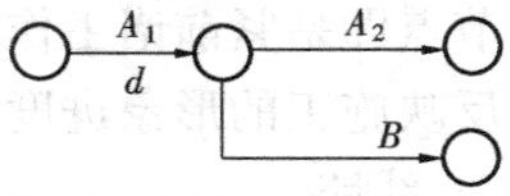
7	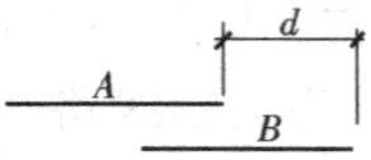	在 A 完成后，要经过一个 d 的时间 B 才能完成	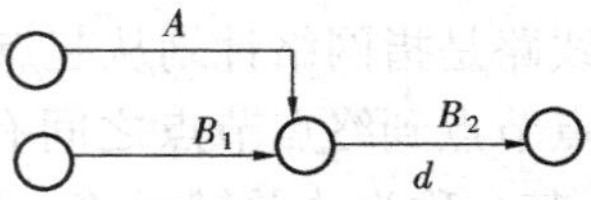
8	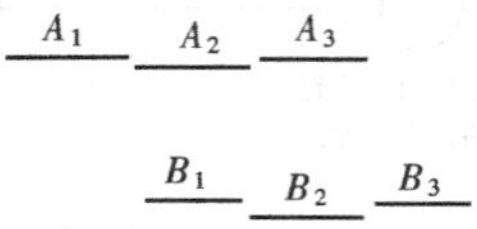	A、B 分为三个施工段，分段流水施工；A_1 完成后进行 A_2、B_1；A_2 完成后进行 A_3；A_2、B_1 完成后进行 B_2；A_3、B_2 完成后进行 B_3	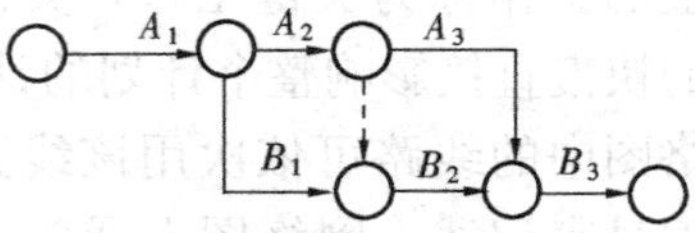

298

（2）网络图只允许有一个起点节点和一个终点节点（任务中部分工作分期完成的网络计划例外），并不应出现其他没有内向箭线或外向箭线的节点（图 11-5）。

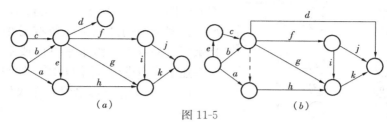

图 11-5

（a）错误；（b）正确

（3）网络图中不允许出现循环回路（图 11-6）。

（4）不允许出现编号相同的节点或工作（图 11-7）。

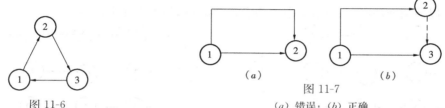

图 11-6

图 11-7

（a）错误；（b）正确

（5）绘制网络图时，宜避免箭线交叉。当交叉不可避免时，可采用图 11-8 中的几种表示方法。

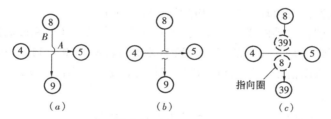

图 11-8　箭线交叉的表示方法

（a）过桥法；（b）断线法；（c）指向法

（6）网络图中严禁出现有双箭头或无箭头的"连线"，如图 11-9 所示。

（7）严禁在网络图中出现没有箭尾节点的箭线和没有箭头节点的箭线，如图 11-10 所示。

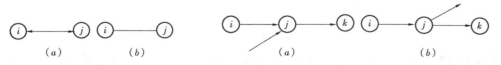

图 11-9　错误的箭线画法　　　图 11-10　没有箭尾或箭头节点的箭线

（8）当网络图的起点节点有多条外向箭线或终点节点有多条内向箭线时，为使图形简洁，可应用母线绘图。使多条箭线经一条共用的母线从起点节点引出；或使多条箭线经一条共用的母线线段引入终点节点，如图 11-11 所示。

但箭线线型不同（粗线、细线、虚线、点画线或其他线型）且能导致误解时，不得用母线绘图。

（二）节点编号

节点编号原则上只要不重复即可、编号可以任意。为便于对网络图时间参数进行计算

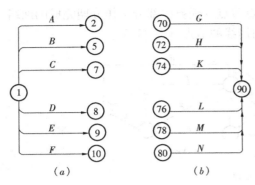

图 11-11 母线法绘图

和便于发现回路，编号最好从小到大依次进行，并保证各工作开始节点的编号小于结束节点的编号（即 $i<j$）。编号可以不连续，可视具体情况，在网络图的适当部位留有增添余地，但严禁重复。编号可以沿水平方向或垂直方向从左至右逐个圆圈进行（图 11-12、图 11-13）。

（三）虚工作（虚箭线）在双代号网络图中的运用

虚工作并不代表任何具体工作，也不占用时间和消耗资源，而只是正确反映网络计划各工作之间的逻辑关系。运用时要恰到好处，不可滥用，以便图面清晰。在网络图中运用虚工作可起到下面几个作用：

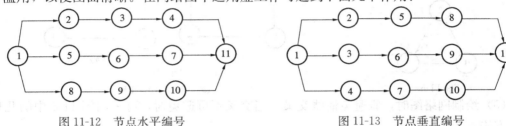

图 11-12 节点水平编号　　　　图 11-13 节点垂直编号

（1）避免箭线连接中出现编号相同的工作（图 11-7b）。

（2）工作之间逻辑关系的需要，见表 11-1 序号 4 中 A、B 均完成后进行 D。

（3）能截断逻辑上毫无关系的工作之间不必要的联系，如图 11-14 中挖 2 与砖 1。

（4）有时为了构图清晰、整洁也运用虚工作加以处理（图 11-5b）。

（四）绘图示例

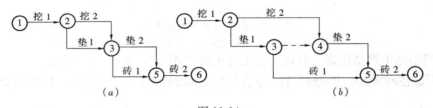

图 11-14

(a) 错误；(b) 正确

【例 11-1】　某职工住宅的混凝土条形基础工程，工作分为挖土、做混凝土垫层、浇捣钢筋混凝土条形基础、砌墙基、浇捣钢筋混凝土防水带、回填土。图 11-15 所示为分为二个施工段的施工网络图。图 11-16 所示为分三个施工段的施工网络图。

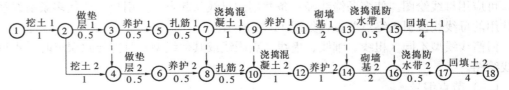

图 11-15

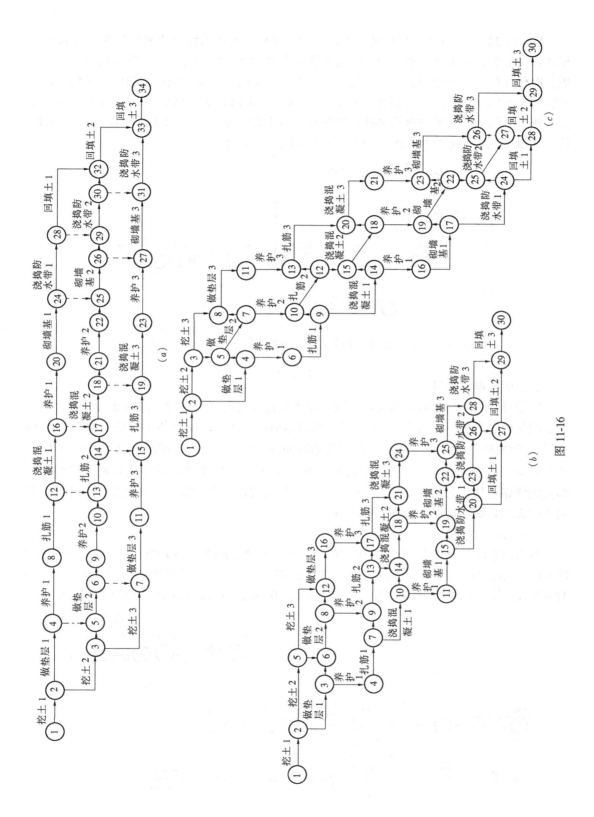

图 11-16

301

【例 11-2】 一现浇多层框架，由柱、梁、楼板、抗震墙组合成整体框架，并设有电梯井和楼梯等。该工程一个结构层的施工顺序大致如下：柱和抗震墙先绑扎钢筋，后支模板；电梯井壁先支内壁模板，后绑扎钢筋，再支外壁模板；梁的模板必须待柱子模板都支好后才能开始，梁模板支好后再支楼板的模板；先浇捣柱子、抗震墙及电梯井壁的混凝土，然后开始梁和楼板的钢筋绑扎，同时在楼板上预埋暗管、再浇捣梁和楼板的混凝土。按上述施工顺序，可绘制成图 11-17 所示的双代号施工网络图。

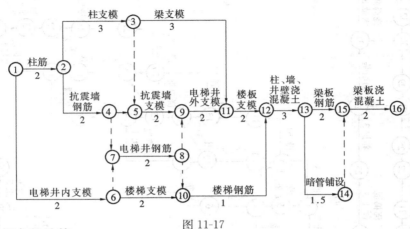

图 11-17

三、时间参数计算

网络计划的时间参数计算应在确定各项工作持续时间之后进行。网络图时间参数的计算目的是确定各节点的最早时间（T_i^E）和最迟时间（T_i^L）；以及各工作的最早开始时间（T_{i-j}^{ES}）和最早完成时间（T_{i-j}^{EF}）；最迟开始时间（T_{i-j}^{LS}）和最迟完成时间（T_{i-j}^{LF}）；工作的各种时差（如总时差 F_{i-j}^T、自由时差 F_{i-j}^F 等），以便确定整个计划的完成日期、关键工作和关键线路，从而为网络计划的执行、调整和优化提供科学的依据。时间参数的计算可采用不同方法，如图算法、表算法和电算法等。

（一）图上计算法

当工作数目不太多时，直接在网络图上进行时间参数的计算十分方便。由于双代号网络图的节点与工作时间参数密切相关，因此，在图上进行计算时，通常只需标出节点（或工作）的时间参数。其基本内容和形式的标注应符合以下图例规定。现以图 11-18 为例介绍图算法。

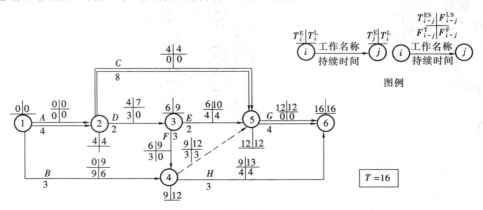

图 11-18

1. 计算各节点最早时间（T_i^E）

节点时间参数是以节点为对象计算的，节点最早时间意味着该节点前面各工作的全部结束，紧后各工作的最早开始。计算时，根据网络图所确定的先后顺序关系，按照节点编号从起点节点起依次进行。若起点节点的最早时间如无规定时，则起点节点的最早时间为零。其他中间节点及终点节点的最早时间，则从起点节点起，顺各线路到达该节点，其中最长一条线路的持续时间和即为该节点的最早时间。用计算公式表达为：

$$T_1^E = 0 \tag{11-1}$$

$$T_j^E = \max_i \{T_i^E + D_{i-j}\} (1 \leqslant i < j \leqslant n) \tag{11-2}$$

式中　T_1^E——起点节点的最早时间；

　　　T_i^E——节点 i 的最早时间；

　　　T_j^E——节点 j 的最早时间；

　　　D_{i-j}——工作 $i-j$ 的施工持续时间。

应用式（11-2）进行图上计算中间节点及终点节点的最早时间的步骤。即从起点节点开始，顺箭线方向逐一算至终点节点为止，并取紧前各节点的最早时间分别加上相应工作的施工持续时间之和的最大值，作为该节点最早时间。由图 11-18 计算如下：

$T_1^E = 0$；$T_2^E = 0+4 = 4$；$T_3^E = 4+2 = 6$；$T_4^E = \max \{6+3 = 9、0+3 = 3\} = 9$；$T_5^E = \max_i \{6+2 = 8、9+0 = 9、4+8 = 12\} = 12$；$T_6^E = \max_i \{12+4 = 16、9+3 = 12\} = 16$。

计算结果直接记在相应节点近处图例所示的左方。

2. 计算各节点最迟时间（T_i^L）

计算时，从终点节点开始，按照节点编号逆着箭线的方向依次逐项计算。当工期有规定时，终点节点最迟时间就等于或小于规定工期（T_r）；当工期无规定时终点节点最迟时间就等于终点节点的最早时间。其他中间节点和起点节点的最迟时间是把终点节点的最迟时间减去从终点节点起至逆线到达该节点的最长一条线路的持续时间之和，用公式表达为：

$$T_n^L = T_p = \begin{cases} \leqslant T_r（当有规定工期时） \\ = T_c = T_n^E（当无规定工期时） \end{cases} \tag{11-3}$$

$$T_i^L = \min_j \{T_j^L - D_{i-j}\} \tag{11-4}$$

式中　T_n^L——终点节点的最迟时间；

　　　T_n^E——终点节点的最早时间；

　　　T_r——网络计划的要求工期；

　　　T_c——网络计划的计算工期；

　　　T_p——根据 T_c 或 T_r 确定的网络计划的计划工期；

　　　T_i^L——工作 $i-j$ 的开始节点 i 的最迟时间；

　　　T_j^L——工作 $i-j$ 的结束节点 j 的最迟时间。

应用公式（11-4）在图上计算中间节点及起点节点的最迟时间的步骤，则是从终点节点开始，逆箭线方向逐一算至起点节点为止，并取紧后各节点的最迟时间分别减去相应工作持续时间之差的最小值，作为该节点最迟时间。图 11-18 计算如下：

$T_6^L = 16$；$T_5^L = 16-4 = 12$；$T_4^L = \min_j \{16-3 = 13、12-0 = 12\} = 12$；$T_3^L = \min_j \{12$

$-3=9$、$12-2=10\} =9$；$T_2^L= \min_j \{9-2=7、12-8=4\} =4$；$T_1^L= \min_j \{4-4=0、$
$12-3=9\} =0$。

以上计算结果直接记在相应节点近处图例所示右方。

3. 计算各工作的最早开始时间（T_{i-j}^{ES}）和最早完成时间（T_{i-j}^{ES}）

$$T_{i-j}^{ES} = T_i^E \tag{11-5}$$

$$T_{i-j}^{EF} = T_{i-j}^{ES} + D_{i-j} = T_i^E + D_{i-j} \tag{11-6}$$

式中　T_{i-j}^{ES}——工作 $i-j$ 的最早开始时间；

　　　T_{i-j}^{EF}——工作 $i-j$ 的最早完成时间。

上例计算如下：

$T_{1-2}^{ES}=T_1^E=0$；$T_{1-4}^{ES}=T_1^E=0$；$T_{2-3}^{ES}=T_2^E=4$；$T_{2-5}^{ES}=T_2^E=4$；$T_{3-4}^{ES}=T_3^E=6$；$T_{3-5}^{ES}=$
$T_3^E=6$；$T_{4-5}^{ES}=T_4^E=9$；$T_{3-5}^{ES}=T_4^E=9$；$T_{5-6}^{ES}=T_5^E=12$。

计算结果直接记在相应工作图例所示的左上方，为简化起见，T_{i-j}^{EF}可以从略。

4. 计算各工作最迟开始时间（T_{i-j}^{LS}）和最迟完成时间（T_{i-j}^{LF}）

$$T_{i-j}^{LF} = T_j^L \tag{11-7}$$

$$T_{i-j}^{LS} = T_{i-j}^{LF} - D_{i-j} = T_j^L - D_{i-j} \tag{11-8}$$

式中　T_{i-j}^{LF}——工作 $i-j$ 最迟完成时间；

　　　T_{i-j}^{LS}——工作 $i-j$ 最迟开始时间。

上例计算如下（T_{i-j}^{LF}计算从略）：

$T_{5-6}^{LS}=T_6^L-D_{5-6}=16-4=12$；$T_{4-6}^{LS}=T_6^L-D_{4-6}=16-3=13$；$T_{4-5}^{LS}=T_5^L-D_{4-5}=$
$12-0=12$；$T_{3-5}^{LS}=T_5^L-D_{3-5}=12-2=10$；$T_{3-4}^{LS}=T_4^L-D_{3-4}=12-3=9$；$T_{2-3}^{LS}=T_3^L-$
$D_{2-3}=9-2=7$；$T_{2-5}^{LS}=T_5^L-D_{2-5}=12-8=4$；$T_{1-2}^{LS}=T_2^L-D_{1-2}=4-4=0$；$T_{1-4}^{LS}=T_4^L-$
$D_{1-4}=12-3=9$。

计算结果直接记在相应工序图例所示的右上方。

5. 计算总时差 F_{i-j}^T 和自由时差 F_{i-j}^F

从图 11-18 已计算出的时间参数中可以看出，在计划总工期不变的条件下，有些工作的 T_{i-j}^{ES}（或 T_{i-j}^{EF}）与 T_{i-j}^{LS}（或 T_{i-j}^{LF}）之间存在一定差值，把这个不影响总工期并为通过该工作的线路所有的时间差称为总时差（图 11-19）。

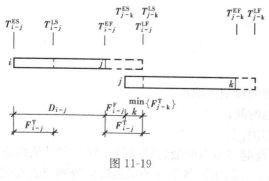

图 11-19

另外，从图 11-18 也可看出，有些工作的紧后工作 $T_{j-K'}^{ES}$ 和本工作 T_{i-j}^{EF} 之间也存有一定的时间差，我们把这个不影响紧后工作最早开始时间 T_{j-K}^{ES}（当然更不会影响总工期）并为本工作所专有的时差（机动时间）称为自由时差（或局部时差）。因此，自由时差也即为各工作最早完成到其后续工作最早开始之间的时间间隔。

F_{i-j}^T 和 F_{i-j}^F 可分别按下式计算：

$$F_{i-j}^T = T_{i-j}^{LS} - T_{i-j}^{ES} = T_{i-j}^{LF} - T_{i-j}^{EF} = T_j^L - T_i^E - D_{i-j} \tag{11-9}$$

$$F_{i-j}^{F} = T_{j-K}^{ES} - T_{i-j}^{EF} = T_{j-K}^{ES} - T_{i-j}^{ES} - D_{i-j} = T_{j}^{E} - T_{i}^{E} - D_{i-j} \qquad (11\text{-}10)$$

按上式、上例计算如下：

$F_{1-2}^{T} = T_{1-2}^{LS} - T_{1-2}^{ES} = 0 - 0 = 0;$ $F_{1-2}^{F} = T_{2}^{E} - T_{1}^{E} - D_{1-2} = 4 - 0 - 4 = 0;$

$F_{2-3}^{T} = T_{2-3}^{LS} - T_{2-3}^{ES} = 7 - 4 = 3;$ $F_{2-3}^{F} = T_{3}^{E} - T_{2}^{E} - D_{2-3} = 6 - 4 - 2 = 0;$

$F_{2-5}^{T} = T_{2-5}^{LS} - T_{2-5}^{ES} = 4 - 4 = 0;$ $F_{2-5}^{F} = T_{5}^{E} - T_{2}^{E} - D_{2-5} = 12 - 4 - 8 = 0;$

$F_{3-4}^{T} = T_{3-4}^{LS} - T_{3-4}^{ES} = 9 - 6 = 3;$ $F_{3-4}^{F} = T_{4}^{E} - T_{3}^{E} - D_{3-4} = 9 - 6 - 3 = 0;$

··················   ··················

$F_{5-6}^{T} = T_{5-6}^{LS} - T_{5-6}^{ES} = 12 - 12 = 0;$ $F_{5-6}^{F} = T_{6}^{E} - T_{5}^{E} - D_{5-6} = 16 - 12 - 4 = 0。$

计算结果，分别记在相应工作图例所示的左右下方。将总时差为零的工作用粗箭线连接起来，即为关键线路。本例关键线路为①→②→⑤→⑥。

从图 11-18 中可以看出，某些工作的总时差与其自由时差是相互关联的。也就是说，动用本工作自由时差不会影响紧后工作的最早开始时间，而在本工作总时差范围内动用机动时间（时差）若超过本工作自由时差范围，则会相应减少后续工作拥有的时差，并会引起该工作所在线路上所有后续非关键工作以及与该线路有关的其他非关键工作时差的重新分配。如上例中①→②→③→④→⑥线路，其中 $F_{1-2}^{F}=0$，$F_{2-3}^{F}=0$，$F_{3-4}^{F}=0$，$F_{4-6}^{F}=4$，这表明该条线路具有总的机动时间为 $F_{1-2}^{F}+F_{2-3}^{F}+F_{3-4}^{F}+F_{4-6}^{F}=0+0+0+4=4$，它包含了非关键工作 2—3、3—4、4—6 本身专有的机动时间。若工作 3—4 动用机动时间超过了其专有的机动时间 $F_{3-4}^{F}=0$，例如超过 2 天，即在其总时差 $F_{3-4}^{T}=3$ 范围内动用了 2 天。因而引起后续工作 4—6 的 F_{4-6}^{F} 减少 2 天，即 4—6 的自由时差调整为 $F_{4-6}^{F}=4-2=2$，总时差相应调整为 $F_{4-6}^{T}=4-2=2$。而且也引起紧后虚工作 4—5 的时差的调整，$F_{4-5}^{F}=3-2=1$、$F_{4-5}^{T}=3-2=1$。与此同时，由于节点④的时间参数有所变化，因而也引起与本线路有关的非关键工作 1—4 时差的调整。弄清这一点，对动用时差而给后续工作带来的影响，以及进一步了解 F_{i-j}^{T} 与 F_{i-j}^{F} 之间的关系是极为重要的。

综上所述，可见总时差具有以下性质：总时差 $F_{i-j}^{T}=0$ 的工作称为关键工作；如果总时差 $F_{i-j}^{T}=0$，自由时差也必然等于零；总时差不为本工作所专有而与前后工作都有关，它为一条线路（或线段）所共有。由于关键线路各工作的时差均为零，该线路就必然决定计划的总工期，因此，关键工作完成的快慢直接影响整个计划的完成。而自由时差则具有以下一些主要特点：自由时差小于或等于总时差；以关键线路上的节点为结束节点的非关键工作，其自由时差与总时差相等（如④→⑤、④→⑥）；使用自由时差对紧后工作没有影响，紧后工作仍可按其最早开始时间开始。由于非关键工作一般都具有若干机动时间（即时差），因此，可利用时差充分调动非关键工作的人力、物力资源来确保关键工作的加快或按期完成，从而使总工期的目标能得以实现。另外，在时差范围内改变非关键工作的开始和结束时间，灵活地应用时差也可达到均衡施工的目的。

（二）表上计算法

为了保持网络图的清晰和计算数据的条理化，通常还可采用表格进行时间参数计算。表 11-2 为常用的一种表上计算格式。

网络图时间参数计算表（单位：天）　　　　表 11-2

前面 工作数 m	工作 编号 $i-j$	施工持续 时　间 D_{i-j}	最早 开始时间 T^{ES}_{i-j}	最早 完成时间 T^{EF}_{i-j}	最迟 开始时间 T^{LS}_{i-j}	最迟 完成时间 T^{LF}_{i-j}	总时差 F^T_{i-j}	自由时差 T^F_{i-j}
一	二	三	四	五	六	七	八	九
—	1—2	4	0	4	0	4	0√	0
—	1—4	3	0	3	9	12	9	6
1	2—3	2	4	6	7	9	3	0
1	2—5	8	4	12	4	12	0√	0
1	3—4	3	6	9	9	12	3	0
1	3—5	2	6	8	10	12	4	4
2	4—5	0	9	9	12	12	3	3
2	4—6	3	9	12	13	16	4	4
3	5—6	4	12	16	12	16	0√	0
2	6—		16	—	—	—	—	—

例：同图 11-18。计算步骤如下：

首先填写"前面工作数"、"工作编号"、"施工持续时间"等栏目，然后进行计算。

1. 自上而下计算各工作的 T^{ES}_{i-j} 和 T^{EF}_{i-j}

按表 11-2 排列的顺序，由上而下进行计算，当前面工作数为 1 时，本工作的最早开始时间等于它紧前工作的最早完成时间；紧前无工作时，最早开始时间为零；当有几项工作时，取紧前工作最早完成时间的最大值。

例如表 11-2 中，第一行、第二行，工序 1—2，1—4 的前面工作为空白，因此，它们最早开始时间为零（见第四栏内的一、二格），接着可将它们分别与其左边持续时间（第三栏）相加，得到最早完成时间（填入第五栏内）。

再往下计算第三行，第四行的工作 2—3、2—5。它们都是由节点②出发的工作，其紧前工作为一个，可从它们所在行的上方查出这个紧前工作为 1—2，它的最早完成时间为 4，因此，在第四栏内相应的格内（三、四格）填上 4，然后分别与左边的持续时间（第三栏三、四格内）相加，得工作 2—3、2—5 的最早完成时间（填在第五栏的三、四格内）。依次类推往下计算，如工作 5—6，它是由节点⑤出发的工作、其紧前工作有三个，可从它所在行的上方，查出这几个紧前工作为 2—5、3—5、4—5，它们最早完成时间分别为 12，8，9，取其最大值 12 填入第四栏内相应格内（第九格），然后与左边的持续时间（第三栏第九格内）相加得工作 5—6 的 T^{EF}_{5-6}（填在第五栏的第九格内）。

2. 自下往上计算各工作的 T^{EF}_{i-j} 和 T^{LF}_{i-j}

表 11-2 中倒数第二行、第三行的工作为 5—6、4—6，它们都是以网络图终点节点⑥为结束节点的，因此，可将节点⑥的最早开始时间 16 填在第七栏最后两格内，然后分别与左边的第三栏内持续时间相减，得这两项工作的最迟开始时间，填在第六栏的相应格内

即 16－4＝12、16－3＝13。接着计算倒数第四行，第五行。工作 4—5 和 3—5 都是以节点⑤为结束节点的，可从所在行下方找到它们紧后工作 5—6 的最迟开始时间为 12（见第六栏倒数第二格），以此作为工作 4—5 和 3—5 的最迟完成时间，填在第七栏的倒数第四、五格内，然后分别与其左边的持续时间相减，将差数填入第六栏的倒数第四、五格内，即工作 4—5 和 3—5 的最迟开始时间分别为 12－0＝12、12－2＝10。同样，进行计算倒数第六行，工作 3—4。工作 3—4 是以节点④为结束节点的，从下方查得它的紧后工作为 4—5、4—6，其中工作 4—5 的最迟开始时间 12 为最小，以此作为工作 3—4 的最迟完成时间。以下进行计算以此类推。

3. 计算工作的总时差 F_{i-j}^T 和自由时差 F_{i-j}^F

从表 11-2 中，将第一行第六栏内的最迟开始时间减去同一行第四栏内的最早开始时间，就能得到这一行工作的总时差，填入第八栏内。自由时差的计算，可先从该行下方的表格内找到紧后工作最早开始时间，然后减去该行工作的最早完成时间，就是自由时差，填在第九栏内。例如，第四行工作为 2—5，在该行下方表内可查得紧后工作为 5—6，其最早开始时间为 12，然后减去工作 2—5 的最早完成时间 12（见第五栏第四格），得工作 2—5 的自由时差 12－12＝0，填在第九栏第四格内。其余类推。

将总时差为零的工作打上√号，由这些工作所组成的线路即为关键线路。如上例关键线路为①→②→⑤→⑥。

第二节　单代号网络图

一、单代号网络图的构成与基本符号

用一个圆圈或方框代表一项工作，工作代号、工作名称、持续时间应都标注在圆圈或方框内，箭线仅表示紧邻工作之间的逻辑关系，这种表示方法称为单代号表示法（图 11-20）。

以节点及其编号表示工作，以箭线表示工作之间逻辑关系，从左至右绘制而成的图形，就称为单代号网络图（或节点网络图）。图 11-21 所示为一简单的单代号网络图，其相应的双代号网络图为图 11-2。

图 11-20　单代号表示法

同样，单代号网络图中箭线的形状、节点的编号、线路的记述、关键线路的标注等，也都应遵守双代号网络中的一般规定。

双代号网络图的逻辑关系比较清楚，必要时可用箭线长短来反映时间长短，较好地适

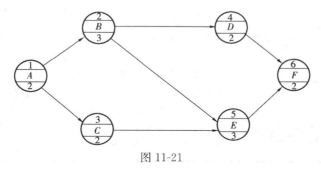

图 11-21

应了我国建筑人员的传统习惯，因此得以广泛应用。但虚工作增设较多，有时虚工作数甚至超过实箭线的数目（且节点数也相应增多），从而使图形变得异常复杂，时间参数的计算工作量也相应增加，这样往往容易出错，修改不便。

与双代号网络图相比，单代号网络图虽然也是由许多节点和箭线组成的，但其基本符号含意却完全不相同。单代号的节点是表示工作，而箭线仅表示紧邻工作之间的逻辑关系。因此较之双代号网络图，单代号网络图工作之间逻辑关系更为明确，且不设虚工作，具有绘图简便，便于检查、修改等优点。目前国内外有着广泛应用，并不断发展其表达功能和扩大其应用范围。但当紧后工作较多时，用单代号网络图表示起来则交叉过多，见表11-3序号3所示。

单代号网络图常见的各种逻辑关系的表示方法及相应双代号网络图　　　　表 11-3

序号	双代号网络图中表示方法	工作之间的逻辑关系	单代号网络图中表示方法
1	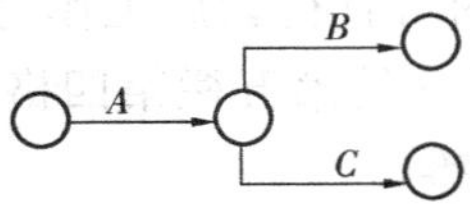	A 完成后进行 B 和 C	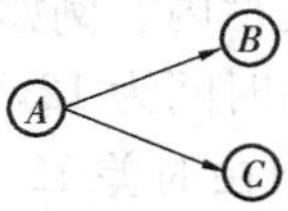
2	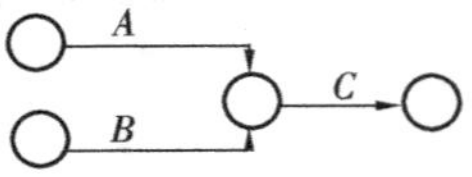	A、B 完成后进行 C	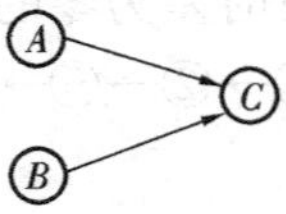
3	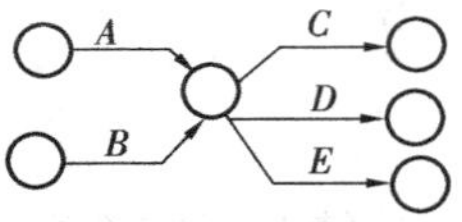	C、D、E 三者在 A、B 完成后才能开始	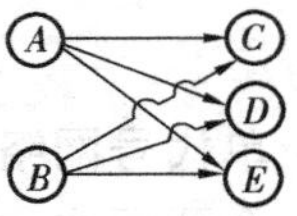
4	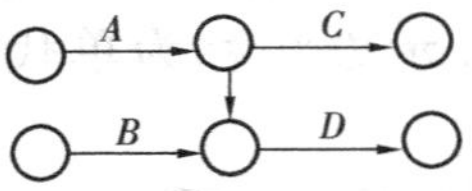	A 完成后进行 C，A、B 均完成后进行 D	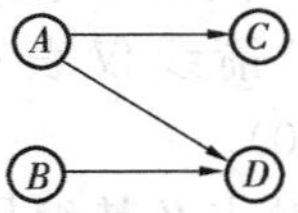
5	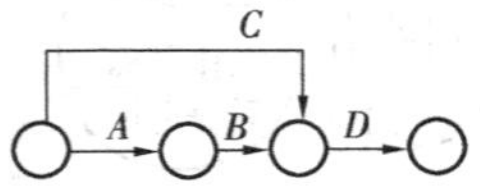	B、C 完成后进行 D，A 在 B 之前	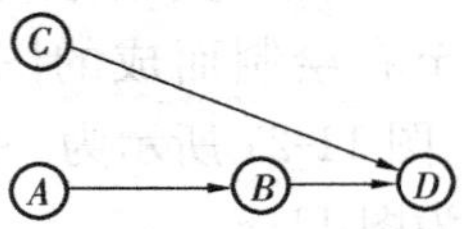
6	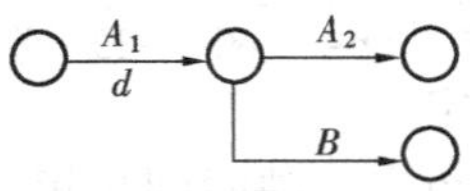	在 A 开始一个 d 时间 B 才能开始	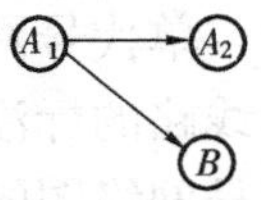
7	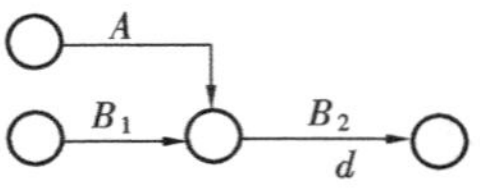	在 A 完成后，要经过一个 d 的时间 B 才能完成	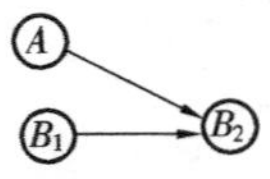
8	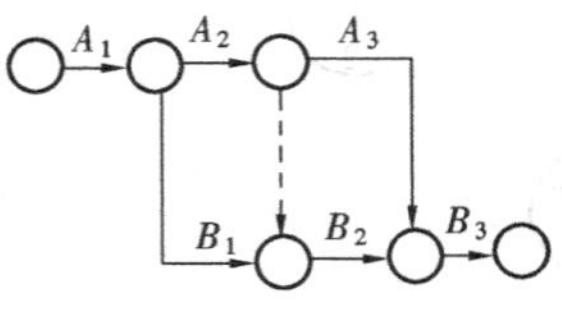	A、B 分为三个施工段，分段流水施工：A_1 完成后进行 B_1、A_2；A_2 完成后进行 A_3；A_2、B_1 完成后进行 B_2；A_3、B_2 完成后进行 B_3	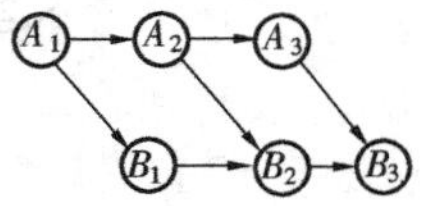

二、单代号网络图绘制方法

1. 单代号网络图各种逻辑关系的表示方法

表 11-3 中序号及工作之间的逻辑关系同表 11-1，表中并列出双代号表示方法以示对比。

2. 绘制单代号网络图基本规则

（1）不允许出现循环回路；

（2）工作代号不允许重复，一项工作必须有唯一的一个节点及相应的一个编号；

（3）单代号网络图中有多项开始工作或多项结束工作时，应在网络图的两端分别设置一项虚拟的工作，作为该网络图的起点节点和终点节点。如图 11-22 所示。

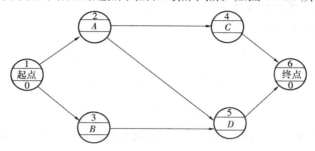

图 11-22　虚拟起点、终点节点

其他有关箭线交叉、连线及母线法绘图等有关规定，均与双代号网络图相同，可参见图 11-8、图 11-9、图 11-10、图 11-11。

三、单代号网络计划时间参数计算

单代号网络图时间参数 T_i^{ES}（T_i^{EF}）和 F_i^{T} 的计算原理与双代号网络图类似。只当有多项紧后工作时，由于单代号网络图中紧后工作的最早（或最迟）开始时间可能不相等，因而在计算自由时差和 T_i^{LS}（T_i^{LF}）时，须用紧后工作的最小值为被减数。

单代号网络图时间参数可按下述各式进行计算：

（一）工作 i 最早开始时间 T_i^{ES} 和最早完成时间 T_i^{EF} 的计算

$$T_1^{ES} = 0（起点节点的最开始时间如无规定时）\tag{11-11}$$

$$T_i^{EF} = \max_h\{T_h^{ES} + D_h\}\tag{11-12}$$

$$T_i^{EF} = T_i^{ES} + D_i\tag{11-13}$$

式中　T_h^{ES}——工作 i 的紧前工作 h 的最早开始时间；

　　　D_h——工作 i 的紧前工作 h 的持续时间。

（二）工作 i 最迟完成时间 T_i^{LF} 和最迟开始时间 T_i^{LS} 的计算

工作 i 的 T_i^{LF} 应从网络图的终点节点开始，逆着箭线方向依次逐项计算。当工期有规定时，终点节点所代表的工作 n 的最迟完成时间 T_n^{LF} 就等于或小于规定的要求工期 T_r；当工期无规定时，就等于终点节点的最早完成时间 T_n^{EF}，并将该值视为网络计划的计算工期 T_c。其他中间节点及起点节点所代表的工作的最迟完成时间 T_i^{LF}，则是从终点节点开始，逆着箭线方向逐一算至起点节点为止，并取紧后各节点最迟完成时间分别减去相应工作持续时间之差的最小值，作为该节点的最迟完成时间 T_i^{LF}。由 T_i^{LF} 值再减去本工作的持续时间 D_i，即为该节点所代表的工作的 T_i^{LS}。如下式所示：

$$T_n^{LF} = T_p = \begin{cases} \leqslant T_r\text{(当有规定工期时)} \\ = T_c = T_n^{EF}\text{(当无规定工期时)} \end{cases} \tag{11-14}$$

$$T_i^{LF} = \min_j\{T_j^{LF} - D_j\} \tag{11-15}$$

$$T_i^{LS} = T_i^{LF} - D_i = \min_j\{T_i^{LF} - D_j\} - D_i = \min_j\{T_i^{LS}\} - D_i \tag{11-16}$$

式中　T_n^{LF}——终点节点所代表工作 n 的最迟完成时间；

　　　T_n^{EF}——终点节点所代表工作 n 的最早完成时间；

　　　T_p——根据 T_r 或 T_c 确定的网络计划的计划工期；

　　　T_j^{LF}——工作 i 的紧后工作 j 的最迟完成时间；

　　　D_j——工作 i 的紧后工作 j 的持续时间。

（三）工作 i 的总时差 F_i^T 的计算

$$F_i^T = T_i^{LS} - T_i^{ES} = T_i^{LF} - T_i^{EF} \tag{11-17}$$

（四）工作 i 的自由时差 F_i^F 的计算

$$F_i^F = \min_j\{T_j^{ES}\} - T_i^{EF} \tag{11-18}$$

或

$$F_i^F = \min_j\{T_j^{ES}\} - T_i^{ES} - D_i \tag{11-19}$$

现以图 11-23 为例，采用图上计算法进行时间参数计算。计算结果标于节点旁图例所示相应位置。

1. 计算工作最早开始时间 T_i^{ES}

图 11-23 的起点和终点都只有一项工作，所以可不另加起点节点和终点节点。起点节点（开始工作）的 $T_1^{ES}=0$，其余工作最早开始时间按照（11-12）式计算如下：

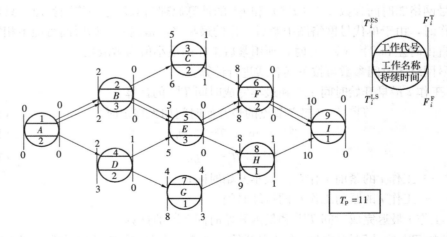

图 11-23

$T_2^{ES} = T_4^{ES} = T_1^{ES} + D_1 = 0 + 2 = 2$；$T_3^{ES} = T_2^{ES} + D_2 = 2 + 3 = 5$；$T_5^{ES} = \max_h \{2+3=5、2+2=4\} = 5$；$T_6^{ES} = \max_h \{5+2=7、5+3=8\} = 8$；$T_7^{ES} = T_4^{ES} + D_4 = 2 + 2 = 4$；$T_8^{ES} = \max_h \{5+3=8、4+1=5\} = 8$；$T_9^{ES} = \max_h \{8+2=10、8+1=9\} = 10$。

以上计算结果分别记于节点边图例所示位置处。

若工期无规定，则计划总工期等于终点节点最早开始时间与其持续时间之和，根据

（11-13）式，$T_p=T_9^{EF}=10+1=11$，并记入节点旁方框中。

2. 计算工作最迟开始时间 T_i^{LS}

终点节点所代表工作 n 的最迟开始时间 T_n^{LS}，根据（11-16）式可用总工期减本工作持续时间之差，即 $T_9^{LS}=T_9^{LF}-D_9=11-1=10$，其余工作的最迟时间根据（11-15）式及（11-16）式计算如下：

$T_8^{LS}=T_9^{LS}-D_8=10-1=9$；$T_7^{LS}=L_8^{LS}-D_7=9-1=8$；$T_6^{LS}=T_9^{LS}-D_6=10-2=8$；$T_5^{LS}=\min_j\{8、9\}-3=5$；$T_4^{LS}=\min_j\{5、8\}-2=3$；$T_3^{LS}=T_6^{LS}-D_3=8-2=6$；$T_2^{LS}=\min_j\{6、5\}-3=2$；$T_1^{LS}=\min_j\{2、3\}-2=0$。

以上计算结果分别记于节点边图例所示位置处。

3. 计算总时差 F_i^T

按照（11-17）式计算如下：

$F_1^T=T_1^{LS}-T_1^{ES}=0-0=0$；$F_2^T=2-2=0$；$F_3^T=6-5=1$；$F_4^T=3-2=1$；$F_5^T=5-5=0$；$F_6^T=8-8=0$；$F_7^T=8-4=4$；$F_8^T=9-8=1$；$F_9^T=10-10=0$。

对总时差为零的节点用双箭线连接起来，即为关键线路。本例关键线路为①→②→⑤→⑥→⑨。

4. 计算自由时差 F_i^F

按照（11-19）式计算如下：

$F_1^F=2-0-2=0$；$F_2^F=5-2-3=0$；$F_3^F=8-5-2=1$；$F_4^F=\min_j\{T_j^{ES}\}-T_4^{ES}-D_4=\{4、5\}-2-2=0$；$F_5^F=8-5-3=0$；$F_6^F=10-8-2=0$；$F_7^F=8-4-1=3$；$F_8^F=10-8-1=1$；$F_9^F=11-10-1=0$。

以上计算结果分别记于节点边图例所示位置处。

第三节 双代号时标网络计划

双代号时标网络计划（以下简称时标网络计划）是以时间坐标为尺度表示工作时间而绘制的网络计划。时标的时间单位应根据需要在编制网络计划之前确定，可为时、天、周、旬、月或季。

时标网络计划以实箭线表示工作，以虚箭线表示虚工作，以波形线表示工作的自由时差。当工作之后紧接有工作时，波形线表示本工作的自由时差；当工作之后只紧接虚工作时，则紧接的虚工作上的波形线中的最短者为该工作的自由时差。如图 11-24 所示，G 的

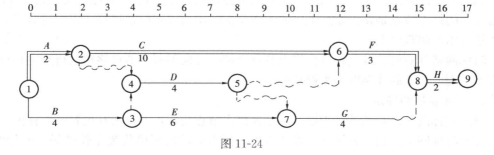

图 11-24

自由时差为1，D 的自由时差为 2。

时标网络计划中所有符号在时标上的水平位置及其水平投影，都必须与其所代表的时间值相对应。节点的中心必须对准时标的刻度线。箭线宜用水平箭线或由水平段和垂直段组成的箭线，不宜用斜箭线。虚工作亦宜如此，但虚工作的水平段应绘成波形线。

一、时标网络计划的编制方法

时标网络计划宜按最早时间编制。编制时标网络计划之前，应先按已确定的时间单位绘出时标表。时标可标注在时标表的顶部或底部。时标的长度单位必须注明。必要时，可在顶部时标之上或底部时标之下加注日历的对应时间。时标表格式宜符合表 11-4 的规定。

时 标 表 表 11-4

日　历																	
（时间单位）	1	2	3	4	5	6	7	8	9	10	11	12	13	14	15	16	17
网络计划																	
（时间单位）	1	2	3	4	5	6	7	8	9	10	11	12	13	14	15	16	17

时标表中部的刻度线宜为细线。为使图面清晰，此线也可不画或少画。

时标网络计划的编制应先绘制无时标网络计划草图，然后按以下两种方法之一进行。

（一）间接法

先计算网络计划的时间参数，再根据时间参数按草图在时标表上进行绘制。绘制时，应先按每项工作的最早开始时间将其开始节点定位在时标表上，再用规定线型绘出工作及其自由时差，且宜先绘出关键线路，再绘制非关键线路。某些箭线长度不足达到该工作的结束节点时，宜用波形线补足。必要时，可将工作总时差标注在相应波形线或直箭线上。

（二）直接法

不经计算直接按草图编绘时标网络计划，应按下列方法逐步进行。

1. 绘制方法

（1）将起点节点定位在时标表的起始刻度线上；

（2）按工作持续时间在时标表上绘制以网络计划起点节点为开始节点的工作的箭线；

（3）其他工作的开始节点必须在该工作的全部紧前工作都绘出后，定位在这些紧前工作中所对应的最长箭线所示时间刻度上。某些工作的箭线长度不足以达到该节点时，用波形线补足，箭头画在波形线与节点连接处；

（4）用上述方法自左至右依次确定其他节点位置，直至网络计划终点节点定位绘完。网络计划的终点节点是在无紧后工作的工作全部绘出后，定位在这些工作中所对应的最长实箭线所示时间刻度上。

时标网络计划的关键线路可自终点节点逆箭线方向朝起点节点逐次进行判定；自始至终都不出现波形线的线路即为关键线路。

2. 时间参数的确定

（1）时标网络计划的计算工期，应是其终点节点与起点节点所在位置的时标值之差。

（2）时标网络计划每条箭线左端节点中心所对应的时标值代表工作的最早开始时间，

箭线实线部分右端或箭线右端节点中心所对应的时标值代表工作的最早完成时间。

（3）时标网络计划中工作的自由时差值应为其波形线在坐标轴上水平投影长度。

（4）时标网络计划中工作的总时差应自右向左，在其诸紧后工作的总时差都被判定后才能判定。其值等于其诸紧后工作总时差（F_{j-k}^T）的最小值与本工作自由时差之和。其计算应符合下列规定：

$$F_{i-j}^T = \min_k \{F_{j-k}^T\} + F_{i-j}^F \tag{11-20}$$

（5）工作的最迟开始时间等于该工作的最早开始时间加该工作的总时差，即：

$$T_{i-j}^{LS} = T_{i-j}^{ES} + F_{i-j}^T \tag{11-21}$$

工作的最迟完成时间等于该工作的最早完成时间加该工作的总时差，即：

$$T_{i-j}^{LF} = T_{i-j}^{EF} + F_{i-j}^T \tag{11-22}$$

【例 11-3】 图 11-25 为图 11-18 的时标网络计划，采用直接法绘制时，其时间参数确定如下：

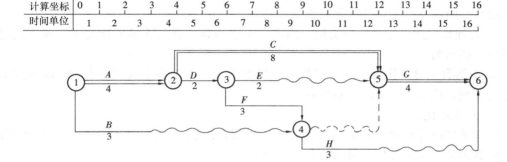

图 11-25

【解】 1. 自由时差 F_{i-j}^F

$F_{1-4}^F = 6$；$F_{2-3}^F = 0$；$F_{3-4}^F = 0$；$F_{3-5}^F = 4$；$F_{4-5}^F = 3$；$F_{4-6}^F = 4$。

2. 总时差 F_{i-j}^T

$F_{4-6}^T = 0 + 4 = 4$；$F_{4-5}^T = 0 + 3 = 3$；$F_{3-4}^T = \min_k \{3、4\} + 0 = 3$；$F_{3-5}^T = 0 + 4 = 4$；$F_{2-3}^T = \min_k \{4、3\} + 0 = 3$；$F_{1-4}^T = \min_k \{3、4\} + 6 = 9$。

3. 最迟开始时间 T_{i-j}^{LS}

$T_{1-4}^{LS} = 0 + 9 = 9$；$T_{2-3}^{LS} = 4 + 3 = 7$；$T_{3-4}^{LS} = 6 + 3 = 9$；$T_{3-5}^{LS} = 6 + 4 = 10$；$T_{4-5}^{LS} = 9 + 3 = 12$；$T_{4-6}^{LS} = 9 + 4 = 13$。

第四节　网络计划的优化

网络计划的优化是在满足已定约束的条件下，按某一目标，寻求满意的计划方案。

网络计划优化的基本思路：一是利用关键线路缩短工期；二是利用工作时差调整资源。前者是对关键工作在一定范围内适当增加资源，缩短工作的持续时间；后者是适当改变有总时差工作的最早开始时间，调整资源供应量。

网络计划优化目标包括工期目标、费用目标和资源目标等。根据计划任务的需要与条件来选定。

一、工期优化

工期优化是以缩短工期为目标，通过压缩关键工作作业时间达到缩短工期的目的。

（一）工期优化的步骤

1. 计算网络计划时间参数，确定关键工作与关键线路。

2. 根据计划工期，确定应缩短时间。即

$$\Delta t = T_c - T_p$$

3. 确定关键工作能缩短的持续时间，并考虑下列因素：

(1) 压缩某工作的作业时间后，对质量和安全无影响。

(2) 压缩某工作的作业时间后，所增加的费用较少。

(3) 压缩某工作的作业时间后，有充足的备用资源。

4. 把选择的关键工作压缩到最短的持续时间，重新计算工期，找出关键线路。此时，必须注意两点才能到缩短工期的目的：一是不能把关键工作变成非关键工作；二是出现多条关键线路时，其总的持续时间应相等。

5. 若计算工期仍超过计划工期，则重复上述步骤，直至满足工期要求，或工期已不可能再压缩时为止。

6. 当所有关键工作的持续时间都压缩到极限，工期仍不能满足要求时，应对施工方案进行调整，或对计划工期重新审查。

（二）工期优化示例

已知某网络计划初始方案如图 11-26 所示。图中箭杆上方数据为工作正常作业时间，括号内数据为工作最短作业时间，合同工期为 146d。

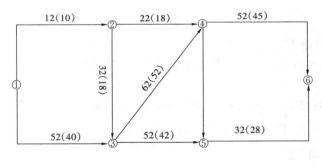

图 11-26

假设：3—4 工作有充足的资源，且压缩时间对质量无太大影响；4—6 工作缩短时间所需费用最省，且资源充足；1—3 工作缩短时间的有利因素不如 3—4 和 4—6 工作。

第一步：根据工作正常时间计算各节点的最早和最迟开始时间，并找出关键工作和关键线路。计算结果如图 11-27 所示。关键线路为：1 ——→ 3 ——→ 4 ——→ 6。

第二步：计算需压缩的工期。根据图 11-27，计算工期为 166d，合同工期为 146d，需压缩时间 20d。

第三步：关键工作 1—3 可压缩 12d，工作 3—4 可压缩 10d，工作 4—6 可压缩 7d。共计可压缩时间 29d。

第四步：选择关键工作，考虑选择因素。由于 4—6 工作压缩时间所需费用最省，且

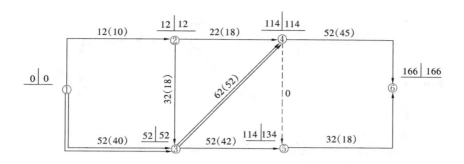

图 11-27 某网络计划图

资源充足。优先考虑压缩其工作时间，由原 52d 压缩为 45d，即得网络计划图 11-28 所示。

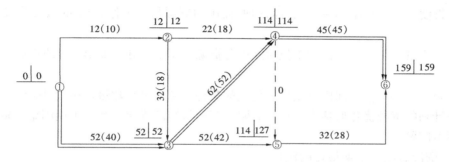

图 11-28 缩短 4—6 工作后的网络计划图

图 11-28 计算工期为 159d，与合同工期 146d 相比尚需压缩 13d，考虑选择因素，选择 3—4 工作，因其有充足的资源，且压缩持续时间对质量无太大的影响，由原 62d 压缩为 52d，所得网络计划图如图 11-29 所示。

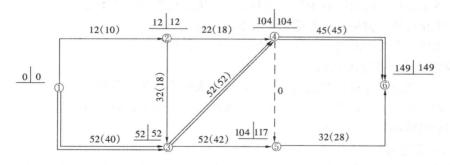

图 11-29 缩短 3—4 工作后的网络计划图

图 11-29 计算工期为 149d，与合同工期 146d 相比尚需压缩 3d，考虑选择因素，选择 1—3 工作，因为关键线路上可压缩时间工作只剩 1—3 工作。将其由原 52d 压缩为 49d，得网络计划图如图 11-30 所示。

二、资源优化

资源优化是通过改变工作的开始时间，使资源按时间分布符合优化目标。

资源优化中常用的几个术语：

315

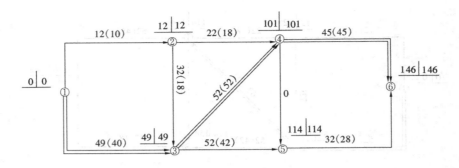

图 11-30 优化后的网络计划图

资源——完成某工作所需用的各种人力、材料、机械设备和资金等的统称。

资源强度——一项工作在单位时间内所耗用的资源量（工作 $i-j$ 的资源强度用 Q_{i-j} 表示）。

资源需用量——一项工作在单位时间内各资源需用量之和。如第 t 天的资源需用量用 Q_t 表示。

资源限量——单位时间内可供计划使用的某种资源的最大数量，用 Q 表示。

网络计划的资源优化概括为"资源有限，工期最短的优化"和"工期固定，资源均衡优化"两类问题。

（一）资源有限，工期最短的优化

在资源有限的条件下，保持各项工作每日资源需要量（即资源强度）不变，并使工期延长时间最少的网络计划。

1. 资源有限，强度不变，工期最短优化的条件

（1）在优化过程中各工作持续时间不变。

（2）各工作每天的资源需用量是均衡的，在优化过程中保持不变。

（3）优化过程中网络计划的逻辑关系不能改变。

（4）除规定允许中断的工作外，应保持工作的连续性。

2. 资源优化顺序分配原则

（1）先对关键工作按资源需用量大小，以从大到小的顺序分配。

（2）再对非关键工作按总时差大小，以从小到大的顺序分配。总时差相等时，按每日资源需用量递减编号进行分配。

3. 资源优化的步骤

资源优化就是在资源有限的条件下，调整各个工作的最早开始和结束时间的过程。其步骤如下：

（1）计算网络计划每天资源需用量。

将网络计划绘成时标网络计划，标明各个工作每日资源需用量和总时差。

绘制资源需用量曲线，标明每一时段每日资源需用量数值。

（2）在每日资源需用量曲线图中，从计划开始日期起，逐日检查每天资源需用量是否超过资源限量。如果在整个工期内每天均能满足资源限量的要求，则优化方案编制完成；如果出现超过资源供应限额的时段，就必须进行调整。

（3）分析超过资源限量的时段（即每天资源量相同的时间区段）。如该时段内有几项工作，对各工作进行编号，按照编号顺序，依次累加本时段内各个工作每天的资源量。当出现资源用量大于资源供应限额时，根据资源优化分配顺序的原则，选择一项工作推移到后一个时段开始，使本时段每日资源量不超过资源限额。

（4）绘制调整后的网络计划和资源需用量曲线。

4. 资源有限，工期最短优化示例

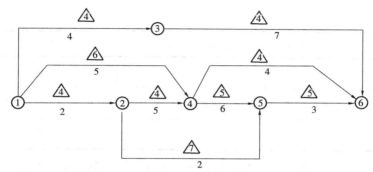

图 11-31　资源优化初始网络计划图

图 11-31 所示的网络计划，箭线上面△内的数据表示该工作每天的资源需用量 r_{i-j}，箭线下面的数据为工作作业时间 D_{i-j}。现假定每天可能供应的资源数量为 14 个单位，工作不允许中断，试进行资源有限、工期最短的优化。

（1）按最早开始时间绘制时标网络图，并画出资源需用量动态曲线，如图 11-32 所示。

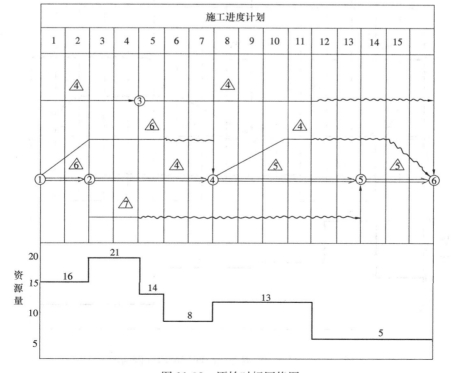

图 11-32　原始时标网络图

从图 11-32 中看出，时段 [0，2]、[2，4] 每天所需要的资源数量分别为 16 和 21 个单位，超出了资源供应的限量 14 个单位，所以计划必须调整。

（2）第一次调整

调整工作首先从时段 [0，2] 开始。

处于该时段内同时进行的工作有 1—2、1—3、1—4，按照资源分配原则，它们的编号顺序见表 11-5。

表 11-5

编号顺序	工作名称 $i-j$	每天资源需要量 r_{i-j}	编 号 依 据
1	1—2	6	关键线路 $FT_{1-2}=0$
2	1—3	4	非关键工作 $FT_{1-3}=5$
3	1—4	6	非关键工作 $FT_{1-4}=2$

按编号顺序，对各工作每天资源需要量 r_{i-j} 进行分配，其中第一项分配 $r_{1-2}=6$，第二项分配 $r_{1-3}=4$，两项相加为 $6+4=10<Q$。资源供应限额为 14，而第三项工作 1—4 每天需要量是 6，已经不够分配，因此工作 1—4 应推迟到下一时段开始。

工作 1—4 推迟开始后的时标网络图如图 11-33 所示。

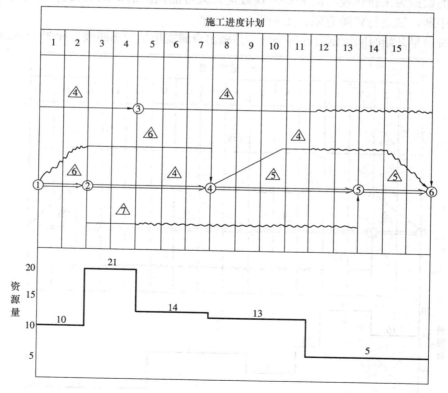

图 11-33 ①—④推迟开始时间后的时标网络图

（3）第二次调整

再研究时段［2，4］调整。处于该时段内同时进行的工作有1—3、1—4、2—4、2—5，根据分配原则，它们的顺序见表11-6。

表 11-6

编号顺序	工作名称 $i-j$	每天资源需要量 r_{i-j}	编 号 依 据
1	2—4	4	关键线路 $F^T=0$
2	1—4	6	非关键线路 $F^F=0$ （时差已用完）
3	1—3	4	非关键线路 $F^T=3$
4	2—5	7	非关键线路 $F^F=8$

按编号顺序，工作2—4、1—4、1—3三项每天的资源需要量之和为 $4+6+4=14=Q$，故工作2—5必须推到下一个时段开始。

工作2—5推迟开始后的时标网络图如图11-34所示。

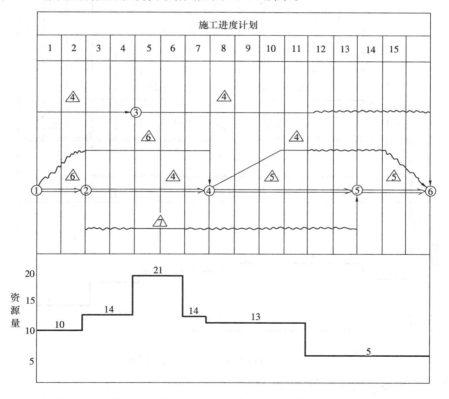

图 11-34 2—5 推迟开始时间后的时标网络图

（4）第三次调整

再研究时段［4，6］的调整。处于该时段内同时进行的工作有2—4、1—4、3—6、2—5，根据分配原则，它们的顺序见表11-7。

表 11-7

编号顺序	工作名称 $i-j$	每天资源需要量 r_{i-j}	编 号 依 据
1	2—4	4	关键线路 $F^T=0$
2	1—4	6	非关键线路总时差用完
3	3—6	4	非关键线路 $F^T=5$
4	2—5	5	非关键线路 $F^F=7$

按编号顺序，工作 2—4、1—4、3—6 每天的资源需要量之和为 $4+6+4=14=Q$，因此工作 2—5 应推到下一个时段开始。

依次类推，继续以下各步调整，最后可得图 11-35 所示的资源有限、工期最短的图解。

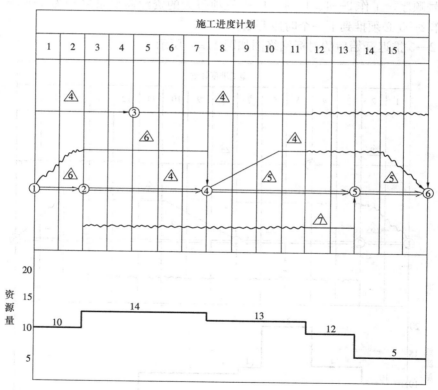

图 11-35 资源有限、工期最短的图解

（二）工期固定，资源均衡优化

工期固定，资源均衡优化是指在工期保持不变的条件下，利用时差使资源需用量曲线高峰压低，力求每天的资源需要量接近平均水平的过程。

1. 资源均衡程度指标

衡量资源均衡程度有不均匀系数法、极差值法和均方差值法三种。

（1）不均匀系数（K）法

$$K = \frac{Q_{\max}}{\overline{Q}} \tag{11-23}$$

式中　$Q_{\max}$——最高峰期间每天资源需用量；

　　　$\overline{Q}$——每天资源需用量的平均值。即：

$$\overline{Q} = \frac{1}{T}(Q_1 + Q_2 + \cdots + Q_t) = \frac{1}{T}\sum_{t=1}^{T_c} Q_t \tag{11-24}$$

式中　T——网络计划规定工期；

　　　Q_t——某种资源在第 t 时间的需用量。

资源需用量不均衡系数愈小，则资源需用量均衡性愈好。

（2）极差值（ΔQ）法

$$\Delta Q = \max(|\, Q_t - \overline{Q}\,|) \tag{11-25}$$

资源需用量极差值愈小，则均衡性愈好。

（3）均方差（σ^2）法

均方差是表示随机变量与其平均值之间的离散程度的一个量。即每天资源需用量与其平均值的离散程度。

①均方差计算

网络计划中的资源消耗均方差，用（11-26）式计算，即

$$\sigma^2 = \frac{1}{T}\sum_{t=1}^{T_c}(Q_t + \overline{Q})^2 = \frac{1}{T}\sum_{t=1}^{T_c} Q_t^2 - \overline{Q}^2 \tag{11-26}$$

均方差值愈小，则均衡性越好。

在式（11-26）中，规定工期 T 和资源需用量平均值 $\overline{Q}$ 是常数。要使均方差缩小，必须使 $\sum\limits_{t=1}^{T_c} Q_t^2$ 最小。

②均方差减小的判别式

假如调整某一非关键工作 A—B，将其开始时间往后移一天，即第 i 天开始，移至第 $i+1$ 天开始，第 j 天结束，移至 $j+1$ 天结束。则工作 A—B 往后移一天后，第 i 天资源量减少 γ_{A-B}，第 $j+1$ 天的资源量将增加 γ_{A-B}。即调整后第 i 天资源需用量 $Q'_i = Q_i - \gamma_{A-B}$，第 $j+1$ 资源需用量 $Q'_{j+1} = Q_{j+1} + \gamma_{A-B}$。

所以，要使 $\sum\limits_{t=1}^{T_c} Q_t^2$ 缩小，则工作 A—B 后移一天的差值为：

$$\begin{aligned}
&[(Q_{j+1} + \gamma_{A-B})^2 - Q_{j+1}^2] - [Q_i^2 - (Q_i - \gamma_{A-B})^2] \\
&= 2Q_{j+1} \cdot \gamma_{A-B} + \gamma_{A-B}^2 - 2Q_i \cdot \gamma_{A-B} + \gamma_{A-B}^2 \\
&= 2\gamma_{A-B}[Q_{j+1} - (Q_i + \gamma_{A-B})]
\end{aligned} \tag{11-27}$$

因为 γ_{A-B} 是常数，欲使均方差缩小，则 $2\gamma_{A-B}[Q_{j+1} - (Q_i - \gamma_{A-B})]$ 必须小于零。为了便于连续调整也可以等于零。故式（11-27）可表达为：

$$Q_i \geqslant Q_{j+1} + \gamma_{A-B} \tag{11-28a}$$

或　　　　　　　　$$Q_{j+1} \leqslant Q_i - \gamma_{A-B} \tag{11-28b}$$

按公式（11-28）工作 A—B 往后移一天，使资源总需用量的均方差减少。反之，工作 $A-B$ 不能往后移一天。

如果 $Q_{j+1}-（Q_i-\gamma_{A-B}）>0$，则工作 A—B 不能往后移一天，这时可计算工作 A—B 是否在该工作总时差范围内向后移动 2 天，如果 $Q_{j+2}-（Q_{j+1}-\gamma_{A-B}）<0$，再计算：

$$[Q_{j+1}-（Q_i-\gamma_{A-B}）]+[Q_{j+2}-（Q_{j+1}-\gamma_{A-B}）]$$

如仍是负值，则工作可往后移动两天。同样，还可以考虑是否能往后移动 3 天……。工作 A—B 后移以后，再按上述顺序考虑其他工作的后移。

2. 资源均衡优化步骤

（1）将网络计划（按最早开始时间）绘成时标网络计划，标明各工作的每日资源需用量 γ_k（k 为资源代号）。

（2）绘出资源需用量曲线，标明每天资源总需用量 Q_i。

（3）从网络图结束节点有关的非关键工作为调整起点（当结束节点无非关键工作与之相关时，以其最后一个非关键工作与关键工作相关的结束节点为调整起点）。从右向左进行调整。同一结束节点的若干非关键工作，以其中最早开始时间靠后的先行调整，其中，最早开始时间相同的工作，以时差较小的先行调整。而当它们时差相同时，又以每日资源需用量大的先行调整。

由于工期固定，在调整计划过程中，不考虑对关键工作的调整和后移。

（4）利用均方差增减的判别式（11-28），依次对各非关键工作在自由时差范围之内逐日调整。凡向右推移一个单元时间后，资源需用量变化符合 $Q_{j+1}\leqslant（Q_i-\gamma_{A-B}）$ 条件的，则可以右移一个单元时间。逐日逐次判别可否推移，直至本次调整不能再推移为止。绘出第一次调整后的时标网络计划和资源需用量曲线图。

（5）进行再一次优化调整。重复（3）、（4）步骤，直至最后一次不能再调整为止。绘出最后时标网络计划和资源需用量曲线。

至此，完成了工期固定资源均衡优化的全过程。

3. 示例

某网络计划及资源供应计划情况如图 11-36 所示。资源供应量没有限制，最高峰期间每天资源需要量为 $Q_{max}=21$ 个单位，现进行工期-资源优化，即在工期不变的条件下改善网络计划的进度安排，选择资源消耗最均衡的计划方案。

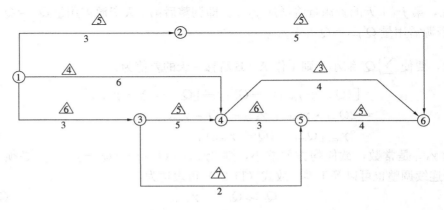

图 11-36 初始网络图

第一步，绘制初始时标网络计划图及资源需要量曲线图，如图 11-37 所示，确定关键工作和关键线路（图中双线表示）。

第二步，求每天平均资源需要量 $\overline{R}$ ：

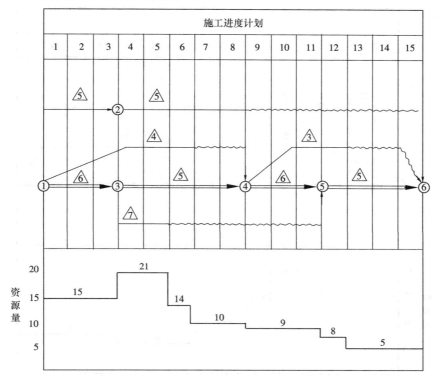

图 11-37　初始时标网络图

$$\overline{Q} = \frac{1}{T}\sum_{i=1}^{T}Q_{t} = \frac{1}{15}\times(3\times15+2\times21+14+2\times10+9\times3+8+3\times5)=11.4$$

资源需要量不均衡系数 K 为：

$$K=Q_{\max}/\overline{Q} \tag{11-29}$$

式中　$Q_{\max}$——最高峰期间每天资源需要量。

$$K=\frac{21}{11.4}\approx1.84$$

第三步，第一次调整。

（1）对以节点⑥为结束点的两项工作 2—6 和 4—6 进行调整（5—6 工作为关键工作，不考虑它的调整）。

从图 11-37 可知，工作 4—6 的开始时间（第 9 天）较工作 2—6 的开始时间（第 4 天）迟，因此先考虑调整工作 4—6。

由于 $Q_{13}-(Q_{9}-r_{4-6})=5-(9-3)=-1<0$　故可右移一天，即 $T^{ES}_{4-6}=9$。

又因 $Q_{14}-(Q_{10}-r_{4-6})=5-(9-3)=-1<0$　故可再右移一天，即 $T^{ES}_{4-6}=10$。

又因 $Q_{15}-(Q_{11}-r_{4-6})=5-(9-3)=-1<0$　故可再右移一天，即 $T^{ES}_{4-6}=11$。

323

可见工作 4—6 可逐天移到时段 [12，15] 内进行，均能使动态曲线的方差值减小，如图 11-38 所示。

接着根据工作 4—6 调整后的动态曲线图，再对工作 2—6 进行调整。

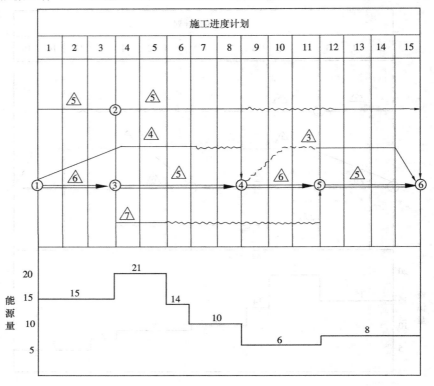

图 11-38　4—6 工作调整后的时标网络图

由于 $Q_9 - (Q_4 - r_{2-6}) = 6 - (21 - 5) = -10 < 0$　可右移一天，即 $T^{ES}_{2-6} = 4$。

$Q_{10} - (Q_5 - r_{2-6}) = 6 - (21 - 5) = -10 < 0$　再右移一天，即 $T^{ES}_{2-6} = 5$。

$Q_{11} - (Q_6 - r_{2-6}) = 6 - (14 - 5) = -3 < 0$　再右移一天，即 $T^{ES}_{2-6} = 6$。

$Q_{12} - (Q_7 - r_{2-6}) = 8 - (10 - 5) = 3 > 0$　不能右移。

$Q_{13} - (Q_8 - r_{2-6}) = 8 - (10 - 5) = 3 > 0$　不能右移。

$Q_{14} - (Q_9 - r_{2-6}) = 8 - (11 - 5) = 2 > 0$　不能右移。

$Q_{15} - (Q_{10} - r_{2-6}) = 8 - (11 - 5) = 2 > 0$　不能右移。

因此，工作 2—6 只能右移 3 天，其移动后的时标网络计划见图 11-39。

（2）对以节点⑤为结束节点的工作 3—5 进行调整。

根据工作 2—6 节点调整后的时标网络图 11-39 进行计算。

$Q_6 - (Q_4 - r_{3-5}) = 9 - (16 - 7) = 0$　可右移一天，即 $T^{ES}_{3-5} = 4$。

$Q_7 - (Q_5 - r_{3-5}) = 10 - (16 - 7) = 1$　不能右移。

因此，工作 3—5 只能右移 1 天，其移动后的时标网络计划见图 11-40。

（3）对以节点④为结束点的非关键工作 1—4 进行调整。

$Q_7 - (Q_1 - r_{1-4}) = 10 - (15 - 4) = -1 < 0$　可右移一天，即 $T^{ES}_{1-4} = 1$

324

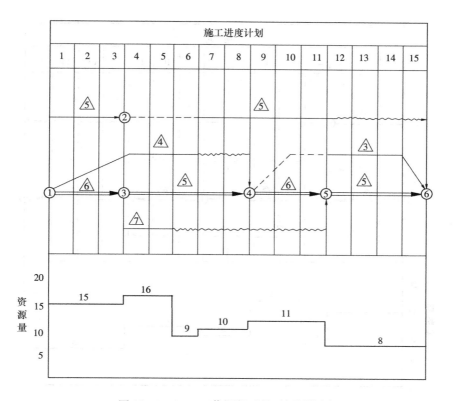

图 11-39 2—6 工作调整后的时标网络图

$Q_8-(Q_2-r_{1-4})=10-(15-4)=-1<0$　可右移一天，即 $T^{ES}_{1-4}=2$

可见工作 1—4 移到时段 $[3，8]$ 内，均能使动态曲线的方差值减少，如图 11-41 所示。

第四步，第二次调整。

(1) 在图 11-41 的基础上，对以节点⑥为结束点的工作 2—6 继续调整（4—6 时差已用完）

$Q_{12}-(Q_7-r_{2-6})=8-(14-5)=-1<0$　可右移一天，即 $T^{ES}_{2-6}=7$

$Q_{13}-(Q_8-r_{2-6})=8-(14-5)=-1<0$　可右移一天，即 $T^{ES}_{2-6}=8$

$Q_{14}-(Q_9-r_{2-6})=8-(11-5)=2>0$　不能右移。

$Q_{15}-(Q_{10}-r_{2-6})=8-(11-5)=2>0$　不能右移。

可见工作 2—6 右移到时段 $[9，13]$ 内，均能使动态曲线的方差值减少，如图 11-42 所示。

(2) 分别考虑以节点⑤、④为结束点的各非关键工作的调整，计算结果表明都不能右移。

从第二次调整后的图 11-42 可以看出，优化后的资源动态曲线，最高峰期间每天资源需要量 $Q_{max}=16$，不均衡系数为：

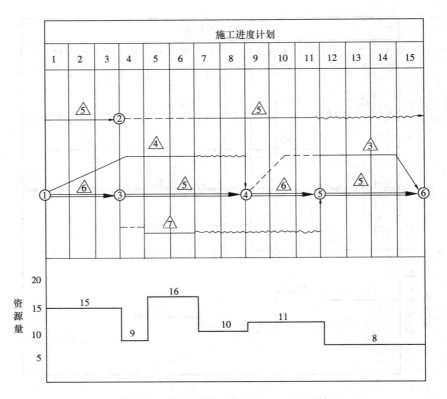

图 11-40　3—5 工作右移一天后的时标网络图

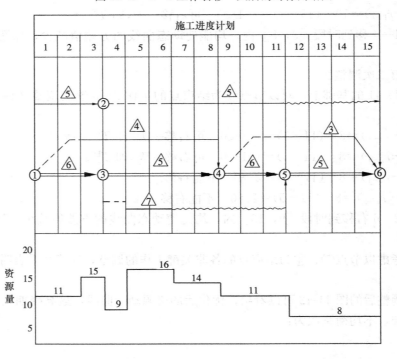

图 11-41　1—4 工作调整后的时标网络图

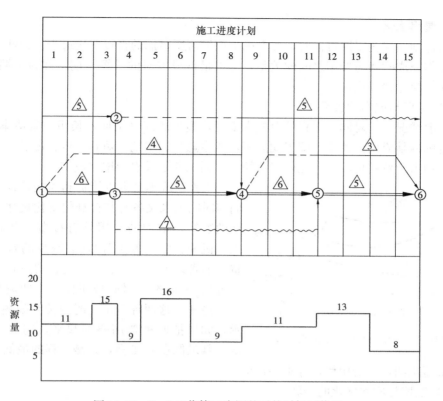

图 11-42　2—6 工作第二次调整后的时标网络图

$$K = \frac{16}{11.4} = 1.35 < 1.84$$

第五步，网络计划初始方案与优化后指标对比。见表 11-8。

（1）如图 11-37 所示，计算平均资源需用量 $\overline{Q}$

$$\overline{Q} = \frac{1}{T}\sum_{i=1}^{T}Q_t = \frac{1}{15}\times(3\times15+2\times21+14+2\times10+3\times9+8+3\times5) = 11.4$$

（2）计算资源需要量增多方差值 σ^2

初始网络计划方差值 σ^2 按图 11-37 计算：

$$\sigma_0^2 = \frac{1}{T}\sum_{i=1}^{T}Q_t^2 - \overline{Q}^2$$

$$= \frac{1}{15}(3\times15^2+2\times21^2+14^2+2\times10^2+3\times9^2+8^2+3\times5^2)-11.4^2$$

$$= 25.71$$

优化后的方差值 σ^2 按图 11-42 计算：

$$\sigma^2 = \frac{1}{15}\times(2\times11^2+15^2+9^2+2\times16^2+2\times9^2+3\times11^2+2\times13^2+2\times8^2)-11.4^2 = 6.77$$

网络计划初始方案与优化后指标的对比　　　　　　　　　　表 11-8

网络计划	$\overline{Q}$	T	$\frac{1}{T}\sum_{i=1}^{T}Q_t^2$	$\sigma_0^2 = \frac{1}{T}\sum_{i=1}^{T}Q_t^2 - \overline{Q}^2$	K
初始方案	11.4	15	155.17	25.71	1.84
优化方案	11.4	15	136.73	6.77	1.35

三、费用优化

网络计划在优化工期目标时，要考虑工期缩短所增加的直接费用最少。为此，需要分析不同工作完成时间与费用之间的关系，寻求最低成本时的最短工期，称为工期（时间）成本优化，简称费用优化。

（一）工期与成本的关系

在一般情况下，对同一工程的总成本来说，施工时间（工期）长短与其成本（费用）在一定范围内是成反比关系。即工期愈短，成本愈高。工期缩短到一定程度后，再继续增加人力、物力及费用也不一定能使工期缩短。而工期延长也会增加成本。

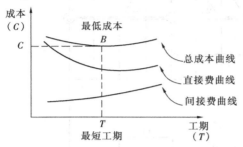

图 11-43　工程成本与工期关系曲线

工程总成本是由直接费和间接费构成的。它们与时间关系又各有其自身的变化规律。随着工期的缩短，增加的费用是直接费（如材料、人工、机械、施工方法等），而减少的费用是间接费（如管理人员工资、办公费、房屋租金、仓储费等）。总成本与时间成正比，工期愈长，消耗费用愈多。这两种费用与时间关系如图 11-43 所示。如果把两种费用叠加起来，构成总成本曲线。其最低点 B 坐标，就是工程的最低成本和与相应的最短工期，为费用优化寻求的目标。

（二）工期与成本优化的步骤

1. 计算网络计划在正常情况下的总直接费。

总直接费是构成它的各项工作的直接费用的总和。

2. 计算各项工作的费用率。

各项工作直接费的费用率是指缩短工作每一单位时间所增加的直接费，简称直接费率。工作 $i-j$ 的直接费用率用 ΔC_{i-j} 表示，其计算公式为：

$$\Delta C_{i-j} = \frac{C_{i-j}^{\text{C}} - C_{i-j}^{\text{N}}}{D_{i-j}^{\text{N}} - D_{i-j}^{\text{C}}} \tag{11-30}$$

式中　ΔC_{i-j}——缩短工作 $i-j$ 一个单位时间所增加的直接费用（直接费率）；

　　　C_{i-j}^{C}——工作 $i-j$ 的最短时间直接费，将工作 $i-j$ 持续时间缩为最短持续时间后，完成该工作所需的直接费用（称极限费用）；

　　　C_{i-j}^{N}——在正常条件下完成工作 $i-j$ 所需的直接费用（称正常费用）；

　　　D_{i-j}^{N}——工作 $i-j$ 的正常持续时间；

　　　D_{i-j}^{C}——工作 $i-j$ 的最短持续时间（称极限时间）。

3. 确定间接费的费用率。

间接费的费用率是缩短工作每一单位时间所能减少的费用，简称间接费率。工作 $i-j$ 的间接费率用 $\Delta C'_{i-j}$ 表示。间接费率一般根据实际情况确定。

4. 找出网络计划的关键线路和计算工期。

5. 在网络计划中找出直接费率（或组合直接费率）最低的一项关键工作，或一组关键工作，作为缩短持续时间的对象。

6. 一项关键工作或一组关键工作持续时间的缩短值不应使所在关键线路变成非关键线路。缩短后，其持续时间不小于最短持续时间。

7. 计算相应的费用增加值。

8. 计算总费用：

$$C_t^T = C_{t+\Delta T}^T + \Delta T \cdot \Delta C_{i-j} - \Delta T \cdot \Delta C'_{i-j}$$
$$= C_{t+\Delta T}^T + \Delta T(\Delta C_{i-j} - \Delta C'_{i-j}) \qquad (11\text{-}31)$$

式中　C_t^T——工期缩短至 t 时的总费用；

　　　$C_{t+\Delta T}^T$——前一次的总费用；

　　　ΔT——工期缩短值；

　　　ΔC_{i-j}——直接费率；

　　　$\Delta C'_{i-j}$——间接费率。

9. 重复 5～8 项的步骤，直到总费用满足计划工期或不再降低时为止。

（三）工期与成本优化示例

【例 11-4】　图 11-44 中持续时间 D_{i-j}^N 为 7d 的直接费 C_{i-j}^N 为 30 元。如果要缩短工期，欲增加机械、人工及工作台班等，得最短的持续时间 D_{i-j}^C 为 2d，相应的直接费 C_{i-j}^C 为 90 元。单位时间增加的费率为：

$$\Delta C_{i-j} = \frac{C_{i-j}^C - C_{i-j}^N}{D_{i-j}^N - D_{i-j}^C} = \frac{90-30}{7-2} = 12(\text{元}/\text{d})$$

如果求持续时间 $\Delta T = 5$d 的直接费，从图 11-44 中可找到相应的 $C=54$ 元。

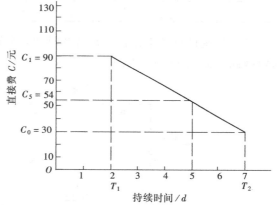

图 11-44　某施工过程的直接费与
持续时间的连续型关系曲线

【例 11-5】　某网络计划如图 11-45 所示。箭线上方括号处为正常时间直接费，括号内为最短时间直接费，箭线下方括号外为正常持续时间，括号内为最短持续时间。假定平均每天的间接费为 100 元。试对该网络计划进行工期—成本优化。

（1）根据图 11-45 列出时间和费用的原始数据表，并计算各工作的直接费用率，见表 11-9。

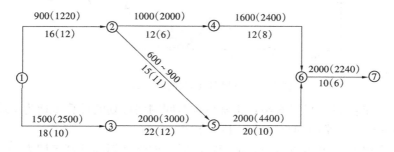

图 11-45　某工程网络计划

329

工作代号	正常工期		最短工期		相　差		费用率	费用与时间变化情况
	时间 D_{i-j}^{N}（d）	直接费 C_{i-j}^{N}（d）	时间 D_{i-j}^{C}（天）	直接费 C_{i-j}^{C}（元）	$D_{i-j}^{N}-D_{i-j}^{C}$（d）	$C_{i-j}^{C}-C_{i-j}^{N}$（天）	ΔC_{i-j}（元/d）	
1—2	16	900	12	1220	4	320	80	连　续
1—3	18	1500	10	2500	8	1000	125	连　续
2—4	12	1000	6	2200	6	1200	200	连　续
2—5	15	600	11	900	4	300	75	非连续
3—5	22	2000	12	3000	10	1000	100	连　续
4—6	12	1600	8	2400	4	800	200	连　续
5—6	20	2000	10	4400	10	2400	240	连　续
6—7	10	2000	6	2240	4	240	60	连　续
	$\sum$ 11600		$\sum$ 18860					

（2）分别计算各工作在正常持续时间和最短持续时间下的网络计划时间参数，确定其关键线路，如图 11-46、图 11-47 所示。

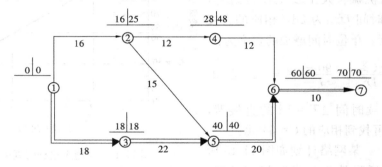

图 11-46　正常持续时间网络计划图

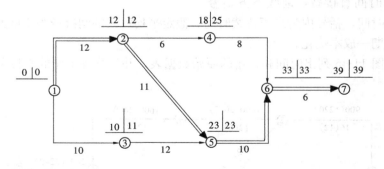

图 11-47　最短持续时间网络计划图

从图 11-46 和表 11-9 可以看出：正常持续时间网络计划的计算工期为 70d，关键线路为 1→3→5→6→7，正常时间直接费为 11600 元。

从图 11-47 和表 11-9 可以看出：最短持续时间网络计划的计算工期为 39d，关键线路为 1→2→5→6→7，最短时间直接费为 18860 元。

图 11-46 与图 11-47 相比，两者计算工期相差 70－39＝31d，直接费用相差 18860－11600＝7260 元。

（3）进行工期缩短，从直接费用增加额最少的关键工作入手进行优化。优化通常需经过多次循环。

循环一：

在正常持续时间原始网络计划图 11-46 中，关键工作为 1—3、3—5、5—6、6—7，在表 11-9 中可以看到：工作 6—7 费用变化率最小（60 元/d），时间可缩短 4d，则

工期 $T_1＝70－4＝66$ （d）

直接费 $C_1＝11600＋4×60＝11840$ （元）

关键线路没有改变，如图 11-48 所示。

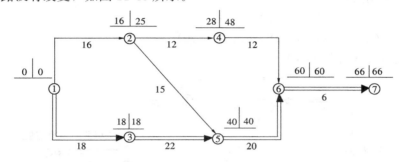

图 11-48 优化网络图（循环一）

循环二：

从图 11-48 中可以看出：关键工作仍为 1—3、3—5、5—6、6—7，表中费用率最低的是工作 6—7，但在循环一已达到了最短时间，不能再缩短，所以考虑 1—3、3—5、5—6 工作。经比较，工作 3—5 费用率最低（100 元/d），工作 3—5 可缩短 10d，但压缩 10d 时其他非关键工作也必须缩短。所以在不影响其他工作的情况下，只能压缩 9d，其工期和费用为：

工期 $T_2＝66－9＝57$ （d）

直接费 $C_2＝11840＋9×100＝12740$ （元）

这时关键线路已变成 2 条，如图 11-49 所示。

循环三：

从图 11-49 可以看出：关键线路已就成两条，即

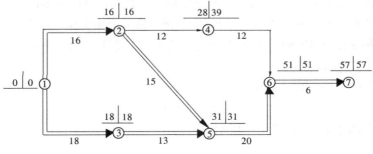

图 11-49 优化网络图（循环二）

$$1 \longrightarrow 2 \longrightarrow 5 \longrightarrow 6 \longrightarrow 7$$
$$1 \longrightarrow 3 \longrightarrow 5 \longrightarrow 6 \longrightarrow 7$$

关键工作为：1—2、2—5、5—6、1—3、3—5、6—7。

其压缩方案为：

方案一：缩短工作 5—6，每天增加费用 240 元，可压缩 10d。

方案二：缩短工作 1—2、1—3，每天增加费用 20 元，可压缩 4d。

方案三：缩短工作 1—2、3—5，每天增加费用 180 元，只能压缩 1d。

方案四：缩短工作 2—5、1—3，每天增加费用 200 元，必须压缩 4d。

根据增加费用最少的原则，经过比较，选择方案三：若平均压缩工作 1—2、3—5 各 1d，其工期和费用为：

工期　　　　$T_3 = 57 - 1 = 56$（d）

直接费　　　$C_3 = 12740 + 1 \times 180 = 12920$（元）

缩短工期后的网络图如图 11-50 所示。

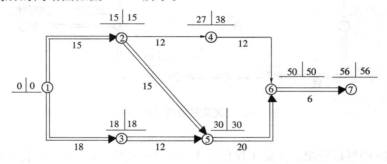

图 11-50　优化网络图（循环三）

循环四：

从图 11-50 可以看出，关键线路仍有两条：

$$1 \longrightarrow 2 \longrightarrow 5 \longrightarrow 6 \longrightarrow 7$$
$$1 \longrightarrow 3 \longrightarrow 5 \longrightarrow 6 \longrightarrow 7$$

关键工作为：1—2、2—5、5—6、1—3、3—5、6—7。

其压缩方案为：

方案一：缩短工作 5—6，每天增加费用 240 元，可压缩 10d。

方案二：缩短工作 1—2、1—3，每天增加费用 205 元，可压缩 4d。

方案三：缩短工作 1—3、2—5，必须压缩 4d，每天增加费用 200 元。

根据增加费用最少的原则，通过比较选择方案三，缩短工作 1—3、2—5，必须压缩 4d，平均每天增加费用 200 元。

工期　　　　$T_4 = 56 - 4 = 52$（d）

直接费　　　$C_4 = 12920 + 4 \times 200 = 13720$（元）

缩短工期后的网络图如图 11-51 所示。

循环五：

从图 11-51 可以看出，关键线路仍为：

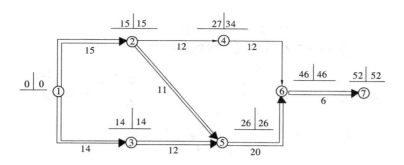

图 11-51　优化网络图（循环四）

$$1 \longrightarrow 2 \longrightarrow 5 \longrightarrow 6 \longrightarrow 7$$
$$1 \longrightarrow 3 \longrightarrow 5 \longrightarrow 6 \longrightarrow 7$$

关键工作为：1—2、2—5、5—6、1—3、3—5、6—7。

其压缩方案为：

方案一：缩短工作 5—6，每天增加费用 240 元，可压缩 10d。

方案二：缩短工作 1—2、1—3，每天增加费用 205 元，可压缩 3d。

根据增加费用最少的原则，通过比较，选择方案二：缩短工作 1—2、1—3，缩短 3d，平均每天增加费用 205 元。

工期　　　$T_5 = 52 - 3 = 49$（d）

直接费　　$C_5 = 13720 + 3 \times 205 = 14335$（元）

缩短工期后的网络图如图 11-52 所示。

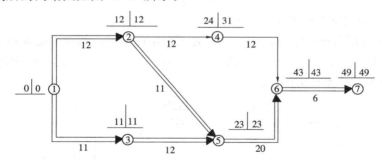

图 11-52　优化网络图（循环五）

循环六：

从图 11-52 可以看出，关键线路仍为：

$$1 \longrightarrow 2 \longrightarrow 5 \longrightarrow 6 \longrightarrow 7$$
$$1 \longrightarrow 3 \longrightarrow 5 \longrightarrow 6 \longrightarrow 7$$

其压缩方案只有一个，即缩短工作 5—6。可压缩 10d，每天增加费用 240 元，但工作 5—6 由于压缩到 8d，其费用增加，工期未能缩短，所以只能压缩 7d。

工期　　　$T_6 = 49 - 7 = 42$（d）

直接费　　$C_6 = 14335 + 7 \times 240 = 16015$（元）

缩短工期后网络图如图 11-53 所示。

循环七：

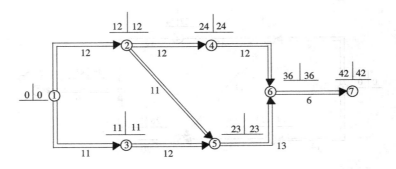

图 11-53　优化网络图（循环六）

从图 11-53 可以看出，关键线路变为 3 条：

$$1 \longrightarrow 2 \longrightarrow 4 \longrightarrow 6 \longrightarrow 7$$
$$1 \longrightarrow 2 \longrightarrow 5 \longrightarrow 6 \longrightarrow 7$$
$$1 \longrightarrow 3 \longrightarrow 5 \longrightarrow 6 \longrightarrow 7$$

其压缩方案为：

方案一：缩短工作 2—4、5—6，每天增加费用 440 元，可压缩 3d。

方案二：缩短工作 4—6、5—6，每天增加费用 440 元，可压缩 3d。

由于方案一和方案二增加费用相等，所以，可以任意选择，若选择方案一，则缩短工作 2—4、5—6，每天增加费用 440 元，压缩 3d。

工期　　　$T_7 = 42 - 3 = 39$（d）

直接费　　$C_7 = 16015 + 3 \times 440 = 17335$（元）

缩短工期后的网络图如图 11-54 所示。

从图 11-54 可以看出：2—4、4—6 工作还可以继续缩短，其费用增加到 $T = 17335 + 3 \times 200 = 17935$（元）。但与其平行的其他工作已不能再缩短了，即达到极限时间，所以再缩短 2—4、4—6 工作是徒劳的。

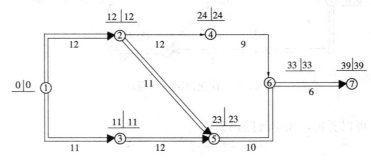

图 11-54　最终优化网络图（循环七）

另一方面，从循环七可以看到共缩短工期 70 - 32 = 38d，增加直接费 17335 - 11600 = 5735（元），而全部采用最短持续时间的直接费为 18860 元，采用优化方案的直接费 17335 元，则可节约 18860 - 17335 = 1525（元）。

第四步，列表计算。将优化后的第一循环结果汇总列表，并将直接费与间接费叠加，确定工程费用曲线，求出最低费用及相应的最佳工期。

将上述工期－费用的计算结果汇总于表 11-10 中。从表 11-10 和图 11-55 可知，本工程的最优工期约 57d，与此相对应的工程总费用为 18440 元（最低费用）。

本例中，根据表 11-10 和图 11-55，可得到最低总费用为 18440 元，对应的最低工期为 57d。

费用优化结果

表 11-10

循环次数	工期（d）	直接费（元）	间接费（元）	总费用（元）	最低数（元）
(1)	(2)	(3)	(4)	(5)	
原始网络	70	11600	7000	18600	
1	66	11840	6600	18440	
2	57	12740	5700	18440	18440
3	56	12920	5600	18520	
4	52	13720	5200	18920	
5	49	14335	4900	19235	
6	42	16015	4200	20215	
7	39	17335	3900	21235	

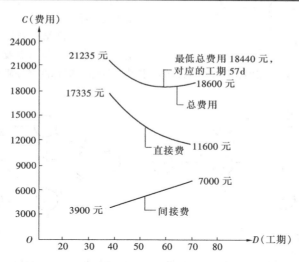

图 11-55 优化后的工程费用曲线

习 题

11-1 按下表所列逻辑关系，试绘出双代号网络图。

本 工 作	A	B	C	D	E	F
紧前工作	—	A	A	B	B、C	D、E

11-2 某一施工过程包括 A、B、C、D、E、F、G 七项工序，其相互关系如图 10-56 所示，试用双代号法合并成双代号网络图。

11-3 试将图 11-57 所示双代号网络图改成单代号网络图。

11-4 试将习题 2 用单代号法合并成单代号网络图。

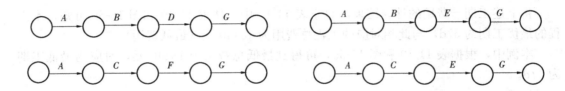

图 11-56

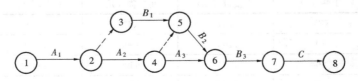

图 11-57

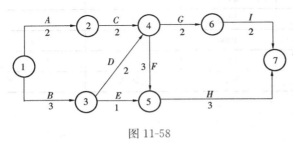

图 11-58

11-5 用图上计算法计算图 11-58 所示网络图的 T_j^E、T_j^L、T_{i-j}^{ES}、T_{i-j}^{LS}、F_{i-j}^T、F_{i-j}^F 并标出关键线路。

11-6 试用图上计算法计算图 11-59 所示网络图的 T_{i-j}^{ES}、T_{i-j}^{EF}、T_{i-j}^{LS}、T_{i-j}^{LF}、F_{i-j}^T、F_{i-j}^F，标出关键线路。

11-7 某网络计划如图 11-60 所示，(1) 试用图上计算法计算节点及工作时间参数，标出关键线路；(2) 按工作 T_{i-j}^{ES}，绘出时标网络计划；(3) 按直接法绘出时标网络并确定时间参数。

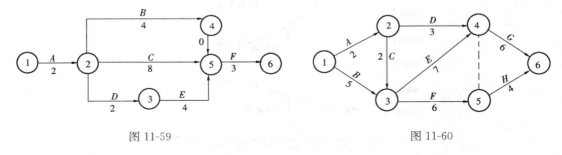

图 11-59

图 11-60

11-8 按图 11-61 所示单代号网络图，采用图上计算法计算各工作时间参数。

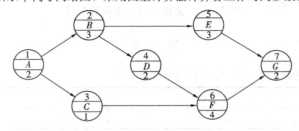

图 11-61

11-9 已知网络计划如图 11-62 所示，图中箭杆下方括号外为正常持续时间，括号内为最短持续时间。如合同规定的工期为 35 天，试对其进行工期优化。

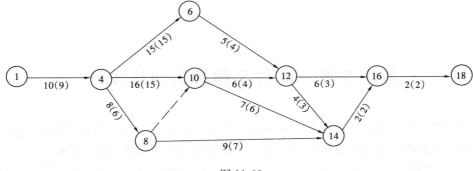

图 11-62

第十二章　单位工程施工组织设计

单位工程施工组织设计的任务，是根据工程特点和施工条件，选择合理的施工方案，以最少的资源消耗，在规定的施工期限内，全面地完成该项工程的施工任务。

对于一个施工单位，往往同时承担着若干个单位工程，但它的全部施工活动，是一个统一的有机整体。单位工程施工组织设计不能孤立地只考虑本单位工程的条件和需要，应从施工单位的全局出发，考虑机械设备和技术工人的平衡，在满足主要工程项目的条件下照顾一般工程项目。如果单位工程是属于群体工程的一个组成部分，则在编制单位工程施工组织设计时，应考虑群体工程对该单位工程的种种条件限制，即要服从全局的规定。

在建筑工程招投标工作中，投标单位除了提出工程投标报价外，还要根据工程要求，结合施工现场实际条件，提出投标工程的施工方法与技术措施，以及相应的施工进度计划和施工工期。这相当于一个初步的施工组织设计，成为投标文件的重要组成部分。实际上，工程报价就是根据这个组织设计的方案，结合施工经验及以往同类工程报价数据资料提出的。因此，单位工程施工组织设计，不仅是指导该单位工程施工全过程的技术文件，也是投标书的技术经济文件，这个文件质量高低，既反映施工组织与管理水平，也直接影响工程任务的承包。

第一节　施　工　方　案

一、施工方案的基本要求

（一）制定与选择施工方案的基本要求

（1）切实可行。制定施工方案首先要从实际出发，能切合当前实际情况，并有实现的可能性。否则，任何方案均是不可取的。施工方案的优劣，首先不取决于技术上是否先进，或工期是否最短，而是取决于是否切实可行。只能在切实可行，有实现可能性范围内，求技术的先进或快速。

（2）施工期限是否满足（工程合同）要求。确保工程按期投产或交付使用，迅速地发挥投资效益。

（3）工程质量和安全生产有可行的技术措施保障。

（4）施工费用最低。

以上所述施工方案的要求，是一个统一的整体，应作为衡量施工方案优劣的标准。

（二）施工方案的基本内容及相互关系

施工方案的基本内容，主要有四项：施工方法和施工机械；施工顺序、流向和工种施工组织。前两项属于施工技术方面的，后两项属于施工组织方面的。然而，在施工方法中有施工顺序问题（如单层工业厂房施工中，柱和屋架的预制排列方法与吊装顺序开行路线有关）。施工机械选择中也有组织问题（如挖土机与汽车的配套计算）。施工技术是施工方案的基础，同时又要满足施工组织方面的要求。而施工组织将施工技术从时间和空间上联系起来，从而反映对施工方案的指导作用，两者相互联系，又相互制约。至于施工技术措施，则成为施工方案各项内容必不可少的延续和补充，成为施工方案的构成部分。

二、单位工程施工方案的确定

（一）施工方法的确定和施工机械的选择

1. 施工方法的确定

施工方法在施工方案中具有决定性的作用。施工方法一经确定，施工机具、施工组织也只能按确定的施工方法进行。

确定施工方法时，首先要考虑该方法在工程上是否有实现的可能性，是否符合国家技术政策，经济上是否合算。其次，必须考虑对其他工程施工的影响。比如，现浇钢筋混凝土楼盖施工采用满堂脚手架作支柱，纵横交错，就会影响后续工序的平行作业或提前插入施工，如果在可能条件下改用桁架式支撑系统，就可克服上述缺点；又比如，单层工业厂房结构吊装工程的安装方法，有单件吊装法和综合吊装法两种。单件吊装法可以充分利用机械能力，校正容易，构件堆放不拥挤。但不利于其他工序插入施工；综合吊装法优缺点正好与单件吊装法相反，采用哪种方案为宜，必须从工程整体考虑，择优选用。

确定施工方法时，要注意施工质量要求，以及相应的安全技术措施。

在确定施工方法时，还必须就多种可行方案进行经济比较，力求降低施工成本。

拟定施工方法时，应着重考虑影响整个单位工程施工的分部分项工程的施工方法，或新技术、新工艺和对工程质量起关键作用的分部分项工程。对常规做法和工人熟悉的项目，则不必详细说明。

2. 施工机械选择

施工机械的选择应注意以下几点：

（1）首先选择主导工程的施工机械。如地下工程的土石方机械、桩机械；主体结构工程的垂直和水平运输机械；结构工程吊装机械等。

（2）所选机械的类型与型号，必须满足施工需要。此外，为发挥主导工程施工机械的效率，应同时选择与主机配套的辅助机械。

（3）只能在现有的或可能获得的机械中进行选择。尽可能做到适用性与多用性的统一，减少机械类型，简化机械的现场管理和维修工作，但不能大机小用。

施工方法与施工机械是紧密联系的。在现代建筑施工中，施工机械选择是确定施工方法的中心环节。在技术上，它们都是解决各施工过程的施工手段；在施工组织上，它们是解决施工过程的技术先进性和经济合理性的统一。

3. 主要分部分项工程施工方法的选择

（1）土方工程　应着重考虑：

1）大型的土方工程（如场地平整、地下室、大型设备基础、道路）施工，是采用机械还是人工进行。

2）一般建筑物、构筑物墙、柱的基础开挖方法及放坡、边坡支撑形式等。

3）挖、填、运所需的机械设备的型号和数量。

4）排除地面水、降低地下水的方法，以及沟渠、集水井和井点的布置和所需设备。

5）大型土方工程土方调配方案的选择。

（2）混凝土和钢筋混凝土工程　应着重于模板工程的工具化和钢筋、混凝土工程施工的机械化。

1）模板类型和支模方法：根据不同结构类型、现场条件确定现浇和预制用的各种模板（如组合钢模、木模、土、砖胎模等），各种支承方法（如支撑系统是钢管、木立柱、桁架、钢制托具等）和各种施工方法（如快速脱模、分节脱模、滑模等），并分别列出采用项目、部位和数量，说明加工制作和安装的要点。

2）隔离剂的选用：如废机油、皂脚等。

3）钢筋加工、运输和安装方法：明确在加工厂或现场加工的范围（如成型程度是加工成单根、网片还是骨架）。除锈、调直、切断、弯曲、成型方法，钢筋冷拉，预加应力方法，焊接方法（对焊、气压焊、电弧焊、点焊），以及运输和安装方法。从而提出加工申请计划和所需机具计划。

4）混凝土搅拌和运输方法：确定是采用商品混凝土还是分散搅拌，其砂石筛洗，计量和后台上料方法，混凝土输送方法，并选用搅拌机的类型和型号，以及所需的掺合料、外加剂的品种数量，提出所需材料机具设备数量。

5）混凝土浇筑顺序、流向、施工缝的位置（或后浇带）、分层高度、振捣方法、养护制度、工作班次等。

（3）结构吊装工程

1）按构件的外型尺寸、重量和安装高度，建筑物外形和周围环境，选定所需的吊装机械类型、型号和数量。

2）确定结构吊装方法（分件吊装还是节间综合吊装），安排吊装顺序、机械停机点和行驶路线，以及制作、绑扎、起吊、对位和固定的方法。

3）构件运输、装卸、堆放方法，以及所需的机具设备的型号和数量。

4）采用自制设备时，应经计算确定。

（4）现场垂直、水平运输

1）确定标准层垂直运输量（如砖、砌块、砂浆、模板、钢筋、混凝土、各种预制构件、门窗和各种装修用料、水电材料，工具脚手等）。

2）选择垂直运输方式时，充分利用构件吊装机械作一部分材料的垂直运输。当吊装机械不能满足时，一般可不采用井架（附拔杆）、门架等垂直运输设备，并确定其型号和数量。

3）选定水平运输方式，如各种运输车（手推车、机动小翻动车、架子车、构件安装小车、钢筋小车等）和输送泵及其型号和数量。

4）确定与上述配套使用的工具设备，如砖车、砖笼、混凝土车、砂浆车和料车等。

5）确定地面和楼层水平运输的行驶路线。

6）合理布置垂直运输位置，综合安排各种垂直运输设施的任务和服务范围。如划分运送砖、砌块、构件、砂浆、混凝土的时间和工作班次。

7）确定搅拌混凝土、砂浆后台上料所需的机具，如手推车、皮带运输机，提升料斗、铲车、推土机、装载机或水泥溜槽的型号和数量。

（5）装饰工程　主要包括室内外墙面抹灰、门窗安装、油漆和玻璃等。

1）确定工艺流程和施工组织，组织流水施工。如按室内外抹灰划分组成专业队进行大流水施工。

2）确定装饰材料（如门窗、隔断、墙面、地面、水电暖卫器材等）逐层配套堆放的平面位置和数量。如在结构施工时，充分利用吊装机械，在每层楼板施工前，把该层所需的装饰材料一次运入该层，堆放在规定的房间内，以减少装饰施工时的材料搬运。

4. 特殊项目的施工方法和技术措施

如采用新结构、新材料、新工艺和新技术，高耸、大跨、重型构件，以及深基、护坡、水下和软弱地基项目等应单独编制作业方法。其主要内容为：

1）工艺流程；

2）需要表明的平面、剖面示意图，工程量；

3）施工方法、劳动组织、施工进度；

4）技术要求和质量安全注意事项；

5）材料、机械设备的规格、型号和需用量。

5. 质量和安全技术措施

在严格执行现行施工规范、规程的前提下，针对工程施工的特点，明确质量和安全技术措施有关内容。

（1）工程质量方面

1）对于采用的新工艺、新材料、新技术和新结构，须制定有针对性的技术措施，保证工程质量。

2）确保定位放线准确无误的措施。

3）确保地基基础，特别是软弱地基的基础、复杂基础的技术措施。

4）确保主体结构中关键部位的质量措施。

（2）安全施工方面

1）对于采用的新材料、新工艺、新技术和新结构、须制定有针对性的，行之有效的专门安全技术措施，以确保施工安全；

2）预防自然灾害措施。如冬季防寒防冻防滑措施；夏季防暑降温措施；雨季防雷防洪措施；防水防爆措施等；

3）高空或立体交叉作业的防护和保护措施。如同一空间上下层操作的安全保护措施；人员上下设专用电梯或行走马道；

4）安全用电和机电设备的保护措施。如机电设备的防雨防潮设施和接地、接零措施；施工现场临时布线，需按有关规定执行。

（二）施工顺序的安排

在一个单位工程施工中，相邻的两个分部分项工程，有些宜于先施工，有些宜于后施工。其中，有些是由于施工工艺要求、先后次序固定不变的。比如，先做基础，再做主体结构，最后装修。这是必须遵守而不可改变的施工顺序；又如基础工程施工中的挖土、垫层、钢筋混凝土、养护、回填土等分项工程的施工顺序，也受工艺限制而不能随意改变的。但除了这类不可改变的施工顺序之外，有些分部分项工程施工先后并不受工艺限制，而有很大灵活性。比如，多层房屋内抹灰工程施工，既可由上而下进行，也可由下而上进行；地面与墙面抹灰，可以先做墙面抹灰，后做地面，反之也可安排。前一种做法有利于地面质量保护。后一种做法有利于立体交叉湿作业，加快施工进度。对于这一类可先可后的分项工程施工顺序安排，应注意以下几点：

（1）施工流向合理。适应施工组织分区、分段；也要适应主导工程的施工顺序。因此，单层建筑要定出分段（跨）在平面上的流向，多层建筑除了定出平面流向外，还要定出分层的施工流向。

（2）技术上合理，能够保证质量，并有利于成品保护。比如，室内装饰宜自上而下，先做湿作业，后做干作业，并便于后续工序插入施工。又比如安装灯具和粉刷，一般应先粉刷后装灯具，否则沾污灯具，不利于成品保护。

（3）减少工料消耗，有利于成本费用降低。比如室内回填土与底层墙体砌筑，哪个先做都可以，但考虑为后续工序创造条件，节约工料，先做回填土比较合理。因为可以节约水平运输，提高工效（为砌墙创造了条件），在分段流水作业条件下，回填土可不占用有效工期，也不致延长总工期。

（4）有利于缩短工期。缩短工期，加快施工进度，可以靠施工组织手段在不附加资源的情况下带来经济效益。比如装饰工程通常是在主体结构完成后，由上而下进行，这种做法使结构有一定沉降时期，能保证装饰工程质量，减少立体交叉作业，有利于安全生产。但工期较长。如果在不同部位，不同的分项工程采用与主体结构交叉施工，将有利于缩短工期。室内外装饰工程的次序，如果从实际出发，也有利于缩短工期。

因此，合理安排施工顺序，使其达到好和快的目的，最根本的就是要减少工人和机械的停歇时间和充分利用工作面，使各分部分项工程的主导工序能连续均衡地进行。

1. 基础工程的施工顺序

（1）工业厂房一般应先主体结构后设备基础。但有些工业厂房（如冶金、火车站等主要厂房）是土建主体工程先施工（封闭式施工），还是设备基础先施工（开放式），要从及早提供安装构件或施工条件来确定。

当设备基础的埋深超过柱基深度时，设备基础先施工；当其埋深相同时，一般宜同时施工；当结构吊装机械必须在跨内行驶，又要占据部分设备基础位置时，这些设备基础应在结构吊装后施工，或先完成地面以下部分，以免妨碍吊车行驶。

（2）室内回填土原则上应在基础工程完成后及时地一次填完，以便为下道工序创造条件并保护地基。但是，当工程量较大且工期要求紧迫时，为了使回填土不占或少占工期，可分段与主体结构施工交叉进行，或安排在室内装饰施工前进行。有的建筑（如升板、墙板工程）应先完成室内回填土，做完首层地面后，方可安排上部结构的施工。

2. 装饰工程中的施工顺序

（1）室内外装修工程施工一般是待结构工程完工后自上而下进行。但工期要求紧迫或层数较多时，室内装修亦可在结构工程完成相当层数后（要根据不同的结构体系、工艺确定），就可以与上部结构施工平行进行，但必须采取防雨水渗漏措施。如果室外装修也采取与结构平行施工时，还需采取成品防污染和操作人员防砸伤等措施。

（2）室内和室外装修的顺序，有先室外后室内；先室内后室外；或室内外平行施工三种。应根据劳动力配备情况、工期要求、气候条件和脚手架类型（如果用单排脚手架，其搭墙横杆是否穿透墙身而影响抹灰）等综合考虑决定。

（3）室内装修工序较多，施工顺序可有多种方案。一般是先做墙面，后做地面、踢脚线；也有先做地面，后做墙面、踢脚线。而首层地面多留在最后施工。因此，应根据具体情况，从有利于为下一工序创造条件，有利于装饰成品的保护，不留破槎，保证工程质量，省工，省料和缩短工期出发，进行合理安排。

3. 工序间的一些必要的技术间歇

在施工过程中或施工进度安排中，常遇到的一些技术间歇，如混凝土浇筑后的养护时间，现浇结构在拆模前所需的强度增长时间；卷材防水（潮）层铺设前对基层（找平层）所需的干燥时间等等，这些技术间歇时间根据工艺流程的不同要求，都在施工规范中作了相应规定。

三、施工方案的技术经济比较

施工方案的选择，必须建立在几个可行方案的比较分析上。确定的方案应在施工上是可行的，技术上是先进的，经济上是合理的。

施工方案的确定依据是技术经济比较。它分定性比较和定量比较两种方式。定性比较是从施工操作上的难易程度和安全可靠性；为后续工程提供有利施工条件的可能性；对冬、雨季施工带来的困难程度；对利用现有机具的情况；对工期、单位造价的估计以及为文明施工可创造的条件等方面比较。定量比较一般是计算不同施工方案所耗的人力、物力、财力和工期等指标进行数量比较。其主要指标是：

（1）工期 在确保工程质量和施工安全的条件下，工期是确定施工方案的首要因素。应参照国家有关规定及建设地区类似建筑物的平均期限确定。

（2）单位建筑面积造价 它是人工、材料、机械和管理费的综合货币指标，可按下式计算：

$$单位建筑面积造价 = \frac{施工实耗总费用}{建筑总面积} （元/m^2） \tag{12-1}$$

（3）单位建筑面积劳动消耗量 N 可按下式计算：

$$N = \frac{d}{S} （工日/m^2） \tag{12-2}$$

式中 d——完成该工程的全部用工（包括主要工种、辅助工种和准备工作全部用工）（工日）；

S——建筑总面积。

（4）降低成本指标 它可综合反映单位工程或分部分项工程在采用不同施工方案时的经济效果。可用预算成本和计划成本之差与预算成本之比的百分数表示，即：

$$降低成本率 = \frac{预算成本 - 计划成本}{预算成本} \times 100\% \tag{12-3}$$

预算成本是以施工图为依据按预算价格计算的成本；计划成本是按采用的施工方案确定的施工成本。

施工方案经技术经济指标比较，往往会出现某一方案的某些指标较为理想，而另外方案的其他指标则比较好，这时应综合各项技术经济指标，全面衡量，选取最佳方案。有时可能会因施工特定条件和建设单位的具体要求，某项指标成为选择方案的决定条件，其他指标则只作为参考，此时在进行方案选择时，应根据具体对象和条件作出正确的分析和决策。

第二节　施工进度计划与资源计划

施工进度计划是单位工程施工组织设计的重要组成部分。它的任务是按照组织施工的基本原则，根据选定的施工方案，在时间和施工顺序上作出安排，达到以最少的人力、财力，保证在规定的工期内完成合格的单位建筑产品。

施工进度计划的作用是控制单位工程的施工进度；按照单位工程各施工过程的施工顺序，确定各施工过程的持续时间以及它们相互间（包括土建工程与其他专业工程之间）的配合关系；确定施工所必需的各类资源（人力、材料、机械设备、水、电等）的需要量。同时，它也是施工准备工作的基本依据，是编制月、旬作业计划的基础。

编制施工进度计划的依据是单位工程的施工图；建设单位要求的开工、竣工日期；单位工程施工图预算及采用的定额和说明；施工方案和建筑地区的地质、水文、气象及技术经济资料等。

一、施工进度计划的形式

施工进度计划一般采用水平图表（横道图），垂直图表和网络图的形式。本节主要阐述用横道图编制施工进度计划的方法及步骤。

横道图的形式和组成见表 12-1。表的左面列出各分部分项工程的名称及相应的工程量、劳动量和机械台班等基本数据。表的右面是由左面数据算得的指示图线，用横线条形式可形象地反映出各施工过程的施工进度以及各分部分项工程间的配合关系。

单位工程施工进度计划表　　　　　　　　　　表 12-1

序号	分部分项工程名称	工程量		××定额	劳动量		需用机械		每日工作班数	每班工作人数	工作天数	进度日程							
		单位	数量		工种	工日	名称	台班				×月				×月			
												5	10 15	20 25		5 10	15 20	25	

二、编制施工进度计划的一般步骤

（一）确定工程项目

编制施工进度计划应首先按照施工图和施工顺序将单位工程的各施工项目列出，项目包括从准备工作直到交付使用的所有土建、设备安装工程，将其逐项填入表中工程名称栏内（名称参照现行概（预）算定额手册）。

工程项目划分取决于进度计划的需要。对控制性进度计划，其划分可较粗，列出分部工程即可；对实施性进度计划，其划分需较细，特别是对主导工程和主要分部工程，要求更详细具体，以提高计划的精确性，便于指导施工。如对框架结构住宅，除要列出各分部工程项目外，还要把各分部分项工程都列出。如现浇工程可先分为柱浇筑、梁浇筑等项目，然后还应将其分为支模、扎筋，浇筑混凝土、养护、拆模等项目。

施工项目的划分还要结合施工条件，施工方法和劳动组织等因素。凡在同一时期可由同一施工队完成的若干施工过程可合并，否则应单列。对次要零星项目，可合并为"其他工程"，其劳动量可按总劳动量的 10%～20% 计算。水暖电卫，设备安装等专业工程也应列于表中，但只列项目名称并标明起止时间。

（二）计算工程量

工程量的计算应根据施工图和工程量计算规则进行。若已有预算文件且采用的定额和项目划分又与施工进度计划一致，可直接利用预算工程量，若有某些项目不一致，则应结合工程项目栏的内容计算。计算时要注意以下问题：

（1）各项目的计量单位，应与采用的定额单位一致。以便计算劳动量、材料、机械台班时直接利用定额。

（2）要结合施工方法和满足安全技术的要求，如土方开挖应考虑坑（槽）的挖土方法和边坡稳定的要求。

（3）要按照施工组织分区、分段、分层计算工程量。

（三）确定劳动量和机械台班数

根据各分部分项工程的工程量 Q，计算各施工过程的劳动量或机械台班数 P。若 S、H 分别为该分项工程的产量定额和时间定额，则有：

$$P = \frac{Q}{S} \quad (\text{工日、台班})$$

或
$$P = Q \cdot H \quad (\text{工日、台班}) \tag{12-4}$$

利用式（12-4）计算时，有时会遇到定额项目过细或某些施工过程定额又未列入，这时可将定额作适当扩大，采用综合定额或参照类似项目的定额。

（四）确定各施工过程的作业天数

单位工程各施工过程作业天数 T 可根据安排在该施工过程的每班工人数或机械台数 n 和每天工作班数 b 按下式计算，即：

$$T = \frac{P}{nb} \tag{12-5}$$

式中　P——完成某分项工程需要的劳动量或机械台班数。

工作班制一般宜采用一班制，因其能利用自然光照，适宜于露天和空中交叉作业，有利于安全和工程质量。在特殊情况可采用二班制或三班制作业以加快施工进度，充分利用施工机械。对某些必须连续施工的施工过程或由于工作面狭窄和工期限定等亦可采用多班制作业。在安排每班劳动人数时，须考虑最小劳动组合，最小工作面和可供安排的人数。

（五）安排施工进度表

各分部分项工程的施工顺序和施工天数确定后，应按照流水施工的原则，力求主导工程连续施工；在满足工艺和工期要求的前提下，尽量使最大多数工作能平行地进行，使各个工作队的工作最大可能地搭接起来，并在施工进度计划表的右半部画出各项目施工过程的进度线。根据经验，安排施工进度计划的一般步骤如下：

（1）首先找出并安排控制工期的主导分部工程，然后安排其余分部工程，并使其与主导分部工程最大可能平行进行或最大限度搭接施工。

（2）在主导分部工程中，首先安排主导分项工程，然后安排其余分项工程，并使进度与主导分项工程同步而不致影响主导分项工程的展开。如框架结构中柱、梁浇筑是主导分部工程之一。它由支模、绑扎钢筋、浇筑混凝土、养护、拆模等分项工程组成。其中浇筑混凝土是主导分项工程。因此安排进度时，应首先考虑混凝土的施工进度，而其他各项工作都应在保证浇筑混凝土的浇筑速度和连续施工的条件下安排。

（3）在安排其余分部工程时，应先安排影响主导工程进度的施工过程，后安排其余施工过程。

（4）所有分部工程都按要求初步安排后，单位工程施工工期就可直接从横道图右半部分起止日期求得。

（六）施工进度计划的检查与调整

施工进度计划表初步排定后，要用单位工程限定工期、施工期间劳动力和材料均衡程度、机械负荷情况、施工顺序是否合理、主导工序是否连续及工序搭接是否有误等进行检查。检查中发现有违上述各点中的某一点或几点时，要进行调整。调整进度计划可通过调整工序作业时间，工序搭接关系或改变某分项工程的施工方法等实现。当调整某一施工过程的时间安排时，必须注意对其余分项工程的影响。通过调整，在工期能满足要求的前提下，使劳动力、材料需用量趋于均衡，主要施工机械利用率比较合理。

三、资源需要量计划

单位工程施工进度计划确定之后，应该编制主要工种的劳动力、施工机具、主要建筑材料、构配件等资源需用量计划，提供有关职能部门按计划调配或供应。

（一）劳动力需要量计划

将各分部分项工程所需要的主要工种劳动量叠加，按照施工进度计划的安排，提出每月需要各工种人数。见表12-2。

劳动力需要量计划表　　　　　　　　　　表 12-2

序　　号	工种名称	总工日数	每　月　人　数				
			1	2	3	4	……12

（二）施工机具需要量计划

根据施工方法确定的机具类型和型号，按照施工进度计划确定的数量和需用时间，提出施工机具需要量计划。见表12-3。

346

施工机具需要量计划表　　　　　　　表 12-3

| 序　号 | 机具名称 | 型　号 | 需　要　量 | | 使　用　时　间 |
			单　位	数　量	

（三）主要材料需要量计划

主要材料根据预算定额按分部分项工程计算后分别叠加，按施工进度计划要求组织供应。见表 12-4。

主要材料需要量计划表　　　　　　　表 12-4

| 序　号 | 材料名称 | 规　格 | 单　位 | 数　量 | 每　月　需　要　量 | | | | | |
					1	2	3	4	5	……12

（四）构配件需要量计划

构件和配件需要量计划根据施工图纸和施工进度计划编制，见表 12-5。

构配件需要量计划表　　　　　　　表 12-5

| 序　号 | 构（配）件名称 | 规格图号 | 单　位 | 数　量 | 使用部位 | 每月需要量 | | | |
						1	2	3	……12

第三节　施 工 平 面 图

施工平面图是在拟建工程的建筑平面上（包括周围环境），布置为施工服务的各种临时建筑、临时设施以及材料、施工机械等在现场的位置图。单位工程施工平面图为一个单项工程施工服务。

施工平面图是单位工程施工组织设计的组成部分，是施工方案在施工现场的空间体现。它反映了已建工程和拟建工程之间，临时建筑、临时设施之间的相互空间关系。它布置的恰当与否，执行管理的好坏，对施工现场组织正常生产，文明施工，以及对施工进度、工程成本、工程质量和安全都将产生直接的影响。因此，每个工程在施工前都要对施工现场布置进行仔细地研究和周密的规划。

如果单位工程是拟建建筑群的组成部分，其施工平面图设计要受全工地性施工总平面图的约束。

施工平面图的比例一般是 1：200～1：500。

一、施工平面图设计的内容、依据和原则

（一）设计内容

（1）拟建单位工程在建筑总平面图上的位置、尺寸及其与相邻建筑物或构筑物的关系；

（2）移动式（或轨道）起重机开行路线及固定式垂直运输设备的位置；

（3）建筑物或构筑物定位桩和弃取土方地点（区域）；

（4）为施工服务的生产、生活临时设施的位置、大小及其相互关系。主要应包含如下内容：

1）场地内的运输道路及其与建设地区的铁路、公路和航运码头的关系；

2）各种加工厂，半成品制备站及机械化装置等；

3）各种材料（含水暖电卫空调）、半成品构件以及工艺设备的仓库和堆场；

4）装配式建筑物的结构构件预制，堆放位置；

5）临时给水排水管线，供电线路，热源气源等管道布置和通信线路等；

6）行政管理及生活福利设施的位置；

7）安全及防火设施的位置。

（二）设计依据

单位工程施工平面图的设计依据下列资料：

1. 设计资料

（1）标有地上、地下一切已建和拟建的建筑物、构筑物的地形、地貌的建筑总平面图，用以决定临时建筑与设施的空间位置。

（2）一切已有和拟建的地上、地下的管道位置及技术参数。用以决定原有管道的利用或拆除以及新管线的敷设与其他工程的关系。

2. 建设地区的原始资料

（1）建筑地域的竖向设计资料和土方平衡图，用以决定水、电等管线的布置和土方的填挖及弃土、取土位置。

（2）建设地区的经济技术资料，用以解决由于气候（冰冻、洪水、风、雹等）、运输等相关问题。

（3）建设单位及工地附近可供租用的房屋、场地、加工设备及生活设施，用以决定临时建筑物及设施所需量及其空间位置。

3. 施工组织设计资料

施工组织设计资料包括施工方案、进度计划及资源计划等，用以决定各种施工机械位置；吊装方案与构件预制、堆场的布置；分阶段布置的内容；各种临时设施的形式、面积尺寸及相互关系。

（三）设计原则

（1）在满足施工的条件下，平面布置要力求紧凑；在市区改建工程中，只能在规定时

间内占用道路或人行道；要组织好材料动态平衡供应；

（2）最大限度缩短工地内部运距，尽量减少场内二次搬运。各种材料、构件、半成品应按进度计划分期分批进场，尽量布置在使用点附近，或随运随吊。

（3）在保证施工顺利进行的条件下，使临时设施工程量最小。能利用原有的或拟建房屋和管线、道路应尽量利用。必须建造的临时建筑要采用装卸式或临时固定式的，布置要有利生产，方便生活。

（4）符合劳动保护、技术安全、防火要求。

根据以上原则并结合现场实际，施工平面图应设计若干个不同方案。根据施工占地面积、场地利用率、场内运输、管线、道路长短，临时工程量等进行技术经济比较，从中选出技术上先进，安全上可靠，经济上最省的最佳方案。

二、施工平面图设计的步骤

单位工程施工平面图设计步骤如下：

（一）决定起重机械位置

建筑产品是由各种材料、构件、半成品构成的空间结构物，它离不开垂直、水平运输。因此起重机械的位置直接影响仓库、堆场、砂浆和混凝土制备站的位置，以及道路和水电线路的布置。所以，必须首先决定起重机械位置。

井架、龙门架、桅杆等固定式垂直运送设备的布置，主要是根据机械性能，建筑物的平面形状和大小，施工段的划分，材料的来向和已有道路以及每班需运送的材料数量等而定。应尽量做到充分发挥机械效率，使地面、楼面上的水平运距最小，使用方便、安全。当建筑物各部位高度相同时，则布置在施工段分界点附近；当高度不一时，宜布置在高低并列处。这样可使各施工段上的水平运输互不干扰。如有可能，井架、门架最好布置在门窗口处，这样可减少砌墙留槎和拆架后的修补工作。为保证司机能看到起重物的全部升降过程，固定式起重机械的卷扬机和起重架应有适当距离。

布置自行式起重机的开行路线主要取决于拟建工程的平面形状、构件的重量、安装高度和吊装方法等。

轨道式起重机有沿建筑物一侧或双侧布置两种情况。主要取决于工程的平面形状、尺寸、场地条件和起重机的起重半径，应使材料和构件可直接送至建筑物的任何施工地点而不出现死角。轨道与拟建工程应有最小安全距离，行驶方便，司机视线不受阻碍。

（二）布置搅拌站、仓库、材料和构件堆场及加工棚

搅拌站、仓库、材料和构件堆场应尽量靠近使用地点或起重机的回转半径内，并兼顾运输和装卸的方便。

根据施工阶段、施工层部位的不同标高和使用的时间先后，材料、构件等堆场位置可作如下布置：

（1）基础及第一层所使用的材料，可沿建筑物四周布放。但应注意不要因堆料造成基槽（坑）土壁失去稳定，即必须留足安全尺寸。

（2）第二层以上使用的材料，应布置在起重机附近，以减少水平搬运。

（3）当多种材料同时布置时，对大宗的，单位重量大的和先使用的材料应尽量靠近使用地点或起重机附近；对量少、质轻和后期使用的材料则可布置得稍远。

（4）水泥、砂、石子等大宗材料应尽可能环绕搅拌机就近布置。

（5）由于不同的施工阶段使用材料不同，所以同一位置可以存放不同时期使用的不同材料。例如：装配式结构单层工业厂房结构吊装阶段可布置各类构件，在围护工程施工阶段可在原堆放构件位置存放砖和砂等材料。

由于起重机械的运转方式不同，搅拌站、仓库、堆场的位置又有以下方式布置：

（1）当采用固定式垂直运输设备时，仓库、堆场、搅拌站位置应尽可能靠近起重机，以减少运距和二次搬运。

（2）当采用塔式起重机进行垂直运输时，堆场位置、仓库和搅拌站出料口应位于塔式起重机的有效起重半径内。

（3）当采用无轨自行式起重机进行垂直和水平运输时，其搅拌站、堆场和仓库可沿开行路线布置，但其位置应在起重臂的最大外伸长度范围内。

（4）当浇筑大体积基础混凝土时，搅拌站可直接布置在基坑边缘以减少运距。

（5）加工棚可布置在拟建工程四周，并考虑木材、钢筋、成品堆放场地。

（6）石灰仓库和淋灰池的位置要靠近砂浆搅拌机且位于下风向；沥青堆场及熬制位置要放在下风向且离开易燃仓库和堆场。

（三）布置运输道路

现场主要道路应尽可能利用永久性道路或先建好永久性道路的路基以供施工期使用，在土建工程结束前铺好路面。道路要保证车辆行驶通畅，最好能环绕建筑物布置成环形，路宽不小于 3.5m。

（四）布置临时设施

为单位工程服务的生活用临时设施较少，一般仅有办公室、休息室、工具库等。它们的位置应以使用方便、不碍施工、符合防火保安为原则。

（五）布置水电管网

（1）施工用的临时给水管，一般由建设单位的干管和总平面设计的干管接到用水地点。管径的大小和龙头数目和管网长度须经计算确定。管道可埋置于地下，也可铺设在地面。视使用期限长短和气温而定。工地内要设消防栓，且距建筑物不小于 5m，也不大于 25m，距路边不大于 2m。如附近有城市或建设单位永久消防设施，在条件允许时，应尽量利用。

为防止水的意外中断，有时可在拟建工程附近设置简易蓄水池，储存一定数量的生产、消防用水，若水压不足尚需设置高压水泵。

（2）为便于排除地面水和降低地下水，要及时接通永久性下水道，并结合现场地形在建筑物四周开挖排除地面水和地下水的沟渠。

（3）单位工程施工临时用电应在全工地性施工总平面图中统筹考虑。独立的单位工程施工时，应根据计算的用电量和建设单位可供电量决定是否需选用变压器。变压器的位置应避开交通要道口。安置在施工现场边缘的高压线接入处，四周要用铁丝网或围墙圈住，以保安全。

施工中使用的各种机具、材料、构件、半成品随着工程的进展而逐渐进场、消耗和变换位置。因此，对较大的建筑工程或施工期限较长的工程需按施工阶段布置几张施工平面图，以便具体反映不同施工阶段内工地上的布置。

在设计各施工阶段的施工平面图时，凡属整个施工期间内使用的运输道路、水电管网、临时房屋、大型固定机具等不要轻易变动，以节省费用。对较小的建筑物，一般按主要施工阶段的要求设计施工平面图，同时考虑其他施工阶段对场地的周转使用。在设计重型工业厂房的施工平面图时，应考虑一般土建工程同其他专业工程的配合问题。以土建为主，会同各专业施工单位，通过充分协商，编制综合施工平面图，以反映各专业工程在各个施工阶段的要求，要做到对整个施工现场统筹安排，合理划分。

三、施工平面图管理

施工平面图是对施工现场科学合理的布局，是保证单位工程工期、质量、安全和降低成本的重要手段。施工平面图不但要设计好，且应管理好，忽视任何一方面，都会造成施工现场混乱，使工期、质量、安全和成本受到严重影响。因此，加强施工现场管理对合理使用场地，保证现场运输道路、给水、排水、电路的畅通，建立连续均衡的施工秩序，都有很重要的意义。一般可采取下述管理措施：

（1）严格按施工平面图布置施工道路，水电管网、机具、堆场和临时设施；

（2）道路，水电应有专人管理维护；

（3）各施工阶段和施工过程中应做到工完料净、场清；

（4）施工平面图必须随着施工的进展及时调整补充，以适应变化情况。

第四节　质量安全措施与主要技术经济指标

一、质量安全措施

建筑工程生产的特点是工程量大，施工周期长，且属流动性生产，受环境、气象影响大，施工中稍一不慎，就会造成质量安全事故。为了给"用户"提供合格的建筑产品，必须根据单位工程的建筑、结构特征，场地条件、施工条件、技术要求和安全生产的需要，拟定保证工程质量和施工安全的技术措施，明确施工的技术要求和质量标准，预防可能发生的质量、安全事故。一般可从以下几点考虑：

（1）有关建筑材料、构件、成品和半成品的质量标准、检验制度、装卸、堆放、保管和使用要求等；

（2）主要工种工程的技术操作要求，质量标准和检验评定方法；

（3）建筑安装工程中容易产生的质量事故及其预防措施；

（4）露天作业、高空作业及立体交叉作业中的安全措施：机械、设备、脚手架的稳定措施和安全检查，防火、防洪、防冻及防坠塌等措施；

拟定的各项措施要简单、明确、具体、切实可行并有专人负责检查。

二、主要技术经济指标

技术经济指标是从技术和经济的角度，进行定性和定量的比较，评价单位工程施工组织设计的优劣。从技术上评价所采用的技术是否可行，能否保证质量；从经济角度考虑的主要指标有：工期；劳动生产率；降低成本指标和劳动消耗量。

1. 工期

工期是从施工准备工作开始到产品交付用户所经历的时间。它反映国家一定时期的和当地的生产力水平。应将单位工程完成的实用天数与国家规定的工期或建设地区同类型建筑物的平均工期进行比较。

2. 劳动生产率

劳动生产率标志一个单位在一定的时间内平均每人所完成的产品数量或价值的能力。其高低表示一个单位（单位、行业、地区、国家等）的生产技术水平和管理水平。它有实物数量法和货币价值法两种表达形式：

$$全员劳动生产率 = \frac{折合全年自行完成建筑面积总数}{折合全年在职人员平均人数} \quad (m^2/人年均)$$

$$全员劳动生产率 = \frac{折合全年自行完成建安投资总数}{折合全年在职人员平均人数} \quad (元/人年均)$$

3. 降低成本率

降低成本率按下式计算：

$$降低成本率 = \frac{预算成本 - 计划成本}{预算成本} \times 100\%$$

预算成本是根据施工图按预算价格计算的成本。计划成本是按采用的施工方案所确定的施工成本。降低成本率的高低可反映采用不同的施工方案产生的不同经济效果。

4. 单位面积劳动消耗量

单位面积劳动消耗量是指完成单位工程合格产品所消耗的活劳动。它包括完成该工程所有施工过程主要工种、辅助工种及准备工作的全部用工，它从一个方面反映了施工企业的生产效率及管理水平以及采用不同的施工方案对劳动量的需求。可用下式计算：

$$单位面积劳动消耗量 = \frac{完成单位工程的全部工日数}{单位工程建筑面积} \quad (工日/m^2)$$

不同的施工方案，其技术经济指标若互相矛盾，则应根据单位工程的实际情况加以确定。

第五节　单位工程施工组织设计实例

一、民用建筑混合结构施工组织设计

（一）工程概况

本工程为四单元组成的五层砖混结构住宅，层高 2.9m，全高 15.29m，建筑面积 3176m²，单元平面图见图 12-1。

基础工程：砖砌条形基础，灰土垫层。

主体结构：砖墙承重，外墙 370mm，内墙 240mm，隔墙 120mm。楼板为顶应力混凝土圆孔板。每层设有圈梁，现浇钢筋混凝土构造柱。屋顶为加气混凝土板上找平层，二毡三油带砂防水层，钢筋混凝土挑檐板。

装饰工程：外墙除檐口、楼梯间、阳台栏板、勒脚为干粘石外，均为清水墙。内墙除厨房、厕所间有 1.2m 高水泥墙裙外，其余为白灰墙面。顶棚勾缝喷白不抹灰。楼面为 35mm 豆石混凝土抹面，一次压光。

设备工程有上下水道、暖气、照明，每个单元配水电表各一只。

施工条件：工期 5 个月。施工用水电可由现有干线接出，不设变压器和高压泵。建筑场地地势低下，雨季水位接近地表。圆孔板和木门窗在加工厂制作。材料、施工机具和劳动力均能满足工程需要。

（二）施工方案

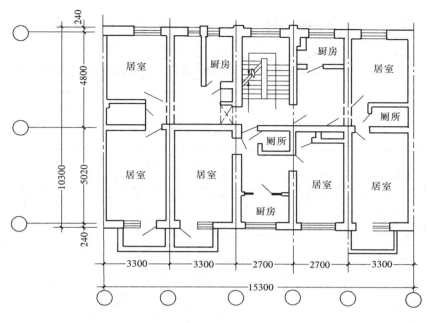

图 12-1　单元平面图

基础开挖选用 0.4m³ 小型反铲挖土机。主体结构施工阶段的垂直运输采用 3～8t 塔吊一台，负责材料、构件和机具运送。装饰阶段架设 2m×6m 高车架及灰浆提升斗各一座。350L 混凝土搅拌机、灰浆搅拌机各一台。设散装水泥库容量 10t。灰膏由集中淋灰池供应。砌墙用钢管双排外脚手架，每步架高 1.2m。

（三）各工程组合施工进度安排

1. 施工准备工作

施工准备工作有：清理场地；修筑道路；铺设临时水电管线；搭设搅拌棚、作业棚、工具库；房屋定位放线；组织材料、施工机械和劳动力进场等。

2. 基础工程施工进度安排

基础为天然地基，槽底标高为 −2.00～−2.60m。施工方案确定使用 0.4m³ 小型反铲挖土机，凡 2.7m 开间均为满堂挖土。构造柱生根在圈梁上。

基础分两段施工。每段工程量和作业时间见表 12-6。

基础工程施工进度表如图 12-2 和图 12-3 所示。

基础工程量和作业时间表　　　　　　　　　　　　　　　表 12-6

序号	工程名称	工程量	单位	产量定额	劳动量（工日或台班）	每班机械或人工数	作业班数	作业时间（天）	每段作业时间（天）	备注
1	土方	871.64	m³	42	20.75	1	2	10.34	5	分 2 段施工
2	灰土垫层	121	m³	2	60.5	10	1	6.05	3	分 2 段施工
3	基础砌砖	253.2	m³	1.33	190.38	30	1	6.35	3	分 2 段施工
4	地圈梁组合柱	22.4	m³	0.19	118	15	2	3.93	2	分 2 段施工
5	室内、基槽回填土	546	m³	回填土 14 打夯 10.1	93.1	10	1	9.3	5	分 2 段施工

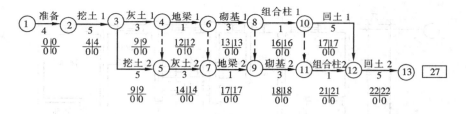

图 12-2　施工准备及基础网络计划

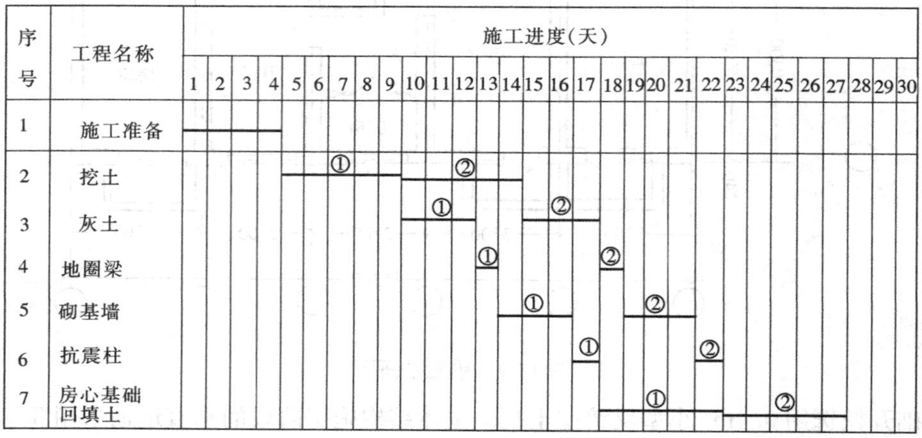

序号	工程名称	施工进度（天）																													
		1	2	3	4	5	6	7	8	9	10	11	12	13	14	15	16	17	18	19	20	21	22	23	24	25	26	27	28	29	30
1	施工准备																														
2	挖土																														
3	灰土																														
4	地圈梁																														
5	砌基墙																														
6	抗震柱																														
7	房心基础回填土																														

图 12-3　施工准备及基础横道图计划

3. 主体结构工程施工进度安排

施工方案确定采用 3～8t 塔吊作垂直运输机械。回转半径为 25m，每班平均 80 吊次。按单元划分为四个施工段，每层砌砖为两步架（即分两个施工层）。每层楼平均砌砖量为 240m³，则每段每个施工层砌砖工程量为 240÷8＝30m³。瓦工产量定额 1.06m³／工日，每个施工层的劳动量为 30/1.06＝28.3 工日，则可配备瓦工 20 人，辅助工 8 人，每个施工层作业时间 1 天，每层楼 1×8＝8 天，组成固定节拍流水。因四段流水，使圈梁、安装楼板、浇板缝都可交叉进行，不占工期。木工与混凝土工按工作量配备力量，每段作业时间 2 天。结构标准层施工进度如图 12-4 和图 12-5 所示。

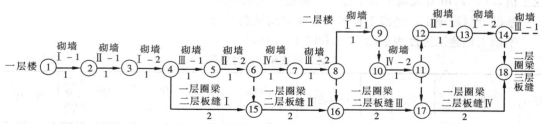

图 12-4　主体结构标准层网络计划

Ⅰ-1——表示第Ⅰ施工段第 1 施工层；

Ⅱ-1——表示第Ⅱ施工段第 1 施工层；依此类推

4. 装饰工程施工进度安排

装饰工程组合的主要施工项目是：120 隔墙、地面工程、内墙抹灰、外墙抹灰、屋面

序号	工程名称及部位*			施工进度（天）											
				1	2	3	4	5	6	7	8	9	10	11	12
1	砌墙	第Ⅰ段	第1层	▬											
			第2层			▬									
2		第Ⅱ段	第1层		▬										
			第2层					▬							
3		第Ⅲ段	第1层				▬								
			第2层							▬					
4		第Ⅳ段	第1层						▬						
			第2层									▬			
5	圈梁、预制	第Ⅰ段						▬							
6	楼板安装、	第Ⅱ段								▬					
7	板缝、楼梯、	第Ⅲ段										▬			
8	阳台等	第Ⅳ段											▬		

图 12-5　主体结构标准层横道图计划

* 部位中第 1 层、第 2 层指第一施工层、第二施工层，即第一步架、第二步架

防水和门窗油漆等。

内外装饰顺序均自上而下，外装饰先勾缝后抹灰，两道工序紧跟进行，以便逐层落脚手架。各施工项目的施工顺序如下：

装饰工程主要项目工程量和作业时间见表 12-7。

装饰工程和主体结构工程网络计划如图 12-6 所示。

表 12-7

装饰工程主要工程量和作业时间表

序号	工程名称	工程量	单位	产量定额	劳动量（工日）	每班人数	作业班	作业时间（天）	每层作业时间（天）	备注
1	120 隔墙	25.45	m³	0.917	27.75	3	1	9.25	2	
2	地面	2246	m²	29.5	76.14	8	1	9.52	2	
3	内墙抹灰	7684 966	m²	11.3 10	680 96.6	26	1	29.87	6	
4	外墙抹灰	756	m²	4.1	184.4	13	1	14		
5	屋面工程防水	767	m²	23.4	32.78	10	1	3.3		
6	门窗油漆	门 1065.35 窗 231.3	m²	4.5	288.14	10	1	28.8	6	

单位工程施工进度计划如图 12-7 所示。总工期 137 天。

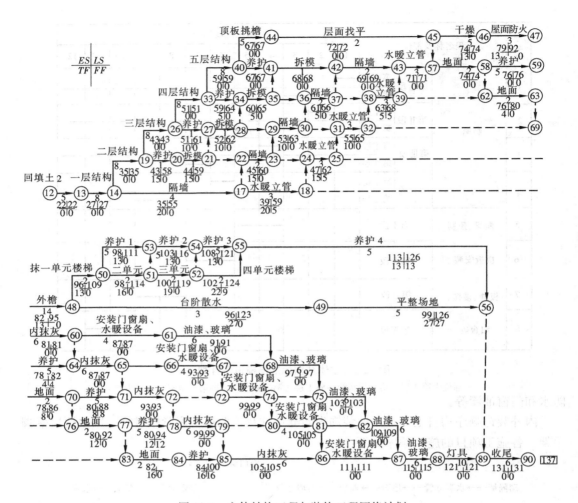

图 12-6　主体结构工程与装饰工程网络计划

（四）施工平面图设计

本工程南边距原有房屋距离 25m，北面离围墙 17m，西南角约有 400m² 空地可供利用。因此，塔式起重机布置在南面较适合。

在塔式起重机服务半径范围内可供堆放构件场地均为 220m²，可堆放各类板约 300块，能满足两个楼层需要。构件分三批进场，以免二次搬运。

施工场内可储存 12 万块砖，约一半以上可储存在塔式起重机回转半径内。

混凝土和砂浆搅拌机的出料口在塔式起重机回转半径内，搅拌好的混合料可直接装入料槽吊到作业点，必要时可用翻斗车运输。

施工场内道路在平整场地阶段，做好正式道路路基，结合正式道路布置施工道路。

临时设施设在北面和西面靠围墙处。料具库 8m×5m，管理办公室和自行车棚各为 13m×5m，水电室 6m×5m，木工棚和钢筋棚各为 6m×5m，搅拌棚 8m×5m。

施工用电由工地东面原有 200kVA 变压器接出，经塔轨东头向北，沿临时设施向西转南接钢筋和木工棚到搅拌站。

施工用水由最近点接出，过马路至搅拌站、化灰池。拟建工程的消防用水由原有消防

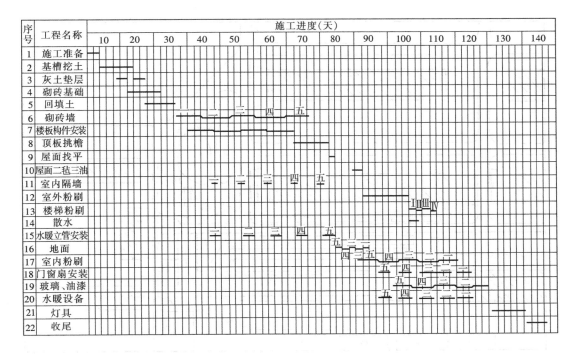

图 12-7　混合结构单位工程施工进度计划

栓可供使用，故不另设。

本工程施工平面布置图见图 12-8。

二、单层工业厂房施工组织设计实例

(一) 工程概况和施工条件

1. 工程概况

本工程为某厂金工联合车间。建筑面积为 3087.68m²，全长 6m×12＝72m，全宽 24 ＋18＝42m。系装配式钢筋混凝土单层工业厂房，主要构件有：钢筋混凝土工字形柱、吊车梁、连系梁、基础梁、后张预应力屋架、天窗架和大型屋面板。安装参数见表 12-8。

预 制 构 件 参 数　　　　　　　　　　　　表 12-8

构件名称	单位	构 件 数 量					单位重量 (t)	长 度 (m)	安装标高 (m)
		Ⓐ轴	ⒶⒷ跨	Ⓑ Ⓒ轴	ⒸⒹ跨	Ⓓ轴			
边柱	根	13				13	7.50 7.20	13.70 11.50	
中柱	根			13			9.50	13.70	
抗风柱	根		6		4		8.66 6.10	16.85 13.80	
屋架	榀		13		13		8.68 6.28	24 18	12.40 10.20
屋面板	块		192		144		1.43	5.95	16.05 13.10
吊车梁	根	12		24		16	3.42	5.95	8.80 7.00
连系梁	根	35	17	24	16	23	1.08		
基础梁	根	11	5		5	11	1.69		

357

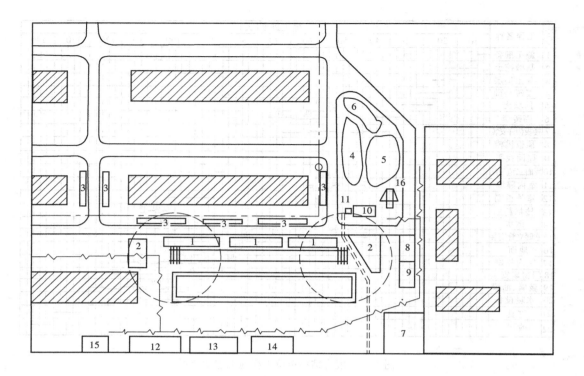

图例：

□ 新建房屋；

▨ 原有房屋；

—·— 给水管线；

—⌇— 电线；

—○— 消火栓。

说明：1—构件堆场；2—小型构件堆场；3—砖垛；4—砂；5—石；
6—豆石；7—脚手板、杉杆堆场；8—钢筋工棚；9—木工棚；
10—搅拌站；11—淋灰池；12—自行车棚；13—管理办公室；
14—料、具库；15—水电室；16—散灰库

图 12-8　混合结构施工平面图

图 12-9 为本车间的剖面图和基础平面图。

墙体：240mm 厚 MU10 红机砖 M2.5 砂浆砌筑。外墙面 1:1 水泥砂浆勾缝，局部粉刷；内墙面原浆勾缝，喷白灰浆二度。钢门窗。

室内地坪：素土夯实，100mm 厚道碴垫层，120mm 厚混凝土面层，设 6m×6m 分仓缝。

屋面工程：水泥砂浆找平层，二毡三油防水层。

2. 施工条件

交通运输：金工车间位于厂区中部，四周已有厂内永久性道路（见施工平面图）。吊车梁、连系梁、基础梁以及屋面板等构件由预制厂供应。建筑材料、成品、半成品和施工设备由汽车运入现场。

水文地质：基础设计标高以下为坚土层，地基承载能力满足设计要求。地下水位较低，对施工无影响。该地区 4～5 月为雨季，1～2 月室外最低温度－10℃，平均气温 5℃。

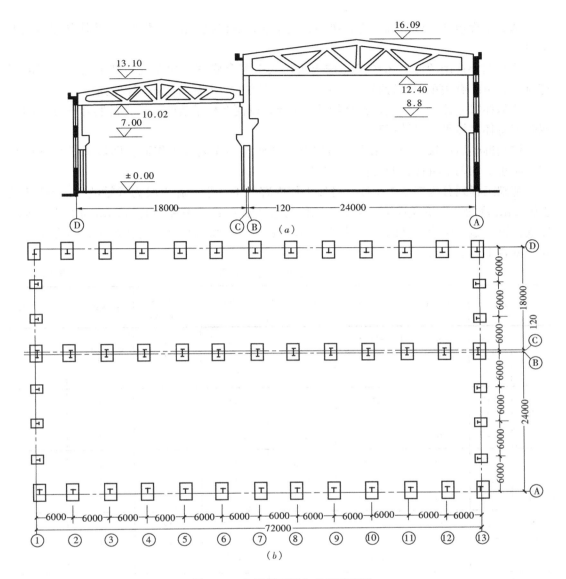

图 12-9　车间剖面图和基础平面图

水电供应：厂区高压线和上下水管网均可接通至现场，不另设变压器和加压水泵。

材料和机械供应：全部建筑材料由公司组织供应；施工机具和吊装机具的类型和型号均可满足工程施工需要。

现场条件：施工场地"三通一平"已完成，拟建车间周围可供柱和屋架的预制场地使用。

（二）施工方案

根据本工程的特点和施工条件，划分为四个施工阶段，即基础工程、预制工程、结构吊装工程及其他工程。以下就四个施工阶段的施工顺序、施工方法和流水施工组织等方面加以说明。

1. 基础工程

基础工程包括：柱基础挖土、垫层、扎钢筋、支模板、浇筑混凝土以及柱基回填土等工序。

柱基挖土选用两台 $0.2m^3$ 抓斗挖土机，人工配合修整。如发现地基土与设计要求不符时，应组织有关单位进行验槽，共同研究处理方案，并做好隐蔽工程记录。

柱基杯口底标高宜比设计标高约低 50mm，以便在柱吊装前根据柱的实际长度，用水泥砂浆将杯底抄平至设计标高。

柱基拆模后尽快组织回填土，为现场预制构件制作创造工作面。回填土必须分层夯实，防止不均匀下沉使预制构件产生裂缝。

基础工程划分为三个施工段，各段工作内容如下：第一施工段为Ⓐ轴的 13 个柱基及①轴 24m 跨的 3 个抗风柱基；第二施工段为ⒷⒸ轴的 13 个柱基及⑬轴 24m 跨的 3 个抗风柱基；第三施工段为Ⓓ轴的 13 个柱基及 18m 跨的全部抗风柱基。各段的工程量和作业时间，见表 12-9。

工 程 量 和 作 业 时 间　　　　　　　　表 12-9

工序名称		单 位	数 量	定 额	劳动量（工日）	每班人（台）数	作业班制	作业天数
挖土	一段	m^3	620.12	42	14.76	2	2	4
	二段	m^3	685.48	42	16.32	2	2	4
	三段	m^3	506.03	42	12.05	2	2	3
垫层	一段	m^3	21.21	1.53	13.86	7	1	2
	二段	m^3	24.18	1.53	15.80	7	1	2
	三段	m^3	20.70	1.53	13.53	7	1	2
扎钢筋	一段	t	4.20	0.2	21	11	1	2
	二段	t	4.80	0.2	24	11	1	2
	三段	t	4.00	0.2	20	11	1	2
支模板	一段	m^3	126.08	5.05	24.97	13	1	2
	二段	m^3	130.20	5.05	25.78	13	1	2
	三段	m^3	131.90	5.05	26.12	13	1	2
混凝土	一段	m^3	61.03	1.63	37.44	18	1	2
	二段	m^3	70.00	1.63	42.94	18	1	2
	三段	m^3	55.40	1.63	33.99	18	1	2
回填土	一段	m^3	262.02	5	52	26	1	2
	二段	m^3	270.60	5	54.12	26	1	2
	三段	m^3	254.36	5	50.87	26	1	2

根据计算所得各工序作业时间，按施工顺序搭接起来，组成基础工程施工网络计划，如图 12-10 所示。

2. 现场预制工程

现场预制构件有后张预应力混凝土屋架和钢筋混凝土工字形柱。

柱和屋架制作时土底模的做法是：先将原土夯实；为了减少土层对构件的附着力，在

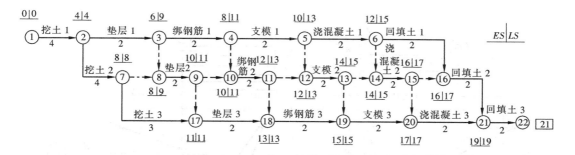

图 12-10 基础工程施工网络计划图

夯实土层上铺砂垫层，夯实抄平后用混合砂浆抹面；隔离层刷废机油两道并加洒滑石粉一层。土底模完成后应及时浇筑柱与屋架的混凝土，振捣时严防振动棒头插入底模。

柱沿各纵轴线按"三点共弧"单根斜向布置。Ⓐ和Ⓓ轴柱布置在跨外（牛腿背向起重机），中柱布置在 24m 跨内靠ⒷⒸ轴一侧。

屋架三榀叠浇，叠浇时要考虑扶直就位的先后次序，即先扶直的放在上层，后扶直的放在下层。考虑就位范围和支模、浇筑混凝土、抽管、穿筋及张拉等工序的工作面。

构件预制阶段平面布置如图 12-11 所示。

柱的制作顺序：底模→扎钢筋→支侧模→浇筑混凝土→拆模养护。

屋架的制作顺序：底模→扎钢筋→支侧模→浇筑混凝土→拆模养护→穿筋张拉→孔道灌浆等工序。

柱预制场地划分与基础工程施工段划分相同，即在平面上分成三个施工段。屋架三层叠浇，每层为一个施工段，即分成三段，每段混凝土浇筑完，经拆模养护，其强度达到设计强度等级的 30% 后，方可进行第二段的扎钢筋、支侧模、浇混凝土。屋架达到设计强度等级的 75% 方可张拉预应力钢筋，当孔道灌浆强度达到 15N/mm² 后方可进行屋架扶直就位。

屋架和柱的制作同时进行。流水施工顺序为：屋架一段（W_1）→柱一段（Z_1）→屋架二段（W_2）→柱二段（Z_2）→屋架三段（W_3）→柱三段（Z_3）。各工序工程量和每段作业时间见表 12-10（计划已把各段劳动量调整到大致相等）。施工网络计划如图 12-12 所示。

工程量和作业时间 表 12-10

构件名称	工序名称	工 程 量		定 额	劳动量（工日）	班组人数	作业天数	作业班制
		数 量	单 位					
柱	底 模	538.20	m²	3	179.4	20	9	1
	支侧模	1018.88	m²	6.30	162	18	9	1
	扎钢筋	35.13	t	0.25	142.2	16	9	1
	混凝土	150.18	m³	1.43	105.2	18	6	1
屋 架	底 模	582.10	m²	3	194	20	10	1
	支侧模	874.64	m²	5.60	156.2	18	9	1
	扎钢筋	23.50	t	0.17	142.4	16	9	1
	混凝土	77.74	m³	1.32	64	18	4.5	1
	张 拉	26	榀	3			9	1

注：屋架浇筑混凝土另加腹杆装配 5 工日。

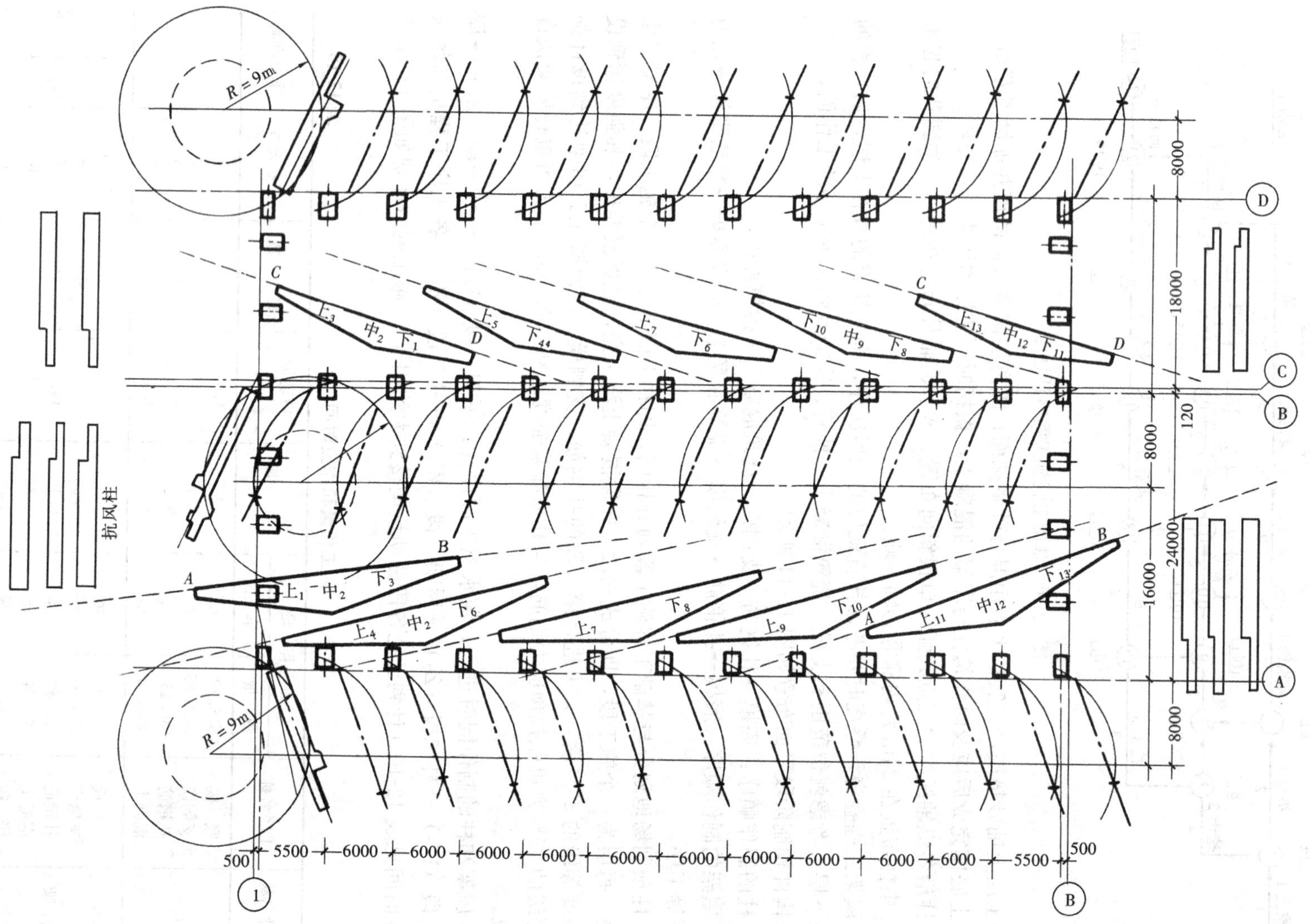

图 12-11 预制阶段构件平面布置图

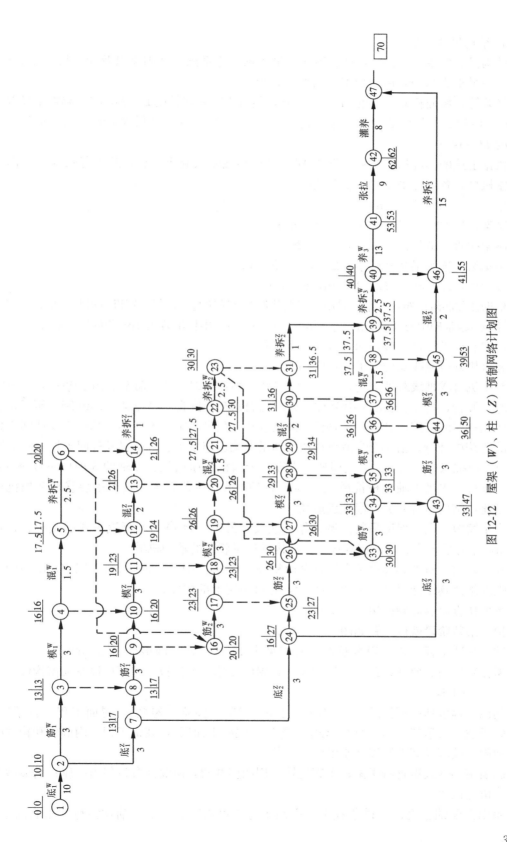

图 12-12 屋架（W）、柱（Z）预制网络计划图

3. 结构吊装工程

结构吊装的主要构件有：柱、屋架、吊车梁、连系梁、基础梁以及天沟板和屋面板。其中，柱最重为 9.5t，屋面板安装高度 16.05m。

经验算，屋面板起重高度 $H=19.05$m，须最小起重臂长度 $L=24.8$m，起重半径 $R=15.3$m。屋架最大起重量 $Q=8.88$t，起重高度 $H=20.04$m。柱最大起重量 $Q=9.7$t，起重高度 $H=14.9$m。

根据上述的构件吊装参数，选用 W_1－200 型履带式起重一台，起重臂长 30m，作为吊装主机械，各构件采用的吊装参数如下：

柱：$L=30$m，$R=9$m；

屋架：$L=30$m，$H=26.3$m，$R=9$m；

屋架扶直、就位：$L=30$m，$R=12$m；

吊车梁、连系梁和基础梁：$L=30$m，$R=12$m；

屋面板：$L=30$m，$H=23.5$m，$R=16$m。

根据柱预制阶段布置方案，采用"三点共弧"旋转法起吊，每一停机点吊装一根柱，起重机开行路线距基础中心线取 8m。边柱吊装在跨外开行，中柱吊装在 24m 跨内靠Ⓑ轴开行。

屋架和梁类构件吊装，起重机在跨中开行。

起重机开行路线及构件吊装顺序如下：

起重机自Ⓐ轴线跨外进场，由①至⑬吊装Ⓐ列柱→24m 跨自⑬至①吊装ⒷⒸ列柱→沿Ⓓ轴跨外开行，自①至⑬吊装Ⓓ列柱→18m 跨自⑬至①扶直就位屋架→24m 跨①至⑬扶直就位屋架→24m 跨跨中开行，沿⑬至①吊装Ⓐ和Ⓑ列吊车梁、连系梁、基础梁及柱间支撑→18m 跨跨中开行，沿①至⑬吊装Ⓒ和Ⓓ列吊车梁、连系梁、基础梁及柱间支撑→24m 跨⑬轴的 3 根抗风柱、⑬至①吊装屋架、支撑、天沟板和屋面板、①轴的 3 根抗风柱→18m 跨跨中开行，先吊①轴 2 根抗风柱、再由①至⑬吊装屋盖系统，最后吊装⑬轴 2 根抗风柱。至此，结构吊装完成，起重机退场。

为了缩短工期、保证吊装机械工作的连续，另选一台 Q_2－8 型汽车式起重机、臂长 6.95m，作为吊车梁、屋面板等场外预制构件进场就位的辅助机械。

柱吊装前应对基础杯底标高进行全面复查。柱校正后应立即进行最后固定，浇筑的混凝土强度须达到设计强度等级的 75% 后，方可吊装上部构件。

屋架扶直后靠异侧柱边斜向就位。

构件吊装阶段就位布置如图 12-13 所示。

结构吊装工程主要工程量及作业时间见表 12-11。施工网络计划图如图 12-14 所示。图中屋盖系统吊装包括该跨两端的抗风柱和屋面支撑、天沟板、屋面板以及天窗构件。

4. 其他工程

其他工程包括：围护结构（砌墙、雨篷、过梁、圈梁、勾缝），屋面工程（找平层、刷冷底子油、二毡三油），地坪（夯实、垫层、混凝土面层），装饰工程（内墙面和构件喷白、油漆、玻璃及其他）以及水电管线安装。

砌墙用扣件式钢管脚手架；垂直运输采用四座井架，南北面各设斜道一座；砌墙砂浆按规定留足试块。

屋面铺贴油毡之前，砂浆找平层必须干透方可刷冷底子油，铺贴油毡采用刷油法。

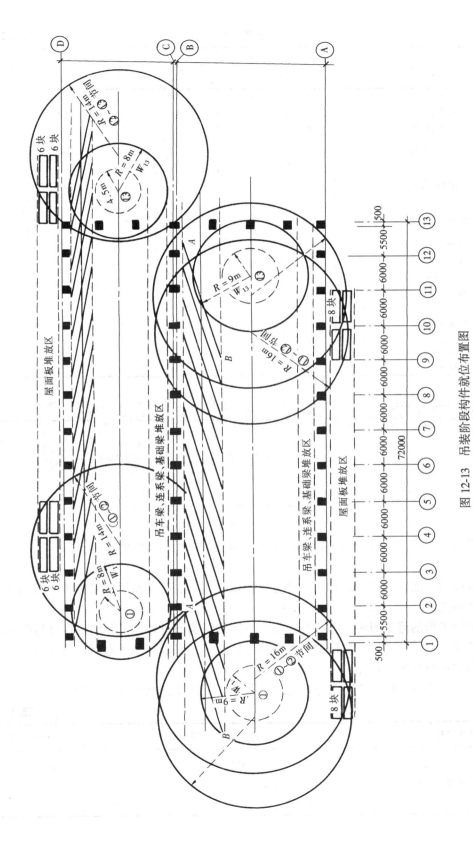

图 12-13 吊装阶段构件就位布置图

工程量及作业时间   表 12-11

工序名称	工程量 数量	工程量 单位	最大重量(t)	产量定额	台班数	作业天数	作业班制
柱	49	根	9.5	13	4	4	1
24m屋架就位	13	榀	8.68	7	2	2	1
18m屋架就位	13	榀	7.5	7	2	2	1
吊车梁就位安装	52	根	3.42	64 20	1 2.5	1 2.5	1
基础梁就位安装	32	根	1.69	64 30	0.5 1	0.5 1	1
连系梁就位安装	114	根	1.08	64 24	5	2 5	1
屋面板就位安装	336	块	1.43	79	4	4	1
柱间支撑安装	12	件	0.5	13	1	1	1
天窗架安装	62	件		15	4	4	1
侧板安装	40	件		50	1	1	1
天沟板安装	48	块		70	0.5	0.5	1
24m屋架安装	13	榀		6	2	2	1
18m屋架安装	13	榀		7	2	2	1
屋面板安装	336	块		50	7	7	1
收尾工作						2	1

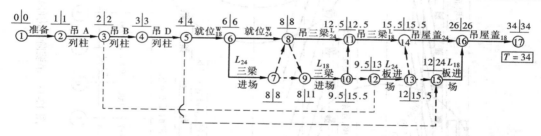

图 12-14　结构吊装施工网络图

油毡平行于屋脊自下而上铺贴，使接头顺流水方向，垂直接缝应顺常年主导风向搭接。

地坪施工前应清除杂物草皮，并分层回填夯实。混凝土面层加浆抹面，并按 6m×6m 分区间隔浇筑，养护期不少于 5～7 天。

其他工程的施工组织：结构吊装完成后围护结构即可开始，屋面工程可与围护结构同时开始平行施工，两者完成后地坪和装饰开始施工。水电管线及电器安装在围护结构开工后配合进行至装饰工程完成。

其他工程各工序工程量及作业时间见表 12-2。施工网络计划图如图 12-15 所示。

表 12-12

	工序名称	工程量	单位	定额	劳动量	每班人数	作业天数	作业班制
围护结构	砌墙	146.41	m³	0.855	171	22	8	1
	雨篷、过梁	36.46	m³	0.55	66	24	3	1
	勾缝	2795.76	m²	13	220	22	10	1

工序名称		工程量	单 位	定 额	劳动量	每班人数	作业天数	作业班制
屋面	找 平 层	3957.41	m²	13.5	293	22	13	1
	二毡三油			23.40	169	10	17	1
地坪	夯 实	3896.64	m²	150	26	6	4	1
	垫 层	389.66	m³	6	65	17	4	1
	混 凝 土	467.60	m³	1.93	242	24	10	1
装饰	刷 白	4128	m²	83.3	50	12	4	1
	油 漆	665.2	m²	10	67	6	11	1
	玻 璃	573	m²	10	57	10	6	1
水电管线安装							25	

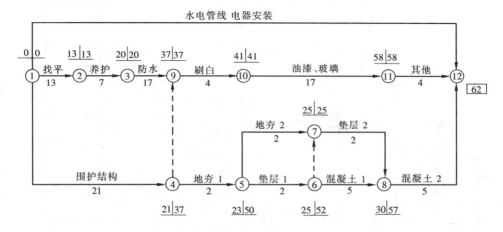

图 12-15 其他工程施工网络计划图

（三）施工进度计划

在本车间的四个施工阶段的分网络计划确定之后，便可编制单位工程施工进度计划，即金工车间施工网络计划。编制时需考虑各施工阶段间尽可能最大搭接。

搭接方法是把各施工阶段间相互在施工顺序上有联系的工序搭接起来，即把相邻两个施工阶段中前者的最后工序与后者的开始工序搭接好，搭接时尽可能采取必要的技术措施，使其搭接时间最大，有利于缩短工期。

如基础工程与预制工程搭接。基础工程的最后一个工序是回填土，预制工程的第一个工序是土底模制作，在编制单位工程施工网络计划时要处理好回填土与屋架底模制作的搭接关系。如果在施工组织上采取措施，先把屋架预制场地同柱基回填土协调起来，在回填基坑的同时把预制场地回填清理好，这样底模制作可提前插入搭接两天。如图 12-16 所示。

其他各施工阶段间的搭接方法同此。搭接结果编制成金工车间施工网络计划图（图12-16）。

（四）施工平面图

为了便于管理，工地办公室、工具间、木工棚、钢筋棚等集中在北面布置。四座井架

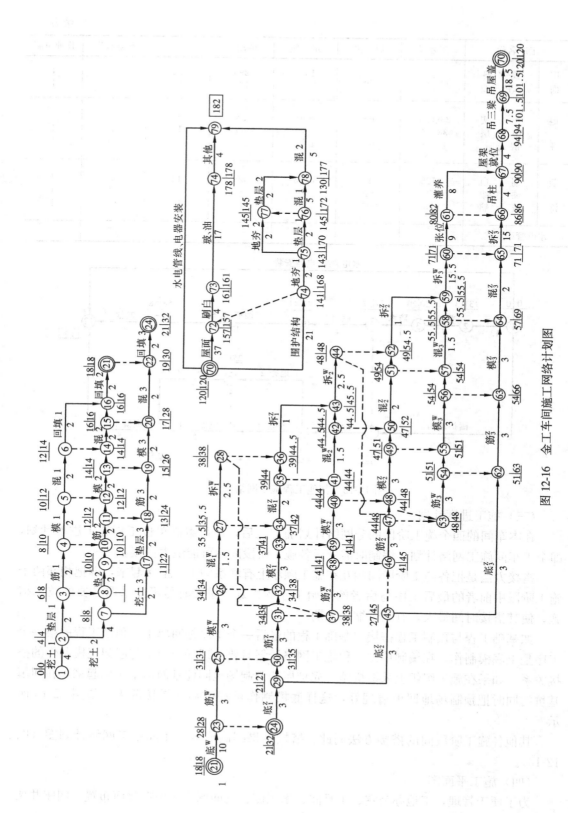

图 12-16　金工车间施工网络计划图

设在车间每边中部。混凝土和砂浆搅拌机集中布置在车间北面中部，有利于水泥和骨料的堆放和使用。南北面各搭斜道。工地运输道环形畅通。

施工用电水管网设在车间四周，水电源由建设单位供应，不另设变压器、加压水泵和消防龙头。

施工平面布置图如图 12-17 所示。

（五）质量和安全措施

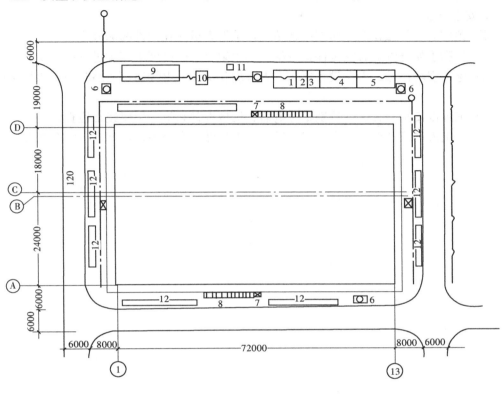

图例：

——— · ——— 给水管线

——〜——— 电线

◎ 卷扬机棚

⊠ 井架

说明：1—办公室；2—工具库；3—机修车间；4—木工棚；5—钢筋棚；6—卷扬机棚；
7—井架；8—斜道；9—水泥仓库；10—混凝土搅拌机棚；11—化灰池；12—砖堆

图 12-17　金工车间施工平面图

施工中除应遵照建筑工程质量验收规范及建筑工程安全操作规程所规定的条例外，结合本工程应注意如下几点：

1. 质量方面

（1）柱基混凝土浇筑前应事先把积水抽干，浇筑时做好临时排水工作；

（2）柱基杯底标高及厂房各轴线位置，在结构吊装前均应进行全面复查；

（3）使用的钢筋应具有出厂合格证明，并符合设计要求。预应力钢筋在使用前必须按规定检验，冷拉质量符合规范要求。必要时进行化学性能成分检验；

（4）混凝土施工配合比准确，浇筑后要专人负责养护；

（5）预应力张拉设备在使用前按规定进行配套检验。张拉程序、张拉控制应力严格按设计规定，保证构件建立有效应力；

（6）建立质量安全交底负责制，岗位责任制和隐蔽工程记录验收制。

2. 安全方面

（1）预应力构件张拉时，两端严禁站人，工作人员应在构件两侧操作；

（2）外脚手架外围应有安全保护设施。脚手架上堆砖高度不应超过三层；

（3）施工现场机械、电器设备要有专人管理和操作。电线通过道路时一定要加保护措施；

（4）工地设安全检查员，特别是对电器、机械设备和脚手架要经常检查；

（5）施工人员及其他人员进入工地后，应事先做安全交底，定期进行安全教育。

参 考 文 献

1. 建筑施工手册（第五版）. 北京：中国建筑工业出版社，2013.

2. 方先和主编. 建筑施工. 武汉：武汉大学出版社，2001.

3. 《混凝土结构工程施工规范》GB 50666—2011. 北京：中国建筑工业出版社，2012.

4. 《建筑结构荷载规范》GB 50009—2012. 北京：中国建筑工业出版社，2012.

5. 《混凝土结构设计规范》GB 50010—2010. 北京：中国建筑工业出版社，2010.

6. 《建筑施工扣件式钢管脚手架安全技术规范》JGJ 130—2011. 北京：中国建筑工业出版社，2011.

7. 赵挺生等. 模板工程结构承载力计算与变形验算. 施工技术，2012，360.

8. 《混凝土结构工程施工》陈刚主编，北京：化学工业出版社，2011.